中国地质大学“十五”规划教材

中国地质大学“211 工程”专项资助教材

凿岩爆破工程

吴　立　闫天俊　周传波　编著

中国地质大学出版社

图书在版编目(CIP)数据

凿岩爆破工程/吴立,闫天俊,周传波编著.—武汉:中国地质大学出版社,2005.1
(2012.3 重印)
ISBN 978-7-5625-1847-1

Ⅰ.①凿… Ⅱ.①吴… ②闫… ③周… Ⅲ.①凿岩爆破—高等学校—教材 Ⅳ.①TD23

中国版本图书馆 CIP 数据核字(2010)第 120995 号

凿岩爆破工程 吴 立 闫天俊 周传波 编著

责任编辑:赵颖弘 技术编辑:阮一飞 责任校对:张咏梅

出版发行:中国地质大学出版社(武汉市洪山区鲁磨路 388 号) 邮编:430074
电话:(027)87482760 传真:87481537 **E-mail**:cbb@cug.edu.cn
经 销:全国新华书店 **http**://www.cugp.cn

开本:787 毫米×1092 毫米 1/16 字数:467 千字 印张:18.25
版次:2005 年 1 月第 1 版 印次:2012 年 3 月第 4 次印刷
印刷:荆州市鸿盛印务有限公司 印数:3001—5000 册

ISBN 978-7-5625-1847-1 定价:50.00 元

前　言

本书为土木工程专业地下建筑工程方向本科生的教学用书，主要作为土木工程专业地下建筑工程方向本科生“凿岩爆破”（50～60 学时）课程的教材，也可作为本专业的研究生和工程技术人员的参考书。

随着科学技术的迅猛发展，近年来出现了许多凿岩爆破的新理论、新技术和新方法。为了使学生能够掌握和适应这些凿岩爆破的新理论、新技术和新方法，本教材在原校内教材《凿岩爆破》（张时忠、吴立编写，1995）的基础上进行了重新编写，重新编排了章节，主要内容包括：岩石的物理力学性质及工程分级、凿岩方法、凿岩工具、炸药爆炸的基本理论、工业炸药、岩石的爆破作用机理、起爆器材和起爆方法、炮眼爆破、预裂爆破和光面爆破、硐室爆破、爆破安全技术和爆破测试技术等。本书除包括经典的凿岩爆破理论与技术方法外，增加了岩石静载、动载变形特性、凿岩新方法和拆除控制爆破、水压控制爆破等内容。为了便于学生课下思考和复习，本教材每章均配有一定数量的思考题。与其它同类教材相比，本书既包括凿岩爆破的理论又含有凿岩爆破的实用技术。所以，理论与实践并重和实用性强是本教材的主要特点。

本教材由绪论部分和十六章内容组成。绪论由吴立编写；第一、三、四章由闫天俊编写；第二章由闫天俊、吴立编写；第五、六、七、八、九、十、十一、十二章由吴立编写；第十三、十四、十六章由周传波编写；第十五章由周传波、吴立编写。

全书由吴立统编，由陈建平教授主审。

全书的所有图件由硕士研究生谢其勇绘制；硕士研究生吴张中、樊炼、叶小波参加了部分文字的输入工作；硕士研究生谢其勇、吴张中参加了校对工作。

限于笔者的水平，书中难免存在错误和不当之处，竭诚希望读者不吝赐教。

笔　者

2004 年 6 月

目 录

绪论

一、　凿岩爆破在国民经济建设中的作用和意义

凿岩爆破法以其施工机具结构简单、轻便灵活、操作容易、维修方便、耗能少、效率高，而广泛应用于国民经济建设的许多领域，例如矿山部门的露天开采和地下巷道的掘进及矿石开采；水利部门的定向爆破筑坝；交通部门的路堑爆破、填筑路堤和软土、冻土地带的爆破、水下炸礁、疏通航道和水下码头压实软土以及堤坝地基处理的水下爆破；石油化工部门埋设地下管道和过江管道以及处理油井卡钻事故的爆破等等，都要经常使用爆破的方法。我国的"六五"期间，许多厂矿企业进行了改建、扩建和拆迁，许多城市也进行了改建和扩建，拆除控制爆破技术的应用得到了空前的发展，不仅成功地把过去危险性大的爆破作业由野外安全可靠地引入到了人口密集的城镇，更重要的是创造了许多新技术、新工艺和新经验。近年来，由于凿岩机具和爆破器材的发展，爆破技术得到了迅速的提高，出现了许多凿岩新方法和爆破新技术，应用范围也不断扩大，例如利用炸药爆炸原理在机械工业部门加工处理机械零部件的爆炸加工方法和医学上的爆炸破碎膀胱结石的方法。

新中国成立后，凿岩爆破技术在我国矿山采掘、铁路（公路）修筑、农田水利建设等国民经济基础建设的恢复和发展中立下了汗马功劳；改革开放以来，我国凿岩爆破科技事业获得了蓬勃发展。特别是近十年来，与工程建设项目紧密结合，凿岩爆破技术在三峡工程、青藏公路、西气东输工程、城市建设及其它基础建设项目中发挥着重要作用。同时，我国在起爆器材、乳化炸药、硐室爆破、城市拆除控制爆破等分支领域的科技成果和发展水平已跻身于国际先进行列；向国外出口技术和产品，在国外建设工厂、承接工程，直接参与国际市场竞争，受到国际同行的广泛关注。

总之，凿岩爆破技术的应用渗透到了国民经济建设的许多领域，为社会主义经济建设做出了巨大的贡献。

二、　凿岩爆破技术的发展历史

人类利用凿岩爆破的方法进行生产实践活动的历史久远。

在爆破器材方面，早在公元 7 世纪到 9 世纪，我国就发明了黑火药，人类从此知道了"爆炸"。南宋时期，黑火药被首次应用于战争；13 世纪黑火药传入欧洲；17 世纪匈牙利人首先将黑火药用于采矿业，从此出现了"爆破"。此后西欧人发明了硝化甘油、梯恩梯、黑索金等多种后来叫做猛炸药的物质，由于没有可靠的起爆手段，军事上和工业上都难以有效利用。直到 1867 年，瑞典人诺贝尔同时发明了雷管和工业硝化甘油炸药，从此揭开了现代工业炸药的序幕，带动了爆破技术的飞速发展。20 世纪中叶，爆破规模的不断扩大和爆炸工艺的多样化，刺激了爆破器材的快速发展；爆破器材的快速发展又推动了爆破和爆炸工艺的巨大进步。我国在 20 世纪 60 年代生产出了浆状炸药，以后又陆续生产了露天岩石炸药、煤矿安全

炸药、高威力铵梯炸药和抗水岩石炸药及段发雷管。20 世纪 60 年代末，由于梯恩梯供应紧张，开始开发无梯露天炸药，如铵油炸药、铵沥蜡炸药、铵松蜡炸药和铵黑炸药及毫秒雷管等。20 世纪 70 年代，我国开始引进研制乳化炸药和水胶炸药等含水炸药，因不含梯恩梯，爆破炮烟浓度低，生产使用安全，抗水性能好而迅速发展。因此，有的学者总结出了 20 世纪爆破器材的五大发明：电和非电毫秒延时起爆系统、硝铵基炸药及其含水衍生品种系列炸药、不偶合装药、塑性薄膜炸药、无起爆药雷管。固体火焰理论促进了微气体产物的毫秒延时药剂的诞生；管道效应导致了非电导爆管和不偶合装药的发明；表面化学和表面物理学的进展演化出了抗水硝铵类炸药；爆燃转为爆轰的研究成果促进了无起爆药雷管的构思。电和非电延时起爆系统的先后发明，成为大规模群药包依序爆破的开端，同时又成为减轻爆破地震、冲击波等有害效应的有力工具；抗水起爆器材和抗水炸药是软基处理和各种水下爆破工程的可靠手段；比硝化甘油安全、便宜得多的硝铵基炸药及其含水衍生品种的发明为实施上述爆破奠定了坚实的基础；塑性、薄层或聚能装药是爆炸成型、复合、穿孔、切割、表面硬化和消除残余应力的动力。无起爆药雷管的问世则根本改善了雷管造、存、运、用的安全性，并为根治起爆药的生产污水提供了保证。目前，我国共有爆破器材生产厂家 400 多家。

在凿岩机具方面，1813 年英国人制造了以蒸汽为动力的冲击式凿岩机；1857 年意大利人制作了以压缩空气为动力的凿岩机；1920 年英国人研制成功了液压凿岩机。我国于 1970 年试制成功了第 1 台液压凿岩机，20 世纪 80 年代制造出了用于中小断面的液压凿岩台车，20 世纪 90 年代试制成功了轻型液压凿岩机。

在凿岩工具方面，1938 年德国人发明了碳化钨凿岩钎头；1951 年美国休斯公司研制成功了球齿钎头。我国 1951 年试制成功了硬质合金钎头。

在凿岩爆破理论研究方面，1907 年出现了以静力学为基础的乌斯宾斯基理论；20 世纪 50 年代开始，弹性力学、光弹实验等理论和实验方法应用于凿岩爆破理论；20 世纪 60 年代，应力波理论逐渐成为分析凿岩爆破问题的主流理论。

20 世纪中叶，风动、液压凿岩机和硬质合金钻头的发展，极大地提高了凿岩效率；与爆破器材的进步相配合，使万吨级硐室群药包一次爆破 1 300 万 m^3 岩石成为可行的工艺方法（中国）；而配备了大容积铲斗的电力或液压挖装机械和大型运载车型的出现，则使 1 500～3 000t 炸药深孔群药包一次爆破 70～150 万 m^3 矿岩成为日常生产环节（美国）。新型机械、新型爆破器材与爆破技术的配合，极大地提高了生产效率，为人类社会创造了巨大的财富。

三、凿岩爆破学科存在的主要问题

由于凿岩爆破的研究和实践存在条件和对象的多样化、复杂化，目前凿岩爆破的理论研究深度还不够深入，对一些问题尚无统一的认识，理论研究与实际应用尚有较大的差距。因此，加强理论与工程实际相结合仍是国内凿岩爆破界的当务之急，以理论指导实践、克服经验主义，首先要加强凿岩爆破基础理论的研究，探索和解决与实践有关的凿岩爆破作用机理问题。此外，就全国普遍情况来讲，从事凿岩爆破工程实践的人员众多，长期以来除因炸药雷管的生产供应由有关部门统一管理外，在爆破工艺的好坏与爆破器材的应用、新理论、新器材、新技术的研究推广等方面还缺乏统一的强有力的组织领导和管理。

四、凿岩爆破的发展方向和前景

作为一种破岩的基本方法，凿岩爆破法仍然是目前乃至将来相当长一段时间内的一种不可替代的岩石破碎方法，特别是坚硬岩石的破碎主要还是依赖于凿岩爆破方法。从爆破能量的利用上来看，提高爆破安全和提高爆破效率实质上是一个问题的两个方面，爆破的有效性和爆破的危害性都是爆炸威力造成的，如何改善凿岩机具和爆破器材的性能以及爆破技术工艺、提高爆破效率和爆破安全是目前凿岩爆破工作者最根本的任务。

可以预计，凿岩爆破领域将在以下几个方面产生飞跃并具有广阔的发展前景。

1. 实现凿岩机械化

实现凿岩机械化是当前的重要任务之一。隧道掘进中大型钻凿机械如凿岩台车、钻装机虽也已被采用，但普及程度仍很低。凿岩机械化的滞后发展，严重影响了新的爆破技术的应用，因此今后应该加快凿岩机械化的进程，研制凿岩装药综合机械，实现凿岩装药机械化。

2. 发展内部药包和大抵抗线药包爆破技术

内部药包已在扩大油井产油生产率、提高旱井出水率等方面做出了贡献。预期在 21 世纪中叶，由于煤层气化、油页岩原地析馏以及陆地、深海浸析采矿的需求，以内部药包爆炸获取范围广阔、裂缝细匀的爆破技术将会得到发展。这种爆破的装药应有高能量密度，以减小钻孔直径和孔网密度；有适当的爆炸初压，既促使裂缝产生又无大范围过度粉碎；有较长的爆压持续时间，以支持裂缝扩展。因此，可能的方案之一是不偶合或水偶合的、间隔装填的或相继起爆的药包群。美国 Los Alamos 国家试验室的 Shale 模型是解决原地爆炸油页岩的有益尝试，说明内部药包有发展前景。另一方面，大抵抗线药包爆破用于山脉、冰川、沙漠或河道改造以及海底非浸析采矿可能会逐渐普及。

3. 爆破器材将有划时代的进展

首先，工业炸药可能向以下 3 个方面发展。

(1) 可能出现比硝铵炸药更经济有效的缔合键能炸药

以空气和煤为原料的硝酸铵价格低廉，爆炸力中等，成为 20 世纪工业炸药的基础成分。然而，绝大多数现有工业炸药都是氧化还原型炸药，爆炸产生有害气体。据估计，工业爆炸每年排入大气的一氧化碳约为 70～80 万 t，氮氧化物约为 20～30 万 t，成为环保问题之一。地球能接受的爆炸产物是 N_2、O_2 和 H_2O。因此，发展以空气为原料、爆炸后再生成空气成分的炸药将是需要探索的方向之一。相同原子的缔合键比不同原子的化合键的能量大，以缔合键能炸药取代化合键能炸药也应是发展方向之一，试制 N_3 或 O_3 及其缔合物值得实践。N_3 已经在美国试验室爆炸成功，预示着以空气为原料的振荡共价键能炸药的诞生，其爆炸产物为 N_2，故同时也是环保炸药。

(2) 核爆炸能的和平利用

核爆炸现实的困难是保安、价格和产物的放射性污染。保安在于加强管理。降低价格在于民用化，面向市场的规模生产是降低成本的关键。放射污染有待发展清洁的核爆炸。在没有清洁核爆炸之前，核炸药可以用作内部药包，即利用核爆炸的高温使药包附近的岩石熔化形成玻璃体壳，将放射产物“关闭”在壳中。俄罗斯成功地在地下销毁了核武器，表明了这个方案的可行性。在实现清洁的核爆炸之后，核炸药在大抵抗线药包爆破中将举足轻重，并可能为大地改造和深海爆破做出极大的贡献。

(3) 更小夸克的爆炸能源的利用

李政道在 1999 年预言：尽管宇称守恒定律已被证明，但现实中宇称都不守恒，表明空间中存在着无限的能源。并且说：正像 20 世纪初蒲朗克常数和测不准关系引导出核能、激光一样，新的发现将会出现。这是否预示着爆破业在将来可能利用更小夸克的爆炸能，尽管利用的方式目前还不清楚。

其次，起爆器材也将有更进一步的发展。

(1) 信息延时起爆技术

信息技术将促进更精确且延时段别可任意控制的起爆系统的问世，使爆破效果和爆破有害效应得到更精确的控制。

(2) 无起爆药雷管将会普及，无雷管起爆也可能实现

虽然 20 世纪未能实现工业炸药的无雷管起爆，但将来可能会有一种价格可与雷管竞争的非雷管高新技术起爆器材问世。

(3) 高抗水和耐热起爆器材

随着地层深部采矿和海底采矿的发展，耐地热和耐深水起爆器材将会发展。双层管真壳的水压自补偿式雷管和非雷管起爆应当有广阔的应用前景。

4. 可能形成兴旺的爆炸产业

钱学森在 1981 年就指出："爆炸可以产生极强的脉冲电流、脉冲磁场和极高的压力。这里有能量转化问题，而对研究来说，特别要求转化过程的精密控制。爆炸所产生的高压已用于生产，如爆炸成型和爆炸金刚石等。"近年来，利用爆炸产生的极强脉冲电磁场作为军用电子对抗手段已装备部队，用爆炸效应育种、纤维醣化等也有报导。

(1) 巩固和发展爆炸加工业

爆炸成型、复合、异型件冲孔等已经形成一定规模的产业，而爆炸切割、硬化和消除残余应力多在废旧结构拆除、大型设备维修中发挥作用。从一定意义上说，爆炸加工是机械制造业的组成部分。

(2) 发展爆破伴生品产业

20 世纪用于爆破的数十亿吨炸药，只有爆破效果，没有伴生产品，极大地降低了爆破效益。不过，从理想到现实，需要解决的关键问题，首先是如何实现能量转化的精密控制。例如，利用电磁场的产品，要避免高压或负压的损伤；利用高压或负压的产品，要排除电磁场的干扰，等等。有的学者把爆破伴生产业称为"黑匣子"产业，含义就在此。因此，设计各种"黑匣子"，是未来产业成败的核心。其次，要使炮孔和药室装药满足生产伴生产品所需的参数。以爆炸金刚石为例，硝铵类炸药的爆速和爆压峰值可能偏低，或需以高能炸药包围"黑匣子"，或需设计聚能装药结构向"黑匣子"聚集能量。同理，生产其它产品所需的参数也要采取附加措施加以满足，才能获得所需产品。人们早有预测，仅实现金刚石生产这一项，就比工程爆破本身的效益更好。还可以设想生产贮存脉冲电磁能器件、高压记忆和回放器件等等。

(3) 利用爆炸扩展食物链产业

利用爆炸脉冲高压、负压或电磁场进行育种、纤维酯化或膨化等已有报导。这里指的是精细产业，可能需要造成瞬态环境参数跨度很大的条件，需要从气体爆炸直至核爆的瞬态脉冲参数，相信爆炸科学会予以满足，同时爆炸科学本身也将得到极大的促进。当然其它的物

理、化学工艺在扩展食物链方面将是爆炸方法的有力竞争伙伴。

5. 完善爆破技术的多方控制

实现多方控制是爆破工作者们多年来共同努力的方向，工程爆破中的城市拆除爆破、抛掷爆破、松动爆破等都已成功地实现了安全和效果的双面控制，主要表现在爆破时间、爆破能量、爆破顺序、爆破环境等方面对爆破机理、爆破质量、爆破方向、爆破产物、爆破危害、爆破效果等实行控制。只要能够对各种爆破作业实行准确控制，凿岩爆破法的生命力就是无尽的。

五、本书的主要内容和特点

随着科学技术的迅猛发展，近年来出现了许多凿岩爆破的新理论、新技术和新方法。为了使读者能够掌握和适应这些凿岩爆破的新理论、新技术和新方法，本书根据笔者多年从事凿岩爆破教学、科研和开发工作的实际经验，在原校内教材《凿岩爆破》（张时忠、吴立编写，1995）的基础上进行了重新编写，重新编排了章节，主要包括岩石的物理力学性质及工程分级、凿岩方法、凿岩工具、冲击凿岩破碎理论、炸药爆炸的基本理论、工业炸药、起爆器材和起爆方法、岩石的爆破作用机理、炮眼爆破、预裂爆破和光面爆破、硐室爆破、爆破安全技术和爆破测试技术等内容。本书除包括经典的凿岩爆破理论与技术方法外，增加了岩石静载、动载变形特性、凿岩新方法和拆除控制爆破、水压控制爆破等内容。

与其它同类教材相比，本书既包括凿岩爆破的基本理论又含有凿岩爆破的实用技术。所以，理论与实践并重和实用性强是本教材的主要特点。

第一章　岩石的物理力学性质及工程分级

第一节　概　述

凿岩爆破是隧道施工的基本方法，其工作对象是岩石，也就是说，在具体施工时，凿岩方法、钻机类型、钻眼工作参数、炸药类型、爆破参数的选择，首先取决于岩石的组成、结构、构造及其物理力学性质。

隧道施工的基本过程就是把岩石从岩体上破碎下来，形成设计所要求的各种用途的地下空间，在此过程中，还需对这些地下空间进行必要的维护，以防止围岩产生过大的变形和坍塌。因此，有效地破碎岩石和维护围岩就成为隧道等地下工程施工中的主要问题。为了有效合理地进行破岩和维护围岩，就必须对岩石和岩体的物理力学性质有所了解，并在此基础上制定出岩石的工程分级方法。只有这样，才能在不同的条件下，使所选用的破岩和围岩维护方法有科学依据。

第二节　岩石和岩体的基本概念

岩石和岩体是描述岩石的两个不同概念，它们既相互联系，同时又有较大的区别。

1. 岩石

岩石是指由一种或多种矿物组成的集合体，其物理力学性质与组成该岩石的矿物成分及其含量、岩石结构和构造特征有密切关系。

2. 岩体与岩块

岩体是指在一定工程范围内的自然地质体。岩体结构的基本要素包括结构面和结构体。

结构面指褶皱、断层、节理、劈理等，结构体指有不同产状的结构面组合切割而成的单元块体。

岩块是指从天然岩体中取出的较为标准的样块，人为地排除了大部分天然的软弱面。在研究岩体问题时，可以把岩块视为均质的、各向同性的连续介质；而岩体一般均属于非均质的各向异性的不连续介质。

3. 岩体与岩块的区别

岩体与岩块的主要区别表现在：

(1) 岩体具有明显的弱面，因此具有显著的非均质性和各向异性。而岩块不包含显著的弱面，可以相对地把岩块近似地视为均质、各向同性的连续介质；

(2) 岩体强度低，易变形；

(3) 岩体和岩块的渗透性也存在显著差异。

第三节　岩石的物理性质

岩石的物理性质指标包括岩石的重量指标、孔隙性和吸水性。

一、岩石的重量指标

岩石由固体、水、空气三相组成，具有比重和容重等重量指标。

1. 比重

岩石的比重是指岩石固体实体积的重量与同体积水的重量之比。所谓固体实体积，是指不包括孔隙体积在内的实在体积，即：

$$\Delta=\frac{G}{V_C\gamma_W} \tag{1-1}$$

式中：Δ——岩石的比重；

G——绝对干燥时体积为 V_C 的岩石的重量，g；

V_C——岩石固体实在体积，cm^3；

γ_W——水的容重，g/cm^3。

岩石的比重取决于组成岩石的矿物的比重。一般在已鉴定出岩石矿物成分后，岩石的比重就可以粗略地进行估计。例如，石灰石的比重与方解石的相近，砂岩的比重接近于石英。

2．容重

单位体积岩石的重量称为岩石的容重。所谓单位体积是指包括孔隙体积在内的体积。岩石的容重又分为干容重和湿容重。

干容重：单位体积岩石绝对干燥后的容重，用γ_C表示 ；

湿容重：岩石在天然含水或饱和状态下的容重，用γ表示。

$$\gamma_C=G/V，\ \gamma=G_1/V \tag{1-2}$$

式中：γ_C——岩石的干容重，g/cm^3；

G——岩石试件干燥后的重量，g；

V——岩石试件的体积，cm^3；

γ——岩石的湿容重，g/cm^3；

G_1——岩石试件的重量（天然含水或饱和），g。

一般地，γ_C 与γ 差别不大，但对粘土来说则差别很大；γ 取决于岩石的矿物成分、孔隙大小及含水量，在其它条件相同时，γ 还与岩石的埋深有关，埋深浅的容重小，埋深大的容重大。

二、 岩石的孔隙性

岩石的孔隙性是指岩石的裂隙发育程度，通常用孔隙度 n 和孔隙比 e 来表示。孔隙度指岩石试件内各种裂隙、孔隙的体积总和与岩石试件总体积的比值。孔隙比指岩石试件内各种裂隙、孔隙的体积总和与岩石试件内固体矿物颗粒体积 V_C 的比值，用式(1-3)和式(1-4)表示。

$$n=\frac{V-V_C}{V}=1-\frac{V_C}{V}=1-\frac{\gamma_C}{\Delta\gamma_W} \tag{1-3}$$

$$e=\frac{V-V_C}{V_C}=\frac{\Delta\gamma_W}{\gamma_C}-1 \tag{1-4}$$

n 和 e 通常是根据岩石的比重Δ和干容重γ_C计算求得。

岩石的孔隙性对岩石的其它性质有显著的影响。一般地，随着岩石孔隙度 n 的增大，岩石的整体性降低，比重和强度降低，而透水性提高；同时，岩石中的孔隙加快了风化的速度，进一步增大了岩石的透水性，降低了其力学强度。

三、岩石的吸水率

吸水率 W 是指岩石试件在大气压力下吸入水的重量 G_W 与岩石干重量 G_S 之比，即 $W=\frac{G_W}{G_S}$。一般地，岩石吸水率 W 的大小取决于岩石中所含孔隙、裂隙的数量和大小、孔隙和裂隙的开闭程度及分布状况，且与试验条件有关；整体岩石试件的吸水率 W 要比同一岩石碎块试件的吸水率 W 小，同时随着浸入时间的增加，吸水率 W 有所增大。

第四节　岩石的变形特性

在荷载作用下，岩石首先要发生变形，当作用的荷载不断增大，或当荷载超过某一数值而保持恒定不变时，随着该恒定荷载作用时间的延长，均可导致岩石的破坏。因此，岩石的变形和破坏，是在荷载作用下岩石性能变化过程中的两个不同阶段，变形阶段含有岩石破坏的因素，而岩石的破坏阶段则可看作是变形不断发展的最终结果。

一、静荷载作用下岩石的变形特性

所谓静荷载，一般指加载速率小于 3～5kg/(cm^2·s)。根据加载方式的不同，分为单向压缩和三向压缩加载。常用应力-应变曲线（σ-ε 曲线）、弹性模量 E 和泊松比μ来表示岩石的变形特性。

(一) 岩石在单向压缩条件下的变形特性

1. 脆性岩石的应力-应变曲线

脆性岩石在破坏之前，没有明显的塑性变形，当应力达到岩石的强度极限 R_a时，岩石突然破坏。

如图 1-1 所示，若用普通材料试验机加压，只能得到 C 点前（破坏前）的应力-应变曲线，原因是普通试验机的刚度小，压头会产生变形，储存弹性变形能，试件破坏时突然释放。

若用刚性试验机加压，则可得到包括 C 点前后的完整的σ-ε 曲线，该曲线称为全过程σ-ε 曲线。

一般地，脆性岩石的σ-ε 曲线可以分为 4 个阶段：OA 段、AB 段、BC 段和 CD 段。

(1) OA 段：曲线向上弯曲，为岩石裂隙压实闭合阶段，此过程由于岩石中的裂隙受压闭合，变形较大，E 较小且不为常数；

(2) AB 段：线弹性变形阶段，E 为常数，B 点为弹性极限；

(3) BC 段：破坏发展阶段，σ-ε 曲线由直线向曲线转变。E 降低直至趋于零，自 B 点开始，岩石内就有微破裂不断发生，至 C 点发生破坏，C 点为强度极限（R_a）；

(4) CD 段：C 点之后，σ 随ε 的增大而下降，到 D 点时保持某一较小的应力值，称为剩余强度。

2. 塑性岩石的应力-应变曲线

如图 1-2 所示，塑性岩石的塑性变形比弹性变形大，曲线的斜率开始较陡，以后逐渐平缓。开始平缓的转折点，即σ 增加很小而变形有很大增长时的应力值，称为屈服极限σ_T。OE 段可以看作弹性变形阶段，EG 段可以看作是塑性流动阶段。

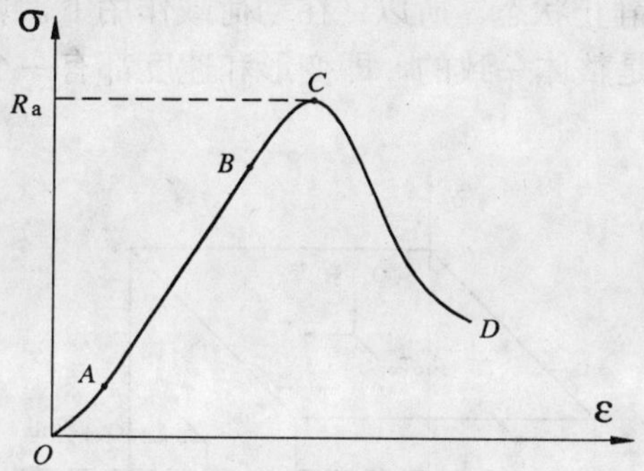

图 1-1　脆性岩石的应力-应变曲线

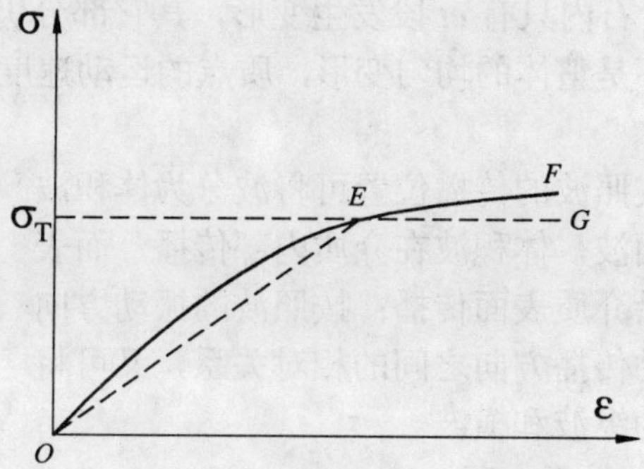

图 1-2　塑性岩石的应力-应变曲线

（二）岩石在三向压缩条件下的变形特性

有侧向约束作用时的岩石变形特性与单向压缩时的变形特性大不相同，如图 1-3 所示，岩石在三向压缩条件下的变形特性如下：

（1）由于侧向压力的存在，岩石破坏时的应变量较单向压缩时增加了，并且随着侧向应力的增大而增加；

（2）随着侧向压力的增加，岩石表现出比较明显的塑性变形；

（3）三向压缩条件下全过程应力-应变曲线的获得，证明了当应力达到破坏点后，岩石仍然保留一定的承载能力。

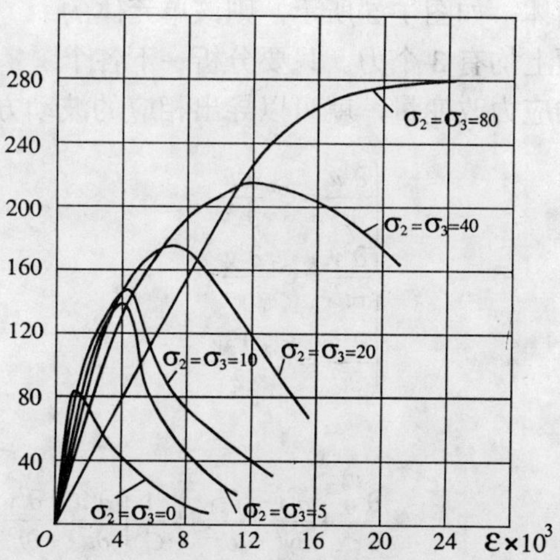

图 1-3　三向压缩条件下全过程应力-应变曲线

二、动荷载作用下的岩石的变形特性

动荷载一般指加载速率大于 3～5kg/(cm^2·s)的荷载，如冲击荷载等。

1. 冲击荷载和波

无论是冲击式凿岩还是爆破破碎岩石，岩石承受的外力都不是静载，而是一种冲击荷载，荷载是时间的函数。岩石在这种急剧变化的荷载作用下，既产生运动又产生变形。

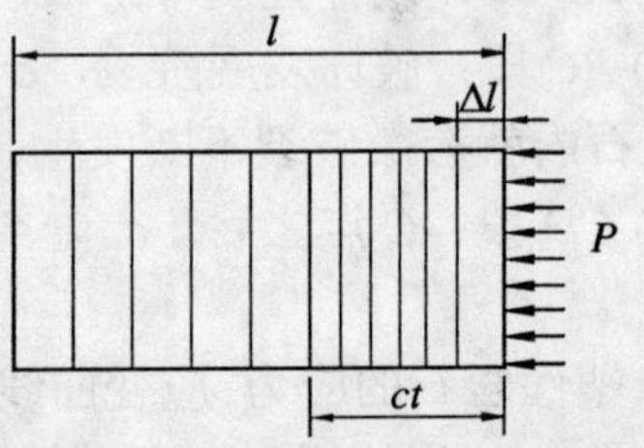

图 1-4 波的传播过程图

如图 1-4 所示，当冲击荷载 P 施加于岩石端面时，岩石质点便失去原来的平衡而发生变形和位移，并形成扰动。一个质点的扰动必然引起相邻质点的扰动。这样使质点扰动一个接一个地连续地由冲击端向另一端传播下去，这种扰动的传播叫做波。

岩石内只有 ct 段发生变形，其它部分仍处于静止状态。所以，在动荷载作用下，岩石的变形不是整体的均匀变形，质点的运动速度也不是整体一致的，即变形和速度都有一个传播过程。

按照波的传播位置可将波分为体积波和表面波，体积波在介质内部传播，而表面波沿介质表面传播；按照波的振动方向与波的传播方向之间的相对关系，又可将其分为纵波和横波。

2. 波动方程

从弹性力学中的波动理论知道，假设从受冲击荷载作用的各向同性的弹性体中取出一个边长分别为 dx、dy、dz 的微小单元六面体，如图 1-5 所示，则该单元体的各个面上均有 3 个力。只要分析一下各个面上的应力改变量，就可以导出相应的波动方程。

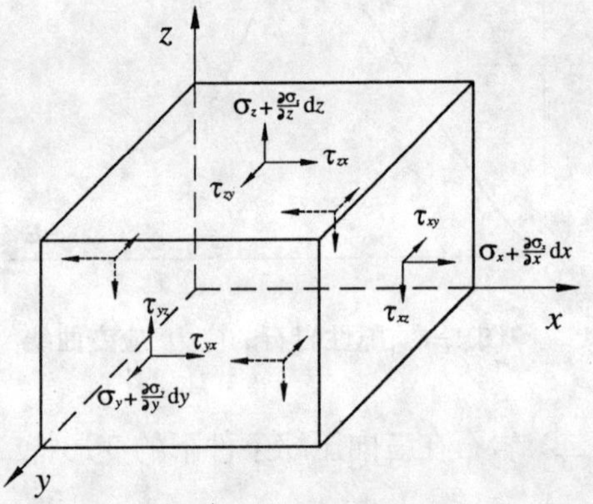

图 1-5 微小单元六面体受力状态分析示意图

$$\begin{cases}\dfrac{\partial^2 u}{\partial t^2}=C^2\dfrac{\partial^2 u}{\partial x^2}\\ \dfrac{\partial^2 v}{\partial t^2}=C^2\dfrac{\partial^2 v}{\partial y^2}\\ \dfrac{\partial^2 w}{\partial t^2}=C^2\dfrac{\partial^2 w}{\partial z^2}\end{cases} \tag{1-5}$$

或者

$$\frac{\partial^2 u}{\partial x^2}+\frac{\partial^2 v}{\partial y^2}+\frac{\partial^2 w}{\partial z^2}=\frac{1}{C^2}\left(\frac{\partial^2 u}{\partial t^2}+\frac{\partial^2 v}{\partial t^2}+\frac{\partial^2 w}{\partial t^2}\right) \tag{1-6}$$

式中：x，y，z——直角坐标分量；

u，v，w——与 x，y，z 坐标相对应的位移函数；

t——时间；

C——应力波传播速度。

波动方程表示的是在冲击荷载作用下，弹性变形的质点运动加速度同变形加速度之间以及惯性同弹性之间的一种平衡关系。

如果假定质点的位移只在 x 轴方向传播，即位移 u 仅仅是坐标 x 和时间 t 的函数，在 y 轴和 z 轴方向的位移均为零，则

$$\sigma\frac{\partial^2 u}{\partial t^2}=C^2\frac{\partial^2 u}{\partial x^2} \tag{1-7}$$

经求解可得纵波所产生的正应力 σ 和横波产生的剪应力 τ 为

$$\begin{cases}\sigma=\rho c_P v_P\\ \tau=\rho c_S v_S\end{cases} \tag{1-8}$$

式中：C_P，C_S——纵波和横波的传播速度；

V_P，V_S——纵波和横波引起的介质质点的振动速度；

ρ——介质的密度。

在无限介质三维情况下，纵波和横波的传播速度分别为

$$\begin{cases}C_P=\sqrt{\dfrac{E_d(1-\mu_d)}{\rho(1+\mu_d)(1-2\mu_d)}}\\ C_S=\sqrt{\dfrac{G_d}{\rho}}=\sqrt{\dfrac{E_d}{2\rho(1+\mu_d)}}\end{cases} \tag{1-9}$$

式中：E_d——介质的动弹性模量；

μ_d——介质的动泊松比；

G_d——介质的动剪切模量，$G_d=\dfrac{E_d}{2(1+\mu_d)}$。

在一维情况下，即波长比杆的截面尺寸（或直径）大很多的情况下，可以不考虑横向变形的影响，此时，$C_P=\sqrt{\dfrac{E_d}{\rho}}$，$C_S=\sqrt{\dfrac{E_d}{2\rho}}$。

3. 应力波的叠加

当两个扰动同时传播到某一点时，那么这点的总状态就等于两个扰动分别抵达该点的代数和，称为波的叠加。

4. 应力波的反射与透射

应力波在传播过程中，遇到岩石中的层理、节理、裂隙、断层和自由面时，或者介质性质发生改变时，应力波的一部分会从交界面反射回来，另一部分则透过交界面进入第二种介质，这种现象叫应力波的反射与透射。因入射的角度不同，可以有垂直入射和斜入射两种情况。

应力波的反射与透射的前提条件是：在交界面上，应力波具有连续性，且交界面上的作用力与反作用力相等。

三、岩石的变形能

上述讨论表明，岩石在静载和动载作用下的变形特性，有着本质的区别。但是，无论在哪种荷载作用下，岩石从变形到破坏，都是一个从获得能量到释放能量的过程。在这个过程中，岩石的总的变形能量 W_T 由静载变形能（弹性变形能）W_E 与动载变形能（动能）W_K 叠加而成，即 $W_T=W_E+W_K$。

在弹性限度内，如图 1-6 所示，外力由零逐渐增加到 P，力的作用点的位移由零逐渐加到 Δl，力 P 在位移 Δl 上所做的功 u 为

$$u=\frac{1}{2}P\cdot\Delta l \tag{1-10}$$

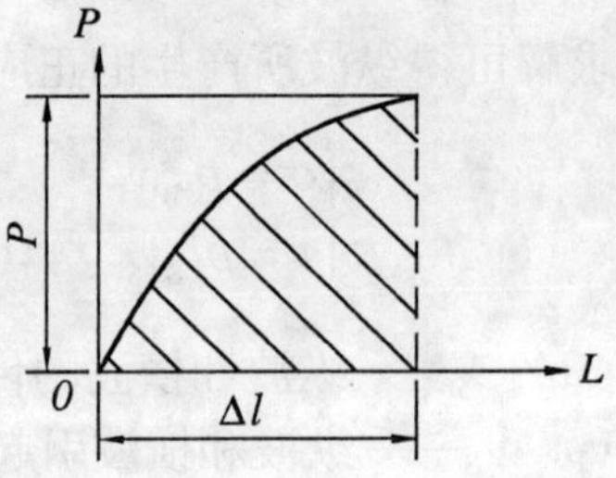

图 1-6 外力作功示意图

取一微小单元体，其边长为 l，面积为 A，体积为 $V=A\cdot l$，作用在单元体上的力由零逐渐增加到 P，则静载变形能 W_E 在数值上等于外力所作的功 u，即

$$W_E=u=\frac{1}{2}P\cdot\Delta l=\frac{1}{2}P\cdot\Delta L\cdot\frac{V}{A\cdot l}=\frac{1}{2}\frac{P}{A}\cdot\frac{\Delta l}{l}\cdot V=\frac{1}{2}\sigma\varepsilon V=\frac{1}{2E}\sigma^2V \tag{1-11}$$

其中，$\varepsilon=\frac{\sigma}{E}$。

如果外力以一定的速度加载，则岩石质点产生运动，其动能即为岩石得到的动载变形能 W_K，即

$$W_K=\frac{1}{2}mv^2=\frac{1}{2}\rho Vv^2=\frac{1}{2E}\sigma^2V \tag{1-12}$$

其中，$v=\frac{\sigma}{\rho c}$，$C=\sqrt{\frac{E}{\rho}}$。

因此，$W_T=\frac{1}{E}\sigma^2V=2W_E=2W_K$，即静载变形能与动载变形能相等，在岩石的总变形能中，静载变形能和动载变形能各占一半，并且与岩石的体积和应力的平方成正比。

四、岩石的蠕变性

在恒定荷载的持续作用下，岩石变形随时间而增长的特性，称为岩石的蠕变性。表示这一特性的变形-时间曲线，称为蠕变曲线，如图 1-7 所示。ε 各段曲线的变形特征为：

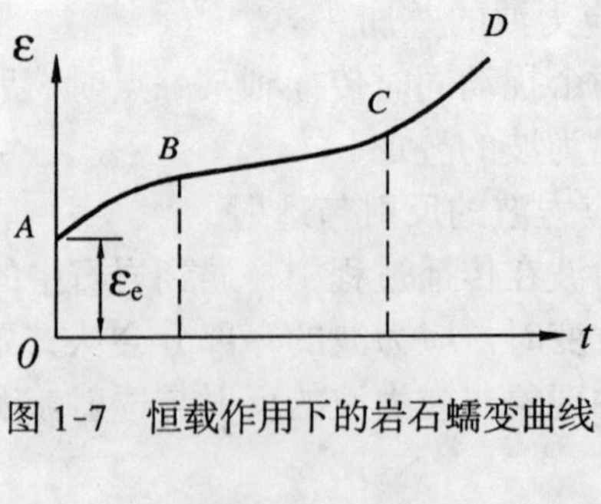

图 1-7 恒载作用下的岩石蠕变曲线

(1) OA 段为开始加载时的瞬时弹性应

变阶段，$\varepsilon_e=\sigma/E$，这段所用的时间极短，可看作与时间无关；

(2) A、B 之间的蠕变不断增加，但蠕变速度逐渐减慢，称为第一阶段蠕变或过渡蠕变；

(3) 在 B、C 之间，蠕变以恒定速率增长，称为第二阶段蠕变或稳定蠕变；

(4) C 点之后，蠕变加速增长，称为第三阶段蠕变或加速蠕变；

(5) 达到 D 点，岩石破坏。

第五节　岩石的强度特性

根据加载速率的大小，岩石的强度可分为静载强度和动载强度。

一、岩石的静载强度

当荷载的加载速率小于 3～5kg/(cm^2·s)时岩石所呈现的强度称为岩石的静载强度。

1. 岩石的单向抗压强度

岩石的单向抗压强度是岩石试件在单向压力作用下达到破坏时的极限强度，在数值上等于岩石破坏时的最大压应力。

岩石的单向抗压强度可在实验室中用压力机进行加压试验来测定，试件采用正方柱状或圆柱状，横截面尺寸分别为 5cm×5cm（或 7cm×7cm），或直径 $D=5$cm（或 $D=7$cm），试件高度 h 为：

(1) 正方柱状试件：$h=(2\sim2.5)\sqrt{A}$，其中 A 为试件的横断面面积；

(2) 圆柱状试件：$h=(2\sim3)D$。

根据岩石试件破坏时的荷载和试件的横断面面积即可得到岩石的单向抗压强度为

$$\sigma_P=\frac{P}{A} \qquad (1\text{-}13)$$

式中：σ_P——岩石的单向抗压强度，kg/cm^2；

P——岩石试件破坏时的荷载，kg；

A——试件的横断面面积，cm^2。

2. 岩石的单向抗拉强度

岩石的单向抗拉强度是岩石试件在单向拉伸条件下达到破坏时的极限强度，在数值上等于岩石破坏时的最大拉应力。

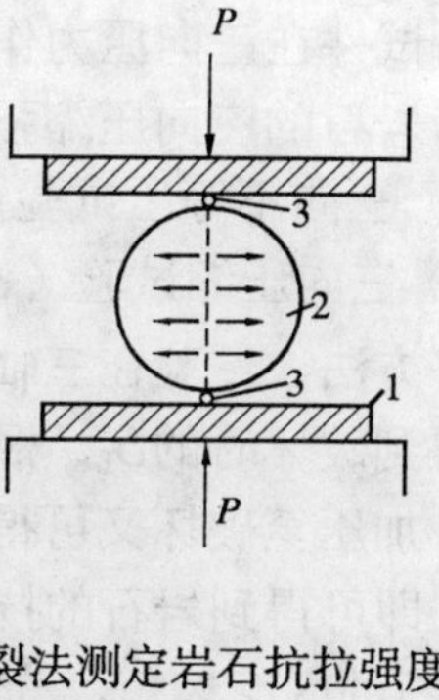

图 1-8　劈裂法测定岩石抗拉强度示意图

1—承压板；2—岩石试件；3—钢丝

常用劈裂法测定岩石的抗拉强度，如图 1-8 所示，把一个经过加工的圆板状（或正方形板状）岩石试件横置在压力机的承压板上，并在试件与承压板之间各放置一根硬质钢丝作为垫条。

则岩石的抗拉强度为

$$\sigma_t=\frac{2P}{\pi Dt} \qquad (1\text{-}14)$$

式中：P——试件发生劈裂时的压力；

D——试件直径；

t——试件厚度。

一般地，岩石的抗拉强度远小于其抗压强度，即 $\sigma_t=(\frac{1}{50}\sim\frac{1}{10})\sigma_p$。

3. 岩石的剪切强度

剪切强度是岩石在一定的应力条件下（主要是压应力）所能抵抗的最大剪应力，用τ 表示。常用的剪切强度包括：抗剪断强度、抗切强度、弱面抗剪强度等，如图 1-9 所示。

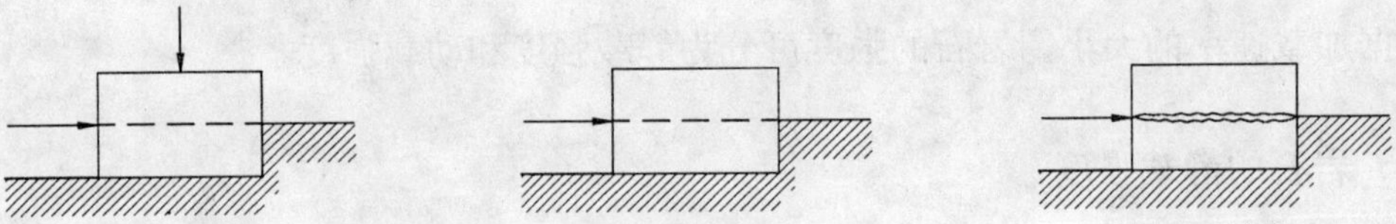

图 1-9 岩石的三类剪切强度

图 1-10 为剪切仪示意图。通过试验可得

$$\begin{cases}\sigma=\dfrac{P}{F}(\cos\alpha+f\sin\alpha)\\ \tau=\dfrac{P}{F}(\sin\alpha-f\cos\alpha)\end{cases} \tag{1-15}$$

式中：P——试件发生剪断时的压力；

F——剪切面积；

f——摩擦系数。若不计f时，$\tau=\dfrac{P\sin\alpha}{F}$。

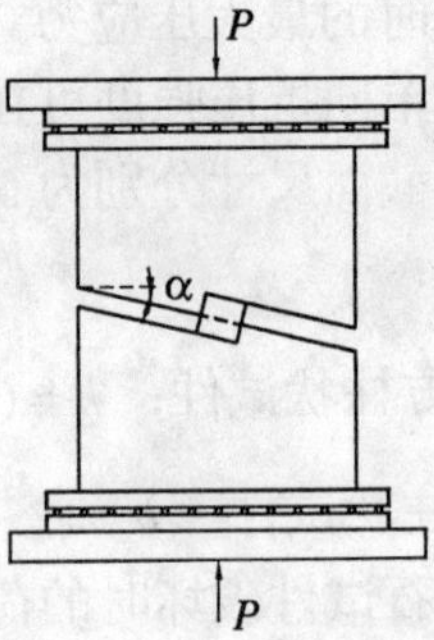

图 1-10 剪切仪示意图

4. 岩石的三向压缩强度

岩石试件在三向压力作用下所能抵抗的最大主应力，称为岩石的三向压缩强度。常用测量三向压缩强度的试验有两种：

（1）三向不等压试验（$\sigma_1>\sigma_2>\sigma_3$）；

（2）三向压缩试验（$\sigma_1>\sigma_2=\sigma_3$）。它是最常用的一种试验方法，也是确定岩石剪切强度的最好方法。试验在三轴试验机上进行。试验时，先加侧压σ_3，然后逐渐增加轴压，直至破坏，得到破坏时的σ_1，根据σ_1和σ_3绘应力圆，如图 1-11（a）所示。采用同样的试件，改变侧压，加压至破坏又可得到一个σ_1，重复上述试验，可得数个应力圆，绘制这些应力圆的包络线，即可得到岩石的抗剪强度曲线，如图 1-11（b）所示，它近似为直线$\tau=c+\sigma_p\text{tg}\varphi$，其中$\varphi$为岩石的内摩擦角，$c$为岩石的粘结力。

一般地，岩石的强度具有如下特性，即：三向压缩强度>单向抗压强度>剪切强度>单向抗拉强度。

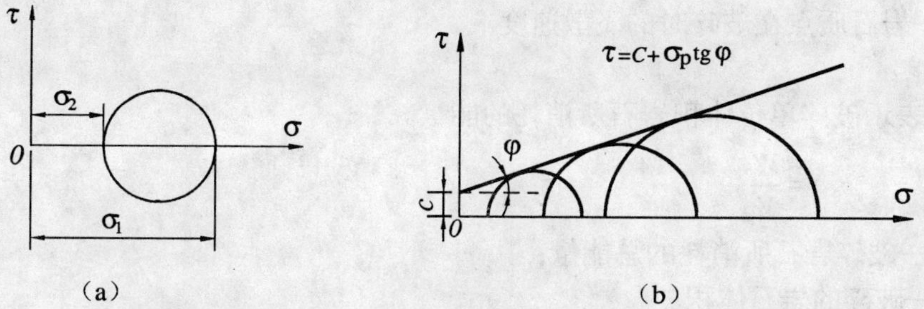

图 1-11　岩石的应力圆与抗剪强度曲线图

二、岩石的动载强度特性

当荷载的加载速率大于 3～5kg/(cm^2·s)时岩石所呈现的强度称为岩石的动载强度。在动载作用下岩石强度与加载速率有关，加载速度提高，强度也相应提高。

岩石抗压强度与加载速率的关系可用公式(1-16)表示。

$$\sigma_d = K\lg v + \sigma_s \tag{1-16}$$

式中：σ_d——动载强度；

K——比例系数；

v ——加载速率；

σ_s——静载强度。

此外，岩石的动载强度还可用下列一些综合指标来加以说明。

1. 岩石的动态弹性参数

(1) 动态弹性模量 E_d

在三维状况下：$E_d = \rho C_p^2 \dfrac{(1+\mu_d)(1-2\mu_d)}{1-\mu_d}$ 或 $E_d = \rho C_s^2(1+\mu_d)$

在二维状况下：$E_d = \rho C_p^2(1-\mu_d^2)$

在一维状况下：$E_d = \rho C_p^2$

(2) 动态剪切模量 G_d

$$G_d = \rho C_s^2 \tag{1-17}$$

(3) 动态泊松比μ_d

$$\mu_d = \frac{C_p^2 - 2C_s^2}{2(C_p^2 - C_s^2)} \tag{1-18}$$

2. 岩石的冲击参数

(1) 动应力强度σ_d

$$\sigma_d = E_d\varepsilon = \rho C_p v \tag{1-19}$$

式中：v——岩石质点在破碎时的飞散速度。

(2) 比能 a

比能 a 表示破碎单位体积岩石所消耗的能量。

$$a=\frac{W}{V} \tag{1-20}$$

式中：W——破碎岩石所消耗的总能量；

V——破碎的岩石体积。

比能又可分为静载比能 a_s 和动载比能 a_d，一般来说，$a_s=(55\%\sim63\%)a_d$，也就是说，在能量相等时，静载破碎的岩石体积大，这一现象同加载速度有关。冲击加载是瞬时性的，一般为 ms 级，而静载通常超过 10s，因此静载破碎时，应力可以分布到较深、较大的范围，而变形和裂隙的发展也比较充分。

三、岩石的硬度

岩石的硬度表示岩石表面抵抗工具侵入的能力，它可用静压入硬度和冲击硬度来表示。

1. 静压入硬度

一定形状、一定材料的压头，以静力压入岩石的表面使之产生非弹性变形或破坏时，受压岩石单位接触面积上的压力值称为岩石的静压入硬度。

2. 冲击硬度

使冲锤（又称施密特锤）以一定的速度冲击岩石表面，冲锤的回弹高度可作为表征冲击硬度的指标。

四、岩石的磨蚀性

岩石的磨蚀性是指岩石对工具的磨蚀能力。主要影响因素有岩石成分、结构、硬度和其中的石英含量。

五、岩石的强度理论

强度条件是指材料出现危险时的条件。本章所讨论的岩石强度是指岩石的静载强度。

目前，莫尔（Mohr）强度理论较能反映出岩石的强度条件。该理论假设：材料内某一点的破坏主要取决于最大主应力和最小主应力，而与中间主应力无关。

根据对岩石进行的强度试验，在σ-τ 平面上绘制一系列莫尔应力圆，然后作出一条线将这些极限应力圆包络起来，如图 1-12 所示，根据 Mohr 强度理论，有如下关系式满足

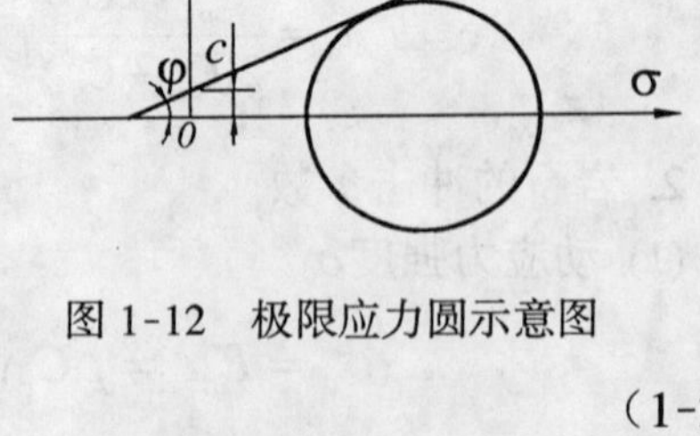

图 1-12 极限应力圆示意图

$$\tau=c+\sigma\text{tg}\varphi \tag{1-21}$$

式中：c——岩石的粘结力；

φ——岩石的内摩擦角；

τ——岩石的抗剪强度；

σ——正应力。

六、　岩体的强度

剪切强度是岩体最重要的强度指标。试验和理论分析表明，岩体的剪切强度主要受软弱面（各种结构面）、应力状态、岩石特性、风化程度以及含水量等因素的影响。一般地，在高应力条件下，岩体的剪切强度性质比较接近于岩块的值，而在低应力条件下，岩体的剪切强度主要受软弱面控制；如果只有一组软弱面，当垂直于软弱面施加剪力时，岩体的剪切强度最高；沿软弱面施加剪切力时，其剪切强度等于软弱面的抗剪强度，如图 1-13 所示。

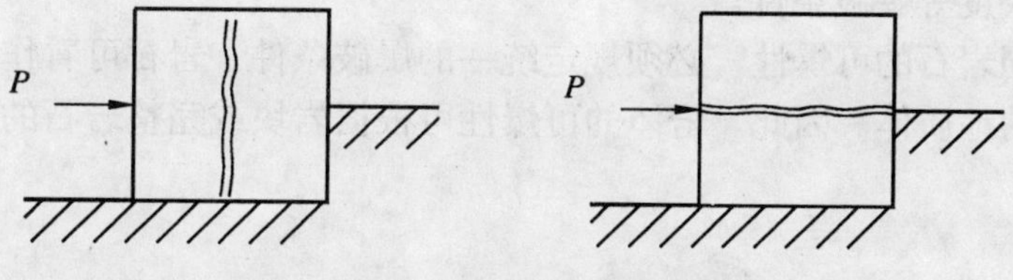

图 1-13　岩体中的软弱结构面

第六节　岩石的可钻性、爆破性及坚固性

一、岩石的可钻性

1. 概念

岩石的可钻性表示在岩石上钻眼的难易程度。在选用凿岩机械、工具、凿岩工艺参数和编制凿岩工作量定额时，都需要了解岩石的可钻性。

2. 测定方法

通常采用如下两种方法来测定岩石的可钻性。

(1) 微型模拟钻头钻眼试验

以一定的钻速、钻进一定深度的炮眼所需的时间和钻头的磨损量、比能（功）耗等指标表示岩石的可钻性。

(2) 凿测器

凿测器由东北大学（原东北工学院）设计。测试时，锤重 4kg，落高 1m，钎头直径 40mm，刃角 110°，每冲击一次转 15°角，共冲击 480 次，以比功耗 a 和钎刃两端向内 4mm 处的磨钝宽度 b 作为可钻性的衡量指标。

$$a=\frac{NA}{\frac{1}{4}\pi d^{2}H} \tag{1-22}$$

式中：N——冲击次数；

A——单次冲击功（4kg·m）;
d——钎头直径，mm;
H——纯凿深，mm。

二、岩石的爆破性

1. 概念

岩石对爆破作用的抵抗性或爆破岩石的难易程度称为岩石的爆破性（可爆性）。实际工程中，选用炸药、确定爆破参数和编制爆破工作量定额时，都需要了解岩石的可爆性。

2. 衡量指标

可爆性的衡量指标主要有爆破单位体积岩石所需的炸药量、爆破单位体积岩石所需的炮眼长度等。这些指标不仅取决于岩性，还取决于炸药类型、爆破方法、爆破参数、装药结构、起爆方式、爆破块度等爆破条件。

为了比较不同岩石的可爆性，必须规定统一的爆破条件。岩石可看作是被结构面切割形成的岩块所组成的地质体。因此，岩体的可爆性可根据岩块或完整岩石的可爆性和岩体的完整性来判断。

3. 测试方法

莫斯科矿业学院提出了一种在实验室条件下测试岩块可爆性的方法。

测试方法和过程如下：

(1) 选取边长为0.4～0.5m较均质的完整岩块；

(2) 中心钻Φ32～40mm的孔，孔深为岩块高度的1/2；

(3) 采用爆力为360～380mm的炸药，单位炸药消耗量q_d = 0.5～0.7kg/m^3（称为标准单位耗药量）；

(4) 用砂封堵炮眼，在专门容器（旧矿车）内爆破；

(5) 筛选出块度大于100mm的岩块，计算出百分比；

(6) 计算出块度不超过（≤）100mm的耗药量q，称为计算单位炸药消耗量，用来表示岩石的可爆性。

$$q = q_d \frac{100}{100 - V_{(+100)}} \tag{1-23}$$

式中：q_d——岩石的标准单位耗药量（0.5～0.7kg/m^3）；

$V_{(+100)}$——爆破后块度超过100mm的岩石重量在整个岩块重量中所占的百分数。

三、岩石的坚固性

坚固性的概念是前苏联学者普洛托奇雅可洛夫教授提出的，他指出：“岩石坚固性和所有的材料一样，是一种抵抗外力的性能。”由此可见，岩石的坚固性是一个抽象化的概念，可以笼统地表征岩石的性质、凿岩的难易程度和地压的大小。工程中常用普氏方法来测定和描述岩石的坚固性。

1. 普氏系数（f）

普氏采用岩石强度、凿岩速度、凿碎单位体积岩石所消耗的功和单位炸药消耗量等几项指标，经过长期大量的测试，取其结果的平均值作为岩石的坚固性系数。由于科学技术的发展，普氏当年采用的多项指标中只剩下一个静载抗压强度指标沿用至今。

现今的普氏坚固性系数直接用岩石的单向抗压强度来确定。

$$f=\frac{\sigma_p}{100} \tag{1-24}$$

式中：f——岩石坚固性系数（无量纲）；

σ_p——岩石单向抗压强度。

2. 巴隆修正公式

巴隆在工程实践中发现，按式（1-24）确定的坚固性系数对软岩偏低，对硬岩则偏高，因此建议修正为

$$f=\frac{\sigma}{300}+\sqrt{\frac{\sigma}{30}} \tag{1-25}$$

3．坚固性系数的简易测定方法

莫斯科矿业学院提出采用捣碎法测定岩石的坚固性系数。测定过程如下：

(1) 取 5 份岩石试样，每份块度为 20～40mm，总体积为 10～20cm^3；

(2) 利用重锤捣碎试样（锤重 2.4kg，落高 0.6m）；

(3) 用孔径为 0.5mm 的筛过筛，量测量筒内的粉末高度。采用式(1-26)计算 f 值。

$$f=\frac{20n}{l} \tag{1-26}$$

式中：n——重锤投掷次数；

l——量筒内的粉末高度。

第七节　岩石分级和围岩分类

岩石工程分级是在工程实践过程中随着科学技术的进步和人们对施工技术与地质体之间的关系不断认识的基础上发展起来的。

早在 19 世纪，人们就提出了岩石工程分级的问题。从 20 世纪前半期开始，著名的太沙基（K. Terzaghi）分级和普氏分级逐步在世界各国得到了广泛应用。与此同时，还出现了一些其它形式的岩石分级方法。近 30 多年来，随着地下工程和各类岩土工程的规模和设计施工范围越来越广，相继出现了多种不同工艺要求的岩石分级方法。概括起来，这些分级方法大体上可分为两大类：一类是单项工艺多因素分级，如可钻性分级、爆破性分级、岩石稳定性分级等；另一类是综合工艺或工艺统一的多因素分级，如坚固性分级、凿岩与爆破统一分级、以岩石裂隙间距或岩石强度为依据的分级等。

按岩石的成因不同，可将其分为岩浆岩、沉积岩和变质岩。这种分类在地质学上是必要的，但对地下工程和各类岩土工程来说，是不够的。地下工程和各类岩土工程要求对岩石进行定量的区分，以便能正确地进行工程设计、合理地选用施工方法、施工设备、爆破器材以及合理准确地制定生产定额和材料消耗定额等。

一、岩石的可钻性分级

岩石的可钻性分级采用凿碎比功、钎刃磨钝宽度两种指标表示。

1．凿碎比功（能）

破碎单位体积岩石所消耗的能量，称为凿碎比功（或凿碎比能），用式（1-22）计算。

2．钎刃磨钝宽度

专用工具在岩石上凿 480 次后，在钎刃上由两端向内量测的 4mm 处的钎刃的磨钝宽度，称为钎刃磨钝宽度。

根据凿碎比功（能）数值的大小可将岩石分为 7 级，根据钎刃的磨钝宽度可将岩石分为 3 级，见表 1-1、表 1-2。

表 1-1 岩石的可钻性分级

岩石级别	软硬程度	凿碎比功（J/cm³）
Ⅰ	极软	<20
Ⅱ	软	20～30
Ⅲ	较软	30～40
Ⅳ	中硬	40～50
Ⅴ	较硬	50～60
Ⅵ	硬	60～70
Ⅶ	极硬	>70

表 1-2 岩石的磨蚀性分级

岩石级别	磨蚀性	钎刃磨钝宽度(mm)
Ⅰ	弱	<0.2
Ⅱ	中	0.3～0.6
Ⅲ	强	>0.8

二、岩石的爆破性分级

岩石的爆破性是岩石的物理力学性质和炸药性能、爆破参数和爆破工艺的综合效应。

岩石的爆破性分级是以能量平衡为准则的。当爆破器材、参数、工艺条件一定时，根据爆破漏斗的体积、大块率、平均合格率和岩石波阻抗等大量数据，运用数理统计的多元回归分析，得出可爆性指数 F 为

$$F=\ln\left[\frac{e^{67.22}\cdot K_{大}^{7.42}\cdot(\rho_{C_p})^{2.03}}{e^{38.44V}\cdot K_{平}^{1.89}\cdot K_{小}^{4.75}}\right] \quad (1\text{-}27)$$

式中：V ——爆破漏斗体积，m^3；

$K_{大}$——大块率（大于 300mm），%；

$K_{平}$——平均合格率，%；

$K_{小}$——小块率（小于 50mm），%；

ρ_{Cp}——岩石的波阻抗，$kg/(m^2 \cdot s)$；

e——自然对数的底。

根据 F 值可将岩石分为 5 级，见表 1-3。

表 1-3　岩石爆破性分级

岩石级别		F	爆破性程度
Ⅰ	$Ⅰ_1$	<29	极易爆
	$Ⅰ_2$	29.001～38	
Ⅱ	$Ⅱ_1$	38.001～46	易爆
	$Ⅱ_2$	46.001～53	
Ⅲ	$Ⅲ_1$	53.001～60	中等
	$Ⅲ_2$	60.001～68	
Ⅳ	$Ⅳ_1$	68.001～74	难爆
	$Ⅳ_2$	74.001～81	
Ⅴ	$Ⅴ_1$	81.001～86	极难爆
	$Ⅴ_2$	>86	

但是，这种分级方法也存在一些缺点，如岩石的块度测定工作劳动强度大，并且有一定的随机性，求算指数的计算公式不够方便等。

三、岩石的坚固性分级

前苏联学者普洛托奇雅可洛夫通过长期观察与测定，建立了岩石坚固性的概念，并用这个概念来表征岩石的性质。普氏认为：用一种方法难以破碎的岩石，用其它方法也同样难以破碎，岩石的坚固性在各个方面的表现是趋于一致的。这种分级方法是用岩石坚固性系数 f 值来表示岩石的坚固程度，f 系数又叫普氏系数。普氏曾采用岩石强度、凿岩速度、凿碎单位体积岩石所消耗的功和单位炸药消耗量等多项指标来综合测定岩石的坚固性系数值，然后按 f 值的大小将岩石分成 10 个等级，见表 1-4。

普氏岩石分级的明显优点是定量清楚，分级内容简单，在实验室就可以确定岩石等级，使用方便。缺点是经过抽象化的“坚固性”有时同岩石的具体属性相差甚远，仅用单轴抗压强度难以代表岩石（特别是岩体）各方面的特征。岩石坚固性趋于一致的观点，仅对一些岩石是适用的，而对某些岩石（土）并不适用，如粘土，钻眼容易，爆破却难。

表 1-4 普氏岩石分级简表（坚固性分级）

等级	坚固性程度	典型的岩石	f值
Ⅰ	最坚固	最坚固、细致和有韧性的石英岩、玄武岩及其它各种特别坚固岩石	20
Ⅱ	很坚固	很坚固花岗岩、石英页岩、硅质片岩、较坚固的石英岩、最坚固的砂岩和石灰岩	15
Ⅲ	坚　固	致密花岗岩、很坚固砂岩和石灰岩、石英质矿脉、坚固的砾岩、极坚固的铁矿石	10
$Ⅲ_a$	坚　固	坚固的石灰岩、砂岩、大理岩、不坚固花岗岩、黄铁矿	8
Ⅳ	较坚固	一般的砂岩、铁矿	6
$Ⅳ_a$	较坚固	砂质的页岩、页岩质砂岩	5
Ⅴ	中　等	坚固的粘土质岩石、不坚固的砂岩和石灰岩	4
$Ⅴ_a$	中　等	各种不坚固的页岩、致密的泥灰岩	3
Ⅵ	较软弱	软弱的页岩，很软的石灰岩、白垩、岩盐、石膏、冻土、无烟煤，普通泥灰岩、破碎砂岩、胶结砾岩、石质土壤	2
$Ⅵ_a$	较软弱	碎石质土壤、破碎岩石、凝结成块的砾岩和碎石，坚固的煤、硬化粘土	1.5
Ⅶ	软　弱	致密粘土，软弱的烟煤，坚固的冲积层、粘土质土壤	1.0
$Ⅶ_a$	软　弱	轻砂质粘土、黄土、砾岩	0.8
Ⅷ	土质岩石	腐质土、泥煤，轻砂质土壤、湿砂	0.6
Ⅸ	松散性岩石	砂、山麓堆积、细砂石、松土、采下的煤	0.5
Ⅹ	流沙性岩石	流砂、沼泽土壤，含水黄土及其它含水土壤	0.3

四、岩体的工程分类

岩体和围岩分类方法有很多，主要有：岩体质量分级（参见《工程岩体分级标准》GB50218-94）、硐室围岩分类（参见《锚杆喷射混凝土支护技术规范》GBJ86-85）、岩体地质力学（*RMR*）分类、Barton 岩体质量（*Q*）分类等。本章仅介绍与凿岩爆破和地下工程密切相关的几种分类方法。

1. 岩体质量指标（*RQD*）分级

该分类方法由美国提出，即用钻探时直接获取的长度大于 100mm 的累计岩芯总长度与钻孔总长度的比值表征岩体的质量，即

$$RQD=\frac{100\text{mm 以上的岩芯的累计长度}}{\text{钻孔总长度}}\times 100\% \tag{1-28}$$

计算时，以 1 500mm 的钻进长度作为计算分析的总长度。

例如，在 1 500mm 的钻进长度中，可见岩芯的总长度为 1 250mm，长度大于 100mm 的岩芯的累计长度为 850mm，则：$RQD=850/1\,500\approx 57\%$。

根据 *RQD* 的值，可将岩体划分为 5 级，见表 1-5。

表 1-5　岩体质量指标分级

分　类	RQD（%）
优　质	90～100
良　好	75～90
好	50～75
差	25～50
很　差	0～25

很明显，岩芯的采集率的高低，大体上可以说明岩体的结构形式和连续性情况，即可以反映一定范围内岩体的连续性及其结构类型。如果采集出的岩芯长，说明岩体的完整性好，岩体的强度高。

2. 应力波传播速度分级

应力波在岩体中的传播速度同样反映了岩体的性质。这种分级方法的主要分级指标有：

（1）岩体内纵波的传播速度 C_p

纵波在岩体内的传播速度一般在 1 000～7 000m/s，在强度高、密度大的岩体中，C_p= 4 000～7 000m/s，而在裂隙发育的岩体中 $C_p \leqslant$ 4 000m/s。实践表明，C_p 基本上可以反映岩体的结构形式和连续性以及完整程度。

（2）传播速度比 K_1

传播速度比 K_1 是指岩体内的纵波传播速度 C_p 与相同的岩石试件内的纵波传播速度 C_{mp} 的比值。

$$K_1 = \frac{C_p}{C_{mp}} \tag{1-29}$$

传播速度比在一定程度上反映了岩体的完整性。

（3）岩体的完整性系数 K_2

岩体的完整性系数是指岩体内的纵波传播速度与相同的岩石试件内的纵波传播速度的平方的比值，即

$$K_2 = \frac{C_p^2}{C_{mp}^2} \approx \frac{\rho C_p^2}{\rho_m C_{mp}^2} = \frac{E_{dp}}{E_{dmp}} \tag{1-30}$$

式中：E_{dp}——岩体的动弹性模量；

E_{dpm}——岩石的动弹性模量；

ρ——岩体的密度；

ρ_m——岩石的密度。

3. 围岩稳定性分类

工程实践中，围岩的稳定性主要取决于岩体的结构和岩体的强度，而不是岩石试件的强度。因此，国内外提出了各种各样的岩体工程分类的方法。

在各种岩体工程分类的方法中，虽然分类原则不尽相同，但都普遍考虑了岩体的完整性

或破碎程度，这无疑是正确的。因为岩体的完整性或破碎程度，实质上反映了岩体中软弱面的发育特征。此外，许多分类方法中都不同程度地考虑了岩石与岩体的成层性和地下水的影响。表 1-6 为交通部门采用的围岩分类，表 1-7 为煤炭部门采用的隧道围岩分类。

表 1-6 隧道围岩分类（交通部门）

<table>
<tr><th rowspan="2">类 别</th><th colspan="2">围岩主要工程地质条件</th><th rowspan="2">围岩开挖后的稳定状态</th></tr>
<tr><th>主要工程地质条件</th><th>结构特征和完整状态</th></tr>
<tr><td>Ⅵ</td><td>硬质岩石（饱和抗压强度 R_b > 60MPa），受地质构造影响轻微，节理不发育，无软弱面（或夹层）；层状岩层为厚层，层间结合良好</td><td>呈巨块状整体结构</td><td>围岩稳定、无坍塌，可能产生岩爆</td></tr>
<tr><td rowspan="2">Ⅴ</td><td>硬质岩石（R_b > 30MPa），受地质构造影响较重，节理较发育，有少量软弱面（或夹层）和贯通微张节理，但其产状及组合关系不致产生滑动；层状岩层为中层或厚层，层间结合一般，很少有分离现象，或为硬质岩石偶夹软弱岩石</td><td>呈大块状砌体结构</td><td rowspan="2">暴露时间长，可能会出现局部小坍塌；侧壁稳定；层间结合差的平缓岩层，顶板易塌落</td></tr>
<tr><td>软质岩石（$R_b \approx$ 30MPa），受地质构造影响轻微，节理不发育；层状岩层为厚层，层间结合良好</td><td>呈巨块状整体结构</td></tr>
<tr><td rowspan="2">Ⅳ</td><td>硬质岩石（R_b > 30MPa），受地质构造影响严重，节理发育，有层状软弱面（或夹层），但其产状及组合关系尚不致产生滑动；层状岩层为薄层或中层，层间结合差，多有分离现象；或为硬、软质岩石互层</td><td>呈块（石）碎（石）状镶嵌结构</td><td rowspan="2">拱部无支护时可产生小坍塌，侧壁基本稳定，爆破震动过大易塌</td></tr>
<tr><td>软质岩石（R_b = 5～30MPa），受地质构造影响严重，节理较发育；层状岩层为薄层、中层或厚层，层间结合一般</td><td>呈大块状砌体结构</td></tr>
<tr><td rowspan="3">Ⅲ</td><td>硬质岩石（R_b > 30MPa），受地质构造影响很严重，节理很发育，层状软弱面（或夹层）已基本被破坏</td><td>呈碎石状压碎结构</td><td rowspan="3">拱部无支护时，可产生较大的坍塌，侧壁有时失去稳定</td></tr>
<tr><td>软质岩石（R_b = 5～30MPa），受地质构造影响严重，节理发育</td><td>呈块（石）碎（石）状镶嵌结构</td></tr>
<tr><td>1. 略具压密或成岩作用的粘性土或砂性土
2. 一般钙质、铁质胶结的碎、卵石土，大块石土
3. 黄土（Q_1、Q_2）</td><td>1. 呈大块状压密结构
2. 呈巨块状整体结构
3. 呈巨块状整体结构</td></tr>
<tr><td rowspan="2">Ⅱ</td><td>石质围岩位于挤压强烈的断裂带内，裂隙杂乱，呈石加土或土加石状</td><td>呈角（砾）碎（石）状松散结构</td><td rowspan="2">围岩易坍塌，处理不当会出现大坍塌，侧壁经常小坍塌；浅埋时易出现地表下沉（陷）或塌至地表</td></tr>
<tr><td>一般第四系的半干硬至硬塑的粘性土及稍湿至潮湿的一般碎、卵石土，圆砾、角砾土及黄土（Q_3、Q_4）</td><td>非粘性土呈松散结构，粘性土及黄土呈松软结构</td></tr>
<tr><td rowspan="2">Ⅰ</td><td>石质围岩位于挤压极其强烈的断裂带内，呈角砾、砂、泥松软体</td><td>呈松软结构</td><td rowspan="2">围岩极易坍塌变形，有水时土砂常与水一起涌出；浅埋时易塌至地表</td></tr>
<tr><td>软塑状粘性土及潮湿的粉细砂等</td><td>粘性土呈易蠕动的松软结构，砂性土呈潮湿松散结构</td></tr>
</table>

注：表中“类别”和“围岩主要工程地质条件”栏，不包括特殊地质条件的围岩，如膨胀性盐岩、多年冻土等。

表 1-7　围岩分类（煤炭部门）

围岩分类		岩层描述	巷道开挖后围岩的稳定状态（3～5mm 跨度）
类别	名称		
Ⅰ	稳定岩层	（1）完整坚硬岩层，$R>600\text{kg/cm}^2$，不易风化； （2）层状岩层，层间胶结好，无软弱夹层	围岩稳定，长期不支护，无碎块掉落现象
Ⅱ	稳定性较好岩层	（1）完整比较坚硬，$R=400\sim600\text{kg/cm}^2$； （2）层状岩层，胶结较好； （3）坚硬块状岩层，裂隙面闭合，无泥质充填物	围岩基本稳定，较长时间不支护会出现小块掉落

注：表中 R 指岩石的单向抗压强度。

思考题

1. 解释岩体和岩块的概念及其关系。
2. 解释岩石的物理力学性质指标及其意义。
3. 分析论述岩石在静载作用下的变形特性。
4. 分析论述岩石在动载作用下的变形特性。
5. 分析论述岩石的强度特性。
6. 解释岩石的可钻性、爆破性及坚固性的概念，并评价其岩石分级方法。
7. 综合论述岩石的分级和围岩的分类依据及意义，并对现有的分级和分类方法加以评述。

第二章 凿岩方法

第一节 概 述

破碎岩石的方法很多，从目前已经用于生产的，或者有使用前景的破碎岩石的方法来看，基本上分为两大类，即机械破岩方法和新式破岩方法。其中机械式破岩又可分为冲击式、回转式和冲击-回转式 3 种类型。新式破岩方法可分为热力破岩、水力破岩、激光破岩、超声波破岩、电磁破岩、水电效应破岩和电子束破岩。这些新方法大多处于试验阶段，其中有的已经发展成为具有一定实用价值的方法，特别是高压水射流、火力和电子束破岩法。但由于经济和技术方面某些不易克服的困难，在近期内还难以推广应用于生产。此外，还可将破岩方法分为接触式破岩和非接触式破岩。接触式破岩，如传统钻爆法和机械破岩方法，必须使破岩工具（能量载体）与岩石保持接触，该方法的弱点是破岩工具易磨损、冲击性大和需要循环作业；非接触式破岩的能量载体是流体，如热流、辐射流和粒子流，特点是能量密度高、方向性好，不存在工具磨损、冲击等弊端，且是一种连续性作业。

1. 凿岩系统

凿岩系统由凿岩机械（凿岩机）、钎杆-钎头（凿岩工具）和凿岩工作对象即岩石构成。

2. 凿岩过程

凿岩机的活塞撞击钎尾，产生压缩波，通过钎杆传递到钎头，使钎头进入岩石，在岩石中做功，使岩石产生破碎。因此，凿岩过程就是凿岩机械产生的能量通过凿岩工具传递到岩石，而使岩石破碎的过程。

3. 现代凿岩的基本问题

研究和发展传统的凿岩方法、凿岩工具和工艺，寻找新的更加有效的凿岩方法，是现代凿岩需要解决的基本问题。

第二节 机械式凿岩方法

根据工具对岩石的作用方式，机械式凿岩方法可分为冲击式凿岩、回转式凿岩、冲击-回转式凿岩三类。

一、冲击式凿岩

由冲击式凿岩机冲击机构产生的冲击能撞击活塞，进而撞击钎杆，并以应力波的形式将能量传递给岩石，达到破碎岩石的目的。

如图 2-1 所示，活塞冲击一次，钎头在炮眼底部的岩石面上形成一条裂痕 AA'，转动一定的角度后，钎头在岩石面上形成新的一条裂痕 BB'，并破碎形成 AOB，$A'OB'$两块扇形体岩石，破碎下来的岩粉由排粉机构不断地从孔底排至孔外。冲击式凿岩受力和破岩方式如图 2-2 所示。

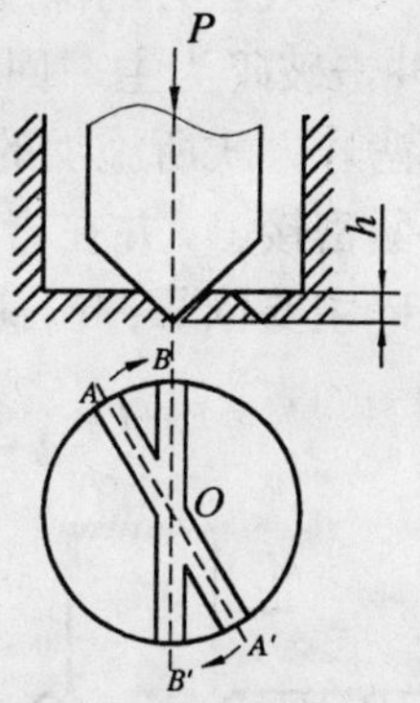

图 2-1　冲击式破岩机理示意图

二、回转式凿岩

1. 动作原理

如图 2-3 所示，回转式凿岩机工作时，钻头同时承受轴向力 P 和回转力 Q 的作用，在轴向力 P 作用下钻头插入岩石；同时，在回转力 Q 的作用下，钻杆转动切削岩石，钻头每回转一周，每个钻刃在岩石上切下一定厚度的岩屑，岩屑的厚度 δ 取决于钻头每回转一周的推进量和钻头的刃数。回转式凿岩采用压入和切削联合作用，钻头切削部分应采用单面楔形体状。

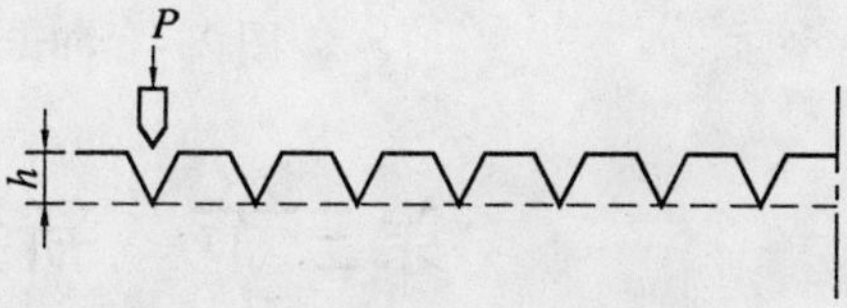

图 2-2　冲击式凿岩破岩方式

2. 回转式凿岩的特点

(1) 回转式凿岩呈连续剪切破碎，纯钻进工作时间长，能量利用率高；

(2) 回转式钻机工作时的振动、噪声和粉尘较低；

(3) 由于必须采用静力压入岩石，因此，所需的轴推力大，导致钻头与岩石的摩擦阻力增加，钻头磨损增大；同时，轴推力的增加也导致了凿岩设备的笨重。

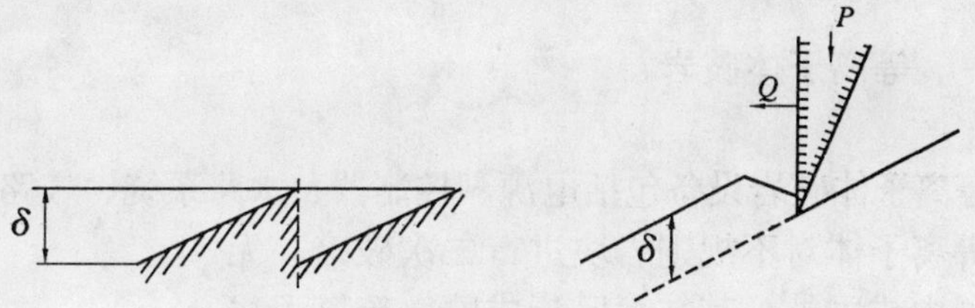

图 2-3　回转式凿岩机理示意图

实践证明，回转式凿岩仅适用于软岩和磨蚀性不大的岩石。

三、冲击-回转式凿岩

冲击-回转式凿岩是介于冲击式和回转式之间的一种凿岩方式，兼有两者的特长，克服了以上两种凿岩方法的弊端。在冲击-回转式凿岩中，钻头除承受较大的轴向静压力和回转力矩外，还承受定时的冲击荷载的作用。在一定的岩石条件下，根据施加的轴向推力和回转力矩的不同，冲击-回转式凿岩又可分为两种（如图 2-4 所示）：

(1) 回转切削为主、冲击为辅的冲击-回转式凿岩

这种凿岩方式所施加的轴向推力和回转力矩足以使钻头插入岩石；冲击荷载主要用以辅

助增大钻头切入岩石的深度，增加剪切自由面和切削体积。

(2) 冲击破碎为主、回转切削为辅的冲击-回转式凿岩

这种凿岩方式所施加的轴向推力和回转力矩不足以使钻头插入岩石，仅仅用于使钻头与眼底保持紧密接触，并在岩石内产生一定的预应力，回转力矩仅仅起克服摩擦和转钎的作用，岩石的破碎主要依靠冲击荷载。

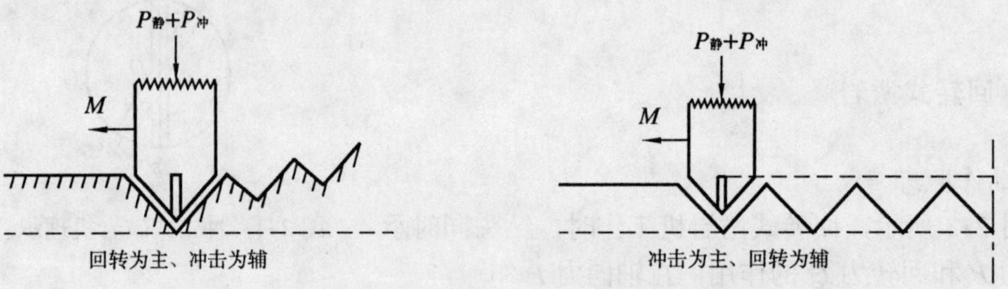

图 2-4 冲击-回转式凿岩的两种破岩方式

第三节 新型岩石破碎方法简介

岩石破碎是指将岩石从岩体上分离下来的一个过程。随着现代科学技术的发展，岩石破碎的方法和技术出现了一些新的发展趋势。本节对现代破岩方法进行了综述，重点介绍了几种具有代表性的破岩新方法。

一、等离子体破岩

等离子体破岩设备包括电源、控制器、水路系统、气路系统及喷嘴等，如图 2-5 所示。利用等离子体对不规则岩块进行二次破碎，无论在国内或国外，其技术已近成熟。等离子法在坚硬岩石中穿凿炮孔较机械法速度快（约为机械法的 3～4 倍），而成本只有机械法的一半。前苏联科学院西伯利亚分院矿业研究所曾在花岗岩、石英岩和砂岩中进行过试验，但由于岩性的变化和岩石结构、裂隙的存在，常常出现偏斜现象。目前，通过采用导向器在一定程度上改善了这种情况，但终究还是一个尚未解决的问题。等离子体在破岩中最重要的用途是切割，因为只有岩石切割才能使传统的循环作业方式发生根本的改变，同时也只有岩石切割才能使破岩的比能降到最小，因此，岩石切割技术目前已为许多发达国家所重视和关注。此外，利用等离子破岩法进行全断面隧道掘进是一个颇具吸引力的远景方案。

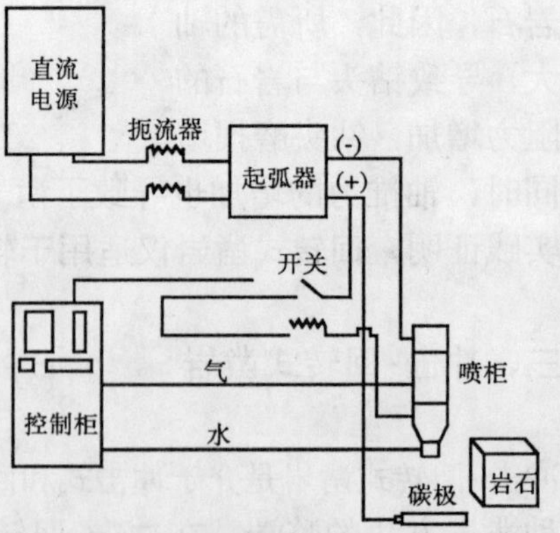

图 2-5 等离子体破岩装置示意图

二、电子束破岩

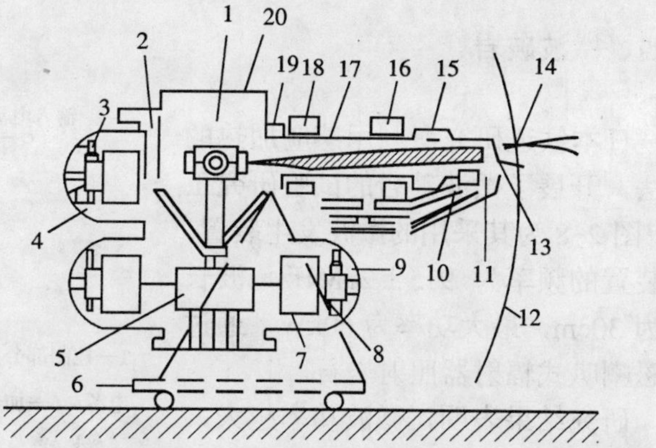

图 2-6　电子束破岩装置示意图

1—4 阴极转台；2—绝缘体；3—通真空泵；4—真空（1×10^{-4}mm 水银柱）；5—辅助阴极电源组；6—支撑车；7—SF_6 表（lb/in^2）；8—15kV 直流电源；9—输入电源；10—真空（0.5mm 水银柱）；11—真空（5mm 水银柱）；12—作用半径；13—过压室；14—聚焦；15—束流位置传感器；16、18—电透镜；17—控制器；19—真空（1×10^{-8}mm 水银柱）；20—阴极进口

利用特殊的加速器产生的电子束进行岩石破碎，是近年来发展起来的一种方法。产生电子束的装置一般称为电子枪，虽然各种电子枪的用途不同，但其原理都是一样的，如图 2-6 所示。

试验结果表明，任何一种硬岩在电子束作用下，均可被破碎。对电子束这种破岩工具而言，岩石硬度是微不足道的。与其它破岩方法相比，电子束破岩具有更高的功率密度、更高的能量转换率（高达 75%），且不存在一般机械法的反冲问题。

未来的电子束破岩可以采用以下几种方案：

(1) 单独用电子束枪进行采掘作业；

(2) 与其它机械配合使用；

(3) 使用长臂电子枪进行钻孔；

(4) 使用长臂电子枪开采薄层矿床。

除上述聚焦电子束破岩方法外，近年来美国加州大学进行了一系列脉冲电子束破岩试验，并提出了脉冲电子束加速器掘进机的设计方案。

三、激光破岩

从 20 世纪 60 年代开始，许多国家开展了利用激光破岩的研究工作。激光破岩的主要原理是借助于激光的热力作用使岩石破碎。

图 2-7 为美国联邦航空研究所采用的激光切割岩石的试验装置。

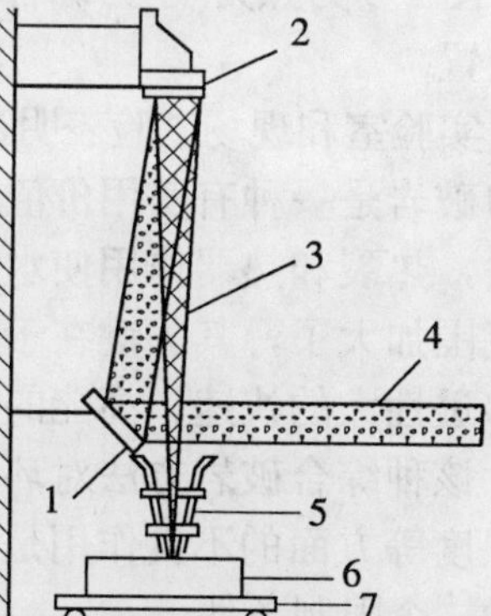

图 2-7　激光切割岩石的试验装置

1—45°平面旋转镜；2—聚焦镜；3—聚焦激光束；4—散束激光（Φ 6.35mm）；5—喷气嘴；6—岩样；7—行走装置

近年来的试验结果表明，利用激光发出的高能聚焦辐射，可在各种坚硬岩石上切割出深而细的切缝，在掘进硬岩隧道时，用激光切割器比用机械法在经济上具有优越性，当然，这种优越性取决于激光技术的发展水平、岩石的种类和隧道的断面等因素。

四、微波破岩

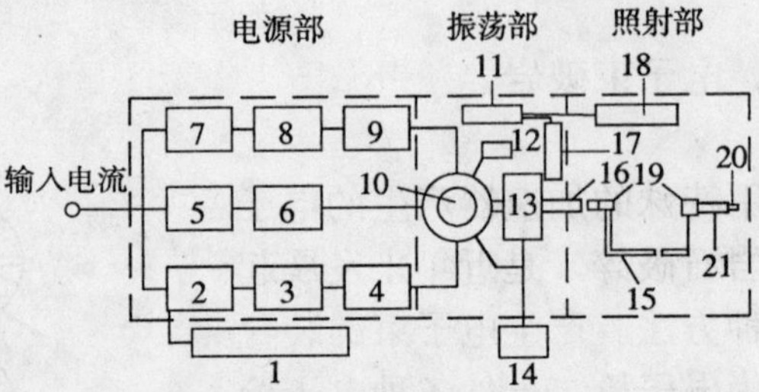

图 2-8 微波发生装置示意图

1—控制部分；2—变压器；3—整流回路；4—控制回路；5—加热电源；6—加热控制器；7—变压器；8—整流回路；9—过滤器；10—磁控管；11—保护回路；12—吹风机；13—隔离器；14—水泵；15—同心电缆；16—波导器；17—反射波检出；18—漏电检查；19—变换器；20—电磁喇叭；21—锥形管

日本铁道研究所利用感应加热的方法，开展了微波破岩的试验研究工作，图 2-8 为其采用的微波发生装置。该装置的频率为 915±25MHz，波长约为 30cm，最大功率为 60kW，通过电磁喇叭式辐射器照射岩石。

研究结果表明，微波功率越大，破碎效果越好。然而，微波设备的振荡器寿命如何，还不十分清楚，因而不能做出明确的经济比较。在不需考虑经济指标的特殊条件下，如必须严格控制震动、飞石和噪声以及在城市开凿隧道时，微波破岩法仍不失为一种先进技术。

五、热力综合破岩

美国矿山局试验并发展了一种热力-水力综合破岩方法。该方法首先利用红外线（或微波）加热岩石，使岩石结构弱化并产生表面破裂，然后利用水射流冲击使其破碎。

图 2-9 为热力-水力综合破岩试验装置。

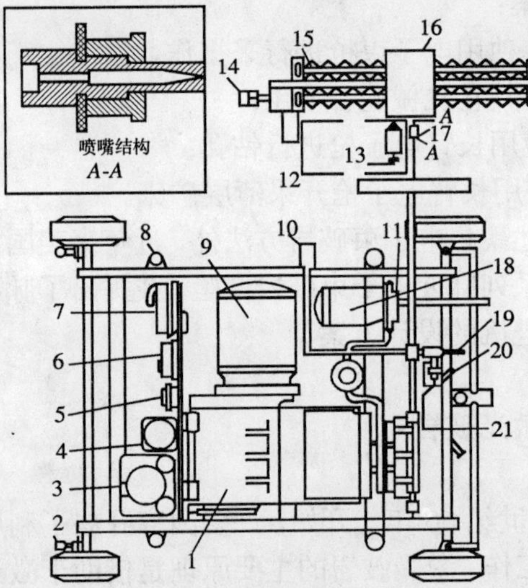

图 2-9 热力-水力综合破岩试验装置示意图

1—三段泵；2—踏板；3—起动器（111.9kW）；4—起动器（2.2kW）；5—压力计；6—断路器（2.2kW）；7—断路器（111.9kW）；8—手动泵；9—电动机（111.9kW）；10—传感器；11—加载泵；12—应变传感器；13—加热系统；14—行走控制；15—试件夹持系统；16—试块；17—喷嘴；18—电动机（2.2kW）；19—圆盘；20—控制阀；21—控制器

实验室和现场试验表明，热力-水力破岩是一种有实用价值的破岩方法，热裂和热弱作用使水力切割的范围加大了，其关键在于能产生热渗透性大的快速、高能的加热系统。该种综合破岩方法对环境温度和湿度等方面的不良作用是其实用性的一个限制条件。

六、射弹冲击破岩

利用普通的武器或坦克炮发射混凝土弹头使岩石产生破碎的方法在国外叫做 REAM 法（Rapid

Excavation and Mining）。这种方法是美国国防部技术规划局组织研究的，原理十分简单，即利用高速运动的弹头的冲击能使岩石产生破碎。

用 4.2in 口径的带自行炮架的火炮进行的巷道试验表明，射弹冲击破碎岩石时不会发生飞石现象，该方法是破碎坚硬岩石的一种快速、有效的方法。

本节介绍的方法中，有的已趋于成熟，有的则处于试验阶段。可以预计，随着科学技术的发展，传统的破岩方法在未来的破岩技术构成中所占的比重将逐步减少，取而代之的将是各种现代破岩方法。

思 考 题

1. 说明现代凿岩系统的组成。
2. 对机械式凿岩方法进行分类，并阐述每种凿岩方法的基本原理。
3. 分析几种新型凿岩方法的工作原理和特点。

第三章　凿岩工具

为了爆破的目的，在岩石中钻凿的孔眼称为炮眼或炮孔。通常，炮眼指直径小于 50mm、深度小于 5m 的孔眼；炮孔指直径大于 50mm、深度大于 5m 的孔眼。炮眼爆破主要用于隧道掘进或地表浅眼爆破，炮孔爆破主要用于井下或露天深孔爆破。

采用机械方法在岩石中钻孔时，通常把具有回转作用（包括以回转作用为主的回转-冲击式凿岩）的钻凿机械与工具称为钻机或钻具，而把具有冲击作用（包括以冲击作用为主的冲击-回转式凿岩）的钻凿机械与工具称为凿岩工具。

第一节　浅眼凿岩工具

浅眼凿岩工具又称为钎子，多为冲击式凿岩工具。通常一根钎子由钎头、钎杆和钎尾构成。

钎尾插入凿岩机转动套内，通过它把凿岩机的冲击功、回转力矩和冲洗介质传递给钎杆和钎头。钎肩的作用是限定钎尾长度和防止钎尾从套筒中脱出。钎尾的形状和尺寸应与凿岩机相适应。

钎杆把钎尾传来的冲击功、回转力矩和冲洗介质传递给钎头。钎杆的形式和尺寸应与凿岩设备与参数相适应。

钎头承受由钎尾和钎杆传来的冲击功、回转力矩和冲洗介质，在孔底直接破碎岩石，回转并排除岩屑。钎头的形式和尺寸应与凿岩机类型、凿岩参数、钎杆形式和尺寸以及岩石性质等相适应。钎杆按照钎头、钎杆和钎尾三者的关系可分为整体钎子和分体钎子（图 3-1）。

整体钎子由钎头、钎身、钎肩、钎尾组成一个不可拆卸的整体。这种钎子的特点是传递冲击能量损失小，凿岩效率高，但修磨时搬运工作量大。

分体（或活动）钎子由钎头和钎杆（包括钎梢、钎身、钎肩、钎尾）组成，钎头和钎杆可以拆开。这样可以更换钎头，提高钎杆的利用率，钎头修磨时可减少钎杆的搬运工作量。

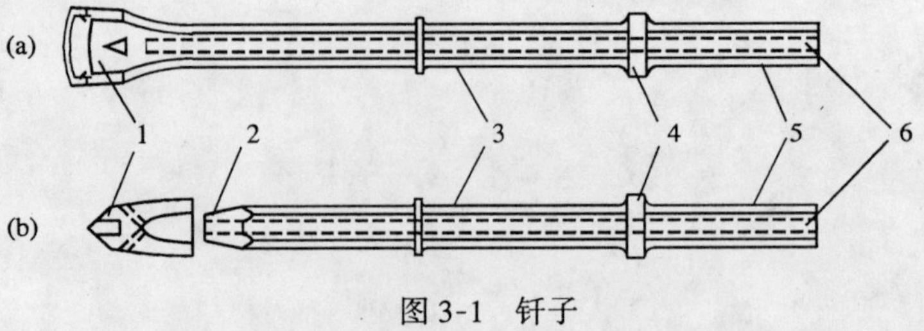

图 3-1　钎子

（a）整体钎子；（b）分体钎子

1—钎头；2—钎梢；3—钎杆；4—钎肩；5—钎尾；6—中心水孔

一、钎头

钎头是凿岩工具中直接破碎岩石的部分，它的形状、结构、材质、加工工艺等是否合理都直接影响凿岩效率。

凿岩工具要求钎头的形状、结构合理，凿岩速度高，耐磨性强，有足够的机械强度，排粉性能好，使用寿命长，制造和修磨方便以及成本低廉。

凿岩作业对钎头的要求是：

(1) 钻速高，破岩效率高，不易卡钎，拆卸方便，连接可靠，排粉顺利。

(2) 使用寿命长，钎头几何结构及参数的恒定性好，具有足够的坚固性和耐磨性。

(3) 硬质合金片的利用率高，钎头各部分同时达到报废，钎头的总进尺长。

(4) 钻眼质量好，钻出的炮眼圆直，符合装药以及其它施工目的的要求。

(5) 制造修磨简单，成本低。

1. 钎头形状

钎头上的硬质合金的形状有片状和柱齿状。依据钎头的形状和尺寸的不同，可分为以下几种形式：

(1) 一字形钎头

一字形钎头结构如图 3-2 所示，其制造修磨简单，对岩性和机型适应性强，适用于钻凿 $f \leqslant 16$ 的坚硬、中硬和中硬以下的岩石。但在节理裂隙发育和韧性大的岩石中，凿岩效率差，容易卡钎。

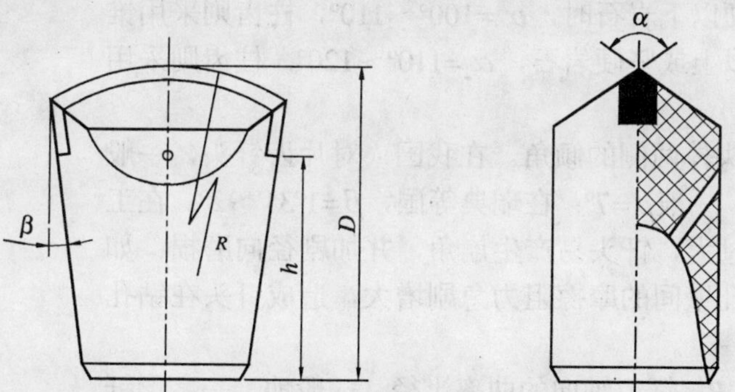

图 3-2　一字形钎头结构示意图

(2) 十字形钎头

如图 3-3，硬质合金片之间成 90°的角度，制造和修磨比一字形复杂，合金的用量也多。适用于重型风动或液压凿岩机钻凿极坚韧、高磨蚀性的岩石，用于节理裂隙发育的岩石中效果良好，不易卡钎。

(3) X 形钎头

如图 3-4，硬质合金片之间一般成 105°和 75°。其特点是凿出的炮孔断面圆直规整，但制造和修磨困难。

(4) 柱齿钎头

柱齿钎头是由断续刃钎头演变而来的一种钎头。它是采用冷压、镶焊或热嵌等工艺方法，在钎头体上安装圆柱球形或圆柱锥球形硬质合金齿而成，如图 3-5 所示。

柱齿钎头的柱齿可按炮孔底面积合理布置，受力均匀，凿岩时，开眼快，不易卡钎，炮孔较圆，岩屑呈粗粒状，重复破碎少。此外，凿岩时工作面粉尘浓度低，凿岩速度高。柱齿钎头合金所占的比重大，相对造价高，一般均需要修磨重复使用，适用于磨蚀性大的硬脆性岩石。

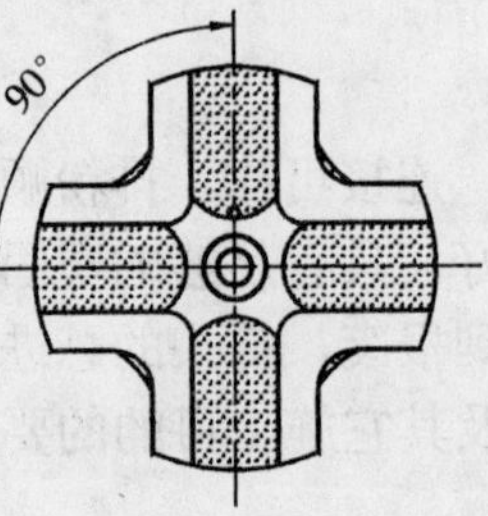

图 3-3　十字形钎头

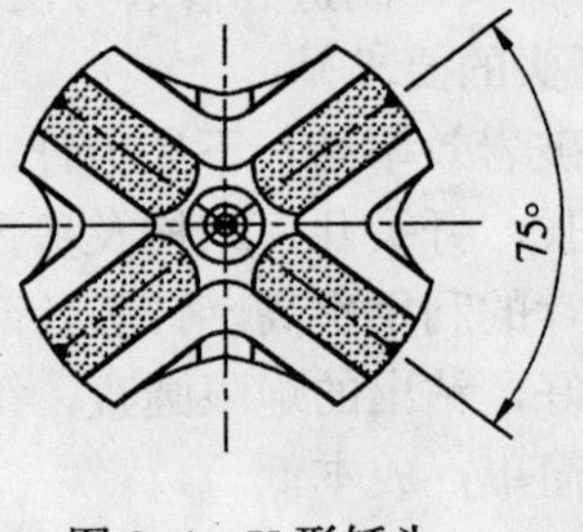

图 3-4　X 形钎头

2. 钎头构造

一般地，钎头的构造参数包括以下几个（对照图 3-2）：

(1) 刃角α：钎头的两个刃面所夹的角度。一般地，α 越小，钻眼速度越快，但合金片容易磨钝和碎裂；α 增大，可以提高钎刃的强度和耐磨性，却增加了刀刃凿入岩石时的阻力，使钻速降低。钻凿中硬或中硬以下岩石时，α =100°～110°，柱齿则采用锥球齿；若钻凿中硬以上或坚硬岩石，α =110°～120°，柱齿则采用球形齿。

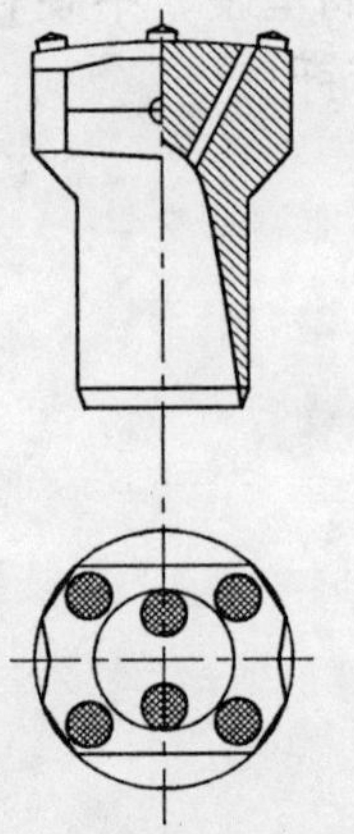

图 3-5　柱齿钎头

(2) 隙角β：钎头体两侧的倾角。在我国，对片齿钎头，一般β=3°；对柱齿钎头，一般β=7°；在瑞典等国，β=1°31'～2°。在工程应用中，如果β 过大，钎头易产生崩角，并加剧径向磨损；如果β =0，则钎头与孔壁间的摩擦阻力急剧增大，造成钎头在钻孔内卡钎。

（3）曲率半径 R：钎刃轴向的曲率半径。一般地，一字形钎头 R=120～180mm，在坚硬岩石中取 R=120mm；对柱齿钎头，周边齿向外倾斜 30°～35°。

（4）初始直径 D_c：在钻孔过程中，由于炮孔的周边阻力大，钎刃两端的磨损比中心快，直径也逐渐缩小。这样，每个炮孔的孔底直径都比孔口直径小，即

$$D_c = D_z + nD_o \tag{3-1}$$

式中：D_z——钎头的终径（报废时的直径），mm；

n——钎头的修磨次数，一般定为 10～15 次；

D_o——每修磨一次直径的损耗，D_o=0.15～0.30mm/次。

一般地，在 n、D_o 确定后，D_c 取决于终径 D_z，而 D_z 主要取决于钎头是否能顺利地放置在孔底，即

$$D_z = D_y + \Phi \tag{3-2}$$

式中：D_y——药包直径，mm；

Φ—— 径向装药间隙，通常炮眼直径要比药包直径大 5%～10%。采用火雷管起爆时，Φ=4～5mm；采用电力起爆时，Φ=2～3mm。

(5) 钎头体形结构：指钎头体的头部与裤体之间的过渡形式，它对钎头的排粉性能、几何形状的稳定性以及强度有直接影响。钎头体形结构可归纳为以下两种方案，如图 3-6 所示，其中，图（a）、（b）、（c）为方案 1；图（d）、（e）为方案 2。

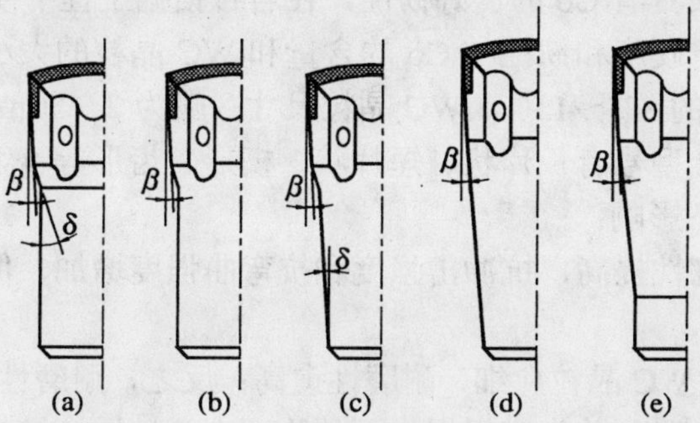

图 3-6 钎头体形结构

方案 1：钎头体由头部为带隙角β =1°30'～3°的圆锥面和裤体为圆柱面或带斜角δ =1°30'的圆锥面构成。头部与裤部之间用 45°或 60°的圆弧面或用不同曲率半径（R=20～50mm）的圆弧面过渡。圆锥过渡面易引起应力集中，往往削弱腰部的强度，故不宜采用。圆弧过渡面增加腰部壁厚，无应力集中且不易发生断腰。此方案裤体较长，有利于防止裤体胀裂，且排粉性能好，修磨钎头隙角也较方便。

方案 2：钎头体是裤体斜角与头部隙角相等（$\beta=\delta$=2°～3°）的圆锥面或在裤口附近增加一个短的圆柱面，裤体较长。其目的是增加腰部和裤口危险区断面的厚度，减少断腰和裂裤的发生。

总之，在钎头体形结构中，方案 1 适用于坚硬和中硬岩石和各种凿岩机，应用范围广；方案 2 适用于坚硬岩石和重型凿岩机。

(6) 排粉槽和吹洗孔：排粉槽是排出炮孔底部岩粉浆的沟槽，一般布置在钎头的顶部和侧面，其断面积应保证岩粉浆以不小于 0.5m/min 的速度外流。吹洗孔是吹洗炮孔用的水和压气的通道，为了保证吹洗效率，其断面的总面积不应小于钎杆中心水孔的断面积。吹洗孔最好布置在中心位置，以有利于提高排粉效果；若采用旁侧布置，一般将吹洗孔对称布置在排粉槽内，其方向与钎头轴线成 30°～40°的夹角。

3．钎头材料

一个直径为 40mm 的钎头，若使用寿命为 200～450m，大约要被冲击 3×10^6 次，其破坏性质属于金属疲劳破坏。

(1) 材质

以前多采用 45 号和 55 号钢制造，其破坏形式是涨裤、裂裤或断腰。现在多采用 40Cr、

ZK55SiMnMo、ZK40MnMoV、ZKSiMnMoV 等合金钢制造。

(2) 硬质合金

硬质合金是以难熔金属碳化物（WC 等）粉末为基体，以铁族金属（主要是 Co）粉末作粘接剂，按一定比例配制均匀，在压力机的适当压力下使其成型，然后，在 80～130℃的温度下干燥，再在氢气炉中加温到 1 400～1 500℃，焙烧 2h 左右。此时，在金属 Co 熔化的同时，有 10%左右的 WC 熔解于 Co 中。冷却时，金属 Co 便将 WC 颗粒紧密地粘结起来，形成（WC-Co）硬质合金。

钨钴硬质合金具有硬度和抗压强度高（比钢高 1.5～2 倍）、耐磨损（比钢高 50～100 倍）、抗高温能力强等优点，又具有 Co 的良好韧性，在岩石钻掘工程中使用广泛。

硬质合金的耐磨性、硬度和韧性与 Co 的含量和 WC 晶粒的大小有关。凿岩用硬质合金 Co 的含量通常为其重量的 8%～15%，WC 晶粒尺寸一般为 2～5μm。

我国生产的硬质合金型号有长片状、短片状、楔形、齿形等 4 种。Co 和 WC 的含量对硬质合金的性能具有如下影响：

1）Co 含量增加，韧性提高，抗冲击强度和抗弯曲强度增加，但是硬度、抗压强度和耐磨性降低；

2）Co 含量一定时，WC 晶粒愈细，耐磨性愈高；反之，耐磨性降低，抗弯曲强度提高。

选择凿岩用硬质合金时，首先应根据岩石的物理力学性质（结构面和可钻性）和凿岩机类型选择不易击坏的硬质合金牌号；然后，再根据钎头的形状、结构选择耐磨性高的硬质合金型号规格。

一般地，在极坚韧的岩石中，采用冲击功大的凿岩机时，应选择韧性好的硬质合金，即选用 Co 含量较高的合金；在中硬、坚硬、硬脆和磨蚀性大的岩石中，应侧重于耐磨性的选择，即选用 Co 含量较低的合金。

二、 钎杆

由图 3-1 可知，钎杆由钎梢、钎身、钎肩和钎尾组成，中间开有中心水孔。钎梢是连接钎杆与钎头的部分；钎身是传递冲击能量和扭矩的部分；钎肩防止钎尾插入凿岩机汽缸或脱离机头；钎尾是直接承受冲击力、轴推力和回转力的部分；钎杆的中心孔为压气和冲洗水的通道，用于排除岩粉。

在凿岩过程中，钎杆要承受冲击疲劳应力、弯曲应力和扭转应力的联合作用，并承受地下水的侵蚀作用。

鉴于钎杆的工作条件，凿岩用钎杆应具有足够的抗弯强度和良好的微观塑性以及循环韧性，并具有抵抗矿坑水和井下潮湿空气侵蚀的能力，且加工工艺简单，成本造价相对较低。

1. 钎杆的断面形状

钎杆的断面形状具有如下几种形式：

(1) 中空外六角形钎杆：包括内切圆直径分别为 22mm 和 25.4mm 两种形式；

(2) 中空外圆形钎杆：包括直径分别为 32mm 和 38mm 等形式。

一般钎杆的中心孔径为 5～7mm。在钎杆断面面积相等的条件下，六角形断面的抗弯能力和相对强度比圆形好，而且排粉间隙大，排粉效果好。因此，浅眼凿岩用钎杆的断面形状大都为中空六角形。

2. 钎杆材料

用于制造钎杆的钢材称为钎钢。20 世纪中期，ZKT7、ZKT8 等高碳工具钢广泛用作钎钢，但其疲劳强度低，易产生裂缝、折断，寿命短，一般为 30～50m，当今已被淘汰。近年来，钎杆材料广泛采用 ZK55SiMnMo、ZK35SiMnMoV 等合金钢，它们具有强度高、抗疲劳性能好、价格低等特点，一般寿命为 150～250m，接近国际水平，凿岩速度比过去提高了 30%。

3. 钎尾形式

对于手持式和气腿式凿岩机，钎尾常采用圆环钎肩六角形断面；对于导轨式凿岩机，钎尾常采用凸台钎肩圆形断面；而对于向上式凿岩机，钎尾常为无钎肩六角形断面形式，如图 3-7 所示。

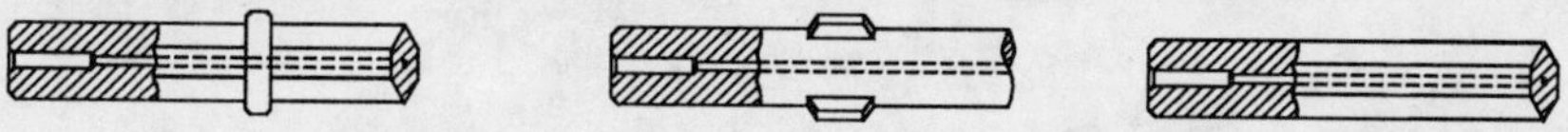

图 3-7　钎尾的几种形式

(a) 圆环钎肩六角形断面；(b) 凸台钎肩圆形断面；(c) 无钎肩六角形断面形式

三、　钎头与钎杆的连接

钎头与钎杆的连接质量直接影响到冲击能量的传递效率和钎头、钎杆的使用寿命。因此，其连接方式应该紧密可靠，能量损失少，坚固耐用，装卸方便和制造简单。

锥形连接的优点是加工简单，能量传递效率高，如图 3-8 所示。一般来说，θ 过小易造成胀裤，θ 过大易使钎头脱离。在我国，一般取 $\theta=7°$，e=6～8mm，B=5～7mm；而在国际 ISO1718-1974 标准中，$\theta=7°$，h=38mm，H=48～54mm。过去曾用过 $A=h$，这是导致裤体涨裂的重要原因之一。

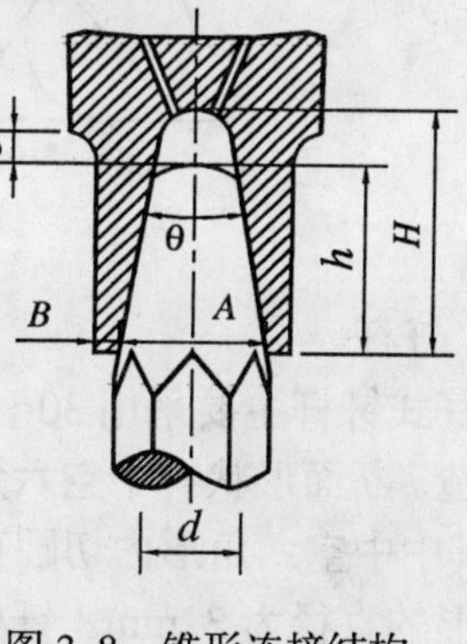

图 3-8　锥形连接结构

θ—锥角；h—钎梢插深；e—余隙；H—锥孔深度

四、钎头和钎杆的破坏形式

钎头和钎杆的工作条件不同，受力方式不同，其破坏形式也稍有不同。

1. 钎头的破坏形式

钎头的破坏形式主要有磨损、碎片、涨裤、裂裤、疲劳断裂（断腰）。

2. 钎杆的破坏形式

钎杆的破坏形式主要有钎尾锥顶和炸顶、钎肩磨损、断裂（或折断）。其中最主要的破坏形式是钎杆的疲劳折断。

第二节 深孔凿岩工具

在有条件的地方采用深孔凿岩爆破，不仅可以改善作业的环境和安全，而且还可以降低材料的消耗，提高爆破效率。常用的深孔凿岩方式有接杆式凿岩、潜孔式凿岩和牙轮钻进。

一、 接杆式凿岩工具

接杆式凿岩工具通常在导轨式凿岩机上使用。其特点是钎杆随深孔的增加而加长，陆续使用一定标准的短钎杆（如 1m、1.2m 或 3.6m 等）接长，直至钻进到所需的深度。

接杆式凿岩工具由钎头、钎杆、连接套筒（接头）和钎尾组成。各部分作用和浅眼凿岩工具类似。

1. 钎头

在深孔钻进时，钎头的直径要大一些，因而钎头的体形就显得特别重要。深孔钻进时，由于钎子的回弹，常使钎头偏离中心，形成多角形炮孔，如图 3-9 所示。

为了克服炮孔不圆的现象，可采用两种办法：一种采用超前刃钻头，超前刃起定心和导向作用，另一种是加大钎刃厚度，如一字形钻头：$b=0.65D+5.2\delta$；Y 字形钻头：$b=0.55D+3.1\delta$；十字形钻头：$b=0.445D+2.8\delta$，如图 3-10 所示（其中，D 为钎头直径；δ 为钎头刃端与孔壁间的间隙，一般δ=1～2mm）。

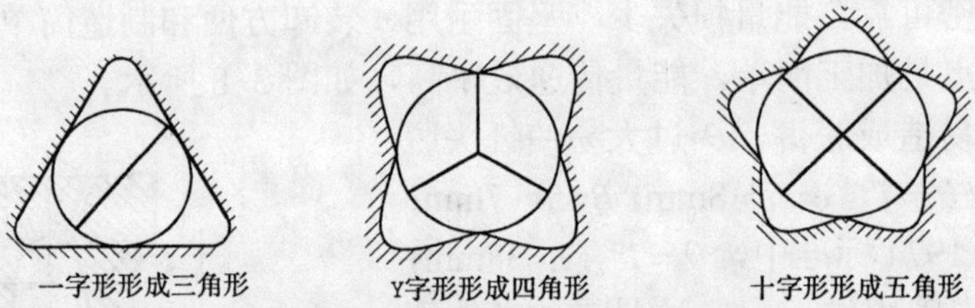

一字形形成三角形　　Y字形形成四角形　　十字形形成五角形

图 3-9 常见的多角形炮孔

2. 钎杆

接杆式钎杆主要采用 30～35SiMnMoV 合金钢制造。断面形状有中空六角形和中空圆形两种，其中中空六角形内切圆直径为 25.4mm，中空圆形的直径为 32mm。钎杆的长度有 1.0、1.2、1.4、…、4.0m 等规格。钎杆两端都有连接用的左旋螺纹。

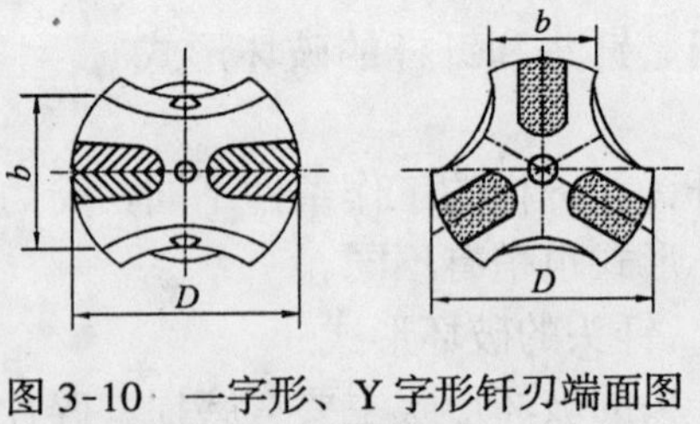

图 3-10 一字形、Y 字形钎刃端面图

3. 钎尾

钎尾又称尾杆，常用 30～35SiMnMoV 合金钢制造。断面形状有中空六角形和中空圆形两种，其中中空六角形内切圆直径为 25.4mm，中空圆形的直径为 32mm。其花键外形有两翼、四翼和八翼等形式。

4. 连接套

连接套的作用是把钎尾、钎杆与钎头连接起来，以便钻凿深孔。常用材料有 40Cr、30CrMnSi，其长度为 160～200mm，它的外径取决于钎杆直径，22mm 的六角形钎杆，连接套外径为 D_1=32mm；25mm 的六角形钎杆，连接套外径为 D_1=35mm；Φ32mm 的圆形钎杆，D_1=42mm。

5. 钎头与钎尾的连接

钎头与钎尾主要采用螺纹连接。常用连接杆的螺纹形状有锯齿形和波形。锯齿形螺纹的特点为接触面积大，扭紧力大，能量传递效率高，磨损慢，耐用，加工方便，但拆卸困难，常常因为敲打而损坏。波形螺纹的特点是抗弯曲能力强，螺纹根部强度大，应力集中小，传递能量的效率高，拆卸方便，但由于螺纹角度大，接触面积小，容易磨损。

二、潜孔式凿岩

潜孔式凿岩属于深孔凿岩的一种形式，凿岩时凿岩冲击器随钻具一起潜入孔底。与此相对应的普通凿岩方式（凿岩冲击器置于孔外）则称为顶锤式凿岩。

1. 潜孔钻机

主要由冲击机构、回转供风机构、推进机构和排粉机构组成。其主要特点是，钻机置于孔外，只负担钻具的进退和回转，产生冲击动作的冲击器紧随钻头潜入孔底，故称为潜孔钻机。与接杆式凿岩相比，冲击功能量的传递损失小，穿孔速度不因孔深的增加而降低，故孔深和孔径都较大，适用于地下深孔和露天钻孔，其最大可钻深度主要取决于推进力、回转力矩和排粉能力。目前除矿山开采外，潜孔钻机还广泛应用于水电、建筑、铁道和港湾建设等工程领域。

2. 类型

分露天和井下两大类。

井下潜孔钻机主要是柱架式，孔径为 80～130mm，机体质量为 150～360kg，我国常见型号有 QZJ-80、QZJ-100 两种。

露天潜孔钻机主要有轻型、中型和重型 3 种。其中轻型露天潜孔钻机的孔径为 100mm，机重 6～7t，常见的为 KQ-100 型钻机，适用于小型露天矿；中型露天潜孔钻机的孔径为 180～250mm，机重 15～20t，常见的为 KQ-150 型钻机、T-170 型钻机，适用于中小型露天矿；重型露天潜孔钻机的孔径为 130～180mm，机重 30～45t，常见的为 KQ-200、KQ-250 型钻机，适用于大型露天矿。

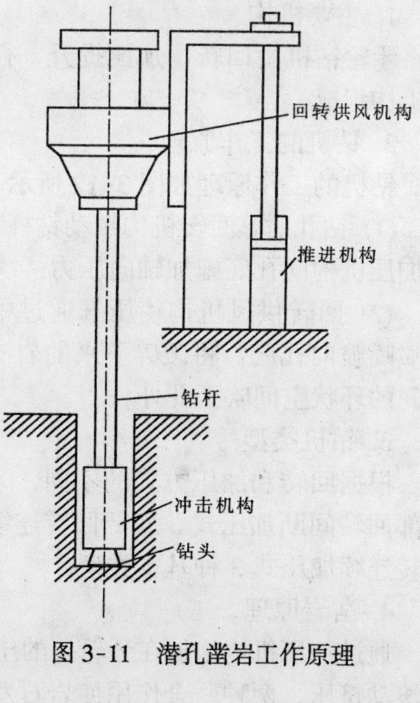

图 3-11　潜孔凿岩工作原理

3. 潜孔式凿岩的原理

这种凿岩方式属于冲击-回转式凿岩。其工作原理如下（图 3-11）：

(1) 推进机构将一定的轴向压力施加于孔底，使钻头与孔底相接触。

(2) 风动马达和减速箱构成的回转供风机构使钻具连续回转，并将压气经中空钻杆输入孔底。

(3) 冲击机构在压气的作用下，使活塞往返运动，冲击钻头，完成对岩石的冲击作用。

(4) 压气将岩粉吹出孔外。

潜孔式凿岩的过程实质上是在轴向压力的作用下，冲击和回转联合作用的过程。其中，冲击是断续的，回转是连续的，并且以冲击为主，回转为辅。

4. 钻具

钻具包括钻头和钻杆。

(1) 钻头：与浅眼和接杆式凿岩所用的钻头相似，但与冲击器直接连接。连接方式有扁销和花键两种。按镶焊硬质合金的形状，潜孔钻头可分为刃片钻头、柱齿钻头、混合型钻头。其中刃片钻头通常制成超前刃式，而混合型钻头为中心布置柱齿，周边布置片齿的形式。

(2) 钻杆：对于井下潜孔钻机，钻杆长度等于推进机构的一次推进进程（800～1 300mm），钻杆的直径为 50 或 60mm，两根钻杆之间用锥形螺纹直接连接，每根钻杆的一端为内螺纹，另一端为外螺纹。对于露天潜孔钻机，钻杆有两根，即主钻杆和副钻杆，其结构尺寸完全一样，它们之间用方形螺纹直接连接，每根长约 9m。

三、牙轮钻进

牙轮钻机是露天矿山开采的主要穿孔设备，与其它类型的穿孔设备相比，具有穿孔效率高、成本低、安全可靠和使用范围广泛等特点，适用于各类岩石。

1. 主要机构

牙轮钻机由回转、加压提升、行走、接卸钻具等机构组成。

2. 钻机的工作原理

钻机的工作原理如图 3-12 所示。

(1) 钻孔时，回转机构带动钻杆、钻头回转，同时加压机构向孔底施加轴向压力；

(2) 回转供风机构使压气通过中空钻杆从钻头的喷嘴喷向孔底，将破碎下来的岩渣沿钻杆与孔壁之间的环状空间吹至孔外。

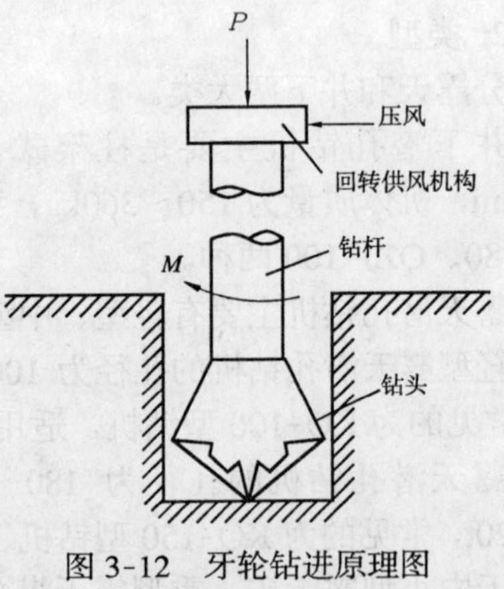

图 3-12 牙轮钻进原理图

3. 钻机类型

根据回转和加压方式的不同，牙轮钻机可分为底部回转间断加压式、底部回转连续加压式、顶部回转连续加压式 3 种基本类型。

4. 凿岩原理

通过加压机构施加在牙轮上的压力使岩石承受压应力，同时回转机构使牙轮在岩石上产生滚动挤压，两种联合作用使岩石发生剪切破碎。

第三节　凿岩生产率

一、凿岩生产率

凿岩生产率除取决于凿岩速度外，还与工作面的凿岩工作组织和设备条件有关。凿岩生产率一般以单位时间内凿出炮眼的米数来表示。当采用凿岩台车时，每人·班凿岩生产率为

$$L=\frac{TKvn}{1\,000}\quad \text{m/(人·班)} \tag{3-3}$$

式中：T——每人·班的工作时间，min；

v——技术凿岩速度，即包括开孔、换钎和移位等必要的辅助时间在内的凿岩速度，其值与凿岩机和台车的类型有关，mm/min；

n——每名凿岩工同时操纵的凿岩机的台数；

K——凿岩时间的利用系数。

时间利用系数 K 是凿岩机的凿岩时间占工作循环中凿岩工序总时间的百分比率（%），与岩石的物理力学性质、操作技术水平、台车的钻臂结构以及推进器行程等有关，一般 K=0.5～0.8。

从式(3-3)可以看出，当所采用的凿岩机、台车类型和岩性确定以后，提高凿岩生产率的关键是增加凿岩机台数，增加凿岩时间，减少辅助时间。因此，必须采用合理的工作组织，不断提高凿岩工作的机械化和自动化程度以及提高凿岩工的操作技术水平。

二、凿岩机的纯凿岩速度

提高凿岩生产率的重要途径之一是提高凿岩机的纯凿岩速度。影响纯凿岩速度的因素很多，大体上可分为凿岩机工作参数、凿岩工作条件和凿岩工具等 3 个方面。

在生产实践中，常用实测的办法来确定纯凿岩速度，即用秒表测定钻完一根长度为 L 的钎杆所需的纯凿岩时间 t（其中开孔 20～30mm 不计），以 L/t 表示纯凿岩速度。在科研中，综合了主要相关因素后，纯凿岩速度为

$$v=\frac{200A\cdot N\cdot \eta}{3\pi d^2 K_d a}\quad \text{mm/min} \tag{3-4}$$

式中：A——单次冲击功，J；

N——冲击频率，Hz；

η——能量利用率（用于破碎岩石的能量与凿岩机输出能量的比值），一般取 η=0.8；

d——钎头直径，mm；

a——比功（比能耗），J/cm^3；

K_d——钎杆不变时钎头直径对排粉效果的影响系数，当 $d=38$mm 时，$K_d=1$；$d=42$mm 时，$K_d=0.93$；$d=50$mm 时，$K_d=0.85$。

三、影响凿岩速度的因素

影响凿岩速度的因素包括凿岩机工作参数（单次冲击功 A、冲击频率 N）、凿岩机工作条件（回转扭矩、回转角度、轴推力、风压）和凿岩工具（钎杆长度和炮眼深度等）。

1. 单次冲击功

根据式（3-4），当破碎单位体积岩石所消耗的功（比功）为常数时，凿岩速度与单次冲击功成正比；如果冲击功一定，则凿岩速度与比功成反比。但是，试验表明，实际情况并非如此简单，实测的冲击功与比功的关系曲线如图 3-13 所示。

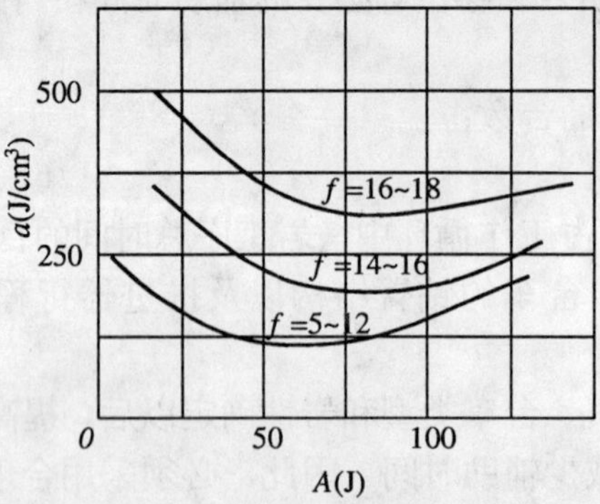

图 3-13　冲击功与比功的关系

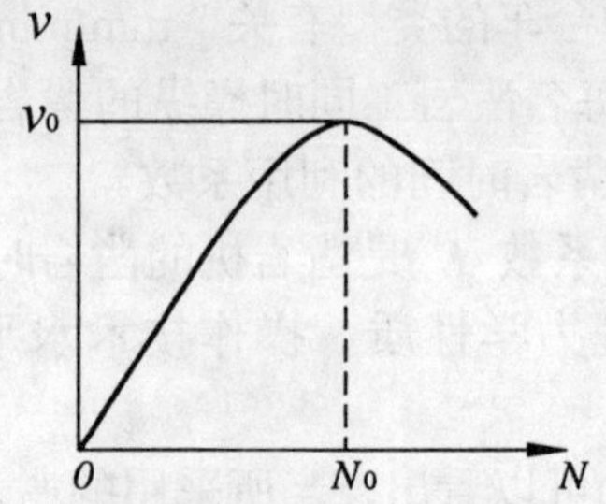

图 3-14　凿岩速度与冲击频率的关系

从图中可以看出，比功的大小并非常数。对破碎某一岩石而言，其冲击功值有一合理的范围。如果冲击功小于这一范围，由于冲击功主要消耗于岩石的弹性变形，或使岩石产生局部破碎，不足以形成剪切破碎，所以，比功很大而凿岩速度不高；如果冲击功大于这一范围，虽然凿岩速度可能很高，但比功增大了，从能量利用的观点来看是不经济的。同时，冲击功过大，对活塞、钎杆和钎头等的材料强度要求更高。例如，常用硬质合金片要求每厘米长度上所承受的冲击功范围为 17.6～19.6J。

从图中还可看出，合理的冲击功范围随着岩石坚固性的增大而增大。由此可见，为保证较高的凿岩速度和较小的比功，凿岩机的冲击功不宜过大或过小。各类凿岩机应有最优冲击功范围。我国气腿式凿岩机的冲击功范围为 58.8～68.6J。

2. 冲击频率

当岩石坚固性和凿岩机的冲击功一定时，可以认为活塞每冲击一次所凿碎岩石的体积是相同的。因此，随着冲击频率的提高，凿岩速度也就愈高。

但是，试验研究所得的冲击频率与凿岩速度的关系曲线（图 3-14）表明，冲击频率不是无限地提高。当冲击频率达到某一临界频率 N_0（即对应于最高凿岩速度的冲击频率）之前，凿岩速度与冲击频率成正比，但超过了临界值后，凿岩速度不仅不会继续提高，反而会下降。这种现象之所以产生，一般认为是由于凿刃作用在岩石面上的时间过于短促，致使岩石破碎范围还来不及扩展到可能的程度就承受了下一次的冲击，消耗了部分冲击功，从而导致凿岩速度下降。据测定，这一临界频率约为 6×10^5～8×10^5Hz。

3. 回转扭矩和回转角度

回转扭矩是凿岩机中的活塞与活塞套在活塞中心的螺旋棒之间相互扭转时所产生的力矩。回转角度是凿岩机的活塞冲击一次后，回程时带动钎子所旋转的角度。在冲击凿岩过程中，为使钎子能在相邻两次凿击岩石之间造成扇形岩块的有效剪切，就要求凿岩机具有适当的回转扭矩和回转角度。足够的回转扭矩是保证使一定质量的钎子转动一定的回转角度所必须的，但是过大的扭矩没有必要，会浪费凿岩机的能量。回转角度过大则不能有效地剪碎扇形岩块，而过小的回转角度也不能充分利用能量从而影响凿岩速度。

4. 轴推力

在凿岩过程中，必须对凿岩机施加一定的轴向推力，以克服凿岩机的后座力和减小凿岩机的振动以及钎子的前后串动，使钎刃经常与眼底岩石接触，从而保证凿岩机的冲击能量有效地用于破碎岩石，提高凿岩速度。但是，轴推力过大，钎子的回转阻力增加，转速降低或转不动，甚至会使活塞冲程缩短，冲击功和冲击频率降低，凿岩速度下降。因此，在一定条件下，各类凿岩机均有相应的最优轴推力，其值主要取决于凿岩机的汽缸直径和使用的风压。若汽缸直径大，风压高，则所需施加的最优轴推力也相应增大。轴推力可通过近似计算和实测获得。

5. 风压

风压的高低直接影响凿岩机的冲击功、冲击频率和轴推力。因此，风压是影响凿岩速度的重要因素之一。在其它条件相同时，凿岩速度同风压成正比。表 3-1 为某种凿岩机在各种风压下的相对凿岩速度。

表 3-1　某凿岩机在各种风压下的相对凿岩速度

风　压（MPa）	0.3	0.35	0.4	0.45	0.5	0.55	0.6	0.65	0.7	0.75	0.8
相对凿岩速度（%）	44	57	71	85	100	115	131	147	163	180	197

6. 钎头直径和深孔直径

随着钎头直径和相应的深孔直径的增加，无疑地凿岩速度就要下降，但它们之间的变化规律仍需进一步研究。

定性地看，凿岩速度随钎头直径增大而降低的原因，一方面是因为深孔的断面增大，需要破碎的岩石增多，能量消耗也多；另一方面是因为钎刃长度增大，则均摊在单位刃长上的冲击功能量减小，因此，破碎岩石的效率降低，凿岩速度下降。

7. 钎杆长度和炮孔深度

由于应力波的振幅（或速度）在钢铁中每传播 1m 仅衰减 0.1%左右，所以，一般认为，应力波能量在钎杆中传播时保持不变。但在深孔凿岩时，钎杆是用套筒连接的，应力波每经过一次接头，波幅就下降 5%～25%，能量的损失约 2 倍于此数。因此，凿岩速度随孔深增加而明显下降。此外，由于深孔深度增加，钎子的总长和重量也增加。这样，凿岩时，必须要克服钎子重量的惯性力、钎子和孔壁间的摩擦阻力和钎子的回转阻力，同时排粉也困难。因此，凿岩速度是随着孔深增加而减小的。

应当指出，在 3m 以上的中深孔凿岩条件下，虽然凿岩速度随孔深增加而下降，但有效利用率要比浅眼凿岩时要高。因此，各种凿岩机都有一合理的凿岩深度范围。

四、提高凿岩生产率的途径

凿岩生产率的提高可从以下几个方面入手：

(1) 当采用的凿岩机类型和凿岩地点（即岩石的可钻性）确定以后，提高凿岩生产率的关键是增加纯凿岩时间，减少辅助时间。因此要加强企业管理，改善劳动组织，建立专业工作队，加强生产责任制，加强培训工作，提高凿岩工的操作技术水平。

(2) 健全凿岩机的维修制度，保证凿岩机正常运转。

(3) 进一步改善凿岩机的设计，使凿岩机能获得最优冲击功、冲击频率、扭矩和回转角等，以提高纯凿岩速度，并根据岩石可钻性的不同，正确地选择和使用凿岩机。

(4) 提高钎具质量，研制和使用高效率、高寿命、低成本的钎具。

(5) 研究凿岩新技术，使用和开发新型凿岩设备。

思考题

1. 试述凿岩工具的主要类别及其特点。
2. 试述钎子的种类及其适用条件。
3. 说明钎头质量的评价指标。
4. 分析钎头的结构特点。
5. 简述常见深孔凿岩方法的分类、凿岩工具的组成。
6. 什么是凿岩生产率？提高凿岩生产率的途径有哪些？

第四章　冲击凿岩破碎理论

第一节　概　述

冲击是一种极其简单的做功手段，能在瞬间获得极大的能量。原始人利用冲击使自己的力量远远超出肌肉的限度，达到比动物高得多的水平。一直到今天，锤、凿、镐等还是最得心应手的工具。在现代工业中，凿岩、碎石、打桩、锤锻等都是利用冲击。岩石隧道工程主要采用凿岩爆破的方法来完成，采用的设备主要是冲击式凿岩机。冲击式凿岩方法历史悠久，但由于生产和科学技术水平的限制，冲击式凿岩的理论研究一直进展缓慢。

19 世纪的凿岩理论仅仅是应用静力学和动力学的观点在宏观上解释和说明凿岩过程，如早在 1907 年提出的冲击凿岩理论——乌斯宾斯基原理，以静力学的方法分析了在外载作用下可能存在的平衡状态，得出了凿岩时凿入深度、转角、钻眼速度与凿岩机、凿岩工具和岩石参数之间的关系式。20 世纪 50 年代，奥斯特洛乌斯柯深入研究了静载时脆性岩石在各种不同形状压模作用下的岩石破碎过程，简要地推导出了岩石破碎所需的力、冲击功和比功的计算公式。与此同时，凿岩理论的研究开始应用弹性力学的有限单元法和光弹性实验法，获得了岩石或模拟材料在荷载作用下的应力状态和应力场结构，更形象地解释了岩石破坏的原因。其后，许多有关坚硬岩石和塑性岩石的理想凿入模型相继建立，如埃文斯从各种煤的实验中得出了有关岩石性质与刀刃夹角的方程式；保罗和辛卡斯基建立了静载作用下刚性楔子凿入坚硬岩石的二维计算模型；查里金则在弹性力学基础上提出了楔形压模凿入理论。20 世纪 60 年代以来，随着现代测试技术的突破性进展，冲击凿岩的理论研究从静力学观点进入到弹性动力学（应力波）理论，从宏观的静、动态模拟实验进入到动态微观测试分析，并借助于先进的现代测试仪器装置和电子计算机进行分析研究，取得了较大的进展，建立了冲击凿岩的波动理论，认为凿岩机的活塞冲击钎尾后，在钎杆内产生应力，这种应力以波的形式由钎尾向钎头传递，应力波传至钎刃时，一部分进入岩石，另一部分反射回来。当入射和反射的应力波合成后形成的合力超过岩石的抗破坏强度时，岩石便破坏。应力波波动理论深化了人们对凿岩系统功能特性的认识，并促进了凿岩机械工作参数的合理设计，对提高能量利用率和提高凿岩机具的使用寿命发挥了积极作用。

由于冲击凿岩过程短暂、影响因素多，且岩体为各向异性的非均质体，迄今为止，冲击凿岩完整的理论系统尚未建立，各种参数的综合匹配问题也还没有取得令人满意的结果。现有的凿岩理论只能用来解释凿岩中某些现象和参数之间的相互关系。因此，冲击凿岩理论在研究内容和研究方法上都还有待于进一步的探索和发展。

就冲击式凿岩机而言，其输出能量的大小和性质主要取决于冲击机构的工作参数（冲击功、冲击频率、应力波波形）。这些参数对于冲击能量的传递效率、冲击系统的寿命及凿岩效率具有很大影响。

第二节 冲击凿岩的能量形式

一、冲击式凿岩机的能量指标

冲击式凿岩机的能量由冲击功、冲击频率和冲击功率几个指标来衡量。

1．冲击功 A

冲击功指凿岩机在冲击过程中所产生的单次冲击能量。在理论上，功=力×距离，考虑到凿岩机在工作过程中的能量损失，冲击功可由下式计算。

$$A = C_1 P_0 F_1 \varDelta S \tag{4-1}$$

式中：A——凿岩机的冲击功，kg·m；

C_1——修正系数，C_1=0.45～0.55；

P_0——进气压力，kg/cm^2；

F_1——凿岩机活塞在冲程时的有效受压面积，cm^2；$F_1=\pi(D^2-d_2^2)/4$（其中，D 为活塞直径，d_2 为螺旋杆直径）；

$\varDelta$——冲程损失系数，$\varDelta\approx0.85$；

S——活塞的设计冲程，m。

2．冲击频率 f

冲击频率指凿岩机活塞每分钟的冲击次数，取决于活塞运动的冲程和回程时间，其值可实测或采用下式计算。

$$f = K_1 \frac{60}{1+\alpha}\sqrt{\frac{P_0 \cdot F_1}{S \cdot M}} \tag{4-2}$$

式中：f——冲击频率，次/min；

K_1——冲击频率修正系数（$K_1=0.7$～0.8）；

α——活塞回程与冲程时间的比值（活塞回程系数），$\alpha=1.3$～2.1，一般取 $\alpha=1.7$；

M——活塞质量，kg。

3．冲击功率 N

冲击功率指凿岩机在单位时间内的工作效率，即

$$N = \frac{A\times f}{75\times60}\quad(\text{马力}) \tag{4-3}$$

二、冲击式凿岩机的能量形式

在冲击凿岩系统中，凿岩机的输出能量借助于应力波在钎杆和钎头中的传播，进而传递给岩石，达到凿碎岩石的目的。在凿岩过程中，汽缸和活塞产生能量，钎杆是能量的传递机构，钎头是破碎岩石的直接工具。

在凿岩过程中，应力波的波形对冲击能量的传递效率和冲击凿入效果有着重要的影响。国外已开始将应力波波形作为凿岩机的重要性能列入凿岩机的牌号中。

研究表明，应力波的波形主要取决于活塞的结构形状、质量和冲击末速度（一般为 8～12m/s）。

1．应力波形

凿岩机活塞撞击钎尾，将活塞能量（冲击功）以应力波的形式通过钎杆传递到钎头，从而破碎岩石。因此，凿岩机活塞撞击钎尾所产生的入射应力波波形将直接影响冲击能量的传递效率和冲击凿入效果。

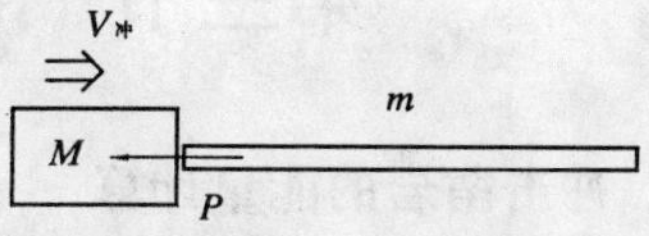

图 4-1　撞击模型

凿岩机活塞撞击钎杆可简化为图 4-1 所示的刚性撞击模型。

根据牛顿定律可得

$$P = M \cdot a = -M\frac{\mathrm{d}v}{\mathrm{d}t} \tag{4-4}$$

由长杆中纵波的力和速度的关系得

$$P = p = mV \tag{4-5}$$

在 $t = 0$ 时，$V = V_{冲}$，经推演可导出入射波的方程

$$P = mV_{冲}\,\mathrm{e}^{-\frac{m}{M}t} \tag{4-6}$$

式中：P——作用于撞击面上的力，以压力为正值；

p——入射波产生的力；

$V_{冲}$——活塞的冲击速度；

V——入射波的质点速度；

M——活塞质量；

m——钎杆的波阻抗，$m = \rho C_P \omega$；

ρ——钎杆的密度；

C_P——钎杆中的纵波速度；

ω——钎杆截面积；

t——时间。

由于在实际撞击过程中，$t = 0$ 的瞬间活塞与钎尾间并非是完全接触的刚性碰撞，故理论计算的应力波波形与实测波形有一定差异（图 4-2）。

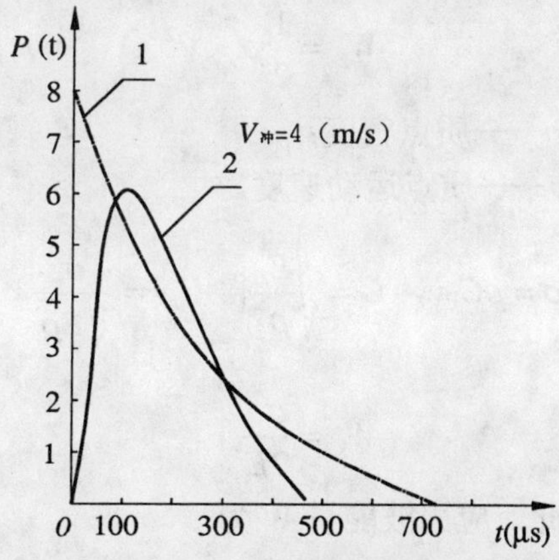

图 4-2　理论计算波形与实测波形对比

1—理论计算波形；2—实测应力波形

2．影响应力波形状的因素

由入射波方程式（4-6）可知，影响应力波形的因素有：波阻抗 m、活塞冲击速度 $V_{冲}$和活塞质量 M。

(1) 波阻抗 m

因 $m = \rho C_P \omega$，故波阻抗的大小取决于钎杆的材质和钎杆的规格。

(2) 活塞冲击速度 $V_{冲}$

$V_{冲}$取决于凿岩机的类型，并直接影响应力波峰值的大小。

(3) 活塞质量 M

M 取决于凿岩机的类型，并直接影响应力波的波底宽度。

第三节　冲击凿岩能量的传递规律

一、冲击凿岩的能量计算

应力波在钎杆中传播时具有一定的能量，包括质点的弹性应变能和质点的动能两部分，其总和即为冲击式凿岩机产生的能量。

$$W = W_e + W_k \tag{4-7}$$

式中：W_e——质点的弹性应变能；

W_k——质点的动能。

1. W_e 的计算

$$W_e = \frac{1}{2}\sigma \cdot \frac{\sigma}{E} \tag{4-8}$$

式中：σ ——应力；

E——钎杆材质的弹性模量。

2. W_k 的计算

$$W_k = \frac{1}{2}\rho \cdot v^2 \tag{4-9}$$

式中：ρ——质点密度；

v——质点运动速度。

由 $\sigma = \rho C_P v$，$C = \sqrt{\frac{E}{\rho}}$ 得 $v = \frac{\sigma}{\sqrt{E\rho}}$，代入式(4-9)得

$$W_k = \frac{\sigma^2}{2E} \tag{4-10}$$

因此，应力波能量 W 为：

$$W = W_e + W_k = \frac{\sigma^2}{2E} + \frac{\sigma^2}{2E} = \frac{\sigma^2}{E} = \rho v^2 \tag{4-11}$$

由式(4-11)可以看出，在应力波所具有的能量中，动能和弹性应变能各占一半。应力波的全部能量可通过将应力波沿钎杆中的分布面积加以积分而求得。

$$W_{\text{Total}} = \int_a^b W \cdot \omega \cdot \mathrm{d}x = \frac{\omega}{E}\int_a^b \sigma^2 \mathrm{d}x = \rho\omega\int_a^b v^2 \mathrm{d}x \tag{4-12}$$

式中：ω——钎杆的截面面积；

a，b—— 被积分的钎杆长度对应的坐标值；

x——积分变量。

二、冲击凿岩能量的传递过程

冲击凿岩时，活塞以一定的冲击速度撞击钎尾，并将冲击能量以应力波的形式和一定的波速由钎尾沿着钎杆向钎头方向传播。应力波的形状和大小取决于活塞的结构形状和冲击末速度。起初，入射应力波以压应力波的形式向前传播，当压应力波到达钎头与炮眼底部的接触面时，将随着钎头与炮眼底部岩石接触状况的不同而产生不同的能量传递效率和破岩效果，如图 4-3 所示。

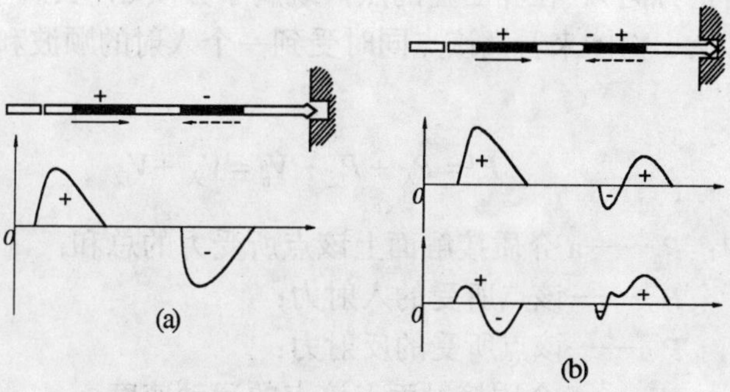

图 4-3 冲击能量在钎杆中的传递

（a）钎头与眼底间不接触；（b）钎头与眼底间接触良好

1. 钎头与眼底不接触

如果钎头与眼底间在应力波到达时没有接触，压应力波将全部从钎头端部反射回来，并以拉伸波的形式迅速向钎尾方向返回，在到达钎尾端部后又重新以压应力波的形式向钎头方向传播。如果与初次压应力波相关的钎杆向前运动足以在第二次压应力波到达之前，使钎头与眼底接触，那么能量便可以通过第二次的压应力波进入岩石中去。否则，若还不能造成接触，那么应力波只能在钎杆上往返传播，并将能量消耗在克服阻力和放热之中。

2. 钎头与眼底接触良好

如果钎头与眼底之间在应力波到达时已接触良好，那么，首次压应力波在到达钎头端部时，仅有一小部分以拉应力波的形式反射回去，而其它部分则以压应力波的形式进入岩石，使凿入区的应力状态迅速提高。当此应力超过岩石的破坏强度时，岩石即破碎，完成了钎头进入岩石的过程。其中一部分能量用以破碎岩石，另一部分能量在岩石破碎后，以岩石与钎头间尚存的物质为桥梁以压应力波的形式返回钎杆。

3. 钎头与眼底接触过紧

由于轴推力太大或岩粉的存在，使钎头与眼底接触过紧，压力波到达钎头端部时，将全部以压力波的形式反射回钎杆，波的传递作用相当于应力波的固定端反射。

从上述能量传递过程可以看出，用以破碎岩石的能量仅为活塞输出能量的一部分。能量传递效率常以破碎岩石的能量与活塞输出能量之比的百分数表示。实测表明，第一次应力波到达的能量传递效率约为 0～60%，而总的应力波能量传递效率约为 0～80%。

三、应力波的反射与透射

应力波在介质密度、弹性模量或截面积有显著变化的界面会发生反射和透射。在凿岩系统中传播的应力波，经过波阻抗 m 突变的界面，也会分成两部分，一部分透射过去，一部分反射回来。

由上节可知，介质的波阻抗 $m=\rho C_P\omega$。所以，m 值取决于材料性质、截面积和纵波在其中的传播速度，对于指定的钎杆来说是常数。

如图 4-4 所示，当应力波从介质 a 进入介质 b 时，其波阻抗由 m_a 变为 m_b（以 x 坐标箭头为正方向）。在界面上的点，既属于介质 a，又属于介质 b。

从 a 物体来看，该点同时受到一个入射的顺波和一个反射的逆波作用，利用波的叠加原理得

$$P_a=P_{入}+P_{反};\ V_a=V_{入}+V_{反} \tag{4-13}$$

式中：P_a——a 介质接触面上该点所受力的总和；

$P_{入}$——该点所受的入射力；

$P_{反}$——该点所受的反射力；

V_a——a 介质接触面上该点的运动速度；

$V_{入}$——该点受入射波影响的质点速度；

$V_{反}$——该点受反射波影响的质点速度。

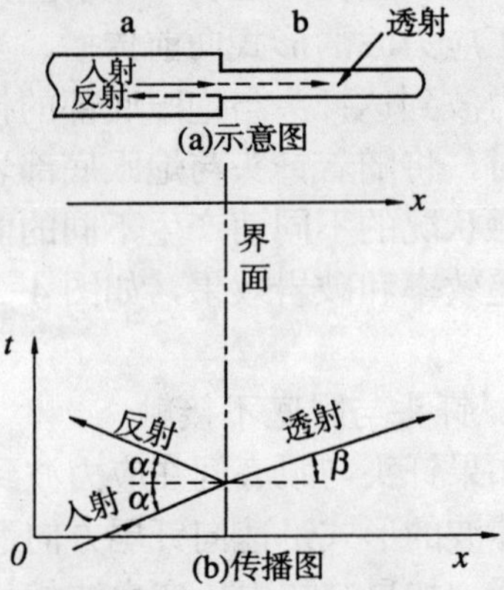

图 4-4 应力波的反射和透射

从 b 物体来看，该点只受透射过来的顺波作用，即

$$P_b=P_{透};\ V_b=V_{透} \tag{4-14}$$

式中：$P_{透}$——b 介质所受的透射力；

$V_{透}$——b 介质在透射力作用下的速度。

但界面上，该点的受力只有一个，故 $P_a=P_b$，于是

$$P_{透}=P_{入}+P_{反} \tag{4-15}$$

在界面上，两种介质没有分离，所以两者速度相同，即 $V_a=V_b$，所以

$$V_{透}=V_{入}+V_{反} \tag{4-16}$$

由凿岩系统的质点受力和运动速度的关系可以求出

$$P_{透}=m_bV_{透};\ P_{反}=m_aV_{反} \tag{4-17}$$

由式（4-15）、（4-16）、（4-17），可求得反射波和入射波的关系

$$P_{反}=\frac{m_b-m_a}{m_b+m_a}P_{透} \tag{4-18}$$

$$P_{透}=\frac{2m_b}{m_b+m_a}P_{入} \tag{4-19}$$

令 $\lambda=\dfrac{m_b-m_a}{m_b+m_a}$ 为应力波由 a→b 的反射率，令 $\mu=\dfrac{2m_b}{m_b+m_a}$ 为 a→b 的透射率。由式（4-18）和式（4-19）可知，透射波传播方向和入射波一致，符号相同。反射波的传播方向与入射波相反，符号取决于波阻抗的变化。由式（4-18）可知，当 $m_b>m_a$ 时，反射波与入射波符号相同；若 $m_b<m_a$，则反射波与入射波符号相反。

1. 自由端反射

当界面一侧的波阻抗为零，即端面不受阻力可以自由运动时，叫做自由端反射。在凿岩系统中，当钎头与岩石不接触时，应力波到达钎刃时便产生自由端反射，如图 4-5 所示。从数学上看，当 $m_b=0$ 或 $m_b/m_a=0$ 时，即可成为自由端反射。

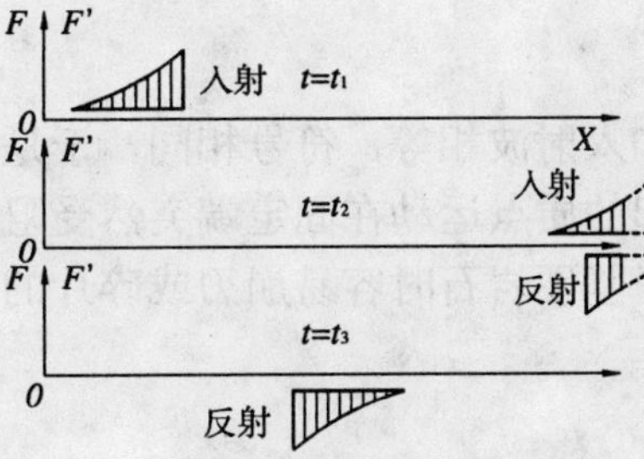

图 4-5　自由端波的入射与反射图

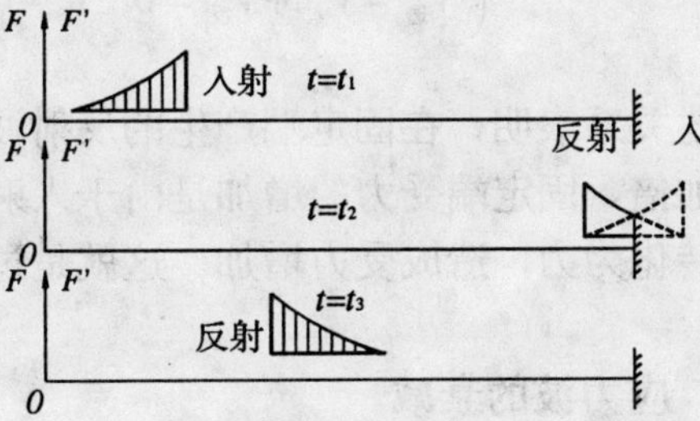

4-6　固定端波的入射与反射

自由端反射时，$m_b=0$，反射率$\lambda=-1$，透射率$\mu=0$，于是

$$
\begin{cases}
P_{反}=-P_{入} \\
P_{透}=P_{入}+P_{反}=0 \\
V_{反}=\dfrac{-P_{反}}{m_a}=\dfrac{P_{入}}{m_a}=V_{入} \\
V_{透}=V_{入}+V_{反}=2V_{入}
\end{cases}
$$

上式表明，在自由端产生的反射波，其压力大小与入射波相等，符号相反；速度大小与入射波相等，符号相同；自由端端面上的受力为零，运动速度为入射波速度的 2 倍。这就是凿岩机凿岩时空打将使钎杆和钎头合金片齿承受拉应力并易使钎头脱落的原因。自由端端面速度之所以增加，是由于入射波的运动伴随着作用力，此力在端面不再受阻，而受作用的质点在弹性范围内向前冲击的缘故。

2.　固定端反射

当界面一侧的波阻抗很大，即 $m_b\to\infty$ 或 $m_b/m_a\to\infty$时，在这种情况下，端面被固定不能产生位移，称为固定端反射。例如，在凿岩过程中，当应力波到达钎刃与岩石界面时，若此时钎刃很钝而与岩石接触过紧或眼底存在大量岩粉（钎头与岩石间阻力很大），即产生固定端反射。固定端反射情况如图 4-6 所示。

此时，反射率$\lambda=1$，透射率$\mu=2$，即

$$
\begin{cases}
P_{反} = P_{入} \\
P_{透} = P_{入} + P_{反} = 2P_{入} \\
V_{反} = -\dfrac{P_{反}}{m_a} = \dfrac{-P_{入}}{m_a} = -V_{入} \\
V_{透} = V_{入} + V_{反} = 0
\end{cases}
$$

上述关系表明，在固定端产生的反射波，其受力和入射波相等，符号相同，于是固定端总受力加倍。固定端受力的增加是由于入射应力波引起的质点运动在固定端突然受阻，质点的惯性转化为力，造成受力增加。这就是过钝钎刃钻凿坚硬岩石时容易崩刃或碎片的原因。

四、应力波的衰减

应力波在钎杆中传播时，由于分子间的摩擦（内摩擦）、钎杆和岩粉以及钎杆和岩石间的摩擦（外摩擦）消耗了应力波的能量，使其在传播中逐渐减弱，这就叫应力波的衰减。

这种衰减可用示波器通过两端均为自由端的长钎杆的应力波来回反射加以观察。

1. 应力波振幅的衰减

设应力波每传播单位长度，其衰减率为η，那么从 x 到 $x+\Delta x$ 的长度内其振幅衰减为

$-\Delta\sigma = \sigma \cdot \eta \cdot \Delta x$，即 $\dfrac{\Delta\sigma}{\sigma} = -\eta \cdot \Delta x$，求解得

$$
\sigma = \sigma_0 \cdot e^{-\eta \cdot x} \tag{4-20}
$$

式中，σ_0 为 $x=0$ 时的应力波的幅值，即未衰减前的应力波幅值。

由式(4-20)可知，应力波的振幅是以指数函数形式进行衰减的。

2. 应力波能量的衰减

设应力波的能量为 W，根据式（4-11），其从 x 到 $x+\Delta x$ 的长度内能量的衰减率为

$\dfrac{\Delta W}{\Delta x} = \dfrac{\Delta(\dfrac{\sigma^2}{E})}{\Delta x} = \dfrac{\Delta(\sigma_0 e^{-\eta x})^2}{E \cdot \Delta x} = \dfrac{\sigma_0^2}{E} e^{-2\eta x}(-2\eta) = -2\eta W_0$，于是

$$
W = W_0 e^{-2\eta x} \tag{4-21}
$$

由式(4-21)可以看出，能量的衰减率是幅度衰减率的 2 倍。

五、应力波波形的改造

入射应力波波形对冲击破岩效果有着重要的影响，而活塞的结构形状是决定应力波波形的基本因素。试验研究表明，冲击功相同而活塞结构不同时，凿岩效果最大可差 50%以上。

1. 凿入时的理想波形

费尔赫斯特根据阻抗匹配的原则，即在钎头凿入岩石的所有过程中要求反射波$\sigma_{反} = 0$（凿

入过程中能量全部入射至岩石，没有反射），解得理想的入射应力波应具有下列形式。

$$\sigma=\sigma_0 e^{\beta t} \tag{4-22}$$

式中：σ_0——$t=0$ 时的应力波振幅，其值应趋近于 0；

β——假想的应力波振幅增值率，其值为正数。

按照式（4-22）绘出的能量传递效率达 100%的理想应力波波形如图 4-7（b）所示，这种应力波波形与凿入岩石的力-位移特征相匹配。

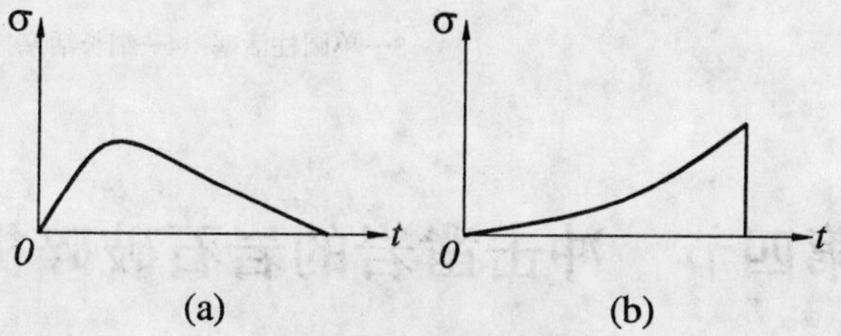

图 4-7　凿岩机实际波形与理论上最优波形的比较

（a）凿岩机实际应力波波形；（b）能量传递效率达 100%的理想应力波波形

实际上，凿岩机活塞撞击钎尾时所产生的应力波在传播过程中，应力波振幅是衰减的而不是增加的，符合 $\sigma=mv_{冲}e^{-\alpha t}$，是一个按指数下降的曲线，如图 4-7（a）所示，其应力波幅在反射系数很高时就达到最高值。因此，在开始阶段有相当多的能量以拉应力波形式反射回去，仅有一小部分能量传递到岩石上。随着钎头刃齿的逐渐凿入，接触面积越来越大，应力波的透射率不断增加，但此时应力波现存的能量已经较低。所以，这种应力波波形是不可能得到较高的能量传递效率的，必须设法加以改善。可是，要制造符合理想波形的活塞形状是很困难的，如果能设法使实际应力波波形逼近理想波形，或者使波形有一个较缓和的前沿，对能量传递显然是有利的。

2. 凿岩机的应力波波形改造

伦德伯格详细地研究了应力波的峰值位置对能量传递效率的影响。他用一个三角形的波来近似描述实际波形，计算了不同的顶点位置、同底等高三角形应力波的能量传递效率，根据峰值在前和在后，得出能量传递效率分别为 61%～97%，如图 4-8 所示。

图 4-9 为若干种不同形状活塞的应力波波形比较示意图。从图中可以看出：

(1) 双圆柱实心活塞波峰应力值最高，有效波形部分较窄，所以能量传递效率较低，冲击凿入系统所受峰值应力最大，易造成钎杆早期疲劳折断；

(2) 双圆柱空心头部活塞是一种应力改造型，它使双圆柱活塞的峰值应力大为减小，并消除了应力波的尖峰，这不仅提高了凿入能量的效率，而且提高了钎杆的使用寿命；

(3) 随着活塞杆直径变细，应力波峰值降低，有效应力波作用时间增长，凿入效率和冲击凿入系统使用寿命增加。当活塞与钎杆截面相等时，理论上将产生矩形应力波形。

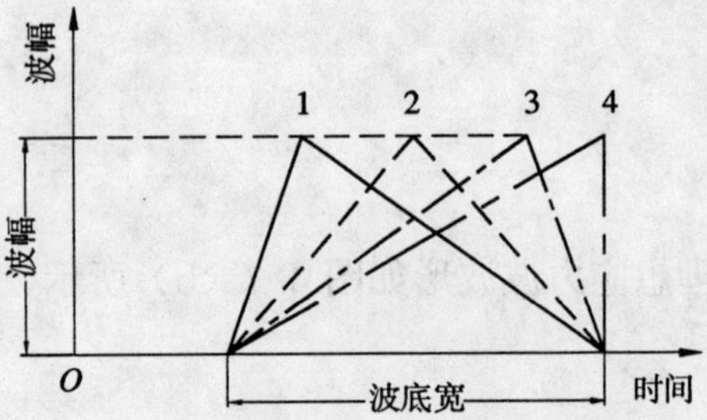

图 4-8 同底等高三角形应力波示意图

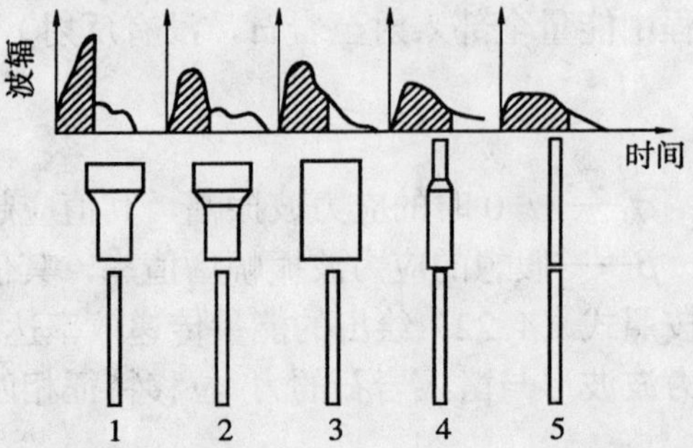

图 4-9 几种活塞形状应力波波形比较示意图

1—双圆柱实心活塞；2—双圆柱空心头部活塞（碗状活塞）；3—单圆柱活塞；4—细长活塞；5—与钎杆等截面细长形活塞

第四节 冲击凿岩的岩石破碎机理

岩石在外载作用下的应力状态、破碎过程以及破碎过程与外载性质之间的关系存在着一定的规律，这种规律通常称为岩石的破碎机理。

一、外载作用下半无限体岩石内的应力状态

讨论岩石的应力状态的目的在于研究岩石在外载作用下的应力分布规律以及各种不同压模形状对应力分布的影响。

1．集中荷载作用下半无限体内的应力状态

设 $Z=0$ 的平面是半无限体的边界，如图 4-10 所示，在此平面上 O 点沿 z 轴方向作用一外加集中载荷 P。

采用圆柱坐标，在此半无限体内，任一点距集中力 P 的位置可由该点与轴线的夹角和距离来确定。利用弹性力学的方法，可以求得 P 力所引起的诸应力分量：

$$\sigma_r=\frac{P}{2\pi R^2}\left[\frac{(1-2\mu)R}{R+z}-\frac{3r^2z}{R^3}\right] \tag{4-23}$$

$$\sigma_\theta=-\frac{P(1-2\mu)}{2\pi R^2}\left[\frac{R}{R+z}-\frac{z}{R}\right] \tag{4-24}$$

$$\sigma_z=-\frac{3P}{2\pi R^2}\frac{z^3}{R^3} \tag{4-25}$$

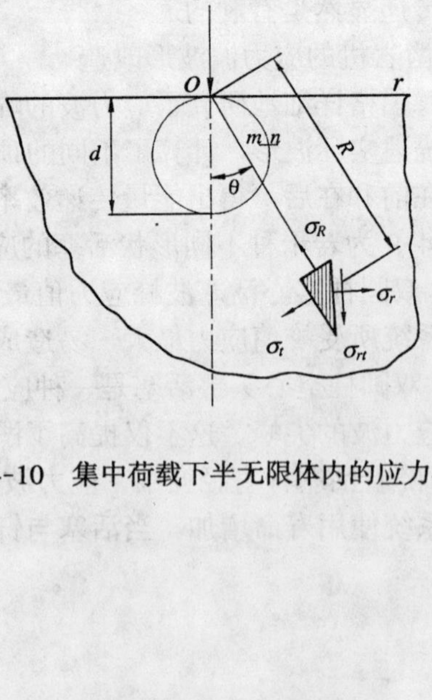

图 4-10 集中荷载下半无限体内的应力状态

$$\tau_{rz} = -\frac{3P}{2\pi R^2}\frac{rz^2}{R^3} \tag{4-26}$$

上述诸式中，r、z 为圆柱坐标，R 为原点到所观察点的距离。拉应力为正，μ为泊松比。

取一垂直于 z 轴的单元面 mn，由式（4-25）、式（4-26）可知，该单元面上的正应力分量和剪应力分量之比为

$$\frac{\sigma_z}{\tau_{rz}} = \frac{z}{r} \tag{4-27}$$

因此，此单元面上的合应力作用线通过原点 O，合应力的大小为

$$S = \sqrt{\sigma_z^{\ 2} + \tau_{rz}^{\ 2}} = \frac{3P}{2\pi}\frac{z^2}{(r^2+z^2)^2} = \frac{3P\cos^2\theta}{2\pi(r^2+z^2)} = \frac{3P\cos^2\theta}{2\pi R^2} \tag{4-28}$$

由此可见，合应力与荷载作用点的距离的平方成反比。假设有一直径为 d 的球面，在原点 O 和 $z=0$ 的平面相切，在这球面上每一点有下面的几何关系

$$r^2 + z^2 = d^2\cos^2\theta \tag{4-29}$$

将上式代入式（4-28）可知，球面上任一点的水平面上的总应力为

$$S = \frac{3P}{2\pi d^2} \tag{4-30}$$

在工程实践中，岩石的破碎并非是集中荷载作用的结果，往往是与破碎岩石的钎头形状有关。根据工程中钎头及齿的形状可以分为平底圆柱压模、球形压模和楔形压模，限于篇幅，本节只介绍比较简单的平底圆柱压模压入岩石时岩石内的应力分布规律。

2．平底圆柱压模压入岩石时岩石内的应力分布规律

在实验室条件下测定岩石的压入硬度以及采用柱状合金钻进时，经常遇到的是平底圆柱形压模的压入状态。

在这种状态下，作用力以 P 沿 z 轴方向压入岩石时，可近似地用弹性半无限体的方法来求解，采用圆柱坐标系。

压模在压入初期，接触面上的压力分布是非均匀的。由于弹性形变的产生，压力按均匀状态分布，如图 4-11 所示。

初期压力沿圆的半径的分布表示为

$$p = \frac{P}{2\pi a\sqrt{a^2 - r^2}} \tag{4-31}$$

式中：a——压头半径；

P——压头上的轴载。

由此，中心处（即 $r=0$），$p = \dfrac{P}{2\pi a^2}$；边缘处 $r=a$，$p=\infty$。

压力均匀分布时

$$p = \frac{P}{\pi a^2} \tag{4-32}$$

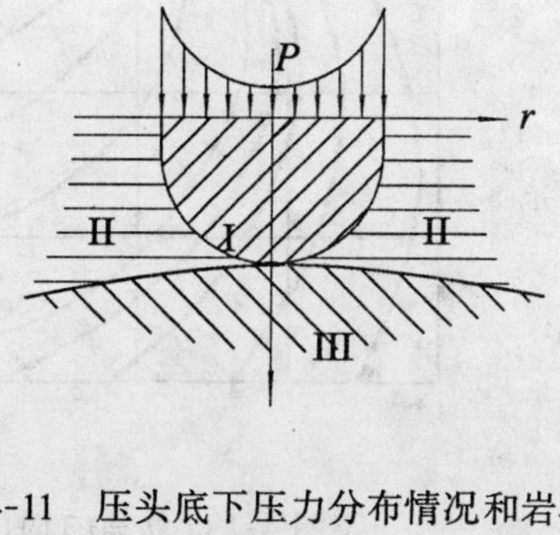

图 4-11　压头底下压力分布情况和岩石中应力状态分布图

在刚性压头压入弹性半无限体的应力状态中，压头底下存在着以$\sigma_1 = 0$ 的面分隔的各向压缩区Ⅰ。该区的大小由接触面的半径和泊松比而定，各向压缩区Ⅰ被区Ⅱ所包围。在区Ⅱ内，主应力之一大于零（拉应力）。区Ⅱ下方以$\sigma_2 = 0$的面为界。再往下为区Ⅲ，区Ⅲ为$\sigma_1 > 0$和$\sigma_2 > 0$。

压力均匀分布时，对称轴上的主应力是坐标$z' = z/a$的函数，可用下列公式求出

$$\sigma_1 = \sigma_2 = p\left[-\frac{1+2\mu}{2} + \frac{(1+\mu)z'}{\sqrt{(1+z')^2}} - \frac{1}{2}\left(\frac{z'}{\sqrt{1+(z')^2}}\right)^8\right]$$

$$\sigma_3 = p\left[-1 + \left(\frac{z'}{\sqrt{1+(z')^2}}\right)^8\right]$$

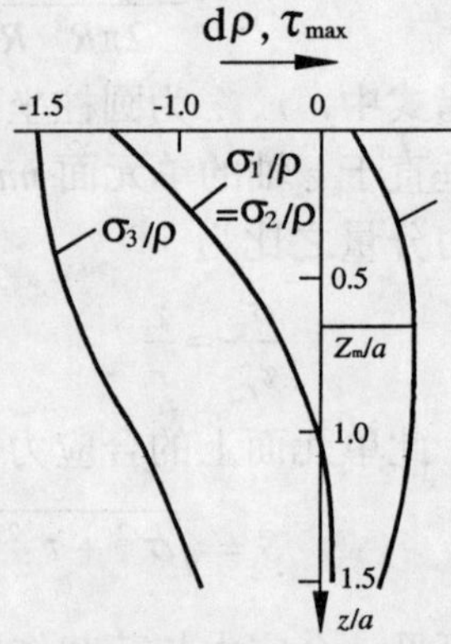

图 4-12 $\mu = 0.25$ 时弹性半无限体内对称轴上（$r = 0$）应力变化图

根据上两式的计算结果，可绘出曲线图 4-12。由图可见，随着与压模接触面距离的增长，压缩应力减小，而且σ_1和σ_2减小得更快，在一定深度内转变为拉应力。拉应力的最大值不超过轴向压力值的 10%。

采用最大剪应力作为压入岩石应力状态的主要特征，并以其相对值来表示压模附近变形的半无限体中最大剪应力分布的情况，如图 4-13 所示。由图可见，剪应力的等值线在压模的接触边缘处相交汇；最大剪应力发生在压模边缘。岩石内部的最大剪应力的极大值带是以舌头形状沿着 z/a 轴方向延伸。因为经过边界向表面过渡时，压力突然由最大值变化为零，所以，靠近边界的半无限体中的点是特殊点，形成第一极值带。

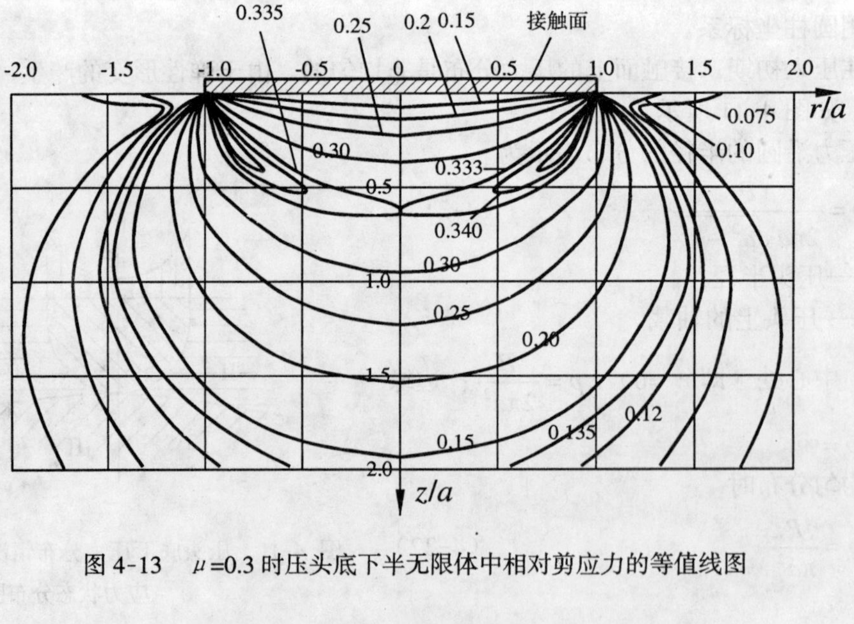

图 4-13 μ=0.3 时压头底下半无限体中相对剪应力的等值线图

二、压模作用下岩石的破碎过程

岩石在外力作用下的变形破坏过程取决于所处的应力状态。采用不同形状的压模加压时，岩石内所产生的应力状态是不同的，裂缝发生和扩展的范围也不尽相同。

但是，岩石在外力作用下的破碎过程有其共同的规律，即：在一个自由面条件下，最终都将形成断面为V形的破碎坑。而形成破碎坑所需要的作用力、破碎坑的大小和坑内岩石的破碎程度，则与压模的形状和压力大小有关。

1. 平底圆柱压模作用下岩石的破碎过程

如图 4-14 所示，当平底压模开始加压时，先产生弹性变形，随即从压模的边缘处产生裂缝 *ao*。由于主压力体上最大剪应力的作用以及近表面处岩石所处的应力状态接近于单向应力状态，岩石抗剪强度小，因此，裂缝 *ao* 沿最大切应力面迅速发展。在主压力体分离过程中，随载荷加大，在与主压力体相邻的等剪应力面上，发生第二组裂缝 *ac*，并向深处扩展。当主压力体从岩石中分离时，第二组裂缝扩展到 *c*；同时，由于应力的重新分布，在岩体内将产生新的剪应力面 *oA* 和 *oB*，*oA* 和 *oB* 的形成，使锥体 *AoB* 完全与岩体相分离，可认为是在压模的作用下，压模底部的主压力体对周围岩石产生楔压作用将 *AoB* 部分推出而形成破碎穴。此时，主压力体本身被压碎成粉末状。

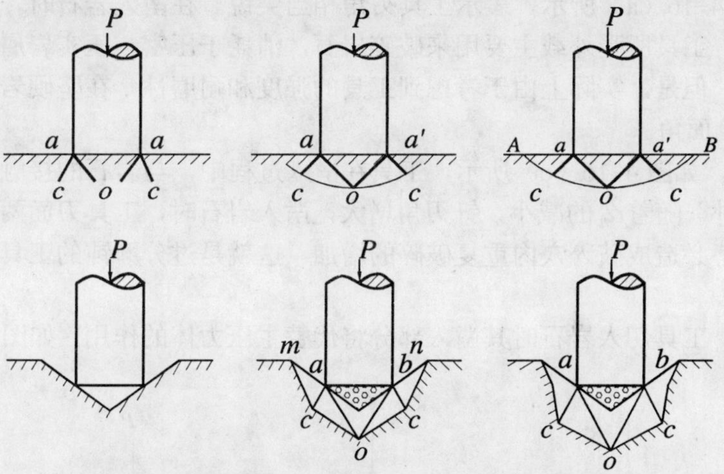

图 4-14　平底压模压入岩石时的破碎发展过程

在剪切体分离前，压模压入的深度不大，当从岩体中分离出剪切体后，剪切体内岩石强度大大降低，压模即把底部主压力体完全压碎，并挤出剪切体内一部分已破碎的岩石，压模压入深度突然增加。此时，由于挤出岩石所需力量不大，外载显著下降。当压模抵达未破碎岩石时，就不再继续压入，压模下面压住一部分已破碎的岩石。

在第一次破碎穴形成后，如外载继续作用，则裂隙发生发展过程再次重复。但 *cn* 与 *cm* 的斜度比第一次破碎穴 *cA* 与 *cB* 要陡得多，这是由于第二次破碎时，岩石的夹制条件对变形发生了影响的原因。

2. 楔形压模作用下岩石的破碎过程

(1) 在楔形压模作用下，岩石在两次大剪切中存在若干小剪切，如图 4-15 所示，即两次大循环中存在若干次中间小循环。这是由于在开始加压于楔形压模时，压模与岩石的接触面很小，加上金属与岩石之间的摩擦阻力远远小于岩石内部摩擦阻力，所以出现频繁的小跳跃。第一次大循环和若干次小循环的破碎过程与平底压模基本相似。中间小循环将继续进行到压模两侧被余留下来的已破碎岩石和围岩支持住为止。这时，压模压入岩石的部分代替主压力体起着主压力体的作用，最终引起大破碎分离大剪切体。随着大破碎过程的产生，压模受夹制的条件得到改善，随后又重复上述循环过程。

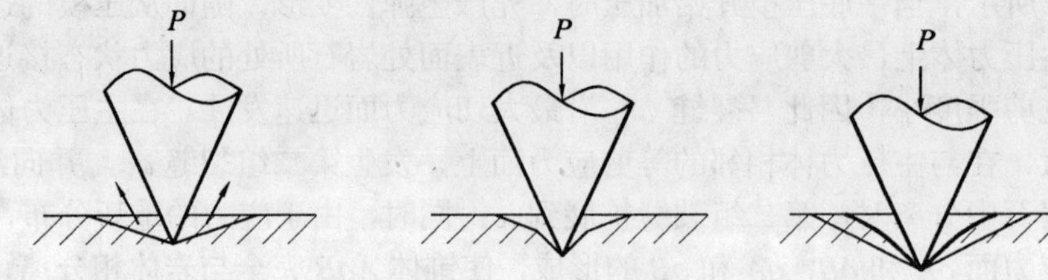

图 4-15　楔形压模的岩石破碎过程

(2) 钎刃的侧面角与主压力体的侧面角有一定的关系，当钎刃侧面角 α_n 大于主压力体侧面角 α_0 时，如图 4-16（a）所示，表示工具刃角相当尖锐。在凿入岩石时，由于工具两侧与岩石的摩擦减小，工具所受外载主要用来破碎岩石，消耗于压密与压实岩屑的部分很少，所以切入深度较大。但是，实际上由于考虑到工具的强度和耐磨性，在坚硬岩石中，不可能采用 $\alpha_n > \alpha_0$ 的钎头侧面角。

当 $\alpha_n < \alpha_0$ 时，如图 4-16（c）所示，工具在凿入过程中，与岩石的接触面较大，所以摩擦阻力增大。此外，随着 α_n 的减小，钎刃角增大，凿入岩石时，工具刃面两侧限制了剪切体内碎屑的抛出，势必造成破碎穴内重复破碎的增加。这就是过分磨钝的工具破碎效率较低的原因。

当 $\alpha_n = \alpha_0$ 时，工具切入岩石时其凿入部分将代替主压力体的作用，如图 4-16（b）所示。

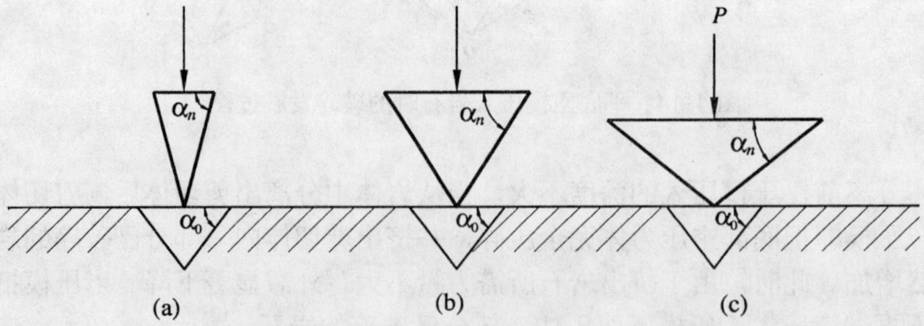

图 4-16　钎头侧面角 α_n 与主压力体侧面角 α_0 的关系

（a）$\alpha_n > \alpha_0$；（b）$\alpha_n = \alpha_0$；（c）$\alpha_n < \alpha_0$

3. 球形压模作用下岩石的破碎过程

球形压模作用下岩石破碎过程与平底或楔形压模作用下的破碎过程近似，其破碎过程如图 4-17 所示，且具有如下特点：

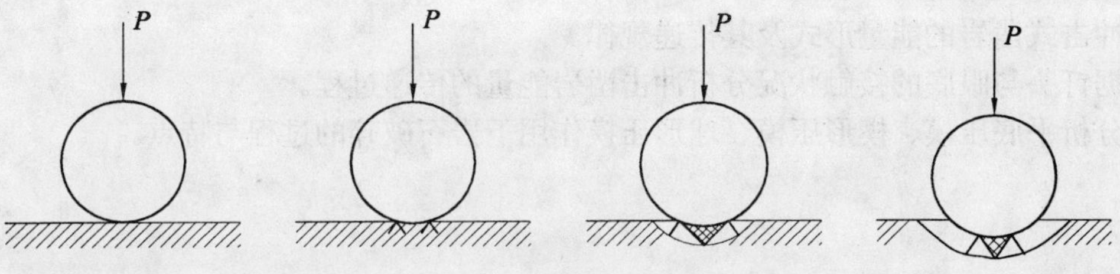

图 4-17　球形压模作用下岩石破碎过程

（1）由于压模为球形，在外载作用下压模随切入深度的增加与岩石接触面积的增长的关系曲线如图 4-18 所示。与楔形压模相比，随切入深度的增加，球形压模接触面积变化的前阶段比楔形增长快，后阶段比楔形增长慢。根据波形改造的观点，球形压模的这种接触面积变化的规律比楔形压模更符合现代风动凿岩机应力波有效应力区在前的特点，所以前阶段反射系数较小，凿入效果比楔形好。

（2）球形压模作用下，岩石的裂隙呈放射状，在眼底的分布比楔形压模裂隙的带状分布更为均匀（如图 4-19 所示），范围更大，给后继的冲击作用增加了许多自由面，所以破碎效果比楔形好。

（3）由于压模为球形，在压入岩石时，岩石面对压模的反作用力基本上是压应力，很少出现弯曲应力，所以比在钎头端部常出现弯曲应力的楔形压模使用寿命长。

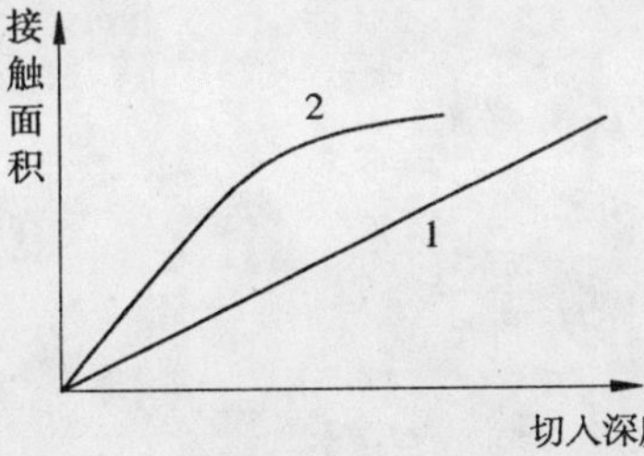

图 4-18　切入深度与接触面积的关系

1—球形压模；2—楔形压模

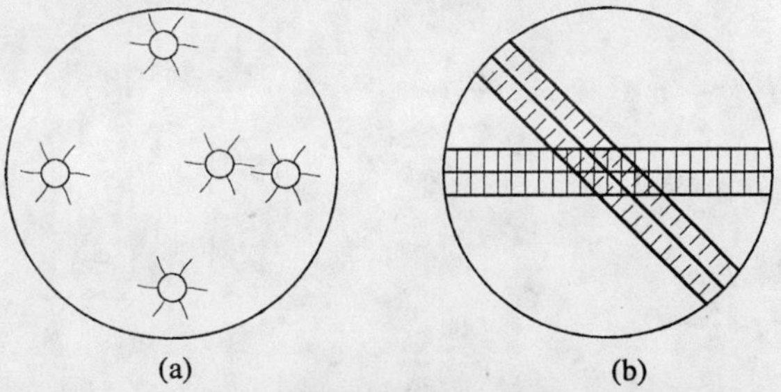

图 4-19　两种不同形状压模的眼底裂隙分布比较

（a）球形压模；（b）楔形压模

综上所述，外载性质对岩石的破碎过程没有明显影响。采用不同形状的压模压入岩石时，岩石内产生的应力状态有所区别，裂隙的发生和发展过程不完全一样，但岩石的破碎过程具有相似的共同规律，即经历弹性变形、压裂压碎和剪切 3 个过程。在冲击荷载作用下，由于冲击速度快，作用时间极短，几乎在瞬间荷载即增至最大值，致使岩石受力区域内的应力和应变高度集中，来不及向周围岩石传递，所以常呈脆性破坏。此外，岩石在外载作用下的破碎作用以剪切为主，外载的大小必须足以形成大剪切。

思考题

1. 简要说明冲击式凿岩机的能量指标。
2. 简述冲击式凿岩的能量形式及其传递规律。
3. 试根据钎头与眼底的接触状况分析冲击凿岩能量的传递过程。
4. 分别分析平底压模、楔形压模、球形压模作用下岩石破碎的过程与特点。

第五章　炸药爆炸的基本理论

第一节　爆炸及炸药的一般特征

一、爆炸及炸药的定义

爆炸是物质系统一种极迅速的物理或化学变化过程。在变化过程中，系统的内能转变为机械能及其它形式的能，从而对周围介质做功。爆炸的重要特征是，大量能量在有限的体积内迅速释放并急剧转化，从而使周围介质急剧受压，显示出机械破坏效应，并伴随有声响和发光效应。

按引起爆炸原因的不同，可将爆炸分为物理爆炸、核爆炸和化学爆炸三大类。

1．物理爆炸

物理爆炸是由物理原因造成的爆炸。爆炸前后，物质的化学成分不变，只是物理状态发生了改变。例如：锅炉爆炸、氧气瓶爆炸、轮胎放炮等都是物理爆炸。

2．核爆炸

核爆炸是由核裂变或核聚变引起的爆炸。核爆炸放出的能量极大，相当于数万吨至数千吨梯恩梯（TNT），爆炸中心区温度可达数百万至千万摄氏度，压力可达数百万大气压，并辐射出很强的各种射线。

3．化学爆炸

化学爆炸是由化学变化造成的爆炸。爆炸前后，不仅物质的物理状态发生了改变，物质的化学成分也发生了改变。例如：炸药爆炸、井下瓦斯或煤尘与空气混合物的爆炸等，都是化学爆炸。

炸药是指在一定条件下能够发生快速化学反应、放出能量、生成气体产物并显示出爆炸效应的化合物或混合物。就化学组成而言，除少数起爆药外，炸药都是由两部分物质组成的，即氧化剂和还原剂（燃料）。

对于化合物炸药，氧化剂是炸药分子中含氧的基团，还原剂（燃料）则是炸药分子中含碳、氢的基团。这两种基团都是反应性很强的活性原子基团，但在炸药分子中被活性小的中性原子基团或原子（通常为氮原子）所隔开，如图 5-1 所示。当炸药分子被外界能量活化时，分子运动速度加快，分子之间的碰撞力增大。当碰撞力增至一定程度后，炸药分子破裂，释放出活性基团，相互发生化学反应，形成气体产物并以热能形式放出其内含的化学能。由于爆炸过程极为迅速，爆炸结束时，气体产物不可能发生明显膨胀，故气体产物的温度和压力都很高。其后，气体产物膨胀，将能量传递给周围介质。

对于混合物炸药，氧化剂是含氧的不具有爆炸性的氧化剂分子或富有氧元素的炸药分子，还原剂（燃料）则是非爆炸性的可燃剂分子或富有碳、氢元素的炸药分子，如图 5-2 所示。使这类炸药爆炸，同样也需要外界给予足够的活化能，来增加炸药内各种分子的运动速度和相互间的碰撞力，使之产生迅速的化学反应。

由此可见，炸药是既安定又不安定的物质。在平常条件下，炸药是比较安定的物质，因此除起爆药外，炸药的活化能是相当大的（一般为 138～230 kJ/mol）。但当局部的炸药分子被活化到足够数目时，就会丧失安定性，引起炸药爆炸。因此，对待炸药既不要畏惧，但又要慎重。

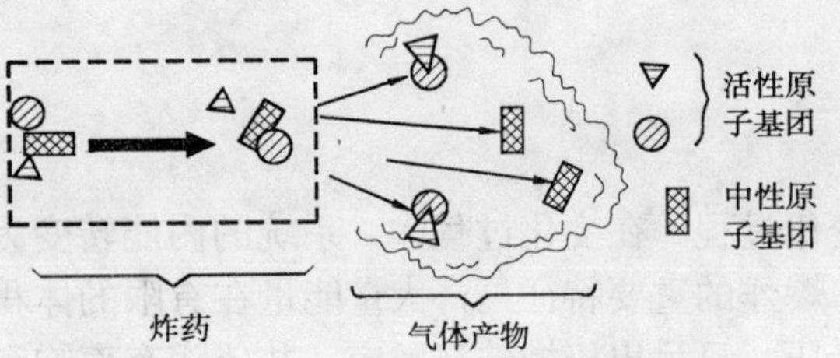

图 5-1 化合物炸药爆炸时能量释放示意图

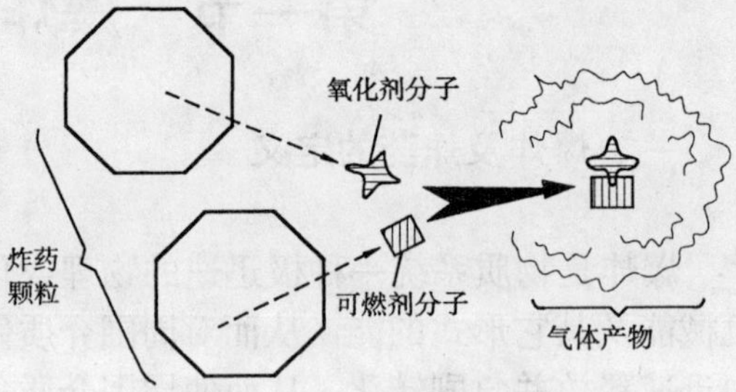

图 5-2 混合炸药爆炸时能量释放示意图

二、炸药化学变化的基本形式

爆炸并不是炸药唯一的化学变化形式，由于环境和引起化学变化的条件的不同，炸药有 4 种不同形式的化学变化：热分解、燃烧、爆炸和爆轰。

1. 热分解

和其它物质一样，炸药在常温下也会缓慢分解，温度越高，分解越显著。炸药热分解时，炸药内部各点的温度相同，分解反应在整个炸药内部同时进行，没有集中的反应区，分解反应既可吸收热量，也可放出热量，取决于炸药类型和环境温度。但当温度较高时，所有炸药的分解反应都伴随有热量的放出。例如，硝酸铵在常温或温度低于 150 ℃时，其分解反应为吸热反应，反应方程为

$$NH_4NO_3 \rightarrow NH_3HNO_3 - 173.04\ \text{kJ}$$

当加热到 200 ℃时，分解反应将放出热量，反应方程为：

$$NH_4NO_3 \rightarrow 0.5N_2 + NO + 2H_2O + 36.25\ \text{kJ}$$

或

$$NH_4NO_3 \rightarrow N_2O + 2H_2O + 52.63\ \text{kJ}$$

分解反应为放热反应时，如果放出的热量不能及时散失，炸药温度就会不断升高，促使反应速度不断加快和放出更多的热量，最终就会引起炸药的燃烧和爆炸。

2. 燃烧

同其它可燃性物质一样，炸药在热源（例如火焰）的作用下，也会燃烧，区别仅在于炸药的燃烧不需要外界供氧。炸药的快速燃烧（每秒数百米）又称爆燃。

就化学变化的实质来说，燃烧是可燃元素（碳、氢等）激烈的氧化过程。但燃烧与热分解或一般的氧化反应不同，燃烧不是在全部物质内同时进行的，而只是在局部区域内进行并在物质内传播的。进行燃烧的区域称为燃烧区，因燃烧反应是在该区域内完成的，所以又称反应区。

炸药在燃烧过程中，若燃烧速度保持定值，不发生波动，则称为稳定燃烧，否则称为不稳定燃烧。炸药是否能够稳定燃烧，取决于燃烧过程进行时的热平衡。如果热量能够平衡，即反应区放出的热量与传递给炸药邻层和周围介质的热量相等，燃烧就能稳定，否则就不能稳定。不稳定燃烧可导致燃烧的熄灭、震荡或转变为爆炸。

炸药燃烧主要靠热传导来传递热量。因此，稳定燃烧的速度不可能太高，一般为每秒几毫米到每秒几米，最高也只能达到每秒几百米，低于炸药内的声速。炸药的燃烧速度受环境条件的影响较大。

3. 爆炸

炸药的爆炸过程与燃烧过程类似，化学反应也只在局部区域（反应区）内进行并在炸药内传播。爆炸反应区的传播速度称为爆炸速度。大多数炸药的爆炸是氧化反应。燃烧与爆炸的主要区别在于：燃烧靠热传导来传递能量和激起化学反应，受环境条件的影响较大，而爆炸则靠压缩冲击波的作用来传递能量和激起化学反应，基本不受环境条件的影响；爆炸反应比燃烧反应更为激烈，放出的热量和产生的温度也更高；燃烧产物的运动方向与反应区的传播方向相反，而爆炸产物的运动方向与反应区的传播方向相同，故燃烧产生的压力较低，而爆炸则可产生很高的压力；燃烧速度是亚音速的，而爆炸速度则是超音速的。爆炸的反应速度通常为每秒几百米到每秒几千米，但是这种速度与外界的条件关系不大。一般地，炸药的爆炸过程很不稳定，不是过渡到更大爆速的爆轰阶段，就是衰减到很小爆速的爆燃阶段甚至熄灭。

4. 爆轰

炸药以最大的稳定速度进行传播的过程称为炸药的爆轰。爆轰是炸药特有的一种化学变化形式，与外界的压力、温度等条件无关。炸药的爆轰速度一般为每秒数千米到每秒数万米。例如，梯恩梯的爆轰速度为 6 800m/s。对于任何一种炸药来说，在给定条件下，爆轰速度是一个常数。在爆轰状态下，爆炸具有最大的破坏作用。

爆炸和爆轰并无本质的区别，只不过传播速度不同而已。爆轰的传播速度是恒定的，爆炸的传播速度是可变的，从这个意义上讲，也可以认为爆炸就是爆轰的一种形式，即爆炸是一种不稳定的爆轰状态。

应当指出，炸药化学变化的上述 4 种基本形式在性质上虽有不同之处，但它们之间却存在着非常密切的联系，在一定条件下可以相互转化。炸药的热分解在一定的条件下可转变为燃烧，而炸药的燃烧随温度和压力的增加又可能发展而转变为爆炸，直至过渡到稳定的爆轰状态。

三、炸药爆炸的基本特征

放出能量、生成气体产物、反应和传播的高速度是炸药爆炸的 3 个基本特征，也构成了炸药爆炸的充分必要条件，缺一不可，故称为炸药爆炸的三要素。

1. 放出能量

炸药爆炸就是将其内部蕴藏的大量化学能（潜能）以热能的形式迅速释放出来的过程。由表 5-1 可以看出，1kg 炸药的放热量与 1kg 燃料的放热量相比较，燃料的放热量优于炸药的放热量，但若按每升放热量计算，炸药则占绝对优势（计算每升放热量时，以燃料和空气的混合物为计算基准）。因此，炸药在能量方面的特点是，微小容积中蕴藏着大量的能量，即炸药的能量密度 $\rho_e Q_V$ 很高（ρ_e 为炸药密度，Q_V 为爆热，即单位重量炸药放出的热量）。

表 5-1 炸药和普通燃料的放热量

物质名称	1kg 放热量（kJ）	1kg 燃料－空气混合物放热量（kJ）	1L 放热量（kJ）
汽 油	42 000	9 240	17.64
无烟煤	33 600	9 240	18.06
木 材	18 900	7 980	19.74
硝化甘油	6 300	—	10 080
梯恩梯	4 200	—	4 830
黑火药	2 940	—	2 814

由表 5-2 中各种草酸盐的反应热效应与其爆炸性能的比较可以看出，放出大量的热能是形成化学爆炸的必要条件，吸热反应或放热不足都不能形成爆炸，即使同一种化合物，由于激起化学反应的条件和热效应不同，也有类似的结果。例如硝酸铵，150 ℃时的分解反应为吸热反应，当加热到近 200 ℃时，分解反应虽为放热反应，但放热量不大，仍不能构成爆炸，当迅速加热到 400～500 ℃或利用传爆药柱强力起爆时，由于放热量增大，就会引起爆炸，其爆炸反应为

$$NH_4NO_3 \rightarrow 0.75N_2 + 0.5NO_2 + 2H_2O + 118.36\ kJ$$

或
$$NH_4NO_3 \rightarrow N_2 + 0.5O_2 + 2H_2O + 126.84\ kJ$$

表 5-2 草酸盐的爆炸性能

名 称	反应式	热效应(kJ)	爆炸性
草酸锌	$ZnC_2O_4 \rightarrow 2CO_2 + Zn$	−206.22	不爆
草酸铅	$PbC_2O_4 \rightarrow 2CO_2 + Pb$	−70.14	不爆
草酸铜	$CuC_2O_4 \rightarrow 2CO_2 + Cu$	+28.14	不爆
草酸汞	$HgC_2O_4 \rightarrow 2CO_2 + Hg$	+72.66	爆
草酸银	$Ag_2C_2O_4 \rightarrow 2CO_2 + 2Ag$	+123.90	爆

2. 生成气体产物

炸药爆炸放出的能量必须借助气体介质才能转化为机械能。因此，生成气体产物是炸药做功不可缺少的条件。炸药爆炸放出的热量先转变为气体的压缩能，随后在气体膨胀过程中转变为机械能。如果物质的反应热很大，但没有气体产物生成，就不会具有爆炸性。例如铝热剂的化学反应

$$2Al + Fe_2O_2 \rightarrow Al_2O_3 + 2Fe + 844.20\ kJ$$

按每千克放热量计算，铝热剂的放热量比梯恩梯高，并能形成 3 000 ℃的高温，使生成产物熔化，但却不会发生爆炸。

有些物质反应后的生成产物虽然是固体，但却很容易引起爆炸。例如乙炔银的分解反应

$$Ag_2C_2 \rightarrow 2Ag + 2C + 366.07\ kJ$$

这是因为在反应温度条件下，银发生了气化以及周围空气被迅速加热并膨胀的缘故。

虽然炸药爆炸放出的热量不可能完全转化为机械能，但生成气体数量越多，热量利用率也越高。

3. 反应和传播的高速度（反应过程高速进行）

爆炸化学反应是由压缩冲击波引起的，因此，反应速度和爆炸速度都很高。在反应区内，炸药变成爆炸产物的时间只需几十微秒，甚至不到一微秒，爆炸速度可达每秒数千米。爆炸过程的这种高速度，决定了炸药在很短时间内能放出大量热量，从而具有极大的威力（炸药在单位时间内的做功能力）。

四、炸药的分类

(一) 按炸药的组分分类

炸药按组分分类的方法很多。这里仅介绍一种比较简单的方法，即将炸药分为单体（质）炸药和混合炸药两大类。

1. 单体（质）炸药

单体（质）炸药又称爆炸化合物。它本身是一种化合物，即一种均一的相对稳定的化学系统。单体炸药在外界作用下，能导致分子内键的断裂，发生迅速的爆炸变化，生成热力学性质稳定的化合物。

这类炸药多数是含氧的有机化合物，能进行分子内燃烧。例如，硝化甘油的爆炸分解反应式为

$$C_3H_5(ONO_2)_3 = 3CO_2 + 2.5H_2O + 0.25O_2 + 1.5N_2 + 1\,449\ kJ$$

还有一部分是不含氧的化合物，它们在外界的作用下迅速分解为其组成的元素，并放出其生成热。例如叠氮化铅，其爆炸反应式为

$$P_b(N_3)_2 = P_b + 3N_2 + 449.40\ kJ$$

单体（质）炸药的不稳定性与分子内具有特殊爆炸性能的基团有关。如存在于乙炔衍生物中的乙炔银（$A_{g2}C_2$）和乙炔铜（CuC_2）、存在于氮的卤化物中的氯化氮（NCl_2）和二碘化氢氮（NHI_2）、存在于叠氮化合物和偶氮化合物中的叠氮化铅（$P_b(N_3)_2$）、存在于雷酸盐中的雷汞（$H_g(ONC)_2$）和雷银（A_gONC）等，都是具有这种特殊爆炸性能的基团。

2. 混合炸药

混合炸药是由两种或两种以上化学性质不同的组分组成的混合物。这种混合物既可以含单质炸药，也可以不含单质炸药。但混合物内应含有氧化剂和可燃剂两部分，而且二者是以一定比例均匀地混合在一起的，当受到外界能量激发时，能发生爆炸反应。混合炸药是目前工程爆破中应用最广、品种最多的一类炸药。

(二) 按炸药的用途分类

1. 起爆药

起爆药是一种对外界作用十分敏感的炸药，它不仅在比较小的外界能量的作用下就能发生爆炸反应，而且反应速度可以在很短的时间内增至最大值。起爆药主要用于装填雷管和其

它火工品，利用它来起爆猛炸药。

最常用的起爆药有雷汞、叠氮化铅和二硝基重氮酚等。

2. 猛炸药

猛炸药具有相当大的稳定性，对外界作用的敏感度比起爆药低得多，在使用时需用起爆药起爆。猛炸药的爆炸威力大，能对周围介质产生强烈的破坏作用。常用的工业炸药，如TNT、乳化炸药、浆状炸药、铵梯炸药和铵油炸药等，都是猛炸药。

3. 发射药

发射药又称火药，其主要特点是对火焰敏感，化学反应呈燃烧形式，但在密闭条件下可转变为爆炸。发射药在军事上主要用来发射枪弹和炮弹以及作为推进火箭的燃料。在工业上主要用黑火药制作导火索药芯，也有用作延期药的。

(三) 按炸药的使用条件分类

煤炭部门生产的炸药，按其使用条件分为三类：煤矿许用炸药、岩石炸药和露天炸药。

1. 煤矿许用炸药

这类炸药对炸药爆炸后的有毒气体生成量、威力、爆温、火焰长度及其持续时间均有严格的规定，主要用于有沼气和煤尘爆炸危险的矿井和工作面的爆破作业。

2, 岩石炸药

这类炸药只对有毒气体生成量有限制，主要用于没有沼气和煤尘爆炸危险的矿井和工作面的爆破作业。

3. 露天炸药

这类炸药对炸药爆炸后的有毒气体生成量、威力、爆温、火焰长度及其持续时间均没有任何限制，但只能用于露天爆破。

此外，按炸药的物理形态分类还可将炸药分为固体（态）炸药（如常用的工业炸药）、液体（态）炸药（如硝化甘油、硝基甲烷、硝基苯等）、塑体或胶体炸药（形态介于固体和液体之间）和气体（态）炸药（各种爆炸性混合气体），前三种通常称为凝聚体（态）炸药。

第二节 炸药的起爆与感度

一、起爆与感度的概念

炸药是一种相对稳定的物质，是稳定性和爆炸性的矛盾统一体。在没有外界作用时不产生爆炸反应，只有受到外界足够能量的作用时才能激起爆炸。炸药在外界能量作用下激起爆炸的过程称为起爆。起爆炸药所需的外界能量称为起爆能或初始冲能。

（一）起爆能

工业炸药常用的起爆能有3种：热能、机械能和爆炸能。

1. 热能

利用加热作用，如火焰、火星、电热等形式使炸药起爆。工业雷管多利用这种形式的起爆能进行起爆。

2. 机械能

通过冲击、摩擦或针刺等机械作用，使炸药分子间产生强烈的相对运动，并在瞬间产生热效应使炸药起爆。武器多利用这种形式的起爆能。

3. 爆炸能

利用起爆药爆炸产生的爆轰波或高温、高压气体产物流的动能起爆另一些炸药。这是工程爆破中采用最广泛的起爆能。常用的有雷管、导爆索和中继起爆药包等爆炸能。

(二) 感度

炸药的感度是指炸药在外界起爆能作用下发生爆炸的难易程度。感度的高低是以激发炸药爆炸反应所需要的起爆能的大小来衡量的。炸药起爆时所需的起爆能小，表示炸药的感度高；反之，所需的起爆能大，则表示炸药的感度低。

炸药的感度因起爆能形式的不同而异。TNT用火焰点着时，只能平静地燃烧，但受到雷管爆炸能的作用时就会发生爆炸；叠氮化铅对机械能比对热能更为敏感，而二硝基重氮酚则相反；黑火药对热能的感度高于对机械能的感度，而芳香族硝基化合物则相反。因此，在实际应用中切不可简单地以炸药对某种外能的感度来等效地衡量它对另一种外能的感度。

为研究不同形式起爆能起爆炸药的难易程度，将炸药感度分为热感度、机械感度、爆炸感度、殉爆感度和静电感度等。

工业炸药的感度不宜过高或过低，感度过高，在制造、运输、储存及使用中都有危险；感度过低，则需要很大的起爆能，导致使用中的不方便。一般来说，要保证炸药能够安全生产、能够安全地储存相当长的时间并能够在运输过程中不发生意外爆炸事故，要求炸药有较低的热感度和机械感度。而为了使用时能够根据需要准确可靠地爆炸，则要求炸药具有较高的爆炸感度。

二、起爆机理

引起炸药爆炸，可以采用多种不同的外界作用，如热作用、机械作用、电作用、光作用、化学作用、爆炸作用、射线作用等。这些作用虽然在形式上不同，但实质上可以归结为两种：热作用和冲击作用。机械作用可以认为是撞击和摩擦两种作用的结合，因此，利用机械作用起爆炸药可以认为是热起爆和冲击起爆的共同作用。当然对于不同的机械作用有一个何者为主的问题。摩擦作用是以摩擦生热为主，所以是热起爆。撞击作用是以冲击为主，所以是冲击起爆。

1. 热起爆机理

最早研究热起爆机理的是荷兰人凡特霍甫，他在1884年定性地描述了这个问题。前苏联科学家谢苗诺夫在20世纪20年代对热起爆机理做了定量分析，他在研究了装在容器内的爆炸性气体所发生的反应后指出：在一定的温度和压力下，若气体混合物的反应放热速度大于散热速度，混合物内部将产生热积累，使反应加速而导致爆炸。这就是经典的热起爆机理。

炸药在热能作用下通常都产生放热分解，但并不一定导致爆炸。只有单位时间内炸药反应所放出的热量大于散失到周围环境的热量时，炸药中才可能产生热的积累，才有可能使炸药温度不断上升，引起反应速度的加快而导致爆炸。

2. 冲击起爆机理

利用冲击波对炸药的冲击而使之起爆是一种重要的起爆方式。冲击波产生的方式很多，摩擦、机械振动、高速碰撞、粒子冲击等都能产生冲击波。

在冲击波作用下，物理相均匀的炸药和物理相不均匀的炸药的起爆过程是不同的。均相炸药是指气态、液态（不含气泡、杂质等）以及单晶体物理相完全均匀的炸药。如硝基甲烷、硝化甘油液体、泰安单晶等都是均相炸药。对于这类炸药，冲击波进入炸药后，在冲击波波阵面通过处，炸药温度立刻上升，并产生快速化学反应，经过一段延滞时间即发生爆炸。爆炸一般是从冲击波入射处开始。非均相炸药是指在浇铸、压装、结晶过程中引起密度不连续性（气泡、空穴，杂质等）或是人为掺入了一些杂质引起不均匀性的炸药。实际应用中的固体炸药一般都是非均相炸药。对于这类炸药的冲击起爆，一般认为是在冲击波作用下，炸药中产生局部高温区，即在炸药中产生热点而引爆炸药。形成热点的原因主要有下列几种：

(1) 炸药内所含空穴或气泡的绝热压缩；

(2) 炸药颗粒间的强烈摩擦；

(3) 空穴或气泡的表面能转化为动能；

(4) 晶体的位错和缺陷。

三、炸药的热感度

炸药的热感度是指在热能作用下引起炸药爆炸的难易程度。

由于炸药受热形式的不同，炸药热感度的表示方法也不同。常用的炸药热感度有加热感度和火焰感度两种。

1. 加热感度

炸药均匀加热发生爆炸的过程遵循热起爆规律。通常采用在一定条件下确定出的爆发点来表示炸药的加热感度。

爆发点测定装置如图 5-3 所示，由一个用电阻丝加热的易熔合金浴锅（合金成分为铋 50%，铅 25%，锡 13%，镉 12%）构成。

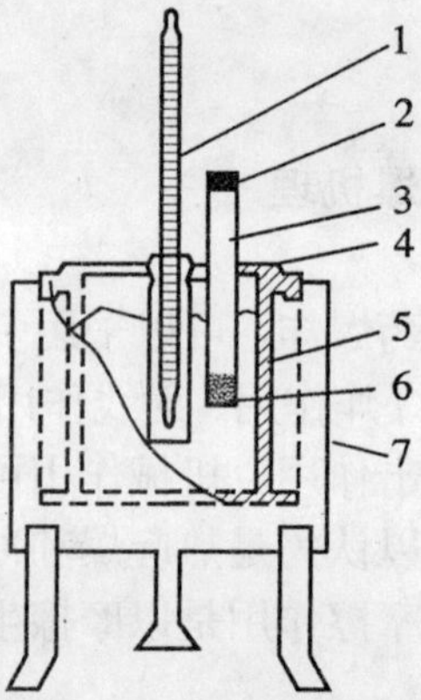

图 5-3 爆发点测定装置示意图

1—温度计；2—塞子；3—管壳；4—桶盖；5—圆桶（合金浴锅）；6—受试炸药；7—电热器外壳

合金浴锅的温度可以调节，并由温度计来指示。调节方法有两种：

(1) 合金浴锅预先加热到 100 ℃，再将装有 0.05g 炸药试样的雷管壳投入合金浴锅，然后以每秒增加 20 ℃ 的速度继续加热，记录下炸药爆炸瞬间合金浴锅的温度，用它作为爆发点，来比较各种炸药的加热感度。这种方法测出的爆发点接近于临界爆发点。

(2) 做一系列试验，找出延迟期和温度的关系曲线。按这种方法测定时，合金浴锅的温度保持不变，然后向预先安放在合金浴锅中的雷管壳内投入炸药试样，并记录下自投入试样到炸药爆炸所经过的时间。从绘出的关系曲线上，可查出任一固定延迟期的爆发点。为比较各种炸药的加热感度，一般采用 5s、1min 或 5min 延迟期的爆发点。某些炸药的爆发点列于表 5-3。

表 5-3 某些炸药的爆发点

炸药名称	爆发点（℃）		
	第一种方法	第二种方法	
		5s	5min
雷 汞	—	170～180	—
DDNP	—	170～173	—
氮化铅	—	345	305～312
硝化甘油	200～205	—	190～200
泰 安	205～215	225	210～222
黑索金	215～230	260	225
TNT	295～300	475	300

2. 火焰感度

炸药在明火（火焰或火星）作用下发生爆炸的难易程度叫做火焰感度。常用炸药对导火索喷出的火焰的最大引爆距离来表示，单位为 mm。

火焰感度的测定装置如图 5-4 所示。

测定时，将 1g 受试炸药装在火帽壳内，使导火索燃烧时喷出的火焰或火星作用在炸药表面上，观察其是否发火。调整导火索喷火端距炸药表面的距离，做一系列试验，找出炸药百分之百发火的最大距离，称作上限；找出炸药百分之百不发火的最小距离，称作下限；用上、下限来比较各种炸药的火焰感度。以火焰感度作为使用感度的起爆药，应按上限来判断炸药发火的难易程度；凡是将火焰感度作为危险感度的炸药，应按下限判断其安全性。比较上、下限之间的距离，可判断混合炸药混合的均匀性。

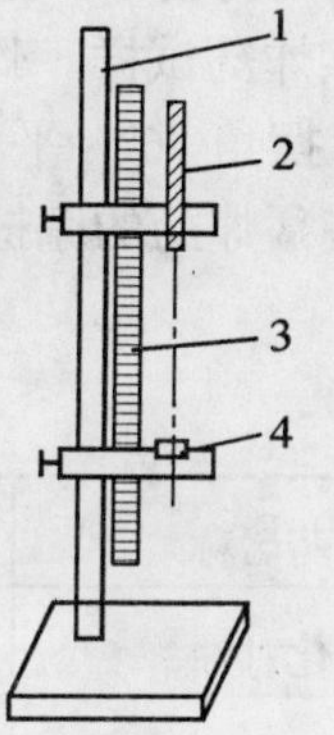

图 5-4 火焰感度测定装置

1—托架；2—导火索；3—标尺；4—火帽壳

四、炸药的机械感度

在军工火工品中，常用冲击或摩擦等机械作用来起爆弹药中的引信。此时，将机械感度看作是使用感度。但在大多数情况下，都把它看作是危险感度。在炸药生产、运输和使用中，不可避免地会遇到各种机械作用。因此，研究炸药对机械作用的感度，在安全方面有着重要的意义。

1. 冲击感度

炸药冲击感度的测定方法和表示方法有多种，但基本原理是相同的。猛炸药冲击感度通常用立式落锤仪来测定，如图 5-5 所示。调整固定重量的落锤（2kg、5kg 或 10kg）的下落高度可获得不同的冲击力和冲击能量。测定时，将受试炸药 0.05g 装在撞击器内，落锤通过在导向套内运动的击柱冲击炸药。撞击器有两种形式，一种撞击器的导向套没有环行沟槽，只允许炸药受冲击时被压缩，不能自由流动；另一种撞击器的导向套在放置炸药位置处有环行沟槽，允许炸药在受到冲击时自由流动，用来测定炸药发生粘滞流动时的冲击感度。

对每一固定落锤高度进行多次试验（一般为25次），测出炸药在该落高下的爆炸百分数与落高的关系曲线（感度曲线），如图5-6所示。在曲线上，找出百分之百爆炸的最小落高，称作上限；百分之百不爆炸的落高，称作下限。利用上、下限来比较各种炸药的冲击感度。但从安全角度考虑，应比较下限。

另一种测定冲击感度的方法是以某一固定落锤重量和落高下的爆炸频数作为冲击感度的指标。某些猛炸药的冲击感度列于表5-4。

起爆药的冲击感度一般用弧型落锤仪来测定，如图5-7所示，其工作原理、试验方法和感度表示方法与立式落锤仪相同。

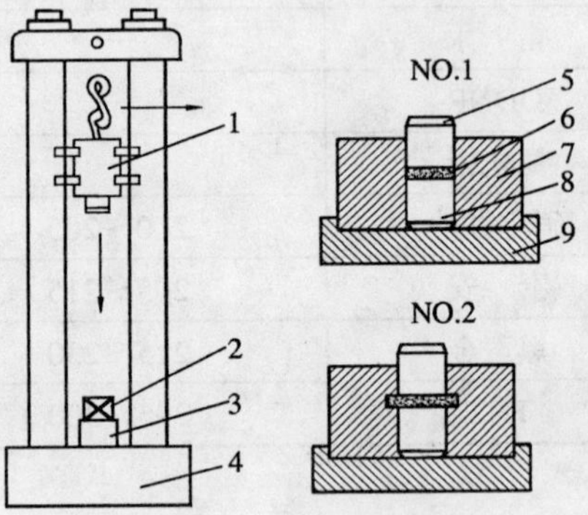

图5-5 立式落锤仪

1—落锤；2—撞击器；3—钢毡；4—水泥基础；5—上击柱；6—炸药；7—导向套；8—下击柱；9—底座

2. 摩擦感度

通常用摆式摩擦仪（图5-8）来测定炸药的摩擦感度。施加静载荷的击柱之间夹有炸药试样，在摆锤的打击下，上、下两击柱间发生水平移动以摩擦炸药试样。炸药试样重0.02g，摆锤重1 500g，摆角96º，平均试验25次。摩擦感度一般用固定摆角和压力条件下的爆炸频数来表示。一些猛炸药的摩擦感度列于表5-5。

表5-4 某些猛炸药的冲击感度

（测定条件：锤重10kg，落高25cm）

炸药名称	爆炸频数（%）	炸药名称	爆炸频数（%）
硝化甘油	100	2号岩石炸药	40
黑索金	75～80	2号煤矿炸药	44
特屈儿	44～52	4号高威力炸药	12
粉状TNT	28	铵铝高威力炸药	12

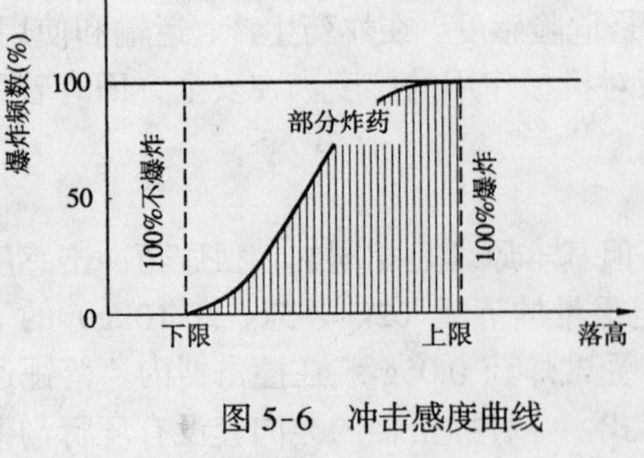

图5-6 冲击感度曲线

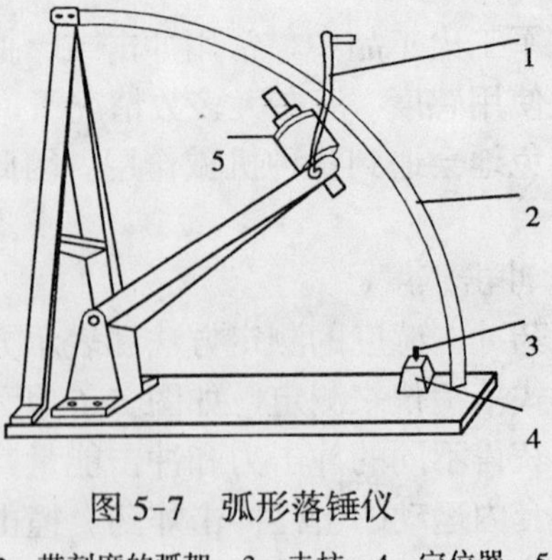

图5-7 弧形落锤仪

1—手柄；2—带刻度的弧架；3—击柱；4—定位器；5—落锤

表 5-5 某些猛炸药的摩擦感度

（测定条件：摆角 96°，表压 48 MPa，炸药承受的压力 5 800 MPa）

炸药名称	爆炸频数（%）	炸药名称	爆炸频数（%）
TNT	0	4 号高威力炸药	32
特屈儿	24	2 号岩石炸药	28
黑索金	90	2 号煤矿炸药	38
铵铝高威力炸药	40	—	—

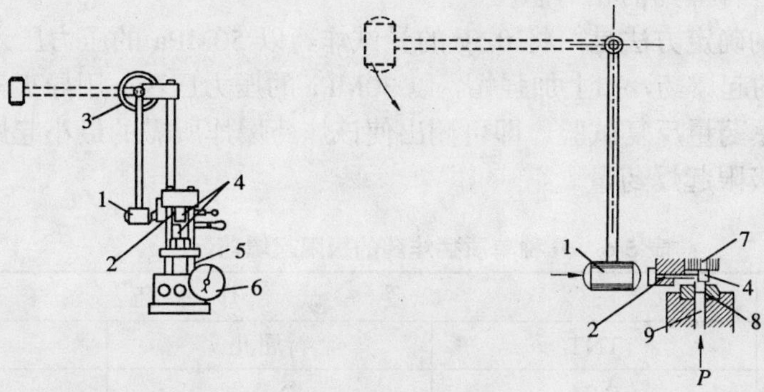

图 5-8 摩擦仪示意图

1—摆锤；2—击杆；3—角度标盘；4—测定装置（上、下击柱）；5—液压泵；6—压力计；7—顶板；8—导向套；9—柱塞

五、炸药的起爆感度

炸药的起爆感度又称为爆轰感度。引爆炸药并保证其稳定爆轰所应采用的起爆装置（雷管、起爆药柱等）取决于炸药的起爆感度。

根据起爆装置在药柱内产生激发冲击波的速度和起爆冲能的大小的不同，炸药可以有以下 3 种引爆情况。

(1) 冲击波的初速度小于药柱临界直径的爆速（即临界爆速）。此时，药柱不可能爆炸。激发冲击波在炸药内的传播与其在惰性介质中的传播一样，传播到一定距离后将衰减成为声波，如图 5-9 中的曲线 1 所示。

(2) 激发冲击波的初速度大于药柱的临界爆速但小于药柱的稳定爆轰速度。此时，如果有足够的起爆冲能，就能使药柱爆炸。但从激发冲击波的速度增长到达到药柱的稳定爆速，需经过一定时间或区段，分别称为爆轰成长期或爆轰过渡区（图 5-9 中的曲线 2）。若起爆冲能不够，激发冲击波仍然会衰减成为声波；但因部分炸药已发生反应并放出反应热，故衰减较慢（图 5-9 中的曲线 4）。

图 5-9 各种不同的引爆情况

(3) 激发冲击波的初速度，不仅大于药柱的临界爆速，而且大于药柱的稳定爆轰速度。此时，若有足够的起爆冲能，不仅能使药柱爆炸，而且最初爆速高于稳定爆速，而后再逐渐衰减成为稳定爆速（图 5-9 中的曲线 3）。这种引爆方式称为强制起爆或过冲起爆。过渡区内的爆速称为过冲爆速。但若起爆冲能不够，激发冲击波同样也会衰减成为声波（图 5-9 中的曲线 5）。

综上所述，要使药柱起爆并达到稳定爆轰，激发冲击波的初速度必须大于装药的临界爆速。同时，必须供给足够的起爆冲能。

引爆炸药并使之达到稳定爆轰所需的最低起爆冲能称为临界冲能。临界冲能也能用来表示炸药的起爆感度。临界冲能也可用引爆炸药所需的最小起爆药量（也称极限起爆药量）来表示，并用来比较各种炸药的相对感度。

最小起爆药量的确定方法是，将 0.5g 的受试炸药以 50MPa 的压力压入 8 号铜皮雷管壳中，然后装入定量的起爆药，扣上加强帽，以 30MPa 的压力压药。用导火索点燃起爆药引起爆炸，通过增减起爆药量反复试验，即可测出使该炸药爆炸所需的最小起爆药量。表 5-6 为几种单质猛炸药的极限起爆药量。

表 5-6 几种单质猛炸药的极限起爆药量（g）

起爆药名称	受试炸药		
	TNT	特屈儿	黑索金
雷汞	0.24	0.19	0.19
氮化铅	0.16	0.10	0.06
二硝基重氮酚	0.163	0.17	0.13

六、炸药的静电感度

炸药属于绝缘物质，其电阻在 10^{12} Ω/cm 以上，介电常数同一般材料差不多。在炸药生产以及在爆破地点利用装药器经管道输送进行装药时，炸药颗粒之间或炸药与其它绝缘物体之间经常发生摩擦，同样也能产生静电，并形成很高的静电电压（可达数十千伏）。当静电量或能量聚集到足够大时，就会放电产生电火花引燃或引爆炸药。

高电压静电放电产生电火花时，形成高温、高压的离子流，并集中了大量的能量。这种现象类似爆炸，同样能在炸药内激发冲击波。因此，炸药在静电火花下发生的爆炸，既和热作用有关，又与冲击波作用有关。

炸药对静电火花作用的感度可以用使炸药爆炸所需的最小放电电能来表示，或用在一定放电电能条件下所发生的爆炸频数来表示。测定炸药静电火花感度的装置如图 5-10 所示。

测定原理是用高压电源使电容充电到所需电压，然后通过电极尖端放电产生静电火花引爆炸药。炸药试样放在两个电极之间。根据受试炸药是否密闭，测定分为密闭式和开放式两种。

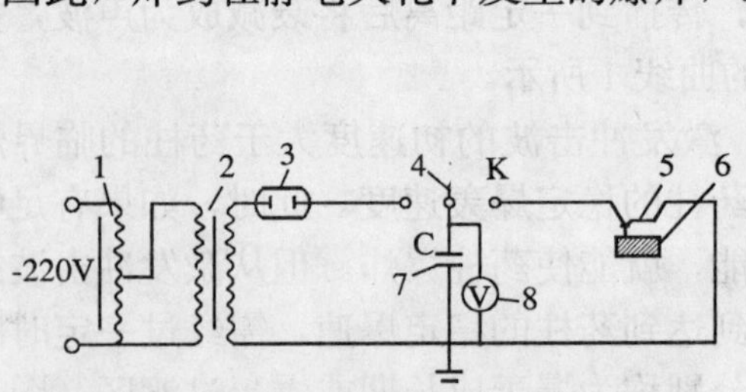

图 5-10 静电火花感度测定原理示意图

1—自调变压器；2—升压变压器；3—整流二极管（电子管）；4—转换开关；5—电极；6—受试炸药；7—电容；8—电压表

放电电能按下式计算

$$E=\frac{1}{2}C\cdot V^2\ (\mathrm{J}) \tag{5-1}$$

式中：C——电容，μF；

V——放电电压，kV。

当电容值不变时，可以通过调整电压来调节放电电能。

七、影响炸药感度的因素

影响炸药感度的因素很多，主要有以下几个。

1. 炸药的化学结构

炸药分子中原子之间结合得越牢固，就需要更多外界能量破坏这种结构而另行组成新的化学结构，因此这种炸药的感度也就越低；反之，炸药分子结构牢固程度越低，感度就越高。例如，含-ONO_2 基团的炸药就比含-ON_2 基团的炸药感度高。同类炸药中含-ONO_2 或-ON_2 基团数越多，感度越高。

混合炸药的感度取决于炸药中结构最脆弱的成分的感度。

2. 炸药的物理性质

对炸药感度有影响的物理性质有相态、粒度和装药密度等。

(1) 炸药的相态

熔融状态的炸药比同类固体时的炸药感度高，这是因为炸药从固相转变为液相时吸收了熔化潜热，内能较高。此外，在液态时具有较高的蒸气压，所以很小的外能即可激发炸药爆炸。例如，固态的 TNT 在 20 ℃ 时，2kg 落锤的 10%的爆炸落高为 36cm；而液态 TNT 在 105～110 ℃ 时，2kg 落锤的 10%的爆炸落高只有 5cm。

(2) 炸药的粒度

炸药为猛炸药时，颗粒越细小，感度越高。这是因为颗粒总表面积越大，接收的冲击波能量越多，越容易产生热点而起爆。然而对于起爆药，则晶粒越大，感度反而越高。原因是较大的晶粒之间空隙也较大，有利于热点的形成。

(3) 装药密度

粉状炸药的装药密度超过一定值后，随密度增大，炸药感度下降。这是因为密度增大时，空隙度减小，不利于吸收热量。例如，散装的 TNT 可以用 1 只 8 号雷管起爆，而铸压的 TNT 的起爆就困难得多。

(4) 微气泡

炸药中含有的微细气泡在爆炸冲能作用下发生绝热压缩，是形成热点的重要原因之一。例如，赋予含水炸药以大量敏化气泡可以使感度提高到 8 号雷管直接起爆。

(5) 掺合物

炸药中加入一定掺合物可使炸药感度发生显著变化。高熔点、高硬度的掺合物，如石英砂、玻璃碎屑等，都能使炸药的撞击、摩擦感度提高。

第三节 炸药的爆轰原理

工程爆破中通常用雷管来起爆药包，雷管的爆炸能量比起整个炸药包的爆炸能量要小得多。雷管的作用仅在于激起与其相临近的局部炸药的爆炸，至于整个药包能否完全爆炸，则取决于炸药爆炸的稳定传播。炸药爆炸稳定传播过程的研究，从 19 世纪就引起了人们的广泛注意，许多学者提出过种种理论和观点，其中比较接近生产实际的是建立在流体力学和波动理论基础上的爆轰波传播理论，即 Chapman-Jouget 理论（简称 C-J 理论）。这种理论认为，炸药的稳定传播是爆炸反应产生的爆轰波在药包内传播的结果。

研究炸药爆轰原理和过程以及炸药爆轰稳定传播的影响因素，对合理使用炸药、提高炸药能量利用率、研制新品种炸药、保证生产安全，具有重要的意义。

一、冲击波基础

在一定条件下，物质（气体、液体、固体）都是以一定状态（压力、温度、密度）存在的。如果由于外部的作用使物质的某一局部发生了状态变化，如压力、温度、密度等的改变，那么物质就被"扰动"了。在弹性介质中，某个局部受到作用后，由于物质质点的相互作用，由近及远地使物质质点陆续发生扰动，这种扰动在介质中的传播称为波。在波的传播过程中，介质原始状态与扰动状态的交界面叫做波阵面。波阵面在一定方向上移动的速度就是波传播的速度，简称波速。

扰动传播时，伴随着能量的传播，所以波的传播也意味着一种能量的传播。

扰动传播的速度与扰动的强弱有关。如果由扰动引起的状态参数（压力、温度、密度）的变化很小，则这一扰动称为弱扰动；反之，如果扰动引起的状态参数明显变化，则称为强扰动。使介质状态增高的扰动波称为压缩波；反之，使介质状态参数下降的扰动波称为稀疏波或膨胀波。

1. 冲击波的形成

冲击波是波阵面以突跃面的形式在弹性介质中传播的压缩波，波阵面上介质状态参数的变化是突跃式的。

以下利用活塞在充满气体的管子中作加速运动来说明冲击波的形成及其特征。

如图 5-11 所示，设活塞移动前管内气体的压力为 P_0，活塞在运动过程中无能量损失（如热扩散、摩擦损失等）。

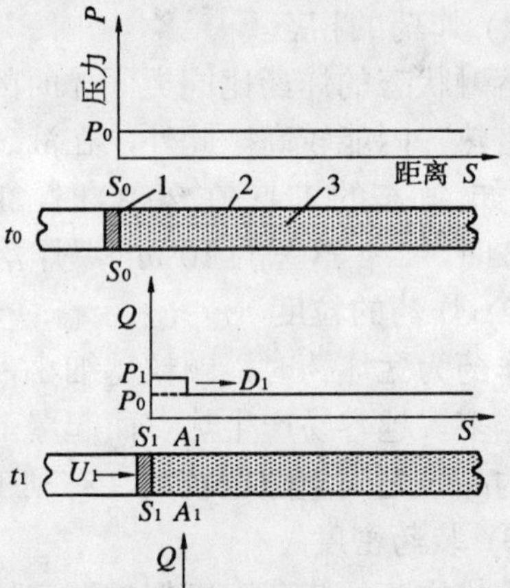

图 5-11 冲击波形成过程示意图

1—运动活塞；2—长管；3—气体

在 t_1 时刻，活塞在外力作用下以 u_1 的速度从 S_0 移到 S_1，这时活塞前方临近的气体首先受到压缩，由于气体质点的惰性和粘滞性，只形成一个有限长度为（S_1-A_1）的压缩区。区内的气体状态发生变化，密度增大，压力由 P_0 增至 P_1，并有一向前运动的速度 D_1，即形成第一个微元压缩波，其波阵面为 A_1-A_1（即气体原有状态与改变状态的分界面），D_1 等于静止气体中的声速。

在 t_2 时刻，活塞以 u_2（$u_2>u_1$）的速度继续向前移动，由 S_1 位置到达 S_2 位置，活塞前方原来处于第一次压缩的气体受到新的压缩，压力由 P_1 增至 P_2，形成第二个微元压缩波，波阵面为 A_2-A_2，速度为 D_2，此时，第一个微元压缩波已到达 A_1^1 位置，由于第二个微元压缩波是在第一次压缩它们造成密度增大了的气体中传播，所以波速就等于气体增大了的气体中的声速，$D_2>D_1$。

同理，继续增大活塞速度至足够大时，在气体中则相继产生一系列微元压缩波。各微元压缩波都是在比前个波更稠密的气体中传播的，则后面的波的速度都逐个快于前波。终有某一瞬间 t_n，后面的微元压缩波都赶上第一个波，于是各微元波波阵面靠拢在一起，彼此叠加成一个强压缩波，这就是冲击波。其波阵面为 A_n-A_n，即管内气体压力的突增面，与此相应的气体温度、密度均呈突跃上升。P 为波阵面压力，D 为波阵面传播速度（即冲击波速度）。这时如果活塞运动速度保持不变，即波阵面压力、密度、温度以及速度均为定值，则冲击波保持一定形状向前传播。

冲击波与声波的明显区别在于：

（1）冲击波不具有振动的周期性，波阵面上的介质状态参数（速度、压力、密度、温度）突然跃升到最高值；

（2）冲击波引起介质质点的移动，其移动方向与波的传播方向一致，当冲击波经过以后，介质质点占据了空间中一个新位置；

（3）冲击波传播速度远大于声速，它引起介质状态变化的程度比声波大得多；

（4）冲击波的速度与波的强度有关，波阵面上介质状态变化越大，冲击波越强烈。

冲击波在介质中传播时，不断对介质压缩、加热、做功而消耗能量并逐渐衰减为声波而趋于消失。

2．冲击波的基本方程

冲击波的基本方程是联系冲击波波阵面两边介质的状态参数和运动参数之间的关系的表达式。利用冲击波的基本方程可以从已知的未扰动的状态参数计算出扰动过的介质状态参数，从而研究冲击波的性质。

冲击波理论的基础是可压缩流体在一定状态下的平面波理论。不仅气体，而且液体和固体在超高压下均呈现可压缩性，故以下考虑的原则均适用。

活塞在管中运动时，形成的冲击波可以看作是平面冲击波，其特点是：

(1) 波阵面是平面；

(2) 波阵面与未扰动介质的流动方向相垂直；

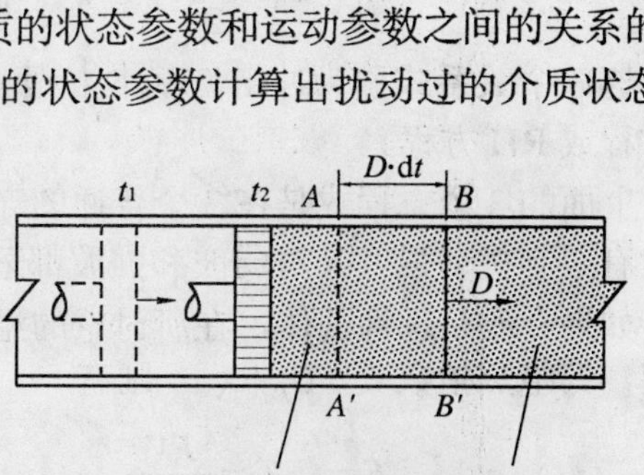

图 5-12　冲击波波阵面前后参数示意图

(3) 不考虑介质的粘滞性和热传导。

如图 5-12 所示，取截面是单位面积的管子，冲击波以速度 D 在其中传播。未扰动介质的状态参数为 P_0、ρ_0、u_0，已扰动介质的状态参数为 P_1、ρ_1、u_1。若取以速度 D 与波阵面一起运动的坐标系，则在此坐标系中，波阵面静止不动，波阵面右边的未扰动介质以速度 $D-u_0$ 向左流入波阵面，而已扰动的介质以速度 $D-u_1$ 向左流出波阵面。

根据质量守恒定理，单位时间内流入与流出波阵面的物质的质量相等。即

$$\rho_0(D-u_0)=\rho_1(D-u_1) \tag{5-2}$$

根据动量守恒定理，运动物体动量的变化等于外力作用的冲量。则有

$$\rho_1-\rho_0=\rho_0(D-u_0)(u_1-u_0) \tag{5-3}$$

根据能量守恒定理，系统内能量的变化应等于外力所做的功。介质的能量是其内能和动能之和，故单位时间内从右边流入波阵面的介质的能量为$\rho_0(D-u_0)[E_0+1/2(D-u_0)^2]$。同样，向左流出波阵面的介质的能量为$\rho_1(D-u_1)[E_1+1/2(D-u_1)^2]$。波阵面前边和后边的压力分别为 P_0 和 P_1，前边压力所做的功为 $P_0(D-u_0)$，后边压力所做的功为 $P_1(D-u_1)$。所以，能量方程可写成如下形式

$$P_1u_1-P_0u_0=\rho_0(D-u_0)[E_1-E_0+1/2(u_1^2-u_0^2)] \tag{5-4}$$

式中：E_0、E_1——分别为波阵面前、后介质的内能。

在波阵面前方未扰动的介质内，质点速度为零，即 $u_0=0$。将波阵面前、后的气体比容 V_0（$V_0=1/\rho_0$）和 V_1（$V_1=1/\rho_1$）代入式（5-2）、式（5-3）、式（5-4）中，则有

$$D-u_0=\sqrt{\frac{P_1-P_0}{V_0-V_1}} \tag{5-5}$$

$$u_1-u_0=\sqrt{(P_1-P_0)(V_0-V_1)} \tag{5-6}$$

$$E_1-E_0=\frac{1}{2}(P_1+P_0)(V_0-V_1) \tag{5-7}$$

这三个关系式称为冲击波基本方程。其中式（5-7）又称冲击波绝热方程、冲击波雨贡纽方程或 RH 方程。

上面的 3 个方程式是在 3 个普通的守恒定律的基础上推导出来的，适用于任何介质，而且没有限制扰动强度，对弱波和强波都适用。

如果介质是理性气体，在所讨论的温度范围内，热容是常数，且服从 $PV^2=$常数的有关规定，其绝热指数 $K=C_P/C_V$，则有

$$E=C_VT=\frac{PV}{K-1} \tag{5-8}$$

即 $E_0=\frac{P_0V_0}{K-1}$，$E_1=\frac{P_1V_1}{K-1}$

代入式（5-7），整理后得到

$$\frac{P_1}{P_0}=\frac{(K+1)\ V_0-(K-1)\ V_1}{(K+1)\ V_1-(K-1)\ V_0} \tag{5-9}$$

式（5-9）即为理想气体中的冲击波方程或雨贡纽方程。此式代表的 P-V 关系曲线称为冲击波的雨贡纽曲线 H（图 5-13）。该曲线在冲击波理论中具有十分重要的意义，它确立了波阵面两边介质参数之间的关系。若介质的初始状态为 P_0、V_0，则经冲击波压缩后的介质状态 P_1、V_1 必然落在通过 P_0、V_0 点的 H 曲线上。但需指出，由 P_0、V_0 变化到 P_1、V_1 并不沿着 H 曲线进行，而是突跃的。因此，H 曲线只代表压缩后可能达到的那些状态，而不反应状态变化的过程。

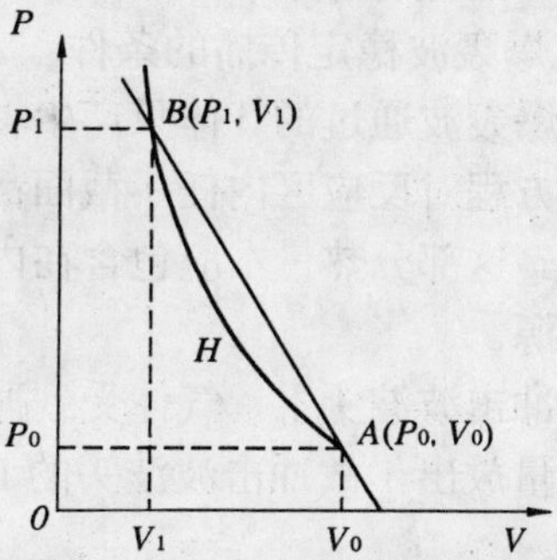

图 5-13　冲击波的雨贡纽曲线

冲击波通过后，介质状态落在 H 曲线上的具体位置取决于冲击波的传播速度。由式（5-5）可知，若给定 D 值，则该方程在 P、O、V 坐标内为一条通过 P_0、V_0 点的直线，其角系数 $\mathrm{tg}\alpha=(P_1-P_0)/(V_0-V_1)$。这条直线称为米海尔松直线（或冲击波的波速线）。因此，冲击波传播速度可用米海尔松直线来表示。冲击波压缩后介质的状态线也必须落在这条直线上。

二、爆轰波基础

1. 爆轰波及其传播过程

炸药被引爆以后，首先在局部发生爆炸化学反应，产生大量的高温、高压和高速的气体产物流。如同在高温作用下活塞前面的气体流一样，也产生冲击波。冲击波以高温、高压、高速、高密度的状态传播能量，强烈冲击压缩临近炸药薄层，使其密度、温度和压力突跃升高，使炸药分子活化而产生迅速的化学反应，生成大量爆炸气体产物和热量。化学反应释放的能量用来补充冲击波传播时的能量消耗，使冲击波能维持以一定速度和波阵面压力向前传播。波阵面之后紧跟着一个炸药反应区也以相同速度向前传播，这种伴随化学反应、在炸药中传播的特殊形式的冲击波称为爆轰波。冲击波波头和化学反应区的速度是相同的，这个速度就称为爆轰波的传播速度，简称爆速。爆轰波的传播过程称为爆轰过程。图 5-14 表示炸药起爆后爆轰波的传播过程。

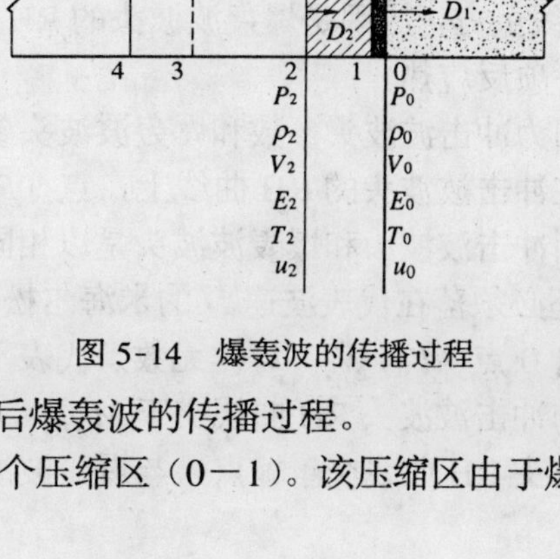

图 5-14　爆轰波的传播过程

在冲击波的高压作用下，冲击波前沿附近形成一个压缩区（0—1）。该压缩区由于爆轰波的猛烈冲击和压缩，状态参数呈突跃性增高，形成极陡的压力 P_1。压缩区厚度约为 10^{-3}cm。

随着冲击波向前传播，新压缩区不断产生，原来的压缩区内的炸药分子开始爆炸反应，形成反应区。反应从 1－1 面开始，在 2－2 面反应完毕。反应终了面，称为 C－J 面，表示一种稳定的爆轰状态，C－J 面上的压力称为炸药稳定爆轰压力 P_{C-J}（P_2），P_{C-J} 的大小因炸药而异，有时小到只有 P_1 的 1/2。（2－3）区称为爆轰生成气体产物的膨胀区，在此区内气体体积增大，压力按指数规律下降。（3－4）为气体膨胀终了，压力为常数，为爆轰气体的静压区。

2. 爆轰波稳定传播的条件

若爆轰波通过的气体只产生轴向方向的流动，反应区就是稳恒区。在这种情况下，冲击波基本方程对反应区内任一截面都适用，但在能量方程或 RH 方程中，应考虑化学反应放出的热量。这部分热量本应包含在内能的变化中，但为分析方便起见，把它看作是热量的一个外部来源。

在冲击波波头上，气体受到冲击压缩，但尚未发生化学反应（或者说刚发生化学反应），没有热量放出，故冲击波波头的 RH 方程为

$$E_1 - E_0 = \frac{1}{2}(P_1 + P_0)(V_0 - V_1) \tag{5-10}$$

反应结束时，放出全部反应热，故爆轰波波头的 RH 方程为

$$E_1 - E_0 = \frac{1}{2}(P_H + P_0)(V_0 - V_H) + Q_V \tag{5-11}$$

式中：Q_V——完全反应的反应热，相当于爆热。

对于反应区中的任何一截面，同样也能写出类似的 RH 方程，区别仅在于反应热的数值不同。

在有径向流动的情况下，冲击波基本方程只适用于稳恒区。

若已知状态函数 $E = E(P, V)$，就能在 P-V 坐标系内画出与 RH 方程相对应的曲线。

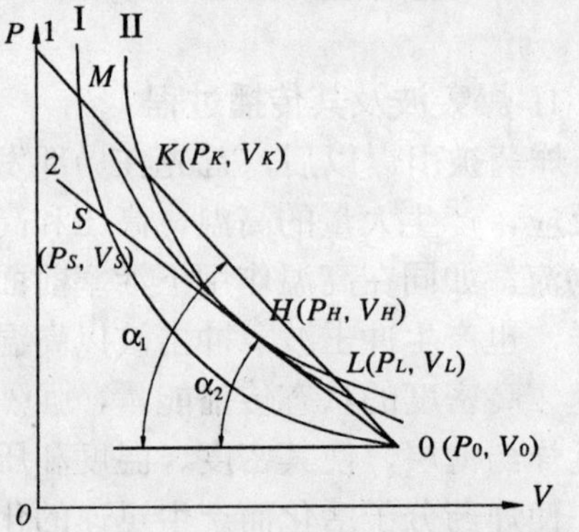

图 5-15 爆轰波 RH 曲线和米海尔松直线

图 5-15 给出了与式（5-10）和式（5-11）对应的两条曲线，分别称为冲击波波头的 RH 曲线（曲线Ⅰ）和爆轰波波头的 RH 曲线（曲线Ⅱ）。冲击波波头的 RH 曲线通过 P_0、V_0 点，而爆轰波波头的 RH 曲线不通过该点，并位于冲击波波头的 RH 曲线上方，原因是爆轰波波头的 RH 方程右方多了一项反应热。

因为冲击波波头参数和爆轰波波头参数必须满足相应的 RH 方程，所以点（P_0、V_0）必须落在冲击波波头的 RH 曲线上，点（P_H、V_H）必须落在爆轰波波头的 RH 曲线上。

因冲击波波头和爆轰波波头是以相同的速度 D 传播的，所以点（P_K、V_K）和点（P_H、V_H）还必须落在代表波速 D 的米海尔松直线上。

自 0 点（P_0、V_0）可作无数条代表不同爆速并与两条 RH 曲线相交的米海尔松直线。直线 1 与冲击波波头 RH 曲线交于 M 点，与爆轰波波头 RH 曲线交于 K、L 两点。直线 2 与冲击波波头 RH 曲线交于 S 点，与爆轰波波头 RH 曲线相切于 H 点。

当爆速为 D_M 时，气体状态由（P_0、V_0）先跃升至（P_M、V_M）并开始化学反应。随着反应的进行，气体状态沿直线 1 变化。反应结束时，气体状态变为（P_K、V_K）或（P_L、V_L）。

当爆速为 D_H 时，气体状态由（P_0、V_0）先跃升至（P_S、V_S）并开始化学反应。随着反应的进行，气体状态沿直线 2 变化。反应结束时，气体状态变为（P_H、V_H）。

但在所有通过 0 点的米海尔松直线中，能代表稳定爆轰的只有一条，即与爆轰波头 RH 曲线相切的米海尔松直线。它代表的爆速是所有米海尔松直线当中最小的，可以通过分析稳定爆轰的条件来说明这一点。

稳定爆轰的条件是，反应终了气体的流速与音速之和必须等于爆速，即

$$u + C = D \tag{5-12}$$

如果 $u + C > D$，稀疏波就会侵入反应区，减少对冲击波波头的能量补充，使爆轰波不能稳定传播而降低爆速；如果 $u + C < D$，稀疏波虽不能侵入反应区，但由于连续性的理由反应区内也将有部分区域继续存在着 $u + C < D$ 的情况，而这部分区域释放出来的化学能不可能传送到冲击波波头上，故从支持冲击波波头的观点来看，它是无效的，结果也会使爆轰波不能稳定传播而降低爆速。因此，稳定爆轰必须满足式（5-12）给出的条件，该条件称为 C—J 条件。

3. 爆轰波参数计算

爆轰参数就是指 C—J 面上的状态参数 P_2、u_2、V_2、T_2 以及爆速 D。这些参数定量地描述了炸药的爆轰性能，是衡量炸药性质的重要指标。

爆轰波是伴随有化学反应的冲击波，所以爆轰波参数关系式的建立方法与前述冲击波的基本相同。不同的是炸药反应放出了热量。

如图 5-14 所示，在稳定爆轰条件下，反应区推进速度（爆轰波速度）D_2 与压缩区推进速度（冲击波速度）D_1 相等，故在推导关系式时不必考虑反应区，仅需比较原始炸药状态和反应区最终状态（即 C—J 面）即可。这样根据爆轰波 C—J 理论，运用质量守恒、动量守恒和能量守恒 3 个守恒定理和爆轰产物状态方程，可建立计算爆轰波 5 个状态的方程组，即：

质量守恒方程

$$\rho_0 D_2 = \rho_2 (D_2 - u_2) \tag{5-13}$$

动量守恒方程

$$P_2 - P_0 = \rho_0 D_2 u_2 \tag{5-14}$$

能量守恒方程

$$E_2 - E_0 = \frac{1}{2}(P_2 + P_0)(V_0 - V_1) + Q_V \tag{5-15}$$

理想气体状态方程

$$P_2 = f(V_2,\ T_2) \tag{5-16}$$

C—J 条件

$$D_2 = C_2 + u_2 \tag{5-17}$$

式中：Q_V——爆热；

C_2——爆轰产物中声速；

ρ_0——炸药初始密度；

ρ_2——反应区物质密度；

u_2——爆炸生成气体气流速度；

P_2——C—J 面上的压力，即爆轰压力；

P_0——初始压力；

V_0——炸药的初始比容；

V_2——爆轰波波阵面上的爆生气体的比容；

E_2、E_0——炸药爆轰时和爆轰前的能量。

根据上面的基本关系，并假定绝热指数 K 为常数，爆轰波主要参数的计算公式如下：

爆轰压力 $$P_2 = \frac{1}{K+1}\rho_0 D^2 \text{（Pa）} \tag{5-18}$$

爆轰速度 $$D = \sqrt{2(K^2-1)Q_V} \text{（m/s）} \tag{5-19}$$

爆轰产物密度 $$\rho_2 = \frac{K}{K+1}\rho_0 \text{（g/cm}^3\text{）} \tag{5-20}$$

爆轰产物比容 $$V_2 = \frac{K}{K+1}V_0 \text{（l/kg）} \tag{5-21}$$

爆轰产物速度 $$u_2 = \frac{1}{K+1}D \text{（m/s）} \tag{5-22}$$

爆轰产物温度 $$T_2 = \frac{2K}{K+1}T_0 \text{（℃）} \tag{5-23}$$

爆轰产物声速 $$C_2 = \frac{K}{K+1}D \text{（m/s）} \tag{5-24}$$

式中，T_0 为炸药的初始温度。

对于一般工业炸药，绝热指数 K 随密度增大而增大，K 一般为 2.8～3.6，可近似取 3。

三、影响稳定传爆的因素

炸药处于理想爆轰状态时，其化学反应最完全，释放出最多的能量，爆速和爆轰波压力也达到最大值。如果爆轰波能以不变的最大速度传播，称为理想爆轰；如爆速仅以一定的常速传播，称为稳定爆轰；如果爆轰波不能维持恒速传播，传播衰减以致中断，就称为不稳定爆轰。炸药不稳定爆轰，不仅爆炸能量得不到充分利用，而且对安全极为不利。在实际工作中，要求稳定爆轰是十分必要的。了解影响炸药稳定传播的因素，将有利于在实际工作中根据具体条件采取各种措施避免炸药的不稳定爆轰。

1. 药包直径的影响

图 5-16（a）表示理想爆轰波，没有侧向能量损失，爆轰反应区结束的端面满足 C—J 条件，即 $D_2 = C_2 + u_2$。爆轰生成物向后膨胀引起的轴向膨胀波不能进入反应区，这样，爆轰反应放出的全部能量都用于支持爆轰波以最大爆速稳定传播。但是，如果装药条件改变，例如在空气中爆炸，或者在可以传热、变形的外壳中爆炸时，化学反应形成的高温、高压气体产物必然会向侧向膨胀，一方面在空气中产生空气冲击波，另一方面在爆轰产物中形成膨胀波。由于膨胀波侵入反应区并向中心传播，将使爆轰产物过早地侧向扩散。在扩散过程中，不仅

有反应完全的爆生气体，还可能带出部分尚未完全反应或来不及反应的炸药颗粒。由于扩散的结果，使反应区的能量密度减小，波阵面的强度降低，相应地降低了爆速。如果反应区受到膨胀波侵蚀，就会影响爆轰波的稳定传播。

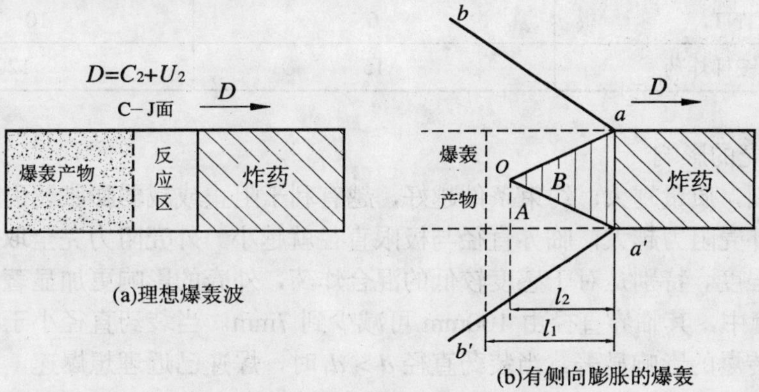

(a)理想爆轰波　　(b)有侧向膨胀的爆轰

图 5-16　爆轰波的传播

假定τ_1为爆轰区内完成化学反应所需的时间，τ_2为侧向膨胀波由装药侧面到达装药轴向的时间，l_1为反应区宽度，l_2为有效反应区宽度，参见图 5-16（b），那么，当$\tau_1 > \tau_2$时，由于炸药的颗粒还没有完全反应就被膨胀波驱散，使$l_2 < l_1$，造成能量损失，爆速和爆压会相应地降低。是否还能继续稳定传播，要看能量损失的大小，但绝不可能达到理想爆轰。当$\tau_1 \gg \tau_2$时，$l_2 \ll l_1$，能量损失过大，以致爆轰波传播过程得不到足够的能量补充而出现不稳定爆轰，爆速最大可达到理想爆轰状态。

由此看出，装药直径对爆轰传播有很大的影响。根据多种炸药试验，得出了如图 5-17 所示的一般规律。装药的爆速达到极大值时的最小直径称为极限直径d_1，对应的极限爆速为D_1。只有当装药直径达到某一临界值时，才有可能达到稳定爆轰，稳定爆轰的最小直径称为临界直径d_S。对应于临界直径的爆速称为临界爆速D_S。如果装药直径小于临界直径，不论起爆能多大，均不能稳定爆轰。只有当装药直径在d_S和d_1之间时，爆速才随直径的增大而增大。

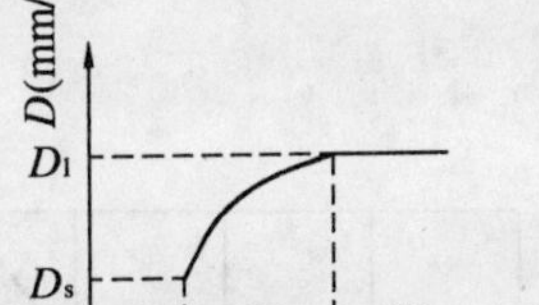

图 5-17　装药直径对爆速的影响

Ⅰ—不稳定爆轰区；Ⅱ—稳定爆轰区；Ⅲ—理想爆轰

不同种类炸药或装药密度不同，临界直径d_S、临界爆速D_S、极限直径d_f和极限爆速D_f是不相同的。一般地，混合炸药的d_S和d_f比单质炸药的大，D_S和D_f比单质炸药的小。

表 5-7 列出了部分炸药的临界直径和极限直径。

从爆轰传播的效果看，药包直径越大越有利。生产中常用药包虽在临界直径之上，但是，往往小于极限直径，致使炸药能量得不到充分释放，不仅能量利用率低，而且可能导致不稳定传爆，影响生产安全。特别是某些炸药，例如粒状铵油炸药，其极限直径可达 100mm 乃至 300mm，这一点必须加以考虑。

表 5-7 部分炸药的临界直径和极限直径

炸药名称	临界直径(mm)	极限直径（mm）
黑索金	1.0～1.5	3～4
TNT	6	10～30
岩石铵梯炸药	15	120

2. 药包外壳的影响

外壳越坚固，质量越大，约束条件越好，越有利于阻止或减弱膨胀波引起的侧向扩散的影响。因此，外壳阻力越大，临界直径与极限直径就越小。外壳阻力完全取决于外壳质量，其次才是外壳强度。特别是对于感度较低的混合炸药，外壳的影响更加显著。把硝酸铵装在20mm 厚的钢管中，其临界直径由 100mm 可减少到 7mm。当装药直径小于极限直径时，外壳对药包稳定传爆的影响显著。当装药直径 $d > d_1$ 时，爆速已近理想爆速，外壳的作用就不明显了。

如果铵梯炸药（硝酸铵 78%，TNT 22%）装在比装药直径大 2～3 倍的水外壳中，临界直径将从 12mm 下降到 4mm。爆破作业时，装药的周围介质、炮孔壁实际起了外壳的作用，特别是采用装药器散装药时，接触更为紧密，炸药爆速和爆轰稳定，比在空气和水中更好。此外，爆轰的稳定性与岩石的可压缩性有关，岩石越坚硬，爆轰的稳定性越好。

3. 装药密度的影响

图 5-18 表示 TNT 的爆速与装药密度的关系。装药密度增大，爆速也随之增大，成线性关系。

对于混合炸药则不然，爆速与装药密度的关系如图 5-19 所示。起初，爆速随装药密度的增大而增大，但当密度增大到某一定值时，爆速达到最大值。此后，随着密度的进一步增大，爆速反而下降，当密度超过某一极限值时，就会发生所谓的“压死”现象，导致炸药拒爆。

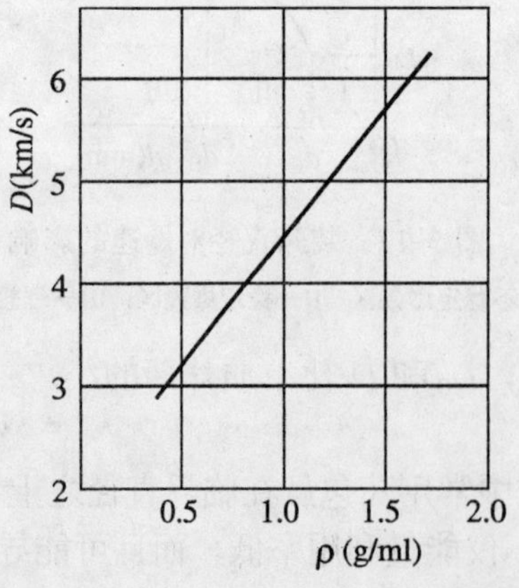

图 5-18 TNT 的装药密度对爆速的影响

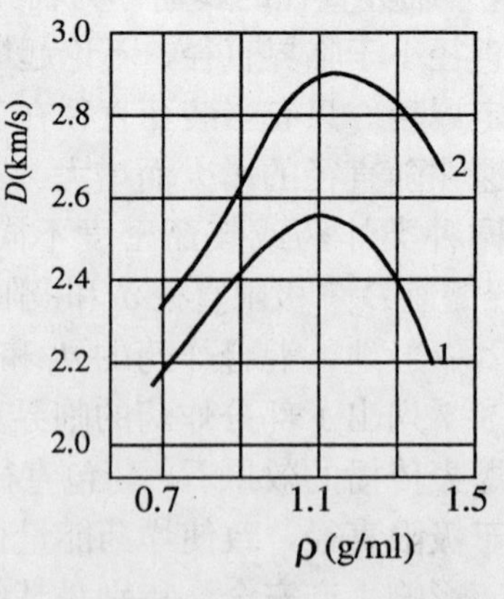

图 5-19 混合炸药装药密度对爆速的影响

1—药包直径 20mm；2—药包直径 40mm

D-ρ关系曲线出现极大值的原因与混合炸药的传爆机理有关。当装药密度小于某一值时，随着装药密度的增大，单位体积内炸药分解能量增多，促使爆速上升，炸药传爆稳定性增高。当装药密度过大时，炸药各组分颗粒间的空隙过小，使炸药颗粒间的气泡减小，灼热核的产生也随之减少，同时也导致起爆能分配给每一炸药颗粒上的单位能量大大减小，结果导致反应速度下降甚至爆轰熄灭。

就一种炸药而言，极限密度并不是一个定值，它受炸药颗粒大小、混合均匀程度、含水量大小、药包直径以及外壳约束条件等因素的影响。

4. 其它影响因素

影响炸药稳定传爆的因素还有：炸药特性、炸药粒度、掺合物数量与性质、起爆能的大小与方式以及爆炸的外在条件等。

四、爆速的测定方法

炸药的爆速是衡量炸药爆炸性能的重要指标，也是目前可以比较准确测定的一个爆轰波参数。爆速的精确测量为检验爆轰理论的正确性提供了依据，在炸药应用研究上具有重要的实际意义。

测定爆速的方法有多种，按其原理可分为导爆索法、电测法和高速摄影法三大类。

1. 导爆索法

这是一种简便的对比测定方法，又叫道特里士法。其原理是利用已知爆速的标准导爆索同待测炸药卷相比较，求出待测炸药一段长度内的平均爆速，测定方法如图 5-20 所示。取一定长度（通常可取 2m 左右）的导爆索，两端分别插入待测药包的 A、B 处；插入深度一般为药包直径的 1/2，A、B 两点距离为 L（通常取 200mm）。药包直径 30～40mm，长 300～400mm，一端插入起爆雷管。将导爆索的中点对准铅板（厚约 3～5cm，宽约 40mm，长约 400mm）上的刻点标记 M，并用细绳捆住铅板上的导爆索段。起爆后，爆轰波从起爆端沿药包传播，首先到达 A 点，并立即引爆 A 端导爆索。沿药包继续传播的爆轰波经 L/D（D 为待测炸药的爆速）时间之后到达 B 点，引起 B 端导爆索起爆。两个爆轰波在导爆索中相遇时，由于波的叠加的结果，在铅板上两波相遇处留下较深的爆痕。令爆痕的位置为 N，它至导爆索中点 M 的距离为Δh。从 A 点到 N 点两条不同的爆轰波路径所花的时间相等，即

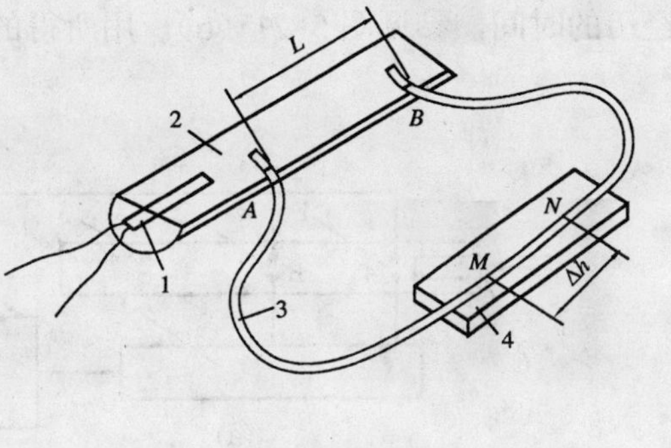

图 5-20　爆速的导爆索测定法

1—雷管；2—药包；3—导爆索；4—铅板

$$t_{AN}=t_{AB}+t_{BN} \tag{5-25}$$

或

$$\frac{\frac{1}{2}L+\Delta h}{D_S}=\frac{L}{D}+\frac{\frac{L}{2}-\Delta h}{D_S} \tag{5-26}$$

化简得到

$$D=\frac{L}{2\Delta h}D_S \text{（m/s）} \tag{5-27}$$

式中：D_S——导爆索爆速，m/s。

导爆索法测爆速简便易行，不需要贵重仪器，至今仍广泛使用。此法的准确度不高，相对误差为 3%～5%。为了避免引爆端不稳定爆轰速度带来的误差，A 点应选在离起爆端一定距离处，这个距离可取药包直径的 3～4 倍。

2. 电测法

这种方法是采用电子仪器记录爆轰波在药包中传播的时间，量取相应区间的距离，算出爆速。常用的仪器有光线示波器和数字式爆速仪等。

(1) 示波器记时法

测试装置示意图如图 5-21（a）所示。在药包 A、B 两点处各插入一对电子探针，探针用细金属导线制成，每对探针的间隙为 1mm 左右。药包起爆后，爆轰波到达 A 点时，爆轰气体产物因电离而具有良好的导电性，使探针导通，通过脉冲信号器上的电容放电，给示波器输入一个脉冲信号。同样，当爆轰波传播到 B 点时，示波器又获得一个脉冲信号。根据荧光屏上先后显示的两个脉冲信号的间距，对比下面的时标，即可算出从第一个脉冲到第二个脉冲所经历的时间，参见图 5-21（b）。用所得的时间除以 A、B 间的距离即得平均爆速。

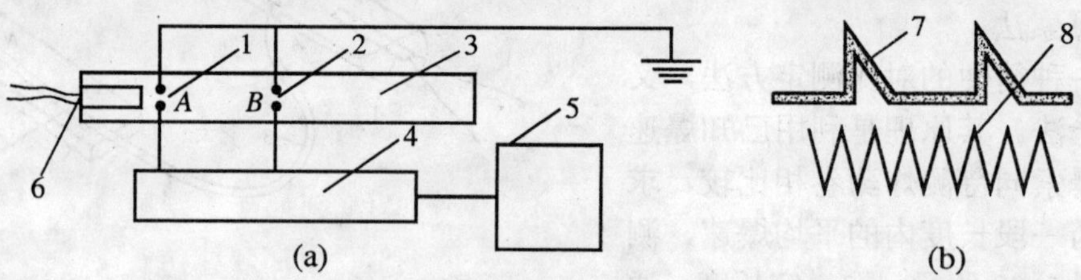

图 5-21 示波器测定爆速原理图

（a）测定装置；（b）荧光屏波形

1、2—探针；3—药包；4—脉冲信号发生器；5—示波器；6—雷管；7—脉冲信号；8—时标

(2) 数字式爆速仪测爆速法

这种方法的基本原理同上，不同的是可将获得的电信号输送到有关装置上并直接以数字显示爆轰波通过两点间所需的时间。这种爆速仪体积小、重量轻、精度高、携带方便，可以一次同时测定多段区间的爆速。

3. 高速摄影法

这种方法的原理是利用爆轰瞬间发生的光效应，通过高速摄影装置将爆轰波传播过程记录下来，经分析计算而获得爆速值。

第四节　炸药的氧平衡与热化学参数

一、炸药氧平稳

炸药通常是由碳、氢、氧、氮 4 种元素组成，通常可以写成 $C_aH_bO_cN_d$。其中碳、氢是可燃元素，氧是助燃元素，氮是载氧体。

炸药的爆炸反应过程实质上就是炸药中所含有的可燃元素和助燃元素在爆炸瞬间发生高速的化学反应的过程。反应的结果就是重新组合形成新的稳定产物，并且放出大量的热量，形成的产物主要有 CO_2、H_2O、CO、N_2、O_2、H_2、C、NO、CH_4 等。炸药爆炸反应生成产物的种类、数量以及热量的多少，与炸药分子中包含可燃元素和助燃元素的数量有着密切的关系。

由于 $C+O_2 \rightarrow CO_2+395.4\times10^6$ J/mol 和 $H_2+1/2O_2 \rightarrow H_2O+241.1\times10^6$ J/mol 放出的热量最多，因而将炸药中的碳完全氧化成 CO_2、氢完全氧化成 H_2O 的反应，为最大放热反应。

炸药中所含的氧量与炸药中的碳、氢完全氧化所需的氧量之差，称为炸药的氧平衡。氧平衡用每克炸药中剩余或不足氧量的克数或百分数来表示。

根据炸药通式 $C_aH_bO_cN_d$，化合炸药的氧平衡 $O.B.$ 可按下式计算。

$$O.B.=\frac{c-\left(2a+\dfrac{b}{2}\right)}{M}\times16\times100\% \tag{5-28}$$

式中：M——炸药克分子量，mol。

对于混合炸药，首先算出各组成成分的百分比与其氧平衡值的乘积，然后求出它们的总和，就是该炸药的氧平衡值，即

$$O.B.=\sum_{i}^{n}K_i\cdot B_i \tag{5-29}$$

式中：K_i——某一成分在炸药中的百分率，%；

B_i——某一成分的氧平衡值；

n——炸药的组分数目。

炸药氧平衡有以下 3 种情况：

（1）当 $c-(2a+b/2)>0$ 时，为正氧平衡；

（2）当 $c-(2a+b/2)=0$ 时，为零氧平衡；

（3）当 $c-(2a+b/2)<0$ 时，为负氧平衡。

正氧平衡炸药因未能充分利用炸药中的氧量，而且剩余的氧和游离状态的氮化合时，产生氮氧化物有毒气体，并吸收热量。

负氧平衡炸药因炸药中的氧量不足，未能充分利用可燃元素，并且生成可燃性 CO 有毒气体；但在生成产物中含双原子气体较多，能够增加生成气体的数量。

零氧平衡炸药因炸药中的氧和可燃元素都得到了充分利用，故在理想反应条件下，放出最大的热量，而且不会生成有毒气体。

由此可见，氧平衡对炸药的爆炸性能、放出热量、生成气体的组成和体积、有毒气体含

量、气体温度（决定于热量和气体组成）、二次火焰（如 CO 和 H_2，在高温条件下和有外界氧供给时，可以再次燃烧，形成二次火焰）、做功效率（与生成气体的组成和体积有关）等有着多方面的影响。

例 1　求硝酸铵的氧平衡值。

解：硝酸铵的分子式为 NH_4NO_3，写成通式形式为：$C_0H_4O_3N_2$，M=80

$$O.B.=\frac{\left[3-\left(0+4/2\right)\right]\times 16}{80}\times 100\%=+120\%$$

例 2　求梯恩梯的氧平衡值。

解：梯恩梯的分子通式为：$C_7H_5O_6N_3$，M=227

$$O.B.=\frac{\left[6-\left(2\times 7+5/2\right)\right]\times 16}{227}\times 100\%=-74\%$$

例 3　求 2 号岩石铵梯炸药的氧平衡值。

解：已知该炸药的组成成分及配比为：硝酸铵 85%、梯恩梯 11%、木粉 4%。从表 5-8 中查得各成分的氧平衡值分别为：硝酸铵+20%、梯恩梯-74%、木粉-137%。

根据式（5-29）求得 2 号岩石铵梯炸药的氧平衡值为

$$O.B.=85\%\times 20\%+11\%\times(-74\%)+4\%\times(-137\%)=3.38\%$$

表 5-8　一些物质的氧平衡值

物质名称	氧平衡值(%)	物质名称	氧平衡值(%)
铝	−89.0	锯木屑	−137.0
硝酸铵	+20.0	药包纸	−130.0
黑索金	−21.6	石蜡	−346.0
雷汞	−11.3	玻璃	−100.0
硝酸钾	+39.6	木炭	−266.7
氯酸钾	+39.2	沥青	−329.0
过氯酸钾	+46.2	梯恩梯	−74.0
硝化甘油	+3.5	柴油	−327.2
泰安	−10.1	二硝基重氮酚	−68
特屈儿	−47.4	硝酸	+76
2 号岩石硝铵炸药	+3.4	松香	−280.8
煤油	−343.0		

混合炸药的氧平衡可由其组分和配比来调节。一般情况下，应使炸药的氧平衡接近于零氧平衡。

例 4　在铵油炸药中（硝酸铵与柴油的混合炸药），加入 4%的木粉作松散剂，按零氧平衡设计炸药配方。

解：设 100g 炸药内含硝酸铵 x 克，柴油 y 克，则

$$x+y=96 \quad (a)$$

已知各组分的氧平衡值（表 5-8）为：硝酸铵为 20%，柴油为-324%，木粉为-137%，按零氧平衡配置炸药应为

$$0.2x-3.42y-1.37\times4=0 \quad (b)$$

联立求解方程（a）、（b）得：$x=92.21$，$y=3.79$

因此，炸药的配方应为：硝酸铵 92.2%，柴油 3.8%，木粉 4%。

二、炸药反应方程

确定炸药的爆炸反应方程，也就是确定炸药爆炸瞬间产物的组成，是一项非常困难和复杂的工作。主要原因是爆炸反应速度极快，而且爆炸瞬间所产生的压力和温度对爆炸产物的组成有着密切的关系。因此，爆炸产物冷却后的组分，虽可通过实验化学的分析方法予以测定，但与爆炸瞬间处于高温高压条件下的组分不同。因为在冷却过程中，产物之间会发生多种形式的可逆二次反应。爆炸产物组分不仅取决于炸药本身的组分和配比，而且还受其它许多因素的影响，如炸药粒度、装药直径、外壳材料、爆破介质等。随着炸药密度的增加，爆炸产生的温度和压力相应增大，会影响二次可逆反应的化学平衡，从而改变爆炸反应产物的组分。

尽管确定爆炸产物组分比较困难，但仍可以根据炸药内含氧的多少来判断反应发展的趋势和主要生成产物，并写出接近真实情况的爆炸反应方程。

按照炸药氧平衡的程度，将炸药分成三类。

第一类炸药为零氧平衡和正氧平衡炸药。

零氧平衡和正氧平衡炸药（$c-(2a+b/2)\geqslant0$）爆炸产物组分的确定方法是按照最大放热原则，氢全部氧化成 H_2O，碳全部氧化成 CO_2。氮与多余的氧（当正氧平衡时）分别呈游离状态的 N_2、O_2 存在。这样，此类炸药的爆炸反应方程可有如下形式

$$C_aH_bO_cN_d \rightarrow \frac{b}{2}H_2O + a\cdot CO_2 + \frac{d}{2}N_2 + \frac{1}{2}\left(c-\frac{b}{2}-2a\right)O_2$$

例如，硝化甘油爆炸反应方程为

$$C_3H_5(ONO_2)_3 \rightarrow 3CO_2 + 2.5H_2O + 1.5N_2 + 0.25O_2$$

第二类炸药为只生成气体产物的负氧平衡炸药。

只生成气体产物的负氧平衡炸药（$2a+b/2> c >a+b/2$）中含氧量足以使产物完全气化，无固体碳生成。从最大热效应原理出发，爆炸反应中氢首先被氧化为 H_2O，碳被氧化为 CO，然后，多余的氧进一步使部分 CO 变为 CO_2。这样，此类炸药的爆炸反应方程可表示为

$$C_aH_bO_cN_d \rightarrow \frac{b}{2}H_2O + \left(c-a-\frac{b}{2}\right)CO_2 + \frac{d}{2}N_2 + \left(2a+\frac{b}{2}-c\right)CO$$

例如，泰安的爆炸反应方程为

$$C(CH_2ONO_2)_4 \rightarrow 4H_2O + 3CO_2 + 2CO + 2N_2$$

第三类炸药为可能生成固体碳的负氧平衡炸药。

可能生成固体碳的负氧平衡炸药（$c<a+b/2$）的含氧量不足以使产物完全气化，有固体碳生成。爆炸反应时炸药中的氧首先与氢氧化为 H_2O，剩余的氧与碳反应生成 CO，没有被氧化的那部分碳以及氮，分别以 C 和 N_2 存在，其爆炸反应方程为

$$C_aH_bO_cN_d \rightarrow \frac{b}{2}H_2O+\frac{d}{2}N_2+\left(c-\frac{b}{2}\right)CO+\left(a-c+\frac{b}{2}\right)C$$

例如，梯恩梯的爆炸反应方程为

$$C_6H_2(NO_2)_3CH_3 \rightarrow 2.5H_2O+3.5CO_2+3.5CO+3.5C+1.5N_2$$

三、爆容

每千克炸药爆炸生成的气体产物在标准状态下（1.013 3×10^5Pa、273K）的体积称为炸药的爆容。气体产物是炸药爆炸放出热能借以做功的介质。因此，爆容是与炸药做功能力有关的一个重要参数。

根据阿佛加德罗定律，在标准状态下，1mol 的任何物质的气体都占有 22.4 l 的体积。爆炸反应方程确定后，按阿佛加德罗定律，很容易求得炸药的爆容。

若炸药通式 $C_aH_bO_cN_d$ 是按 1mol 写出的，则爆容的计算公式为

$$V_0=\frac{22.4\Sigma n_i}{M}\times1\,000\ \text{(l/kg)} \qquad (5\text{-}30)$$

式中：Σn_i——气体产物的总克分子数；

M——炸药的克分子量。

若炸药通式是按 1kg 写出的，则爆容就等于爆炸反应方程中的各种气体产物体积的和，即

$$V_0=22.4\sum n_i \qquad (5\text{-}31)$$

四、爆热

单位质量炸药爆炸时，所释放出来的热量，称为爆热。通常以 1kg 炸药爆炸放出的热量来表示，单位为 J/kg。由于爆炸极其迅速，爆炸瞬间固体炸药变成气体产物，体积来不及膨胀，爆炸就完成了，因而爆炸过程可以视为定容过程。

通常所说的爆热都是指定容爆热。

爆热是炸药做功的能源，也是决定炸药爆速的重要因素之一，与炸药的其它许多性能有着直接或间接的关系。因此，爆热是炸药很重要的一个性能参数，尤其对矿山爆破来说，提高爆热和炸药威力，更具有重要的实际意义。

理论上根据热化学的盖斯定律，在已知炸药的组成和爆轰产物的基础上计算爆热。

盖斯定律可以用三角形表示，如图 5-22 所示。

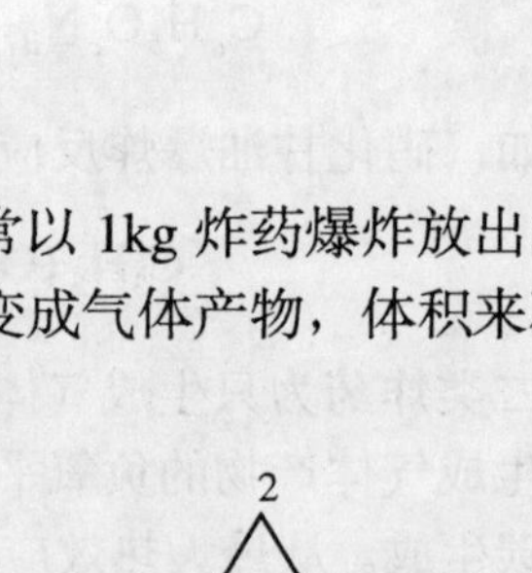

图 5-22　盖斯三角形图解

1—元素；2—炸药；3—爆轰产物

从初始状态 1 到终了状态 3 的热效应 Q_{1-3}，等于从初始状态 1 到中间状态 2 的热效应 Q_{1-2} 与中间状态 2 到终了状态的热效率 Q_{2-3} 之和，即

$$Q_{1-3}=Q_{1-2}+Q_{2-3} \tag{5-32}$$

按照盖斯定律，由元素形成爆炸产物时的热效应，应该等于由元素形成炸药的热效应与炸药形成爆炸产物的热效应之和。所以，当已知炸药和爆炸产物的生成热时，炸药的爆热可按下式计算

$$Q_{2-3}=Q_{1-3}-Q_{1-2} \tag{5-33}$$

炸药生成热和爆炸产物生成热，可由物理化学手册查得。

五、爆温

炸药爆炸瞬间所放出的热量将爆炸产物加热到的最高温度称为爆温。由于爆炸过程的高速、高压和高温，而且爆温随时间的变化极快以及爆炸的破坏作用，用实验方法测定爆温非常困难和复杂，目前通常用计算方法求算炸药的爆温。

理论上计算爆温时，一般皆假定爆炸反应是在定容条件下进行的绝热过程，即爆炸反应释放出的全部热量都用于加热爆炸产物，而没有消耗于产物的膨胀做功和其它热损失上。爆炸产物的热容 C_V 只是温度的函数，而与爆炸时所处的压力无关。

这样，已知爆热和爆炸产物的热容，就可以求出爆温，即

$$Q_V=\bar{C}_V(T-T_0)=\sum C_{Vi}n_i(T-T_0)\text{（J/mol）} \tag{5-34}$$

$$T=\frac{Q_V}{\sum C_{Vi}n_i}+T_0\text{（K）} \tag{5-35}$$

近似计算时

$$T=\frac{Q_V}{\sum C_{Vi}n_i}\text{（K）} \tag{5-36}$$

式中：Q_V——炸药的爆热，J/mol；

$\bar{C}_V$——全部爆炸产物在爆温范围内的平均定容热或定容比热，J/(mol·K)；

C_{Vi}——爆炸产物中 i 类型产物的定容热容，J/(mol·K)；

n_i——爆炸产物中 i 类型产物的克分子数，mol；

T——爆炸瞬时温度，K；

T_0——炸药的初始温度，K。

爆炸产物热容与温度的关系为

$$C_{VT}=a_T+b_T\cdot T+c_T\cdot T^2+d_T\cdot T^3+\cdots$$

近似计算时只取前两项，即

$$C_{VT}=a_T+b_T\cdot T\text{（J/(mol·K)）} \tag{5-37}$$

式中：a_T、b_T 为系数，其值可从有关的化学手册中查得。

六、爆压

炸药在一定容积内爆炸后，其气体产物的比容不再变化时的压力称为爆炸气体压力，简称爆压。

已知炸药的比容（或密度）和爆温，计算爆压的关键在于选择状态方程。压强与内能类似，分为热压强和冷压强。热压强取决于分子的热运动，主要与气体所处的温度有关，其次也与气体比容或密度有关，因为密度大或分子间距离小，分子热运动将受到限制；冷压强取决于分子间的相互作用力，只与分子间的距离或气体密度有关，而与温度无关。因此，气体状态方程一般可写成

$$P = P_K(V) + P_T(V, T) = P(V, T) \tag{5-38}$$

式中：P_K——冷压强；

P_T——热压强。

若忽略冷压强，在热压强中考虑气体密度对压力的影响，则可利用阿贝尔状态方程来计算爆压，即

$$P = \frac{n \cdot R \cdot T}{V - \alpha} = \frac{n \cdot \rho}{1 - \alpha \cdot \rho} R \cdot T \text{（Pa）} \tag{5-39}$$

式中：α——气体分子的余容，l/kg；

ρ——炸药密度，ρ=1/V（kg/l）；

n——气体的克分子数，mol；

R——气体常数，R=8 314 Pa/mol；

T——爆温，K；

V——气体产物容积，l。

每千克炸药生成气体产物的余容取决于炸药密度，如图 5-23 所示。若生成物有固体产物，则在余容中还应包括固体产物的体积（等于重量除以比重）。

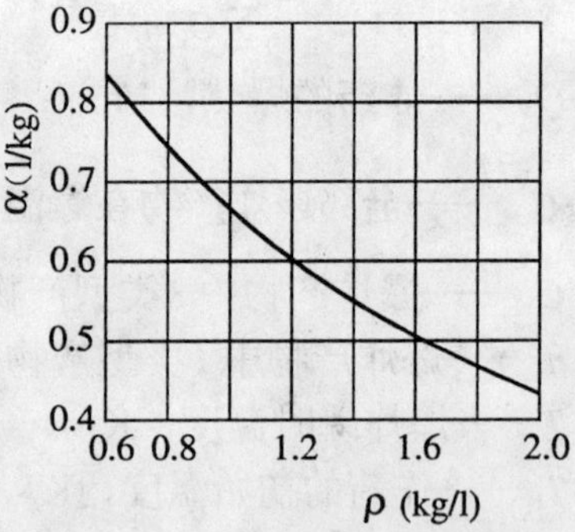

图 5-23　炸药密度和余容的关系

在式（5-39）中，乘积 $n \cdot R$ 可用炸药的爆容 V_0 来表示，因爆容是标准状况下的体积，由理想气体状态方程可知

$$n \cdot R = \frac{P_0 \cdot V_0}{T_0} = \frac{V_0}{273} \times 10^5 \text{（Pa·l/kg·K）} \tag{5-40}$$

式中：P_0——标准压力，10^5Pa；

T_0——标准温度，273K。

将式（5-40）代入式（5-39）得

$$P = \frac{V_0 \cdot T}{273} \times \frac{\rho}{1 - \alpha \cdot \rho} = \frac{\rho \cdot f}{1 - \alpha \cdot \rho} \tag{5-41}$$

其中　$f = n \cdot R \cdot T = \frac{V_0 \cdot T}{273} \times 10^5$（Pa·l/kg）

f 为具有“功”或“能”的因子，通常把它称为炸药力或比能，是炸药做功能力的一个指标。

第五节　炸药的爆炸性能

炸药爆炸性能方面的内容很多，这里只讨论与工程爆破关系密切的一些性能，如炸药的威力、猛度和殉爆距离等。

一、 炸药的威力

炸药的威力是指其所具有的总能量。在理论上可用炸药的做功能力近似地表示炸药的威力，在工程实践中则采用一些标准的实验方法对炸药的威力进行相对的比较。为了方便不同炸药间的比较，还建立了相对重量威力和相对体积威力的概念。

1．炸药的做功能力

炸药的做功能力是衡量炸药威力的重要指标之一。通常以爆炸产物绝热膨胀直到其温度降到炸药爆炸前的温度时，对周围介质所做的功来表示。图 5-24 示意性地描述了炸药做功的理想过程。

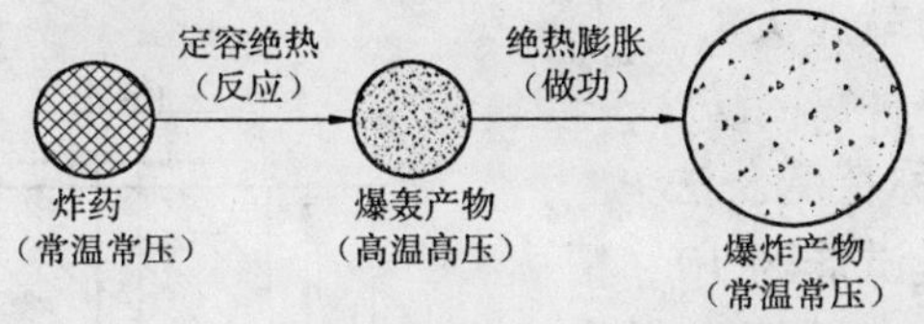

图 5-24　炸药爆炸的理想做功过程示意图

求算炸药所做的功时，一般假设炸药在做功过程中没有热量损失，热能全部转变成机械功。按照热力学的定理，此种功值 A 可按下式进行计算。

$$A = \eta Q_V \tag{5-42}$$

$$\eta = 1 - \left(\frac{V_1}{V_0}\right)^{K-1} \tag{5-43}$$

式中：Q_V——炸药的爆热，J/mol；

η——热转变为功的效率；

V_1——爆炸产物膨胀前的体积，等于爆炸前炸药的体积，l；

V_0——爆炸产物膨胀到常温常压时的体积，约等于炸药的比容，l/kg；

K——绝热指数。

上述关系式所表述的物理意义为：

(1) 炸药的最大做功能力与炸药的爆热有关，随爆热的增大而增大；

(2) 炸药的实际做功能力，除爆热外，还与炸药的比容有关，比容越大，效率越高；

(3) 绝热指数可表达为

$$K = 1 + \frac{R}{C_V} \tag{5-44}$$

爆炸产物若含双原子气体多、热容量小、K值大，则做功能力大。

实际上，进行爆破作业时，实际的有效功只占炸药总能量的很小一部分，这是由于：

(1) 炸药爆炸时的侧向飞散带走了部分未反应的炸药，这部分损失叫化学损失。

(2) 爆炸过程有热损失。如爆炸过程中的热传导、热辐射及介质的塑性变形等，都造成热损失。这部分热损失往往占炸药总放热量的一半左右。

(3) 一部分无效机械功消耗在岩石的震动、抛掷和在空气中形成空气冲击波上。

所以，炸药爆炸的有效机械功一般只占总能量的5%～10%。在工程爆破中，通常使用相对威力的概念。所谓相对威力是指以某一熟知的炸药的威力作为比较的标准，以单位重量炸药相比较的，称为相对重量威力；以单位体积炸药作比较的，则称为相对体积威力。

2. 炸药威力的测定方法

炸药的威力在理论上虽然可以近似地用炸药爆炸做功的能力来表示，但是，实际上炸药在岩体中爆炸后究竟做了多少功，很难用理论计算的方法和实测的方法求得。因此，在实际工程中，为了比较不同炸药的威力，通常采用一种规定的实验方法，并以实验获得的结果来衡量不同炸药爆炸做功的相对指标。

炸药的爆力是表示炸药爆炸做功的一个指标，表示炸药爆炸所产生的冲击波和爆轰气体作用于介质内部，对介质产生压缩、破坏和抛移的做功能力。炸药的爆力越大、爆温越高、生成的气体体积越多，爆力就越大。

炸药爆力测定方法有两种。

（1）铅铸扩孔法（又称特劳茨法）

如图5-25所示，称取受试炸药10g（精确至0.01g），装入纸筒中，纸筒内径为24mm，装药密度为1g/cm³。将装好的药柱放入铅铸中心孔内，并用石英砂充填（石英砂自由倒入，不要振动或捣固），用8号工业雷管起爆。

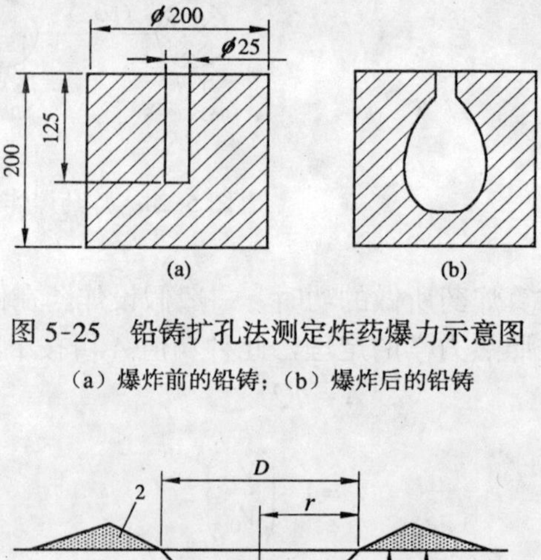

图5-25 铅铸扩孔法测定炸药爆力示意图

（a）爆炸前的铅铸；（b）爆炸后的铅铸

爆轰气体产物的膨胀作用将孔壁压缩成梨形空洞，如图5-25（b）所示。分别用水量测爆炸前后炮孔容积的大小，两个数据之差即表示炸药的爆力大小（ml）。

$$\Phi = V_2 - V_1 \tag{5-45}$$

式中：V_1——爆炸前铅铸内孔穴容积，ml；

V_2——爆炸后铅铸内孔穴容积，ml。

（2）爆破漏斗法

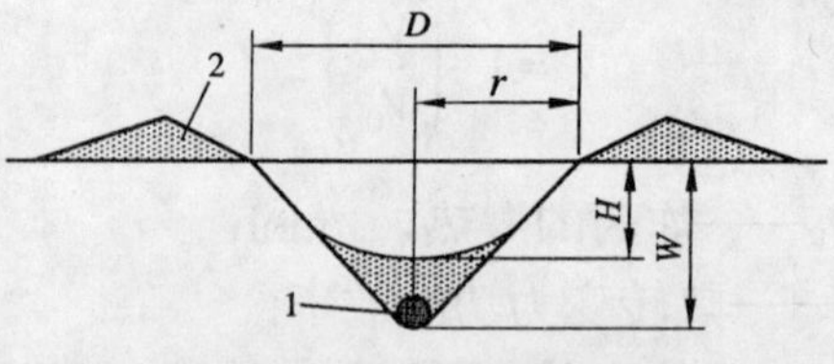

图5-26 爆破漏斗法测定炸药相对威力示意图

D—爆破漏斗直径；H—爆破漏斗可见深度；r—爆破漏斗顶圆半径；W—最小抵抗线

1—药包；2—爆堆

在生产现场可用如图5-26所示的方法测定炸药的相对爆力。其原理是利用埋入在均质土中的炸药包爆炸产生的爆破漏斗的体积来比较不同炸药的爆力的大小。这一测定方法，没有统一规定的标准，因此，只有在同一具体条件下测定的结果才能进行比较。否则，由于条件不同，测定结果变化很大，没有可比性。

测定时，首先在均质土或砂中钻一炮眼，然后将一定重量的炸药（如 0.5kg 或 2kg）以相同的条件装入炮眼中，并进行填塞，引爆后形成一个爆破漏斗。在地平面沿两个互相垂直的方向测量漏斗的直径，取其平均值，并同时测量漏斗的可见深度。

爆破漏斗的形状近似一圆锥体，可用下式近似计算其体积。

$$V=\frac{1}{12}\pi \cdot D^2 \cdot H=0.26D^2 \cdot H \tag{5-46}$$

式中：D——爆破漏斗直径，m；

H——爆破漏斗可见深度，m。

二、炸药的猛度

炸药的猛度是指炸药爆炸瞬间爆轰波和爆炸产物直接对与之接触的固体介质局部产生破碎的能力。猛度的大小主要取决于爆速，爆速越高，猛度越大，岩石被粉碎得越厉害。

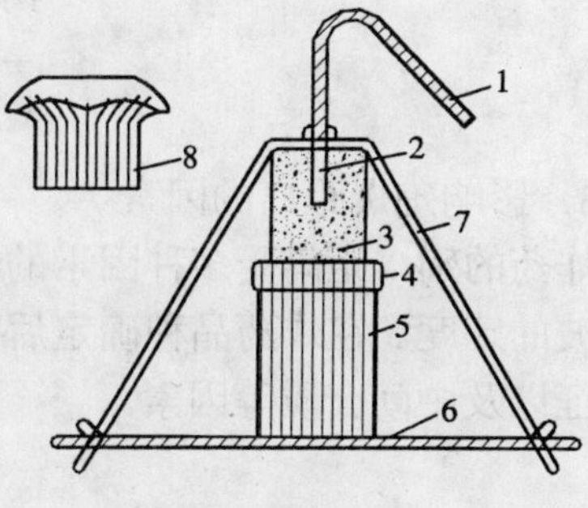

图 5-27　炸药猛度测定方法

1—导火索；2—雷管；3—炸药；4—钢片；5—铅柱；6—钢板；7—细绳；8—爆破后的铅柱

炸药猛度的实测方法一般采用铅柱压缩法。

测定炸药猛度的方法如图 5-27 所示。称取受试炸药 50g（精确到 0.1g），装入内径 40mm 的纸筒内（纸厚 0.15～0.20mm），然后将炸药压制成中心有孔（孔径 7.5mm，孔深 15mm）、装药密度为 1g/cm³ 的药柱。药柱上面放一中心穿孔的圆形纸板，以便插入和固定起爆雷管。用精制的铅浇铸一铅柱并车光表面，铅柱高 60±0.5mm，直径 40±0.2mm。铅柱置于厚度不小于 20mm、最短边长不小于 200mm 的钢板上。药包与铅柱之间用厚度为 10±0.2mm、直径 41±0.2mm 的钢片隔开。药包、钢片和铅柱的中心在同一轴线上，用钢板上的细绳固定这个相对位置，分别测量药包爆炸前、后铅柱的平均高度，其高度差即为这种炸药的猛度值（mm）。按规定，每种试样平行做两次测定，然后取其平均值，精确到 0.1mm，平均误差不应超过 1.0mm。

三、炸药的殉爆

1．炸药的殉爆及其产生的原因

一个药包（卷）爆炸后，引起与它不接触的邻近药包（卷）爆炸的现象称为殉爆。殉爆在一定程度上反映了炸药对冲击波的敏感度。通常将先爆炸的药包称为主动药包，而将被主动药包引爆的药包称为被动药包。前者引爆后者的最大距离叫做殉爆距离，一般以厘米计，表示一种炸药的殉爆能力。在工程爆破中，殉爆距离对于确定分段装药、盲炮处理和合理的孔网参数等都具有指导意义。在炸药厂和危险品库房的设计中，殉爆距离又是确定安全距离的重要依据。

2．殉爆距离的测定

如图 5-28 所示，先将砂土地面捣固，然后用与药包直径相同的木棒在此地面上压出一个半圆槽，将两卷药包放入槽内，中心对正，主动药包的聚能穴与被动药包的平面端相对，量测出两药包的距离 l，随后起爆主动药包。如果被动药包完全爆炸（不留有残药和残纸片），则改变两药包的距离，重复试验，直到被动药包不能被引爆为止。取连续 3 次发生殉爆的最大距离作为该炸药的殉爆距离。

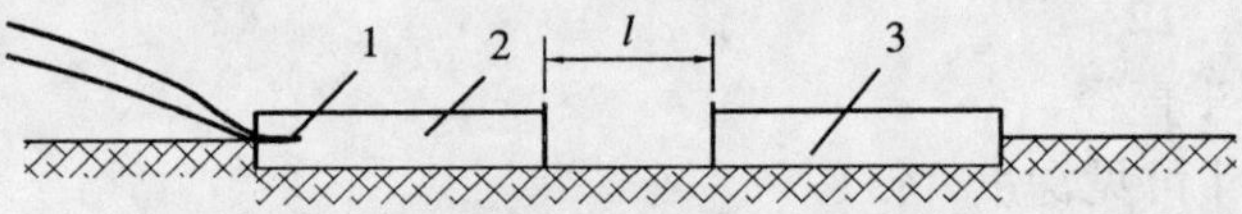

图 5-28 炸药殉爆距离的测定

1—雷管；2—主动药包；3—被动药包

3．影响殉爆距离的因素

炸药的殉爆距离受多种因素的影响，首先是被动药包本身的性质，它决定了该种炸药对冲击波的感度。在炸药品种确定后，炸药的殉爆距离就取决于药包的密度、药量、药径、外壳特征以及中间介质等因素。

第六节 炸药的聚能效应

一、聚能效应

利用爆炸产物运动方向与装药表面垂直或近似垂直的规律，做成特殊形状的装药，就能使爆炸产物聚集起来，提高能流密度，增强爆炸作用，这种现象称为聚能效应。聚集起来朝着一定方向运动的爆炸产物，称为聚能流。

从图 5-29（a）、（b）可以看出，一个柱状装药爆炸后，爆轰产物沿近似垂直原药柱表面方向，向四周飞散。放在钢板上爆炸时，作用于钢板部分的仅是药柱端部的爆轰产物，作用的面积等于药柱的端面积。如果药柱的一端带有锥状穴，那么爆轰后当锥孔部分的爆轰产物飞散时，先向轴线集中，聚集成一股高压、高速的聚能流。这种聚能流作用在钢板上，就会形成较大的深孔，这是因为锥形穴提高了聚能破坏作用，如图 5-29（c）、（d）所示。之所以能提高破坏作用是由于爆轰产物质点以一定速度沿近似垂直于锥面的方向向轴线集中，使能量集中于一个方向，使高速、高压的爆轰产物形成更高的压力沿轴向作用。

但是，气流也不能无限集中，在距端面某一距离 F 处，聚能作用最强，过 F 点后气流就开始飞散。假如在药柱锥穴表面加一个铜罩，能量将更加集中，能量密度进一步提高，形成一股强大的金属射流，穿透深度更大，如图 5-29（e）、（f）所示。

图 5-30 表示聚能射流的形成及穿孔过程。图 5-30（a）为聚能装药的金属聚能罩的结构，分为 4 段，每一段称为一个小单元，用不同剖面线分开。爆炸后，将沿轴线产生金属聚能流。图 5-30（b）表示爆轰波波阵面到达聚能罩小单元 2 的末端后，在爆轰产物作用下，依次做轴对称运动，其中小单元 2 正在向轴线闭合运行，小单元 3 有一部分正在轴线处碰撞，小单

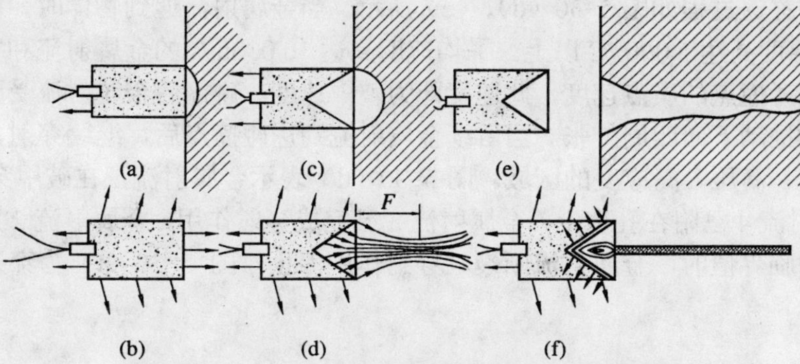

图 5-29　不同装药和炸高的聚能作用

元 4 已在轴线处碰撞完毕。小单元 4 碰撞后分成金属射流和杵体两部分。由于这两部分速度相差很大，金属射流以高于杵体 10 倍以上的速度沿轴线运动，因此很快分离。金属射流在前，头部速度高达每秒万米以上，尾部速度接近杵体速度，仅为 500～1 000m/s。这样，就出现小单元不断闭合、不断碰撞、不断形成金属射流和杵体射流的连续过程。图 5-30（c）表示聚能罩的变形过程完成后各小单元的排列次序，对杵体来说，爆炸前后小单元一致，对金属射流来说则是相反的。

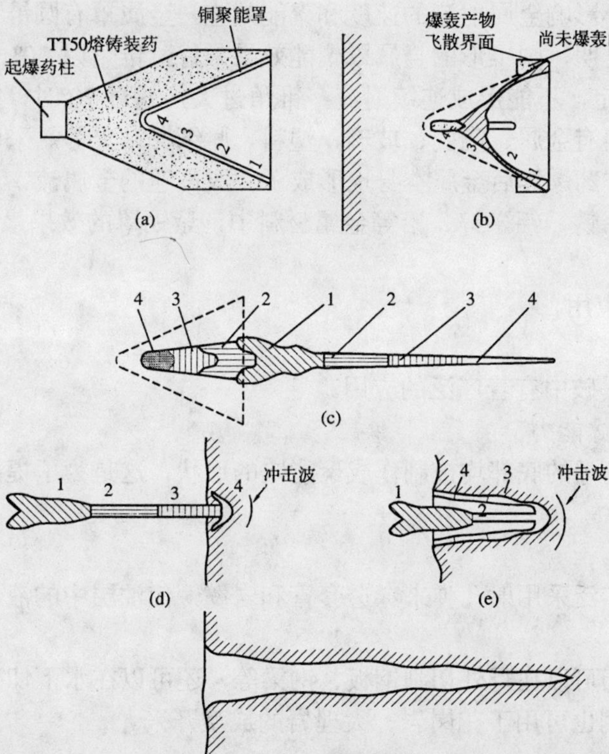

图 5-30　聚能射流的形成及穿孔过程

图中数字代表聚能射流单元

金属射流的穿透过程如图 5-30（d）、（e）所示。当金属射流遇到物体时，可产生压力高达 2×10^{11}Pa、温度高达 5 000 ℃以上、平均速度高达 10 000m/s 的金属射流和物体碰撞。碰撞后速度降低到碰撞点的质点速度，此速度即为破甲速度。碰撞后金属射流受到压缩，并在后续金属射流的推动下向四周扩张。当后续金属射流到达碰撞点后，继续穿射，在碰撞点附近形成一个高温、高压、高应变的区域。图 5-30（d）表示金属射流正在破甲穿射，图 5-30（e）表示金属射流 4 已附在孔壁上，金属射流 3 已完成穿射作用，金属射流 2 即将穿射。当速度降低到某一临界值时，金属射流断裂，穿射作用停止。图 5-30（f）为穿射后形成的射孔。

二、影响聚能效应和穿射作用的因素

炸药是聚能穿射的能源，爆速越高的炸药产生的金属射流的速度和压力越大，穿射能力也越强。M. A. 库克的试验表明，穿孔深度和穿孔容积与炸药的爆轰压力成线性关系。

炸药的爆轰压力是爆速和装药密度的函数，即

$$P_{C-J}=\frac{1}{4}\rho\cdot D^2$$

对于同种炸药来说，爆速和装药密度存在着线性关系，所以，应当选用爆速高的炸药作为聚能穿射的能源，以提高聚能效应。

金属罩锥角的大小影响金属射流的速度和聚能效应，金属罩有圆锥形、半球形、抛物线形、三角形等。实践证明，圆锥形的金属罩聚能效果最好，锥角以 30º～60º为好。锥角小于 30º时，穿射性能不稳定，不能形成连续射流；锥角过大，超过 70º时，穿射深度迅速下降。

常用的聚能罩材料有金属、陶瓷、玻璃、塑料、厚纸、粘土等。采用金属罩可以明显地增强聚能效应，因为炸药爆炸后金属本身也形成了一股高速的金属流，从而可以获得更高的能量密度。在铜、钢、铁、铝、锌、铅等金属材料中，紫铜罩的效果最好。

三、聚能效应的应用

聚能效应在工程爆破中有着广泛的应用。

1．提高起爆或殉爆能力

例如，雷管和炸药卷的底部均被制作成聚能穴的形状，这是为了提高雷管和炸药的局部起爆能力。

2．石油射孔弹

在石油开采中，广泛采用射孔弹来穿透套管和岩壁，使油层中的液体原油流入油井中。

3． 线形切割

利用线形聚能装药可以在野外切割钢板、钢梁等，还可以在水下切割构件，如打捞沉船时切割船体。线形切割也可用于花岗岩、大理岩的成型开采。

4． 打开出铁（钢）口

利用特制的聚能药包对炼铁高炉的出铁口进行定向爆破，为其打开出铁口。

5． 二次爆破

利用聚能药包爆破破碎大块岩石，例如采矿作业中常用聚能爆破破碎大块岩石等。

思　考　题

1. 简述炸药化学变化的形式和特点。
2. 分析说明炸药爆炸的基本特征。
3. 论述炸药的热起爆机理。
4. 简述炸药的敏感度及其量测方法。
5. 分析说明影响炸药敏感度的因素。
6. 说明冲击波和爆轰波的异同点。
7. 影响稳定传爆的因素有哪些？
8. 分析说明炸药氧平衡的概念及其计算方法。
9. 简述猛度和爆力的测定方法。
10. 什么叫爆炸压力？什么叫爆轰压力？
11. 试探讨提高炸药有效爆炸能量的方法和途径。

第六章　工业炸药

第一节　概　述

一、工业炸药的发展概况

工业炸药的发展按其主要使用药种可分为 3 个时期：

1. 黑火药时期（17 世纪初至 19 世纪中叶）

这一时期的工业炸药主要是黑火药，黑火药是我国古代四大发明之一。

2. 硝化甘油炸药和硝铵炸药时期（19 世纪中叶至 20 世纪中叶）

这一阶段在工业上应用的炸药以硝化甘油炸药和硝铵炸药为主。19 世纪 60 年代，Alfred B. Nobel 在发现雷汞的基础上发明了“普通的”雷管。随后，Nobel 利用硝化棉作为吸附剂吸附硝化甘油制成胶质炸药（Dynamite）。由于胶质炸药具有优良的爆炸性能，因而迅速地取代了黑火药。1887 年硝酸铵和原料型的硝铵混合炸药研制成功，奠定了硝铵类炸药与硝化甘油炸药并存并相互竞争的发展阶段，一直延续到 20 世纪 50 年代。

3. 硝铵炸药时期

从 20 世纪 50 年代开始，工业炸药进入了一个新的发展阶段，其主要标志是铵梯炸药、铵油炸药和浆状炸药的出现，并在工业上得到迅速的发展与推广应用，而硝化甘油炸药的生产及使用量日趋减少。继浆状炸药后，在 20 世纪 70 年代，水胶炸药和乳化炸药相继出现，形成含水炸药体系，其中乳化炸药是最具有发展前途的工业炸药品种。

二、对工业炸药的基本要求

工业炸药按其组成属于混合炸药，理想的工业炸药一般应满足下列要求：

（1）爆炸性能好，具有足够的爆炸威力；

（2）具有适当的感度，既能用雷管或起爆药柱起爆，又能确保制造、运输、储存和使用等方面的安全；

（3）炸药的爆炸反应应是零氧平衡，即炸药爆炸后所产生的有毒气体量不得超过安全规程规定的标准；

（4）物化安全性好，在规定的储存期内不易变质失效；

（5）原料来源丰富，制造工艺简单，成本低廉。

第二节　单质炸药

单质炸药是制造工业炸药和起爆器材的原料，按其起爆的难易程度可分为起爆药、单质猛炸药和单质弱炸药。

一、起爆药

起爆药一般用来制作工业雷管。常用的起爆药有雷汞、氮化铅、二硝基重氮酚和三硝基间苯二酚铅。

1. 雷汞

雷汞的化学分子式为 $Hg(CNO)_2$，是一种白色或灰白色的微细晶体，50 °C 以上时会自行分解，160～165 °C 时发生爆炸。

干燥的雷汞对撞击、摩擦和火花极为敏感，容易发生爆炸。潮湿的或压制的雷汞感度较低，湿雷汞易与铝起反应，生成极易爆炸的雷酸盐，故不能用铝材作雷汞雷管的外壳。工业用雷汞雷管都用铜壳或纸壳。

2. 氮化铅

氮化铅的化学分子式为 $Pb(N_3)_2$，是一种白色或淡黄色的针状晶体。与雷汞相比，氮化铅的热感度较低，但爆炸威力较大。

氮化铅不会因潮湿而失去爆炸能力，可用于水下爆破。

在有二氧化碳（CO_2）的潮湿环境中，易与铜发生反应而生成极为敏感的氮化铜，故氮化铅雷管不可用铜壳而必须用铝壳或纸壳。

3. 二硝基重氮酚（DDNP）

二硝基重氮酚的化学分子式为 $C_6H_2(NO_2)_2N_2O$，是一种黄色或黄褐色的晶体，安定性好，常温下在水中仍不降低爆炸性能。

干燥的二硝基重氮酚在 75 °C 时开始分解，170～175 °C 时发生爆炸。二硝基重氮酚对撞击、摩擦的感度均比雷汞和氮化铅低，其热感度介于两者之间。

二硝基重氮酚来源广，生产工艺简单，成本低廉，具有良好的爆炸性能。目前国产工业雷管主要采用二硝基重氮酚作起爆药。

4. 三硝基间苯二酚铅（THPC）

三硝基间苯二酚铅的化学分子式为 $C_6H(NO_2)_3O_2Pb \cdot H_2O$，是一种金黄色微细晶体，热安定性好，温度高于 100 °C 时仍不分解，200 °C 时才开始爆炸。

三硝基间苯二酚铅不与金属起反应，其撞击感度仅为雷汞的 1/6，氮化铅的 1/2，摩擦感度介于两者之间，其火焰感度高于氮化铅。

三硝基间苯二酚铅通常不单独使用，而是与氮化铅一起使用作为工业雷管的起爆药。

二、单质猛炸药

1. 梯恩梯（TNT）

TNT在化学上叫做三硝基甲苯，分子式为$C_6H_2(NO_2)_3CH_3$。自然状态的TNT是一种黄色或淡黄色晶体。TNT的化学稳定性好，常温下不分解，180 ℃时才显著分解，遇火燃烧，并冒出黑烟，在密闭或堆积量很大的情况下，燃烧可以转变成爆炸。TNT的机械感度低，但掺入硬质掺合物时则易被引爆。TNT有毒性，它的粉末、蒸汽主要通过皮肤和呼吸道侵入人体。TNT吸湿性很小，难溶于水，易溶于甲苯、丙酮和乙醇等有机溶剂。

TNT具有良好的爆炸性能，爆力为300ml，爆速为7 000m/s，爆热为4 222kJ/kg，有着广泛的军事用途。常用精制的TNT做工业炸药中的加强药或硝铵类炸药中的敏化剂。

2. 黑索金（RDX）

RDX在化学上叫做环三次甲基三硝胺，分子式为$C_3H_6N_3(NO_2)_3$。自然状态的RDX是一种白色晶体，熔点为204.5 ℃，爆发点为230 ℃，不吸湿，几乎不溶于水，热安定性好，机械感度比TNT高。

RDX的爆力为500ml，爆速为8 300m/s，爆热为5 350kJ/kg，猛度为16mm（25g药量）。

除了作工业雷管中的加强药外，RDX还可用作导爆索的药芯以及同TNT混合后制作起爆药包。

3. 特屈儿

特屈儿在化学上叫做三硝基苯甲硝胺，分子式为$C_6H_2(NO_2)_3 \cdot NCH_3NO_2$。自然状态的特屈儿是一种淡黄色晶体，难溶于水，热感度和机械感度高。

特屈儿的爆炸性能好，爆力为475ml，猛度可达22mm，易与硝酸铵作用而释放热量导致自燃。

除了军事用途之外，特屈儿还可用作工业雷管中的加强药。

4. 泰安（PETN）

PETN化学上叫做季戊四醇四硝酸酯，分子式为$C(CH_2ONO_2)_4$。自然状态的PETN是一种白色晶体，几乎不溶于水。

PETN的爆炸威力大，爆力为500ml，爆速为8 400m/s，猛度为15mm（25g药量）。

PETN的用途同RDX。

5. 硝化甘油（NG）

硝化甘油在化学上叫做三硝酸酯丙三醇，分子式为$C_3H_5(ONO_2)_3$。自然状态的硝化甘油是一种无色或微黄色的油状液体，20 ℃时的比重为1.59g/cm^3，不溶于水，在水中不失爆炸性能，50 ℃时开始挥发，爆发点为200 ℃。

硝化甘油有毒，应避免与皮肤接触，其机械感度很高，不能单独使用，通常用多孔物质（如硅藻土或硝化棉）吸收，以降低其感度。

硝化甘油爆炸威力高，爆力为500ml，猛度为23mm。

三、单质弱炸药——硝酸铵

纯硝酸铵为白色晶体，含微量铁盐和铁的氧化物时略带淡黄色，熔点为170 ℃，温度达到300 ℃时发火燃烧，温度高于400 ℃时可转变为爆炸。硝酸铵是一种弱性爆炸化合物，钝感，需经强力起爆后才能爆炸，爆速为2 000～2 500m/s，爆力为165～230ml。

硝酸铵容易吸湿和结块。吸湿现象的产生是由于它对空气中的水汽具有吸附性，通过毛细管作用在其颗粒表面形成一层薄薄的水膜。硝酸铵易溶于水，因而水膜会逐渐变成饱和溶液。只要空气中的水蒸气压力大于硝酸铵饱和溶液的压力，硝酸铵就会继续吸收水分，一直到两者压力相等时为止。硝酸铵吸水后，一旦温度下降，饱和层将部分或全部发生重结晶，形成坚硬致密的晶粒层，将硝酸铵粘结成块状。这种结块硬化过程还将因晶形变换和上部重压等原因而加剧，给炸药的加工制作造成极大的困难。

为了提高硝酸铵的抗水性，常常加入防潮剂。常用的防潮剂有两类：一类是憎水性物质，如松香、石蜡、沥青和凡士林等，它们覆盖在硝酸铵颗粒表面，使之与空气隔绝；另一类是活性物质，如硬脂酸钙、硬脂酸锌等，它们分子结构的一端为体积较大的憎水性基团（硬脂酸根），另一端是体积较小的亲水性基团（金属离子），这些活性物质加入后，它们的亲水基团将朝向外面，因而可以起到防水作用。此外，在硝酸铵结晶过程中，加入硫酸高铁铵 0.39%、石脂酸和石蜡（1:1）0.3%～0.35%，可制成抗水硝酸铵。

为了防止硝酸铵吸湿后结块硬化，可在炸药中加入适量的疏松剂，如木粉等。

干燥的硝酸铵与金属的作用极为缓慢，有水时其作用速度加快。熔融态的硝酸铵与铜、铅和锌均起反应，生成极不稳定的亚硝酸盐。但硝酸铵不与铝、锡作用，故在制造硝铵炸药时均使用铝质工具和容器。

第三节　粉状硝铵类炸药

以硝酸铵为主要成分的炸药叫做硝铵类炸药，简称硝铵炸药。由于硝酸铵（NH_4NO_3）为常用的化工产品，来源广泛，易于制造，成本低廉，所以国内外广泛用来制作各种类型的混合炸药。

硝铵炸药主要由氧化剂、可燃剂和敏化剂组成。

(1) 氧化剂　氧化剂为硝酸铵，在炸药中的作用是提供爆炸反应时所需的氧元素。

(2) 可燃剂　可燃剂又叫还原剂，常用木粉、木炭、柴油、铝粉等作为可燃剂。它与氧化合，发生剧烈的燃烧（氧化）反应。

(3) 敏化剂　常用的敏化剂为 TNT、二硝基萘、铝粉和一些发泡剂或发泡物质，作用是增加敏感度，改善爆炸性能。

(4) 其它成分　为适应各种不同的使用要求，经常在炸药中添加一些附加成分，如消焰剂、防潮剂、粘结剂等。

以上诸成分中，氧化剂和还原剂为必要成分，其它成分则视需要而定。

一、铵梯炸药

铵梯炸药是我国应用最广泛的工业炸药品种。它是一种以硝酸铵、TNT 和木粉为主要原料的粉状混合炸药。根据用途可分为岩石炸药、露天炸药和煤矿许用炸药。

(1) 硝酸铵　硝酸铵为铵梯炸药的主要成分，是氧化剂。

(2) 梯恩梯（TNT）　TNT 是敏化剂。

(3) 木粉（$C_{50}H_{72}O_{33}$）　木粉除了作疏松剂和可燃剂外，还能调节炸药的密度，要求不含杂质、不腐朽，含水量在 4%以下，粒度在 20～40 目之间。

几种铵梯炸药的成分和性能列于表 6-1 中。

表 6-1　铵梯炸药的成分与性能

成分与性能		岩石铵梯炸药		露天铵梯炸药		
		1#	2#	1#	2#	3#
成分（%）	NH_4NO_3	82±1.5	85±1.5	82±2.0	86±2.0	88±2.0
	TNT	14±1.0	11±1.0	10±1.0	5±1.0	3±1.0
	木　粉	4±0.5	4±0.5	8±1.0	9±1.0	9±1.0
性能	水分不大于（%）	0.3	0.3	0.5	0.5	0.5
	爆　力（ml）	350	320	300	250	230
	猛　度（mm）	13	12	11	8	5
	殉爆距离（cm）	6	5	4	3	2

工业用铵梯炸药品种还有很多，一般多用 2#岩石炸药。

二、铵油炸药

铵油炸药的主要成分是硝酸铵和柴油，是我国冶金、有色矿山应用最多的一种钝感猛性炸药。

(1) 硝酸铵　硝酸铵在铵油炸药中是氧化剂，性能如前所述。

(2) 柴油　柴油在铵油炸药中是还原剂(可燃剂)，常用轻柴油，其爆热值可达 41 860kJ/kg，要求其中的碳氢元素含量占 99.5%，一般用 0#、10#、20#轻柴油，在严寒冬季，可采用-10#、-20#和-35#轻柴油。

(3) 木粉　木粉在铵油炸药中用作疏松剂。

生产粉状铵油炸药时应力求“干、细、匀、密”，即炸药的水分低、粒度小、混合均匀，并保持一定的密度。

随着多孔粒状硝酸铵的大量生产，除了可以用热加工工艺生产铵油炸药外，又出现了冷混加工工艺。多孔粒硝酸铵吸油率高，可以在爆破作业现场直接与柴油混合加工成铵油炸药，简化了加工工艺。

几种粉状铵油炸药的成分与性能列于表 6-2。

表 6-2　几种粉状铵油炸药的成分与性能

成分与性能		92-4-4 细粉状铵油炸药	100-2-7 粗粉状铵油炸药	露天细粉状铵油炸药	露天粗粉状铵油炸药
成分（%）	硝酸铵	92	91.7	89.5±1.5	94.2
	柴　油	4	1.9	2.0±0.2	5.8
	木　粉	4	6.4	8.5±1.0	
性能	水　分（%）	0.3	0.3	0.5	0.5
	爆　力（ml）	280～310	—	240～280	—
	猛　度（mm）	9～13	8～11	8～10	≥7
	殉爆距离（cm）	4～7	3～6	≥3	≥2

铵油炸药的原料来源广，价格低廉，加工制作简单，爆炸性能良好，但容易吸湿和结块，不能用于水中爆破。

三、铵松蜡炸药

为了克服铵梯炸药和铵油炸药吸湿性强、保存期短的缺点，结合我国的资源特点，20 世纪 70 年代以来，我国研制成功了铵松蜡炸药。铵松蜡炸药除了保持铵油炸药的优点外，还具有抗水性能良好、保存期长、性能指标达到 2#岩石铵梯炸药的标准等优点。

铵松蜡炸药是由硝酸铵、木粉、松香、石蜡和柴油混制而成。

铵松蜡炸药具有良好防水性能的主要原因是：

(1) 松香和石蜡都是憎水物质，可形成粉末状防水网，防止硝酸铵吸水；

(2) 石蜡可以形成一层憎水薄膜，防止水分进入；

(3) 松香与柴油可以共同组成油膜，也能防止水分进入。

另外，还有铵沥炸药、铵沥蜡炸药等。这些炸药的毒气生成量较大，主要缺点是：由于石蜡和松香的燃点低，不能用于有瓦斯和粉尘爆炸危险的地下矿山。

铵松蜡炸药、铵沥蜡炸药的配方和性能列于表 6-3。

表 6-3　铵松蜡炸药、铵沥蜡炸药的配方和性能

配方（%）	炸药名称		爆炸性能		
	铵松蜡	铵沥蜡	指　标	铵松蜡	铵沥蜡
硝酸铵	91±1.5	90±1.5	殉爆（cm）	5～7	3～4
柴油	1±0.1		猛度（mm）	13～14	11～12
木粉	5	8	爆力（cm^3）	200	230
松香	1.8±0.3		爆速（m/s）	3 200	3 100
石蜡	1.2±0.1		加工方法	热覆法	热碾法
沥青+石蜡		2±0.3			

注：浸水 30min 后，铵松蜡的殉爆距离下降为 4～5cm，铵沥蜡的殉爆距离下降为 2～3cm。

第四节　含水硝铵类炸药

含水硝铵炸药包括浆状炸药、水胶炸药、乳化炸药等。它们的共同特点是将硝酸铵或硝酸钾、硝酸钠溶解于水成为硝酸盐的水溶液，当其饱和后便不再吸收水分，这样能起到“以水抗水”的作用。

一、浆状炸药

浆状炸药是 1956 年由美国的库克和加拿大的法曼合作发明，由埃列克化学公司正式投产的一种新型抗水炸药，在世界炸药史上被称誉为“第三代炸药”。

浆状炸药是由氧化剂、敏化剂和胶凝剂 3 种基本成分混合而成的悬浮状的饱和水胶混合物，其外观呈半流动胶浆体，故称为浆状炸药。

1. 氧化剂水溶液

浆状炸药的氧化剂水溶液主要是硝酸铵或硝酸钾、硝酸钠的混合物，它的含量占炸药总量的 65%～85%，含水量占 10%～20%。水作为连续相存在，当硝酸铵或硝酸钾、硝酸钠饱和后便不再吸收水分，水的主要作用是：

(1) 使硝酸铵等成为饱和溶液，不再吸水；

(2) 使硝酸铵等固体成分溶解或悬浮，增加可塑性，并增大密度；

(3) 使炸药成为连续介质，即成为细密均匀的连续相，各成分紧密接触，提高炸药的威力。但是，水为钝感物质，由于水分增加，降低了炸药的敏感度。

2. 敏感剂

浆状炸药的敏感剂按成分不同可分为以下 4 类：

(1) 猛炸药敏化剂　常用的有 TNT、黑索金、硝化甘油等，含量为 6%～20%；

(2) 金属粉末敏化剂　常用的有铝粉、镁粉等，含量为 2%～15%；

(3) 气泡敏化剂　常用的有亚硝酸钠，加入量为 0.1%～0.5%；

(4) 燃料性敏化剂　如柴油、硫磺等，含量为 1%～5%。

3. 胶凝剂

胶凝剂是浆状炸药的关键成分，它可以使氧化剂水溶液变为胶体液，并使各种物态不同的成分胶结在一起，使其中未溶的硝酸盐类颗粒、敏化剂水颗粒等悬浮于其中，又可使浆状炸药胶凝、稠化，提高其抗水性能。

4. 交联剂

交联剂又称助胶剂。胶联剂的作用是使浆状炸药进一步稠化以提高抗水性能，常用硼砂、重铬酸钾等，其含量为 1%～3%。由于使用交联剂，可相对减少胶凝剂的用量。

5. 表面活性剂

常用十二烷基苯磺酸钠或十二烷基磺酸钠作为表面活性剂。它的作用是增加塑性，提高耐冻能力，其次是能吸附铝粉等金属颗粒，防止与水反应生成氢气而逸出。

6. 起泡剂

常用亚硝酸钠作为起泡剂，其作用是加入后能产生氨的氧化物和二氧化碳，形成气泡，以便在起爆时产生绝热压缩，增加炸药爆轰感度。这种气泡又叫敏化气泡。采用起泡剂可以相对减少敏化剂 TNT 的用量。另外，泡沫、多孔含碳材料等也可用作起泡剂。

7. 安定剂

常用尿素作为安定剂。适量加入，可提高胶凝剂的粘附性和柔软性，防止炸药变质。

8. 防冻剂

常用乙二醇作为防冻剂。加入乙二醇后可使冰点降低，增加炸药的耐冻性。

浆状炸药具有密度高、可塑性好、抗水性强、适于水孔爆破和使用安全等优点。但其感度低，不能用普通雷管起爆，需用专门起爆体加强起爆，理化安定性较差。

二、水胶炸药

水胶炸药是浆状炸药改进后的新品种。它与浆状炸药的不同之处主要是采用了水溶液敏化剂，这样就使得氧化剂的偶合状况大为改善，从而获得更好的爆炸性能。

水胶炸药主要由氧化剂、敏化剂和粘胶剂组成。

1. 氧化剂

氧化剂主要是硝酸铵和硝酸钠。硝酸铵可用粉状的和粒状的。在生产水胶炸药时，将一部分硝酸铵溶解成75%的水溶液，另一部分硝酸铵以固体形式直接加入。

2. 敏化剂

敏化剂主要采用甲基胺硝酸盐（简称MANN）的水溶液。甲基胺硝酸盐比硝酸铵更容易吸湿，易溶于水，本身也是一种单质炸药，在水胶炸药中，它既是敏化剂又是可燃剂。由于其原料来源广泛，可用不同含量的甲基胺硝酸盐制成不同感度的水胶炸药。

3. 粘胶剂

水胶炸药具有良好的粘胶效果，因而比浆状炸药具有更好的抗水性能和爆炸威力。国内多用田箐胶、槐豆胶作粘胶剂，而国外则常用古尔胶作粘胶剂。

水胶炸药具有抗水性强、感度高、可塑性好、使用安全、可用8号雷管直接起爆和爆炸性能良好等优点，其主要缺点是生产成本较高。

三、乳化炸药

乳化炸药是20世纪70年代在美国发展起来的一种新型炸药，20世纪70年代末期我国也已经可以制造。乳化炸药具有威力高、感度高、抗水性好的特点，被誉为“第四代”炸药，它不同于水包油型的浆状炸药和水胶炸药，而是以油为连续相的油包水型的乳胶体，既不含爆炸性的敏化剂，也不含胶凝剂。此种炸药中的乳化剂使氧化剂水溶液（水相或内相）微细的液滴均匀地分散在含有气泡的近似油状物质的连续介质中，使炸药形成一种灰白色或浅黄色的油包水型的特殊内部结构的乳胶体，故称乳化炸药。

1. 乳化炸药的成分

(1) 氧化剂水溶液（水相或内相）

氧化剂水溶液为硝酸盐水溶液，呈细小水滴的形式存在，其含量占55%～80%，含水量为10%～20%。

(2) 可燃剂（油相或外相）

一般由柴油和石蜡组成，含量约为1%～8%。水相分散在油相之中，形成不能流动的稳定的油包水型乳胶体。

(3) 发泡剂（气相泡或第三相）

用亚硝酸钠、空心微玻璃球、珍珠岩粉或其它多孔性材料作为发泡剂。加入发泡剂可提高炸药的感度，加入量约为0.05%～0.1%。

(4) 乳化剂

乳化炸药中的乳化剂多为脂肪族化合物，可以是一种化合物，也可以是多种化合物的混合体。国内常用山梨糖醇单月桂酸脂、山梨糖醇酐单油酸盐等作为乳化剂，国外常用司番-80（Span-80）作乳化剂。

2. 乳化炸药的分类与品种

乳化炸药按其使用的条件和目的可以分为岩石型、露天型和煤矿许用型。

(1) 岩石型乳化炸药

该类炸药具有较好的爆轰性能，适用于无沼气、无粉尘爆炸危险、有水的坚硬或中硬岩石的爆破工程。一般具有雷管感度，有较好的储存性能，以小药卷的形式包装出厂。国内的定型产品很多，如 EL 系列、RJ 系列等。

(2) 露天型乳化炸药

该类炸药以加工简便和成本较低为显著特点，适用于露天爆破工程。一般不具有雷管感度，抗水性能好，主要以散装的形式使用，因而，不要求其具有长期的储存稳定性。定型产品有 LK-2 型、露天-111 和 112 型等。此外，随着装药机械化程度的提高，通过混装车或泵送车在爆破作业现场可以直接进行混制，然后装入炮孔。

(3) 煤矿许用型乳化炸药

该类炸药适用于有沼气或煤尘爆炸危险的矿井爆破工程。由于要求这类炸药的爆热小、爆温低、不产生二次火焰、爆炸后生成的灼热固体残渣少，因此在炸药的组分中添加了一定的消焰剂（如氧化钠）。定型产品有 RMJ-1 型、RNJ-2 型和 LR 型。

3. 乳化炸药的性能

乳化炸药的性能不仅与其组成配比有关，而且也与它的生产工艺特别是乳化技术有关。

(1) 抗水性好

常温下浸泡在水中 7 天后，炸药的爆炸性能无明显变化，仍然可用 8 号雷管起爆，可替代硝化甘油炸药在水中使用。

(2) 爆速高

爆速可达 4 000～5 000m/s，故威力高。

(3) 感度高

由于加入了发泡剂，使氧化剂水溶液成为微滴，敏化剂气泡均匀地分散在其中，故爆轰敏感度高，且具有雷管感度。

(4) 密度范围可调

炸药的密度可在 0.8～1.45g/cm^3 之间调节。

(5) 安全性能好

乳化炸药对于冲击、摩擦、撞击的感度都较低，而且爆炸后的有毒气体生成量少，使用安全，储存期长，在常温下可储存半年以上。

部分国产乳化炸药的成分与性能见表 6-4。

表 6-4 部分国产乳化炸药的成分与性能

项 目		炸药型号				
		RL-2	EL-103	RJ-1	MRY-3	CLH
成分(%)	硝酸铵	65	53～63	50～70	60～65	50～70
	硝酸钠	15	10～15	5～15	10～15	15～30
	尿 素	2.5	1.0～2.5	—	—	—
	水	10	9～11	8～15	10～15	4～12
	乳化剂 3	0.5～1.3	0.5～1.5	1.0～2.3	0.5～2.5	
	石 蜡	2	0.8～3.5	2～4	（蜡-油）3～6	（蜡-油）2～6

续表 6-4

成分(%)	燃料油	2.5	1～2	1～3	—	—
	铝　粉	—	3～6	—	3～5	—
	亚硝酸钠	—	0.1～0.3	0.1～0.7	0.1～0.5	—
	甲基胺硝酸盐	—	—	5～20	—	—
	添加剂	—	—	0.1～0.3	0.4～1.0	
性能	猛　度（mm）	12～20	16～19	16～19	16～19	16～17
	爆　力（ml）	302～304	—	301	—	295～330
	爆　速（m/s）	3 000～4 200	4 300～4 600	4 500～5 400	4 500～5 200	4 500～5 500
	殉爆距离（cm）	5～23	12	9	8	—

第五节　其它工业炸药

一、硝化甘油炸药

含有硝化甘油的炸药称为硝化甘油炸药。胶质硝化甘油炸药由硝化甘油和硝化乙二醇、硝化棉等硝酸盐粉末混合而成。

胶质硝化甘油炸药的优点是：可塑性好，抗水性强，密度大，爆炸性能优良，储存期较长。因而特别适用于无沼气和粉尘爆炸危险的涌水量较大的坚硬岩石的爆破作业。胶质硝化甘油炸药的缺点是：机械感度高，易冻结、渗油、干结、挥发，有毒性，是工业炸药中安全性最差的一种炸药，且硝化甘油含量越大，缺点越明显，价格也越高。

普通胶质硝化甘油炸药在 10 ℃时冻结，耐冻品种在-20～-25 ℃时冻结。冻结的或渗油的，特别是半冻结或半溶化的胶质硝化甘油，其敏感度很高，稍加挤压或摩擦即可发生爆炸。因此，严禁使用冻结的或半冻结的、渗油的或半溶化的胶质硝化甘油炸药，对冻结的或渗油的胶质硝化甘油炸药，必须按照安全规程进行解冻或处理后才能使用。

20 世纪 50 年代和 60 年代，胶质硝化甘油炸药曾是我国主要的高威力防水炸药。20 世纪 70 年代后，乳化炸药逐渐替代了硝化甘油炸药。

二、光面爆破专用炸药

光面爆破专用炸药是为了满足光面爆破要求而特殊制作的炸药。这种炸药一般具有低猛度、低爆速、低密度和良好的传爆性能。

国外研制了多种型号的光面爆破专用炸药，如瑞典的古利特和英国的硝酸醚等。瑞典的古利特光面爆破专用炸药有 Φ11mm 和 Φ17mm 两种直径的药卷，适用于孔间距 500～800mm、最小抵抗线 700～1 100mm、周边眼直径 30～50mm 的光面爆破。

我国多以中威力硝铵类炸药代替光面爆破专用炸药。根据现场实践经验，采用各种岩石炸药、水胶炸药、乳化炸药等加工成的小直径药卷，可以取得良好的光面爆破效果。

三、控制爆破专用炸药

自20世纪60年代以来，我国研制成功了数十种特种混合炸药，其中一些可专门用于控制爆破。

1. 塑性和粘性炸药

塑性炸药是一种可塑性的混合炸药，在一定范围内，可以任意成型或被压制成任意形状。塑性炸药的感度低、耐撞击、抗水，因而使用方便、安全，能适应控爆对象的形状而紧贴在被爆物的表面，从而提高控爆效果。

早期的塑性炸药以黑索金或泰安为主要成分（占80%～90%），加入一定量的粘合剂制成。过去常用长链脂肪酸钡盐、硅酮油、2-羟基硬脂酸锌和非爆炸性油状增塑剂等作为粘合剂。近年来，采用聚氨酯、12-羟基硬脂酸锌、硅油以及不规则聚丙酮作为粘合剂，以癸二酸二锌酯作增塑剂，改善了塑性炸药的威力、塑性、起爆感度等性能。这类塑性炸药的密度为1.6～1.7g/cm^3，爆速为7 000～8 000m/s。

粘性炸药是在塑性炸药基础上研制出来的一种类似面团状的混合炸药。这种炸药除具有良好的塑性外，还具有粘性。一般地，在0.1～0.5m^2的面积上，可产生300～2 000N的粘附力。通常，粘性炸药以黑索金、泰安和特屈儿等固体单质炸药为主要成分，加入高分子粘合剂、少量增塑剂和油类组合制成。粘性炸药可直接粘附在混凝土结构物、基础、桥梁和金属等被爆物体上。

2. 挠性炸药

挠性炸药是一种新型的高分子粘性炸药，在一定的温度范围内，可以保持曲挠性、自持性和弹性。通常，挠性炸药的延伸率为200%～1 000%，曲挠性为50°～120°，折叠性为90°，可以制作成薄片、带状、索状、管状等各种所需要的形状，其机械感度高，可用普通雷管起爆，抗水性和储存性良好。

挠性炸药的主要成分为黑索金、特屈儿、TNT、硝化甘露醇、三氨基三硝基苯等，粘结剂为天然橡胶、合成橡胶、聚苯乙烯，含量为10%～20%。此外，在挠性炸药中，还含有增塑剂，如三丁乙酰柠檬酸酯、磷酸酯和羟酸酯以及少量的附加剂，如硝酸钾、硝酸铵、氧化钛、氧化锌、二苯胺和石蜡。

国产挠性炸药的粘结剂主要采用天然橡胶，故亦称橡胶炸药，其制作工艺与橡胶制品成型工艺相似，将主体炸药与事先溶化的胶料搅合均匀，然后挤压成型，再经室温或高温硫化，即制成挠性炸药。

挠性炸药可用于以下几个方面：

(1) 水下切割爆破

将挠性炸药加工成药条或直径为20～50mm、长为0.5～2.0m的带聚能槽的药棒，平放在金属板上，可爆破切割不同厚度的钢板。这种药棒有弹性，耐海水的冲击，可在一定流速的海、河中使用。我国曾在水深70m的台湾海峡打捞沉船的作业中，成功地应用挠性炸药进行了船体的切割。

(2) 爆破强化金属

将片状的挠性炸药贴在需强化的金属表面，在炸药爆炸瞬间的高温高压作用下，金属表面发生金相变化，从而获得高强度的表面，经爆破强化后的金属表面一般比淬火强度提高 2～3 倍。

(3) 爆炸成型加工与爆炸焊接

通过爆破的方法可将金属加工成复杂的形状，爆炸瞬间的高温高压作用也可使两块性能完全不同的金属板、棒、管等熔合为一体。

第六节　燃烧剂与静态破碎剂

一、燃烧剂

近年来，燃烧剂（高能热力破碎）得到了广泛的研究与应用，用燃烧剂代替炸药用于切割、破碎岩石、混凝土和砖石结构物是一种安全有效的方法。

燃烧剂通常由金属氧化剂和金属还原剂按一定比例混合而成。燃烧剂在密闭介质中被点燃后，能迅速发生化学反应，释放出一定量的气态生成物和热量，使周围介质急剧受热，在气态产物的膨胀应力和热应力的共同作用下，介质因膨胀程度不同而被胀裂，出现裂缝，同时，气态产物穿入裂缝，通过气刃的尖劈效应使裂缝进一步扩展，最终形成断裂面。

常用燃烧剂的化学反应式为

$$2Al+3CuO=Al_2O_3+3Cu+1.8\times10^3\text{（J）}$$

$$4Al+3MnO_2=2Al_2O_3+3Mn+9.25\times10^5\text{（J）}$$

研究资料表明，燃烧剂反应后的生成物受热后虽然被气化，但当温度降低到一定程度后，即变为固体。因此，当气态产物扩散到自由面变为固体时，压力会急剧下降，碎块的飞散距离、噪声和震动效应自然比工业炸药爆炸小得多。

燃烧剂应该安定性好、储存期长、原料来源广、成本低。其中的氧化剂应该生成热小、反应后能释放出大量的氧。我国常用二氧化锰和氧化铜作氧化剂。还原剂应该发热量大、燃烧温度高（大于 800 °C）、易于点燃。我国常用铝粉作还原剂，一般宜选用细粒的铝粉。

使用燃烧剂破碎混凝土、钢筋混凝土或各种岩石时，可以有效地控制飞石、噪声和震动，能避免运输、使用工业炸药和起爆器材时的不安全因素。但由于燃烧剂成本高、威力小、堵塞质量要求高（一般采用水泥砂浆加水玻璃逐孔堵塞），其使用范围受到了限制。

燃烧剂可用电阻丝、普通电线通电引燃，也可用点火管、导火索引燃，还可用导爆管和普通激发枪引燃。

使用燃烧剂破碎构筑物时，首先要在构筑物上按 300～400mm 的间距钻孔，孔深一般为 700～1 000mm，每孔装入 40～90g 的燃烧剂，采用水泥砂浆加水玻璃逐孔堵塞。

二、静态破碎剂

静态破碎剂也叫膨胀破裂剂或简称破碎剂，是破碎、切割岩石、素混凝土的一种粉末状破碎剂。使用时，将破碎剂加入一定量的水调成糊状后，注入钻好的炮孔中，经过一段时间后（一般为 2～24h），岩石或混凝土即被胀裂。

1. 静态破碎剂的主要成分

日本是最早进行静态破碎剂研究的国家，起初只是将水泥、石膏、矿渣、氧化钙等与水拌合，使其产生膨胀。但因其膨胀压力低、工艺复杂而很难推广使用。随后，随着科学技术水平的提高，日本和我国相继研制成功了多种静态破碎剂。

目前使用的静态破碎剂主要由氧化钙和无机盐混合而成，按其组成成分可分为生石灰膨胀破碎剂和复合膨胀破碎剂。

(1) 生石灰膨胀破碎剂

生石灰和水反应后生成氢氧化钙，反应时的温度可达 240 ℃，体积可膨胀 2 倍，反应式为

$$CaO+H_2O=Ca(OH)_2+65\ (kJ)$$

使用时，将生石灰破碎和研磨成粉末，按生石灰:水=100:25 的比例加水拌合，并加入适量的延迟剂。常用的延迟剂为丙三醇、乙醇、氢氧化钠、硅酸钠等。

(2) 复合膨胀破碎剂

复合膨胀破碎剂是日本在 20 世纪 70 年代初研制成功的，其主要成分和性能列于表 6-5。

表 6-5 复合膨胀破碎剂的成分与性能

成分和重量比									膨胀率（%）	
水泥	赤泥	石膏	石灰	氢氧化钙	硫铝酸钙	硫酸	硫酸钙	水	2 天后	15 天后
100		70	90					120	149	161
	100	130	70（CaO）		120			100	113	149
100			70（CaO）			50	10	80	260	264
100	50		80（CaO）		20			100	214	217

注：赤泥为炼铝废渣。

我国生产的 JC-1 型静态破碎剂主要由氧化钙、无机盐和有机添加剂组成。

2. 碎剂的膨胀原理

从理论上讲，氧化钙遇水后的膨胀过程经过两个阶段：首先生成微细的胶体，然后经过再结晶而产生膨胀，其晶体由立方晶系转变为复三方偏三角面体晶系，体积比原来增大 3~4 倍，表面积增大 100 倍。

一般岩石和混凝土等材料的抗拉强度为 2～10MPa，坚硬的大理岩和花岗岩的抗拉强度也不过 10MPa，而破碎剂产生的膨胀压力却高达 30~60MPa，所以，一般的岩石和混凝土材料均可被破碎。

思考题

1. 为什么硝铵类炸药总是被配制成混合炸药使用？
2. 粉状硝铵炸药有哪些主要成分？各成分的作用是什么？
3. 硝酸铵的主要理化性质如何？为防止硝酸铵吸湿结块，应采取哪些措施？
4. 含水硝铵类炸药为什么能够防水？水在其中起什么作用？
5. 分析说明浆状炸药、水胶炸药和乳化炸药的异同点。

第七章　起爆器材和起爆方法

第一节　概　述

利用起爆器材和一定的工艺方法去引爆工业炸药的过程，叫做起爆。起爆的目的是使炸药按顺序准确可靠地发生爆轰反应，合理有效地利用炸药爆能。起爆工艺与技术的总和称为起爆方法。起爆器材是起爆方法的基础。在工程爆破中，最重要、最常见的起爆材料是引爆炸药的雷管和导爆索，以及引爆雷管的导火索、导爆管等。

在工程爆破中，为了使炸药起爆，必须由外界给炸药局部施加一定的能量，根据施加能量方法的不同，起爆方法大致可分为三类：非电起爆法、电力起爆法和其它起爆法。

1. 非电起爆法

非电起爆法是采用非电的能量来引起工业炸药爆炸的起爆方法，主要包括导火索起爆法、导爆索起爆法和导爆管起爆法。

2. 电力起爆法

电力起爆法是采用电能来起爆工业炸药的起爆方法，如工程爆破中广泛使用的各种电雷管的起爆方法。

3. 其它起爆法

如水下超声波起爆法、电磁波起爆法和电磁感应起爆法等。

上述前两类起爆法是目前在工程爆破中使用最广泛的起爆方法。在工程爆破中究竟选用哪一种起爆方法，应根据环境条件、爆破规模、经济技术效果、是否安全可靠以及操作人员掌握起爆技术的熟练程度来确定。例如，在有沼气爆炸危险的环境中进行爆破时，应采用电起爆而禁止采用非电起爆。对大规模的爆破，如硐室爆破、深孔爆破和一次起爆数量较多的炮眼爆破，可采用电起爆、导爆管起爆或导爆索起爆，也可以采用组合的复式起爆网路，以提高起爆的可靠性。

第二节　工业雷管

一、对工业雷管的要求

工程爆破中常用的工业雷管有火雷管、电雷管和导爆管雷管等。电雷管和导爆管雷管又可分为瞬发、秒延期、毫秒延期等品种。工业雷管是爆炸危险品，为了满足使用的准确性和运输的安全性，对工业雷管提出了两方面的要求。

1. 技术条件方面的要求

(1) 足够的灵敏度和起爆能力

工业雷管必须具有足够的灵敏度以保证雷管在使用时按要求起爆，并保证具有足够的起爆能力以使被引爆的炸药达到正常的爆轰。

(2) 性能均一

雷管的技术参数要求有均一性，以保证使用时的一致性。

(3) 制造安全和使用安全

在保证足够的灵敏度和起爆能力的前提下，工业雷管的感度要适宜，以保证制造、装配、运输和使用过程中的安全。

(4) 长期存储的稳定性

大多数情况下，雷管生产后不会立即使用，有一个入库、出库、运输、现场使用的过程，在时间和空间上都会有一些变化。工业雷管存储两年以上，其性能应不发生变化和出现变质现象。

2. 生产经济条件方面的要求

(1) 结构简单，易于大批量生产。

(2) 制造与使用方便。

(3) 原料来源丰富，价格低廉。

二、火雷管

在工业雷管中，火雷管是最简单的一种品种，但又是其它各种雷管的基本部分。

火雷管的结构如图7-1所示，它由以下几个部分组成。

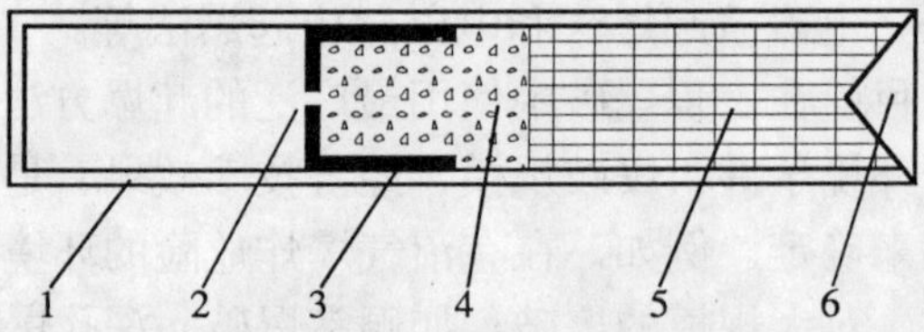

图7-1 火雷管结构示意图

1—管壳；2—传火孔；3—加强帽；4—DDNP；5—加强药；6—聚能穴

1. 管壳

火雷管的管壳通常采用金属（铝和铜）、纸或硬塑料制成，呈圆管状。管壳必须具有一定的强度，以减小正、副起爆药爆炸时的侧向扩散和提高起爆能力，管壳还可以避免起爆药直接与空气接触，提高雷管的防潮能力。管壳一端为开口端，以供插入导火索之用；另一端密闭，做成圆锥形或半球面形聚能穴，以提高该方向的起爆能力。

2. 正起爆药

火雷管中的正起爆药在导火索火焰的作用下，首先起爆。所以其主要特点是灵敏度高。它通常由雷汞、二硝基重氮酚或叠氮化铅制成。目前，国产雷管的正起爆药大多用二硝基重氮酚（DDNP）制成。

3. 副起爆药

副起爆药也称为加强药。它在正起爆药的爆炸作用下起爆，进一步加强了正起爆药的爆炸威力。通常由黑索金，特屈儿或黑索金＋梯恩梯药柱制成。

4. 加强帽

加强帽是一个中心带小孔的小金属罩。它通常用铜皮冲压而成。加强帽的作用是减少正起爆药的暴露面积、增加雷管的安全、在雷管内部形成一个密闭的小室，促使正起爆药爆炸压力的增长，提高雷管的起爆能力，还可以防潮。加强帽中心孔的作用是让导火索产生的火焰穿过此孔，直接喷射到正起爆药上。中心孔直径2mm左右。为防止杂物、水分的浸入和起爆药的散失，中心孔常垫一小块丝绢以起封闭作用。

工业雷管按其起爆药量的多少，可以分为10个等级。号数愈大，其起爆药量愈多，雷管的起爆能力愈强。目前，工程爆破中常用的是8号和6号雷管。

表7-1列出了6号和8号火雷管的起爆药量。

火雷管的结构简单，使用方便，不受杂散电流和雷电引爆的威胁，可用于直接起爆和间接起爆各种炸药和导爆索，多用在地面采石场、隧道爆破、水利建设工程中。随着起爆器材的发展，这种雷管应用范围变小，在有瓦斯、煤尘和矿尘爆炸危险的场合禁止采用。

表7-1 6号和8号火雷管的起爆药装入量

成分 / 雷管号数	正起爆药			副起爆药	
	二硝基重氮酚 (g)	雷 汞 (g)	叠氮化铅 (g)	黑索金 (g)	梯恩梯+黑索金 (g)
6号	0.32±0.02	0.4±0.02	0.21±0.02	0.4±0.02	0.5±0.02
8号	0.22±0.02	0.4±0.02	0.21±0.02	0.7±0.02	0.7±0.02

三、电雷管

(一) 瞬发电雷管

瞬发电雷管也称即发电雷管，它是一种通电即爆炸的电雷管。瞬发电雷管的结构如图7-2所示。它的装药部分与火雷管相同。不同之处在于其管内装有电点火装置。电点火装置由脚线、桥丝和引火药组成。

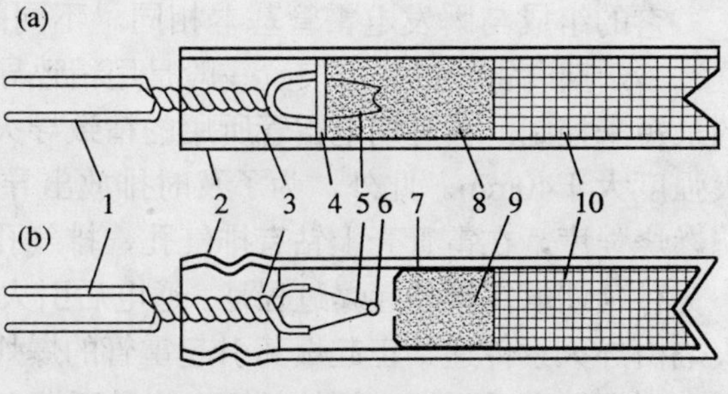

图7-2 瞬发电雷管结构示意图

1—脚线；2—管壳；3—密封塞；4—纸垫；5—线芯；6—桥丝（引火药）；7—加强帽；8—散装DDNP；9—正起爆药；10—副起爆药

1. 脚线

脚线是用来给电雷管内的桥丝输送电流的，脚线通常采用铜和铁两种电线，外面用塑料包皮绝缘，长度一般为2m。脚线应具有一定的绝缘性和抗拉、抗挠曲和抗折断的能力。

2. 桥丝

桥丝在通电时能灼热，以点燃引火药或火头。桥丝一般采用康铜或镍铬电阻丝，直径为0.03～0.06mm，长度为4～6mm。

1. 引火药

电雷管的引火药一般都是可燃剂和氧化剂的混合物。目前国内使用的引火药成分有三类：第一类是氯酸钾-硫氰酸铅类；第二类是氯酸钾-木炭类；第三类是在第二类的基础上再加入某些氧化剂和可燃剂。

另外，为了固定脚线和封住管口，在管口灌以硫磺或装上塑料塞。为防止硫磺流入管内，还安装了厚纸垫或橡皮圆垫。使用金属管壳时，则在管口装一塑料塞，再用卡钳卡紧，外面涂以不透水的密封胶。

根据点火装置的不同，瞬发电雷管的结构有两种。图7-2（a）为直插式，其特点是正起爆药DDNP是松散的，取消了加强帽。点火装置的桥丝上没有引火药。桥丝直接插入松散的DDNP之中，DDNP既是正起爆药，又是点火药。当电流经脚线传至桥丝时，灼热的桥丝直接引燃DDNP，并使之爆炸。图7-2（b）为引火头式，桥丝周围涂有引火药，做成一个圆球状的引火头。当桥丝通电灼热、引起火药燃烧时，火焰穿过加强帽中心孔，引起正、副起爆药的爆炸。

工程爆破中最常见的是8号瞬发电雷管，其起爆药量与8号火雷管的起爆药量相同。

(二) 秒延期电雷管

秒延期电雷管就是通电后隔一段以秒为计量单位的时间才爆炸的电雷管。秒延期电雷管的结构如图7-3所示。

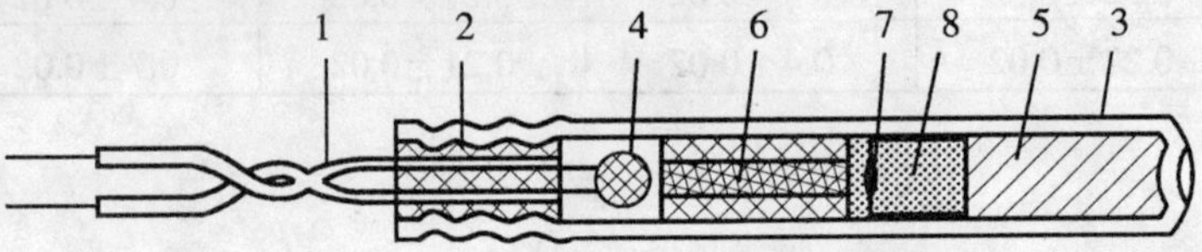

图7-3 秒延期电雷管结构示意图

1—脚线；2—密封塞；3—管壳；4—引火头；5—副起爆药；6—导火索；7—加强帽；8—正起爆药

它的组成与瞬发电雷管基本相同。不同的是引火头与加强帽之间多安置了一个延期装置。秒延期电雷管的延期装置一般是用精致导火索制成的。雷管的延期时间的多少由导火索的长短来控制。秒延期电雷管所用的精致导火索外径6.0±0.1mm，索芯直径大于2.5mm。喷火强度大于40mm。此外，为了及时排放出导火索燃烧时生成的气体，以免因压力升高而影响燃烧强度，在雷管壳上钻有排气孔，排气孔用蜡纸密封以防止导火索和引火药受潮。

秒延期电雷管的起爆过程是：通电后引火头发火，引起导火索段的燃烧。经过一段时间，火焰由导火索传递给正起爆药引起雷管的爆炸。

根据通电后延期时间的长短，将秒延期电雷管划分为各种不同的段别。延期时间长的秒延期电雷管段别高。表7-2列出了国产秒延期电雷管的段别和延期时间。

利用秒延期电雷管可以实现分段起爆。但它的延期时间过长，而且精确度太低。

表7-2　秒延期电雷管的段别和延期时间

段　别	延期时间（s）	标　志（脚线颜色）
1	不大于1.0	灰—蓝
2	1.0±0.5	灰—白
3	2.0±0.6	灰—红
4	3.0±0.7	灰—绿
5	4.0±0.8	灰—黄
6	5.0±0.9	黑—蓝
7	6.0±1.0	黑—白

(三) 毫秒延期电雷管

毫秒延期电雷管简称毫秒电雷管，它通电后爆炸的延期时间是以毫秒来计算的。毫秒电雷管的结构如图7-4所示。

毫秒延期电雷管的组成基本上与秒延期电雷管相同，不同点在于延期装置是延期药，常用硅铁（还原剂）和铅丹（氧化剂）的混合物，并掺入适量的硫化锑，以调节药剂的反应速度。为了便于装配，常用酒精、虫胶等做粘合剂造粒。通过改变延期药的成分、配比、药量及压药密度可以控制延期时间。毫秒延期药反应时气体生成量很少，反应过程中的压力也不大，所以反应速度很稳定，延期时间比较精确。

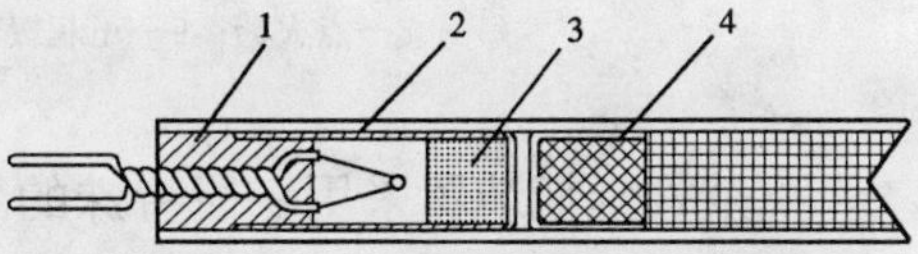

图7-4　毫秒延期电雷管结构示意图

1—塑料塞；2—延期内壳；3—延期药；4—加强帽

毫秒电雷管中还装有延期内管，它的作用是固定和保护延期药，并作为延期药反应时气体生成物的容纳室，以保证延期时间内压力比较平稳。

目前国产的毫秒电雷管段别及其延期时间列于表7-3。

表7-3　毫秒电雷管段别和延期时间

段　别	延期时间（ms）	段　别	延期时间（ms）	段　别	延期时间（ms）	段　别	延期时间（ms）
1	<13	6	150±20	11	460±40	16	1 020±70
2	25±10	7	200±20（25）	12	550±40	17	1 200±90
3	50±10	8	250±25	13	650±40	18	1 400±100
4	75±10（15）	9	310±30	14	760±55	19	1 700±130
5	110±15	10	380±35	15	880±60	20	2 000±150

每个工厂可以根据用户的要求，对产品的规格予以变动。因此，在具体使用时，要注意查看产品说明书。

(四) 无桥丝抗杂毫秒电雷管

无桥丝抗杂毫秒电雷管简称为无桥丝抗杂管，它与普通毫秒电雷管的主要区别是取消了电桥丝，而在引火药中加入适量的导电物质：乙炔、炭黑和石墨，做成具有导电性的引火头。这种引火头的电阻大小取决于导电物质的含量及其颗粒间的接触状况。当外加电压增高到一定值时，导电物质颗粒由于受到电压和电流热效应的作用而发热膨胀，使各质点接触面积增大，电阻下降，就可以使引火药发火。正是由于引火头的电阻随着外加电压和电流的变化而变化的这一特征，使得无桥丝抗杂管具有一定的抗杂散电流的能力。

无桥丝抗杂管的结构如图7-5所示。

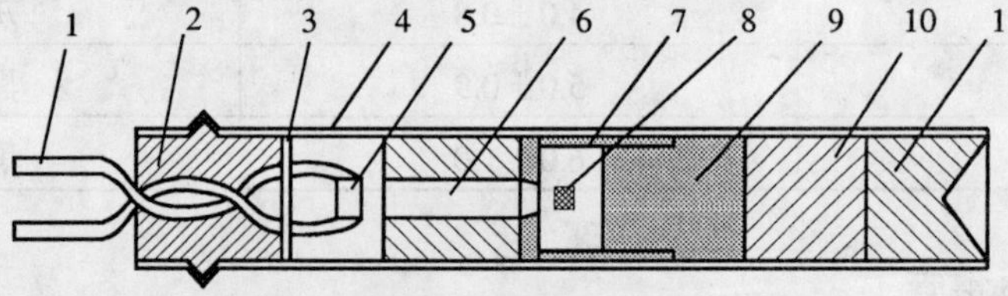

图7-5 无桥丝抗杂电雷管结构示意图

1—脚线；2—封口；3—纸垫；4—管壳；5—引火头；6—延期装置；7—加强帽；8—点火药；9—正起爆药；10—副起爆药（黑索金）；11—钝化黑索金

抗杂管延期装置采用一段特殊的导火索。导火索芯是铅丹、硅铁、硫化锑的混合物。六段以上的无桥丝毫秒电雷管，在起爆药和加强帽之间还装入0.07～0.1g的低段延期药。既起延期药的作用，又充当点火药之用。

动力电源和起爆器均不能作为抗杂管的起爆电源，因此，为无桥丝抗杂管专门设计了起爆器，如GM-2000型高能脉冲起爆器。

(五) BJ-1型安全电雷管

这种新型电雷管是国内最近研制成功的一种能防止外来电流干扰的安全电雷管，这种电雷管的结构几乎和普通电雷管一样，所不同的只是在点火桥丝和脚线之间加入一个微型安全电路，它的结构如图7-6所示。

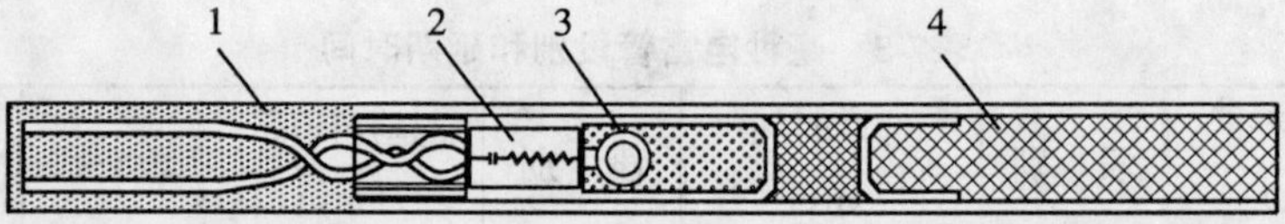

图7-6 BJ-1型安全电雷管结构示意图

1—引出脚线；2—微型电路；3—电点火头；4—雷管装药

微型安全电路的工作原理是：当这种电雷管的脚线接收到任何外来的电能信号后，在电路内部进行信号识别，一切与设计的起爆信号不符的信号都不能通过点火桥丝，只有与设计信号相符的信号流入电路时，才能让它顺利通过电路到达点火桥丝，将电雷管起爆。

这种电雷管的结构简单、成本低，对外来电安全可靠，具有普通电雷管的一切性能，适用性广，是一种非常有发展前途的新产品。

(六) 无起爆药雷管

普通的工业雷管均装有对冲击、摩擦和火焰感度都很高的正起爆药，常常使得雷管在制造、存储、装运和使用过程中产生爆炸事故。为了避免这类事故的发生，我国研制成功了无起爆药雷管，它的结构与原理和普通工业雷管一样，只是用一种对冲击和摩擦感度比常用正起爆药低的猛炸药来代替常用的正起爆药，大大提高了雷管在制造、存储、装运和使用过程中的安全性，而起爆性能并不低于普通工业雷管。

四、非电毫秒雷管

非电毫秒雷管是用塑料导爆管引爆而延期时间以毫秒数量级计量的雷管。它的结构如图7-7所示。

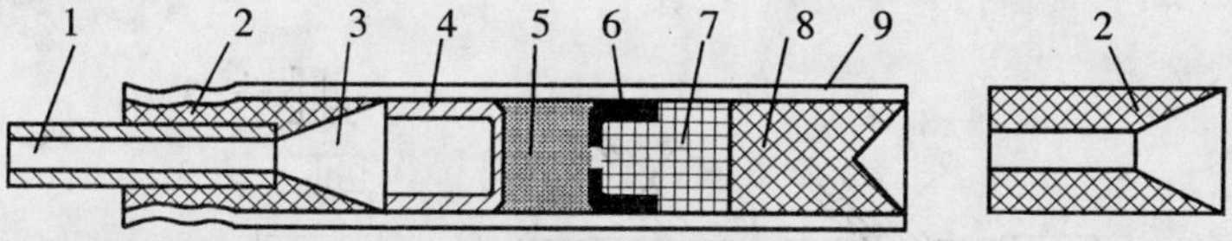

图7-7 非电毫秒雷管结构示意图

1—塑料导爆管；2—塑料联结套；3—消爆空腔；4—空信帽；5—延期药；6—加强帽；7—正起爆药DDNP；8—副起爆药RDX；9—金属管壳

它与毫秒延期电雷管的主要区别在于：不用毫秒电雷管中的电点火装置，而用一个与塑料导爆相连接的塑料联接套，由塑料导爆管的爆轰波来点燃延期药。

非电毫秒雷管的段别及其延期时间列于表7-4中。

除了非电毫秒雷管外，与塑料导爆管配合使用的雷管还有非电即发雷管。

表7-4 非电毫秒雷管的段别和延期时间

段别	DH-1系列（ms）	段别	DH-1系列（ms）	段别	DH-2系列（ms）
1	0	11	490±45	1	50±15
2	25±10	12	600±50	2	100±20
3	50±10	13	720±50	3	150±20
4	75±10	14	840±50	4	250±30
5	100±10（20）	15	990±75	5	370±40
6	150±20			6	490±50
7	200±20			7	610±60
8	250±20			8	780±70
9	310±25			9	980±100
10	390±40			10	1 260±150

第三节 索状起爆材料

一、导火索

导火索是以具有一定密度的粉状或粒状黑火药为索芯，外面用棉纱线、塑料或纸条、沥青等材料包缠而成的圆形索状起爆材料。导火索的用途是产生并传递火焰以起爆火雷管或点燃黑火药。

1. 导火索的结构

导火索由索芯和索壳组成（图7-8）。

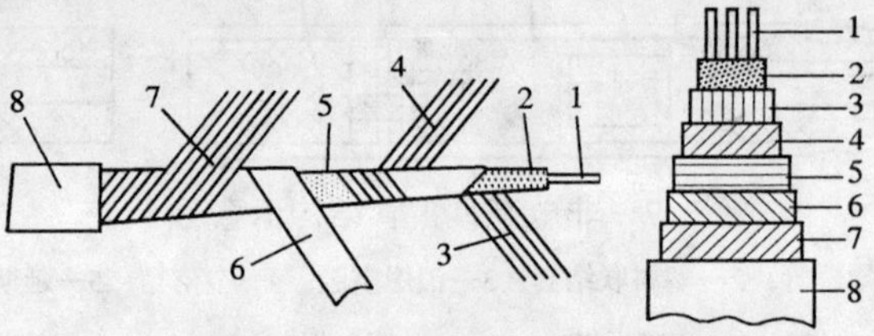

图7-8 工业导火索结构示意图

1—芯线；2—索芯；3—内层线；4—中层线；5—防潮层；6—纸条层；7—外线层；8—涂料层

（1）芯线 芯线是指导火索中心的3根撑线，一般用棉纱或人造纤维做成。它使黑火药持续而均匀地分布于索芯中。

（2）索芯 索芯是导火索的重要组成部分，用轻微压缩的粉状或粒状黑火药做成。黑火药是保证导火索传递火焰、引爆雷管的能源。导火索的燃烧速度取决于索芯黑火药的成分配比、密度和燃烧条件。常用的工业导火索黑火药配方为：硝酸钾63%，硫27%，木炭10%。索芯直径越大，喷火性能越好。导火索索芯直径不小于2.2mm。

（3）各层包缠物 导火索的索芯外面有多层包缠物。内层线和中层线是用棉纱线或合成纤维线分别按相反方向缠绕而成，其作用是缠紧索芯，不让它散开，并增强索芯的密度。防潮层为沥青，起防潮和粘结中层线的作用，纸条层和沥青紧密粘结在一起，使导火索硬挺有力，还能防止药芯燃烧的火焰透出。外线层的作用是缠住纸条。最外层是涂料层，其作用是将外层线和纸条层粘结在一起，防止切断导火索时散开。

2. 导火索的性能

工业导火索在外观上一般呈白色，其外径为5.2～5.8mm，索芯药量一般为7～8g/m，燃烧速度为100～125m/s。为了保证可靠地引爆雷管，导火索的喷火强度（喷火长度）不小于40mm。导火索在燃烧过程中不应有断火、透火、外壳燃烧、速燃和爆燃等现象。导火索的燃烧速度和燃烧性能是导火索质量的重要标志。导火索还应具有一定的防潮耐火能力：在1m深的常温静水中浸泡2h后，其燃速和燃烧性能不变。

普通导火索不能在有瓦斯或矿尘爆炸危险的场所使用。

二、导爆索与继爆管

(一) 导爆索

导爆索是用单质猛炸药黑索金或泰安作为索芯，用棉、麻、纤维及防潮材料包缠成索状的起爆材料。导爆索能够传递爆轰波，经雷管起爆后，导爆索可直接引爆炸药，也可作为独立的爆破能源。

根据使用条件和用途的不同，国产导爆索主要有普通导爆索、安全导爆索和油井导爆索。

1. 普通导爆索

普通导爆索能直接起爆炸药。但是这种导爆索在爆炸过程中，产生强烈的火焰，所以只能用于露天爆破和没有瓦斯或矿尘爆炸危险的井下作业。

普通导爆索的结构与导火索相似。索芯中也有3根芯线，在索芯外有3层棉纱线和纸条缠绕，并有2层防潮层。不同之处在于导爆索的芯药是采用黑索金或泰安制成的，而且在缠包层的最外层涂上红色颜料。

导爆索的爆速与芯药黑索金的密度有关。目前国产普通导爆索的索芯（黑索金）密度为1.2g/cm^{3}左右，药量为12～14g/m，爆速不低于6 500m/s。

普通导爆索具有一定的防水性能和耐热性能。在0.5m深的水中，浸泡24h后，其感度和爆炸性能仍能符合要求，在50±3℃的条件下保温6h，其外观和传爆性能不变。

普通导爆索的外径为5.7～6.2mm。每50±0.5m为1卷，有效期一般为2年。

2. 安全导爆索

安全导爆索是在普通导爆索的基础上发展起来的，它专供有瓦斯或矿尘爆炸危险的井下爆破作业使用。

安全导爆索与普通导爆索结构上相似，所不同的是在药芯中或包缠层中多加了适量的消焰剂（通常是氯化钠），使安全导爆索爆炸过程中产生的火焰小、温度低，不会引爆瓦斯或矿尘。

安全导爆索的爆速大于6 000m/s，索芯黑索金的药量为12～14g/m，消焰剂用量为2g/m。

3. 油井导爆索

油井导爆索是专门用以引爆油井射孔弹的，其结构与普通导爆索相似。为保证在油井内高温、高压条件下的爆炸性能和起爆能力，油井导爆索增强了塑料涂层并增大了索芯药量的密度。

目前国产的油井导爆索主要品种有：无枪身油井导爆索和有枪身油井导爆索。无枪身油井导爆索也以黑索金为药芯，药量为32～34g/m，药芯直径5mm左右。有枪身油井导爆索同样以黑索金为药芯，药量为18～20g/m，起爆力略小。

上述各种品种的导爆索的每米装药量都较大，一般都在10g以上，所以也叫做高能导爆索。用这种导爆索组成的爆破网路起爆时噪声太大，同时也不经济。近年来国内外都在研究装药量较少（4～6g/m）的低能导爆索。这种导爆索爆炸所产生的噪声较低，同时由于爆速高，克服了导爆管网路起爆时由于打断网路而产生拒爆的缺点。但是低能导爆索不能可靠地起爆炸药，因此必须与雷管配套使用。

(二) 继爆管

继爆管是一种专门与导爆索配合使用、具有毫秒延期作用的起爆器材。单纯的导爆索起爆网路中各炮孔几乎是齐发起爆。导爆索与继爆管的组合起爆网路，可以借助于继爆管的毫秒延期作用，实施毫秒微差爆破。

继爆管的结构如图7-9所示，由一个装有毫秒延期元件的火雷管与一根消爆管组合而成。

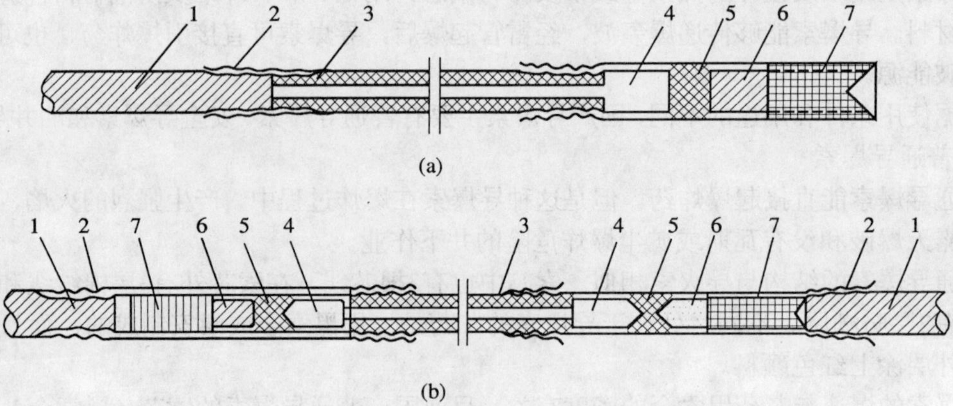

图7-9 继爆管结构示意图

1—导爆索；2—连接套；3—消爆管；4—减压室；5—延期药；6—起爆药；7—猛炸药

图7-9（a）是单向继爆管，当导爆索1起爆后，冲击波和爆生气体通过消爆管3和减压室4，使压力和温度下降，不至于直接引爆正起爆药，而是可靠地点燃延期药5，经若干毫秒时间后又引燃并起爆正、副起爆药使继爆管爆炸。如果继爆管和另一导爆索相连接，那么2根导爆索中间接入1只继爆管，就可以实现毫秒爆破。但是，单向继爆管只能向单向传播，如果连接颠倒，则不能传爆。

图7-9（b）为双向继爆管，在两个方向均能可靠地传播。

继爆管的起爆威力不小于8号电雷管，在40±2℃的高温和-40±2℃的低温条件下，其性能不应有明显变化。

继爆管采用浸蜡等防水措施后，可用于水下爆破。它具有抗杂散电流、静电和雷电危害的能力，装药时可以不停电，和导爆索配合常用于矿山爆破工程。但不能用于有瓦斯煤尘爆炸危险的矿井爆破。

国产继爆管的延期时间参见表7-5。

表7-5 继爆管的延期时间

段别	延期时间（ms）		段别	延期时间（ms）	
	单向继爆管	双向继爆管		单向继爆管	双向继爆管
1	15±6	10±2	6	125±10	60±4
2	30±10	20±3	7	155±15	70±4
3	50±10	30±3	8		80±4
4	75±15	40±4	9		90±4
5	100±10	50±4	10		100±4

三、导爆管及导爆管连接元件

导爆管是20世纪70年代出现的一种全新的非电起爆系统的主体。

(一) 导爆管

1. 导爆管的结构及传爆原理

导爆管是一种内壁涂有混合炸药粉末的塑料软管，管壁材料是高压聚乙烯，外径为3mm，内径为1.5mm。混合炸药含量为：91%的奥克托金或黑索金，9%的铝粉。药量为14～16mg/m。

导爆管需用击发元件来起爆。起爆导爆管的击发元件有：工业雷管、普通导爆索、击发枪、火帽、电引火头或专用击发笔等。当击发元件作用于导爆管时，激发起的冲击波在管内传播，管内炸药发生化学反应，形成一种特殊的爆轰波。爆炸反应释放出的热量及时不断地补充给沿导爆管内传播的爆轰波，从而使爆轰波能以一个恒定的速度传播。由于导爆管内壁的炸药量很少，形成的爆轰波能量不大，不能直接起爆工业炸药，而只能起爆雷管或非电延期雷管，然后再由雷管起爆工业炸药。

2. 导爆管的性能

工业雷管、普通导爆索、火帽、专用电子型点火器等能够产生冲击波的起爆器材都可以激发导爆管的爆轰，一个8号工业雷管可激发50根以上的导爆管。但是一般的机械冲击不能激发导爆管。导爆管的传爆速度一般为 1 950±50 m/s，也有的为 1 580±30 m/s。导爆管的传爆性能良好，一根长达数千米的导爆管，中间不用中继雷管接力或导爆管内的断药长度不超过15cm时，都可以正常传爆。导爆管具有良好的抗水性能，将导爆管与金属雷管组合后，具有很好的抗水性能，在水下80m深处放置48h后仍能正常起爆。若对雷管加以适当的保护措施，还可以在水下135m深处起爆炸药。

导爆管具有传爆可靠性高、使用方便、安全性能好、成本低等优点，而且可以作为非危险品运输。

(二) 导爆管的连接元件

在导爆管组成的非电起爆系统中，需要一定数量的连接元件与之配套使用。连接元件的作用是将导爆管连结成网路，以便传递爆轰波。目前常用的连接元件为带传爆雷管和不带传爆雷管的两大类。

1. 连接块

连接块是一种用于固定击发雷管（或传爆雷管）和被爆导爆管的连通元件。连接块通常用普通塑料制成，其结构如图7-10所示。

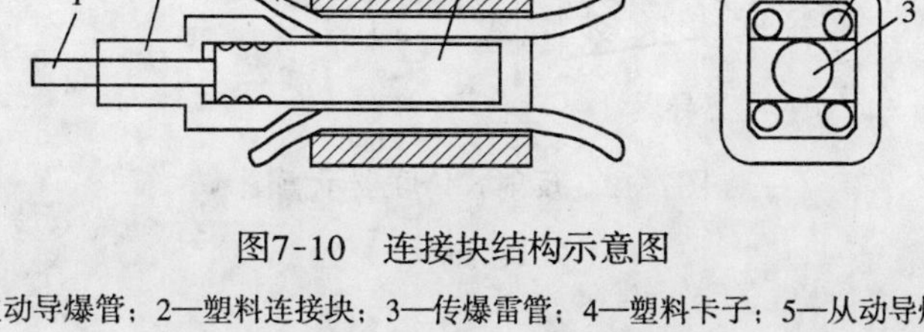

图7-10　连接块结构示意图

1—主动导爆管；2—塑料连接块；3—传爆雷管；4—塑料卡子；5—从动导爆管

连接块有方形和圆形两种。不同的连接块，一次可传爆的导爆管数目不同。一般可一次传爆4～20根被爆导爆管。

主爆导爆管先引爆传爆雷管，传爆雷管爆炸冲击作用于被爆导爆管，使被爆导爆管激发而继续传爆。如果传爆雷管采用延期雷管，那么主爆导爆管的爆轰要经过一定的延期才会激发被爆导爆管。因此采用连接块组成导爆管起爆系统，也可以实现毫秒微差爆破。

1. 连通管

连通管是一种不带传爆雷管的、直接把主爆导爆管和被爆导爆管连通导爆的装置。连通管一般采用高压聚乙烯压铸而成。集束式连通管有三通、四通和五通3种，其结构如图7-11所示。

集束式连通管的长度均为46±2mm，管壁厚度不小于0.7mm，内径3.1±0.15mm，与国产塑料导爆管相匹配。

连通管之所以不用传爆雷管就可以把主爆导爆管的爆轰波分流传给几根被爆导爆管，主要是由于导爆管自身的传爆特性，即导爆管传爆过程中若有不大于15mm的断药时，仍然能继续传爆，并且导爆管轴向起爆感度高，导爆管中传播的爆轰波沿其轴向方向的强度最大。

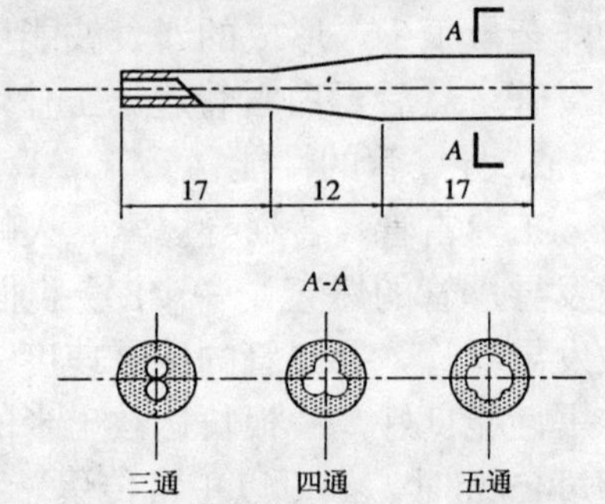

图7-11 集束式连通管示意图

采用连通管连接导爆管起爆网路时，每个空孔都应插入导爆管。如果遇到空头也应堵死或多插一段空爆的导爆管，以减少主爆导爆管的能量损失，从而提高传爆的可靠性，为了保证传爆和连接的牢固，每根导爆管插入连通管的深度最短不得小于10mm（最长≤22mm）。

连通管取消了传爆雷管，降低了成本，提高了作业的安全性。但是由连通管组成的导爆管起爆网路，其抗拉能力小，防水性能较差。

2. 传联器

图7-12为反射型传联器，其原理是加强空气冲击波的反射，以便用一根主爆导爆管的冲击波来激发多根被爆导爆管。

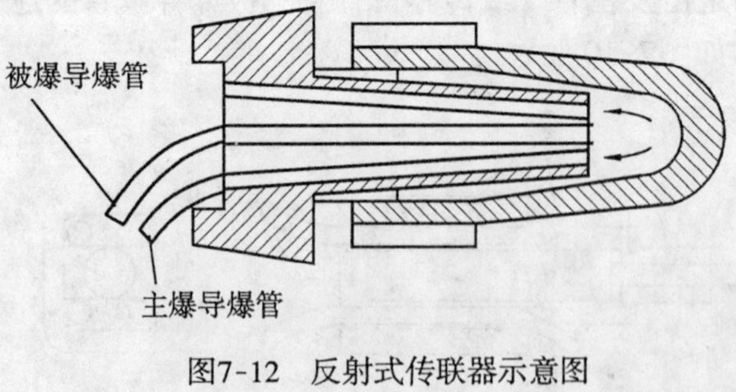

图7-12 反射式传联器示意图

第四节　非电起爆法

一、导火索起爆法

导火索起爆法是利用点燃导火索产生的火焰，首先引起火雷管爆炸，然后再引起炸药爆炸的起爆方法（也称火雷管起爆法）。

导火索起爆法按下列操作程序进行。

(一) 起爆雷管的加工

将导火索段和火雷管按照要求结合在一起的过程叫做起爆雷管加工，加工好的雷管叫做起爆雷管。此项加工工作必须在专门的加工房或硐室内进行。

加工起爆雷管时，首先应检查导火索和火雷管的质量，并确认为合格者方能使用。然后根据导火索燃速、炮眼深度、炮眼数目、躲炮安全距离及点炮时间等确定导火索长度。导火索最短不得小于1.2m。

用锋利的小刀按所需长度从导火索卷中截取导火索段，插入火雷管的一端一定要切平，点火的一端可以切成斜面，以便增大点火时的接触面积。导火索插入雷管内，与雷管的加强帽接触为止。如雷管壳是金属的，则需用专门的雷管钳夹紧雷管口，使导火索固接在火雷管中，如果是纸壳雷管可以采用缠胶布的方法固定导火索段。

(二) 起爆药包的加工

加工起爆药包就是将起爆雷管装入药包内。加工起爆药包时，首先要将药包的一端用手揉松，然后把此端的包装纸打开，用专用锥子（木质的、竹质的或铜质的）沿药包中央长轴方向扎一个小孔，然后将起爆雷管全部插入，并将药包四周的包装纸收拢紧贴在导火索上，最后用胶布或细绳捆扎好。

(三) 点火

装药结束以及一切无关人员撤到安全地点并做好了警戒工作后，方可进行点火。点火前必须用快刀将导火索点火端切掉5mm，严禁边点火边切割导火索。必须用导火索段或专用点火器材点火，严禁用火柴、烟头点火。应尽量推广采用点火筒、电力点火和其它的一次性点火方法。

导火索起爆法的优点是操作简单、成本低，其缺点是安全性能较差、无法准确控制起爆时差。目前其使用范围逐渐缩小，仅在爆破作业量小而分散的条件下，或不具备其它起爆方法的条件下使用。

二、导爆索起爆法

导爆索起爆法是利用捆绑在导爆索一端的雷管爆炸引爆导爆索，然后由导爆索传爆，将捆在导爆索另一端的起爆药包起爆的起爆方法。

(一) 起爆药包的加工

导爆索起爆不同于导火索和导爆管起爆，它可直接起爆药包，无需在起爆药包中装入雷管。因此它的起爆药包的加工也略有不同。

对于深孔爆破，起爆药包的加工有3种方法：一种是只将导爆索直接绑扎在药包上,如图7-13（a）所示，然后将它送入孔内；另一种是散装炸药时，将导爆索的一端系一块石头或药包，如图7-13（b）所示，然后将它放到孔内，接着将散装炸药倒入；第三种方法是当采用起爆药柱时，将导爆索的一端绑扎在起爆药柱露出的导爆索扣上，如图7-13（c）所示。

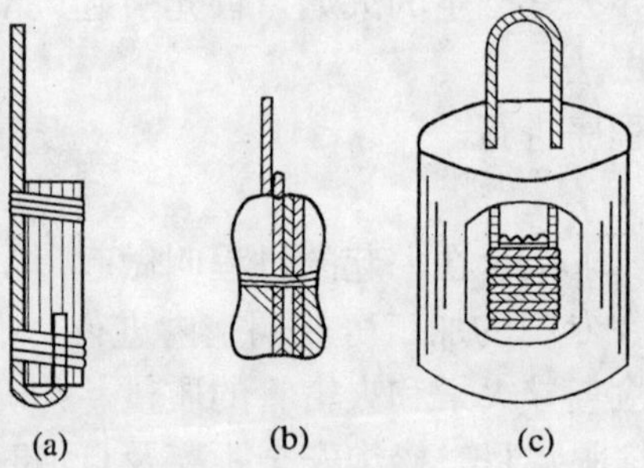

图 7-13　导爆索起爆药包捆扎方法示意图

对于硐室爆破，常将导爆索的一端挽成一个结，如图7-14所示，然后将这个起爆结装入一袋或一箱散装炸药的起爆体中。

图7-14　导爆索结示意图

(二) 导爆索起爆网路和连接方法

导爆索的起爆网路包括主干索、支干索和引入每个深孔和药室中的引爆索。导爆索起爆网路的连接方法有开口网路和环行网路两种。

1. 开口网路（又叫分段并联网路）

开口网路由一根主干索、若干根并联的支干索以及各深孔中的引爆索组成，整个网路是开口的，如图7-15所示。各深孔中的引爆索并联在分支干索上，各分支干索又并联在主干索上。主干索与分支干索或支干索与引爆索之间的连接采用搭接法最方便，如图7-16所示。搭接的长度不小于10cm。导爆索本身的接长，可采用扭结或水手结，见图7-16（c）。

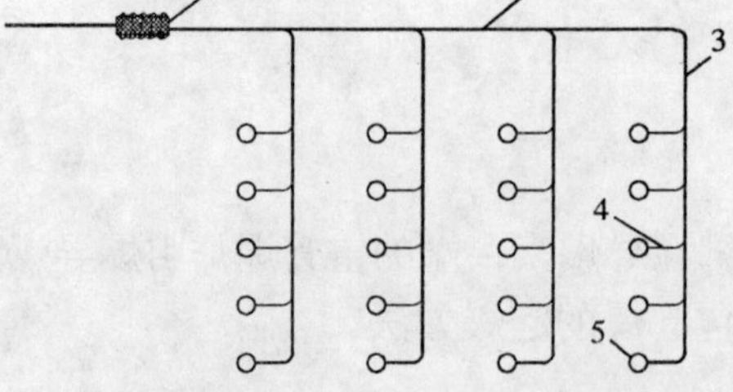

图7-15　导爆索开口网路示意图

1—引爆雷管；2—主干索；3—支干索；4—引爆索；5—炮孔

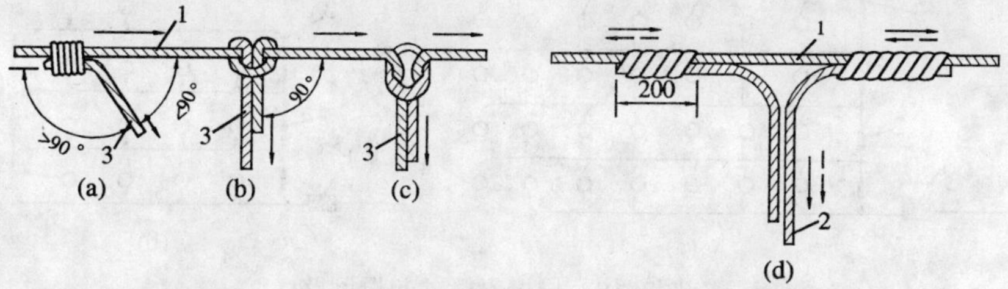

图7-16　导爆索之间的连接

（a）搭接；（b）套接；（c）水手结；（d）三角形结

1—主干索；2—支干索；3—引爆索

2. 环行网路（又叫双向并联）

环行网路是一种闭口网路，连接方法如图7-17所示。这种网路的特点是各个深孔或药室中的引爆索可以接受从两个方向传来的爆轰波，起爆的可靠性比开口网路要可靠得多，但导爆索消耗增大。为了使引爆索能接受两个方向的爆轰波，引爆索与支干索和支干索与主干索之间必须采用三角连接法，如图7-16（d）所示。

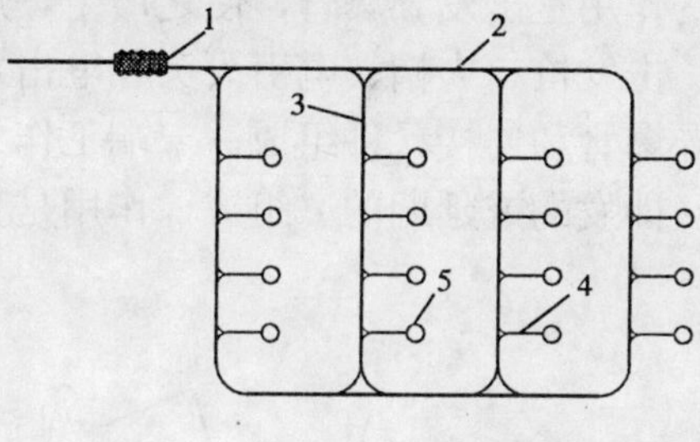

图7-17　导爆索环形网路示意图

1—引爆雷管；2—主干索；3—支干索；4—引爆索；5—炮孔

在使用导爆索起爆法时，为了实现微差起爆，可在起爆网路中的适当位置连接继爆管，组成微差起爆网路，如图7-18所示。在采用单向继爆管时，应避免接错方向。主动导爆索应同继爆管上的导爆索搭接在一起，被动导爆索应同继爆管的尾部雷管搭接在一起，以保证顺利传爆。

(三) 应用范围和特点

导爆索起爆法适用于深孔爆破、硐室爆破和光面爆破。其主要优点是操作简单，与用电雷管起爆法相比，准备工作量少，安全性较高，除非雷电直接击中导爆索，一般不受外来电的影响；导爆索的爆速较高，有利于提高被起爆的炸药传爆的稳定性；可以使成组炮孔或药室同时起爆，而且同时起爆的炮孔数不受限制。导爆索起爆法的缺点是成本较高（用这种起爆法的费用几乎比其它起爆法高出1倍以上），在起爆前不能用仪表检查起爆网路的质量，在露天爆破时，噪声较大。

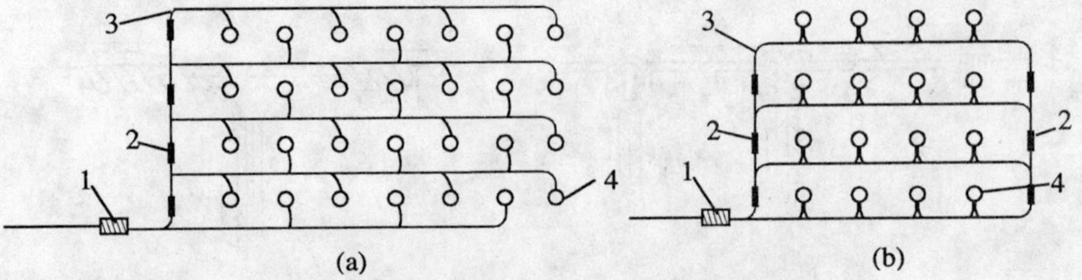

图7-18 导爆索微差起爆网路

(a) 开口网路的微差起爆；(b) 环形网路的微差起爆

1—起爆雷管；2—继爆管；3—导爆索；4—炮孔

三、导爆管起爆法

导爆管起爆法类似导爆索起爆法，导爆管和导爆索一样，起着传递爆轰波的作用，不过传递的爆轰波是一种低爆速的弱爆轰波，因此它本身不能直接起爆工业炸药，而只能起爆炮孔中的雷管，再由雷管的爆炸引爆炮孔或药室内的炸药。

(一) 导爆管起爆系统的工作原理

导爆管起爆系统如图7-19所示。它由三部分组成：击发元件、传爆元件（或叫连接元件）和末端工作元件。击发元件的作用是击发导爆管，使之产生爆炸。凡一切能产生激波的元件都可作为击发元件，如雷管、击发枪、火帽、电引火头和电击发笔等。传爆元件的作用是使爆轰波连续传递下去，它由导爆管和连接元件组成。末端工作元件是由引入炮孔和药室中的导爆管和它末端组装的雷管（即发的或延期的）组成，作用是直接引爆炮孔或药室中的工业炸药。

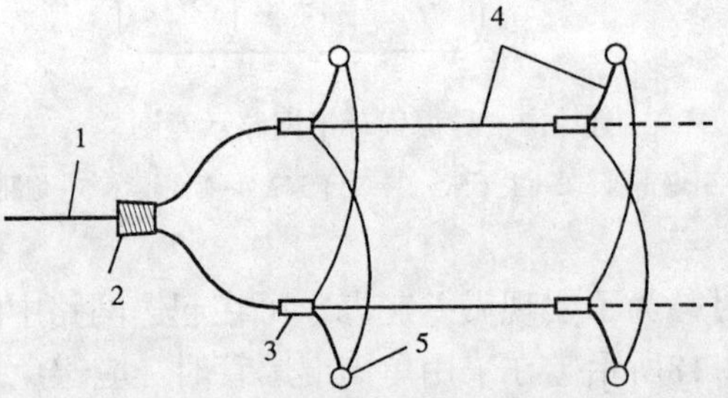

图7-19 导爆管起爆系统的组成

1—导火索；2—火雷管；3—连通管；4—导爆管；5—炮孔

该系统的工作过程是：击发元件引起传爆元件中的导爆管起爆，传爆到连通管并带动各导爆管起爆和传爆。连通管往下的导爆管有两类：一类属于末端工作元件的导爆管，由于它的传爆引爆雷管，结果使炮孔中的炸药爆炸；另一类属于传爆元件的导爆管，它的作用是往下继续传爆，就这样接连地传爆下去，使所有的炮孔或药室起爆。

(二) 爆破网路

导爆管爆破网路的连接方法是在串联和并联基础上的混合联，如并并联、并串并联等。

实践证明，导爆管起爆系统用于隧道爆破以并并联网路为好，用于露天深孔爆破以并串并联网路为宜，用于楼房拆除爆破，区域内以簇联（“大把抓”，一并联）为好，区域间（即干线）以并串联较为方便。

1. 并并联

图7-20是某隧道开挖爆破采用的并并联导爆管连接网路。38个炮孔分成5组，每组并联7～8根导爆管，5组再并联在一起。

导爆管起爆系统可以实现微差爆破。其方法有孔内微差和孔外微差两种。孔内微差爆破就是将各段别的毫秒雷管装在炮孔内，以雷管的段别之差实现微差爆破。这种方法对设计、操作要求较严，容易出差错，影响效果。孔外微差爆破，就是装填在各个炮孔中的都是即发雷管，而把不同段别的毫秒雷管作为传爆雷管放在孔外，各个炮孔的响炮时间间隔和前后顺序由这些放在孔外的不同段别的传爆雷管控制，实现微差爆破。这种方法操作简便，不易出差错。图7-21为隧道导坑开挖中采用的孔外控制微差爆破网路（并并联）。

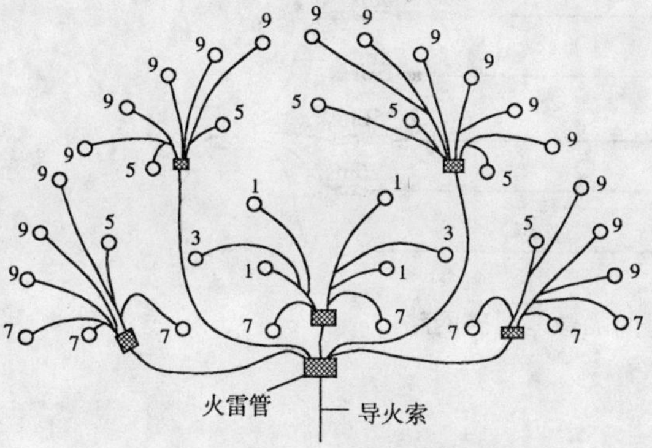

图7-20　弧形导坑光面爆破并并联网路

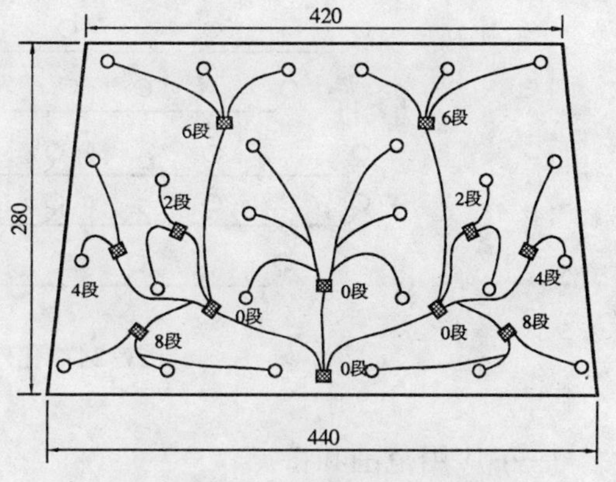

图7-21　孔外控制微差爆破网路

2. 并串并联

露天深孔爆破常用并串并联网路，如图7-22所示。

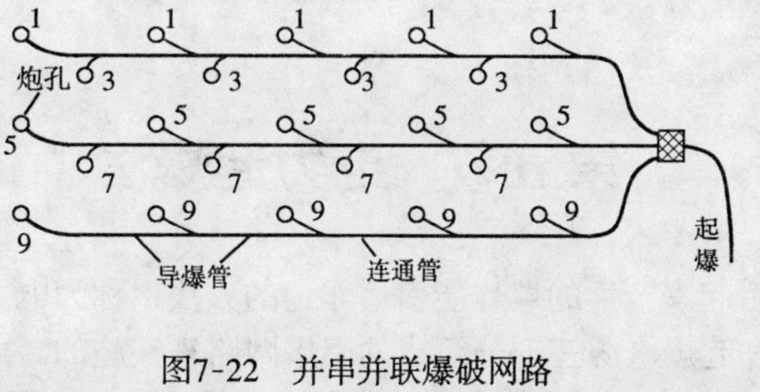

图7-22　并串并联爆破网路

并串并联网路可以用于孔外微差爆破。每个炮孔中装入即发雷管，根据设计的顺段或隔段方案在每一排孔的一端连接相应的段别雷管。图7-23为隔段孔外微差爆破网路。孔外微差爆破除了比孔内微差爆破节省起爆器材费用之外，最大的特点是，只用一种段别的毫秒雷管就可实现微差起爆。例如用2段毫秒雷管（延期25ms）：第一排 0 段，第二排2段，第三排串联两个2段，往下串联三个2段，四个2段……实现每排间隔25ms的等间隔微差爆破。这种网路如图7-24所示。

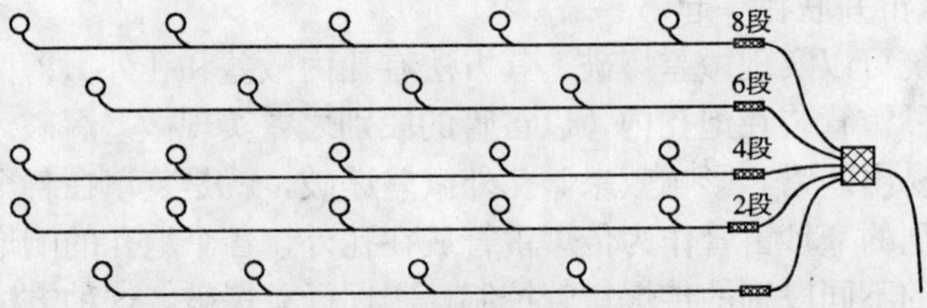

图7-23 隔段孔外控制微差爆破网路

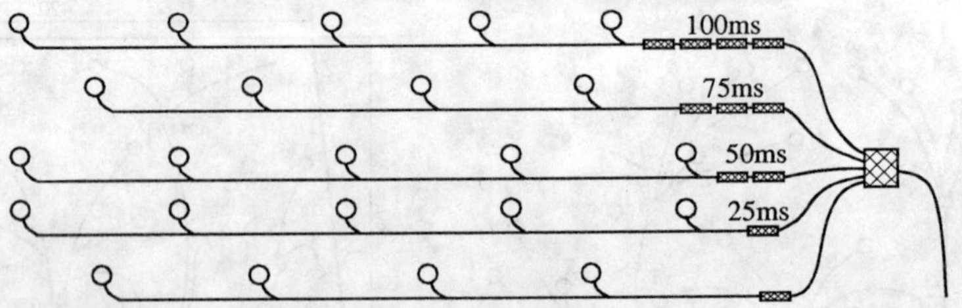

图7-24 孔外等间隔微差爆破网路

(三) 应用范围和特点

导爆管起爆法的应用范围广泛，除了在有沼气和矿尘爆炸危险的环境中不能采用以外，几乎在各种条件下都可使用。

导爆管起爆法的优点是安全性好、不受外来电的影响、使用简单、起爆方便、网路敷设容易；能使成组炮孔或药室同时起爆，并且能实现各种方式的微差爆破。导爆管起爆法的缺点是起爆前无法用仪表来检查起爆网路连接的质量；爆区太长或延期段数太多时，空气冲击波或地震波可能会破坏起爆网路；在高寒地区，由于塑料管的硬化，可能会恶化导爆管的传爆性能。

第五节　电力起爆法

利用电雷管通电后起爆产生的爆炸能引爆炸药的方法，称为电力起爆法。电力起爆法是通过由电雷管、导线和起爆电源三部分组成的起爆网路来实施的。电力起爆法的使用范围十分广泛，无论是露天或井下、小规模或大规模爆破，还是其它工程爆破中均可使用。

电力起爆法的优点：

(1) 从准备到整个施工过程，从选择雷管到连接起爆网路等所有工序，都能用仪表进行检查，及时发现施工和网路连接中的质量和错误，从而保证爆破的可靠性；

(2) 能在安全隐蔽的地点远距离起爆药包群，使爆破工作在安全条件下顺利进行；
(3) 能准确地控制起爆时间和药包群之间的爆破顺序，因而可保证良好的爆破效果；
(4) 可同时起爆大量雷管。

电力起爆法的缺点：

(1) 普通电雷管不具备抗杂散电流和抗静电的能力。所以，在有杂散电流的地方或露天爆破遇有雷电时，危险性较大；
(2) 电力起爆准备工作量大，操作复杂，作业时间长；
(3) 电爆网路的设计计算、敷设、连接要求较高，操作人员必须具有一定的技术水平；
(4) 需要可靠的电源和必要的仪表设备等。

一、电雷管引爆灼热原理

电雷管爆炸是由于电点火元件中的桥丝把电能转化成热能引燃其周围的引火头或起爆药而引起的。引火头一旦被点燃，即使电流中断，也能继续燃烧而不熄灭。引火头先在桥丝处发火，逐层向外延续燃烧，经过一段时间，燃烧到引火头表面时，产生的火焰经加强帽上的传火孔引爆起爆药使雷管爆炸。在直插式电雷管中，被引燃的起爆药经过一短暂时间后就会由燃烧转变为爆轰。

根据焦耳-楞次定律，在通电时间 t 秒内，桥丝上产生的热量Q为：

$$Q = I^2 Rt \tag{7-1}$$

式中：Q——电流通过桥丝时放出的热量，J；
I——电流强度，A；
R——桥丝电阻，Ω；
t——通电时间，s。

从上式中可以看出，当 I 和 t 为定值时，若 R 不同，则所放出的热量也不一样，这就会使成组电雷管爆破网路中有的电雷管早爆，有的拒爆。因此，为了防止拒爆，在选择电雷管时，用于同一电爆网路中的电雷管应为同厂、同批、同型号的产品。康铜桥丝电雷管的电阻值差不得超过0.3Ω，镍铬桥丝电雷管的电阻差不得超过0.8Ω。

二、电雷管的主要参数

1. 点燃起始能和敏感度

式（7-1）中的电流平方与时间的乘积即 I^2t，称为电流起始能。点燃电雷管的引火药所必须的最小电流起始能，称为点燃起始能U_d，可由下式计算。

$$U_d = I^2 t_d \tag{7-2}$$

式中：I——电流强度，A；
t_d——点燃时间，ms。

式（7-2）的倒数，即$\frac{1}{U_d}=\frac{1}{I^2t_d}$称为电雷管的敏感度。电雷管所需的点燃起始能越小，它的敏感度越高。点燃起始能是电雷管的最重要的性能之一。

2. 最低准爆电流

给电雷管通以恒定的直流电，能将桥丝加热到使引火药点火的最低电流强度，称为电雷管的最低准爆电流。单个国产电雷管的最低准爆电流不大于 0.7A。成组电雷管的最低准爆电流应比单个电雷管的大，其原因是，在同一网路中，存在着敏感度较高和较低的电雷管。提高准爆电流，就能在敏感度最高的电雷管桥丝烧断之前，使通过回路的电流起始能不致低于敏感度最低的电雷管的点燃起始能，这样就可以保证回路中不出现拒爆的电雷管。故成组电雷管起爆时，流经每个电雷管的交流电电流不小于4A，直流电流不小于2.5A。

3. 最高安全电流

在一定时间内（5min），给电雷管通以恒定的直流电流，而不会引燃火药的最大电流称为最高安全电流。电雷管的最高安全电流是选择测量电雷管参数的仪表的重要依据，也是衡量电雷管能抵抗多大杂散电流的依据。国产康铜丝电雷管的最高安全电流为0.3A，镍铬丝电雷管为0.125A。为更安全起见，爆破安全规程中规定，爆破作业场地杂散电流不得超过30mA，用于量测电雷管的仪器，其输出电流也不得超过30mA。

4. 点燃时间和传导时间

从电流通过桥丝到引火药发火的这段时间称为点燃时间，由引火药点燃到雷管爆炸的这段时间称为传导时间。点燃时间加上传导时间为电雷管的爆炸反应时间。保证成组电雷管准爆的条件为：

$$t_{d\min}+t_{ch\min}\geqslant t_{d\max} \tag{7-3}$$

式中：t_{dmin} ——点燃起始能最低的电雷管的点燃时间，ms；

t_{dmax} ——点燃起始能最高的电雷管的点燃时间，ms；

t_{chmin} ——点燃起始能最低的电雷管的传导时间，ms。

上述不等式说明，为了保证成组电雷管不会产生拒爆，敏感度最高的电雷管的爆炸反应时间必须大于敏感度最低的电雷管的点燃时间。要做到这一点，除了增大成组电雷管的准爆电流以外，在同一起爆网路中的电雷管必须是同厂、同批和同型号的电雷管，以尽量缩小它们的敏感度的差值。

三、导线

在电爆网路中，应采用绝缘良好、导电性能好的铜芯线或铝芯线做导线。铝芯线抗折能力不如铜芯线，但价格便宜，故应用较多。大量爆破时，网路导线用量较大，有时还分区（或支路）。为了便于计算和敷设，通常将导线按其在网路中的不同位置划分为脚线、端线、联接线、区域线（支线）和主线。

1. 脚线

电雷管出厂时就带有长为2m、直径为0.4～0.5mm的铜芯或铁芯塑料包皮绝缘脚线。

2. 端线

端线是指用来接长或者替换原电雷管脚线，使之能引出炮孔口的导线，或用来连接同一串组内相邻炮孔内雷管脚线而引出孔外的部分，其长度根据炮孔深度与孔间距离而定，截面一般为0.2～0.4mm^2，常为多股铜芯塑料皮软线。

3. 联接线

联接线是指连接各串联组或各并联组的导线，常用截面为2.5～16mm^{2}的铜芯或铝芯塑料线做联接线。

4. 区域线

区域线是指连接联接线和主线之间的导线，常用截面为6～35mm^{2}的铜芯或铝芯塑料线做区域线。

5. 主线（又称母线）

主线是指连接电源与区域线的导线，因它不在爆破崩落范围内，一般采用动力电缆线，可多次重复使用。爆破规模较小时，也可先用16～150mm^{2}的铜芯或铝芯塑料或橡胶包皮线。主线电阻对网路总电阻的影响很大，应选用合适的断面规格。

实际工作中，应尽量简化导线规格，脚线与端线、联接线和区域线可选用同一规格的导线。

导线电阻可按下式计算。

$$R=\frac{\rho L}{S} \tag{7-4}$$

式中：R——导线电阻，Ω；

ρ——电阻系数，Ω · mm^2/m（15 °C时，铜线ρ=0.018 4，铝线ρ=0.027 6）；

L——导线长度，m；

S——导线截面积，mm^2。

四、起爆电源

电雷管的起爆电源有起爆器、照明线路或交流电动力线路。

1. 起爆器

起爆器分为发电机式和电容式两类。发电机式起爆器一般重量大，起爆能力小，现在很少采用。目前普遍采用的是电容式起爆器。按使用地点及用途可分为矿用防爆型和非防爆型两种。在有瓦斯、煤尘爆炸危险的矿井中进行爆破作业时，应使用矿用防爆型起爆器。

国产电容式起爆器的种类很多，起爆能力从数十发到数千发。

图7-25为电容式起爆器的典型线路。其工作原理是：当毫秒开关K位于“充电”位置I-I时，电源与三极管的发射极和基极回路接通，产生间歇振荡作用。振荡电流经变压、升压及硅二极管整流后得到高压直流电，向主电容器C_2充电。当主电容器电压达到额定值（450V左右）时，氖灯发亮，便可进行放电。将开关置于“放电”位置（接通开关II-II）时，主电容器的电流输入爆破网路（3～6ms），引爆雷管。当开关置于“放电”位置时，主电容器和泄放电阻R_4相连，消除剩余电能，以免在下次接线操作时电容放电而发生危险。

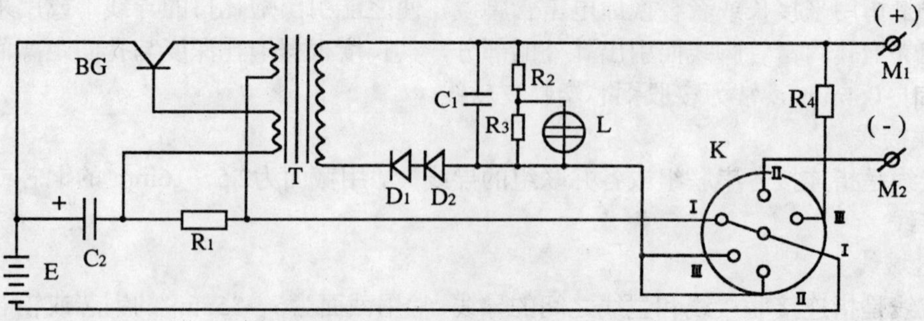

图7-25 电容式起爆器电路图

2. 交流电源

照明和动力线路都属于交流电源，其输出电压一般为380V和220V，具有足够容量，是电力起爆中常用可靠的电源，尤其在起爆线路长、雷管多、药量大、网路复杂、准爆电流要求高的中、深孔大量爆破中，是比较理想的起爆电源。

采用三相交流电时，电爆网路与电源可以有图7-26所示的3种连接形式：1为单相供电，电爆网路接到任一相和零线之间，电压为相电压；2为电爆网路接到两条相线之间，属于两相供电，电压为线电压；3为电爆网路接到三条相线上，利用三相电流起爆。

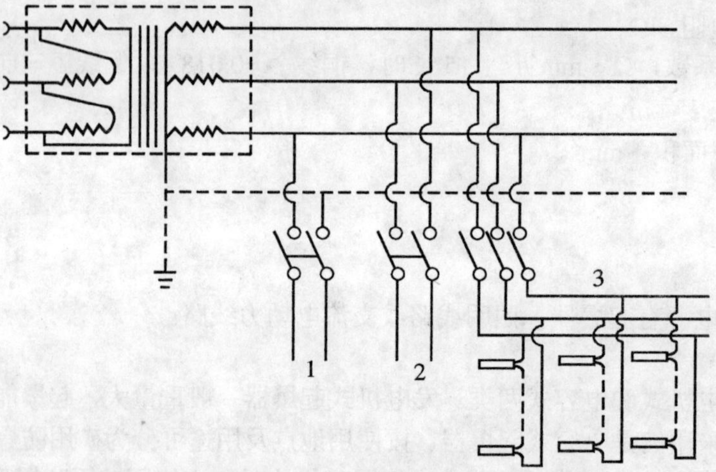

图7-26 电爆网路与电源的连接形式

1—单相供电形式；2—两相供电形式；3—三相供电形式

五、电爆网路的连接方式及其计算

电爆网路按雷管连接方式的不同，可分为串联、并联和混联等几种基本方式，如图7-27所示。

1. 串联

为确保成组串联雷管安全起爆，除设法增大流经每个电雷管的电流外，还应选用电阻值相近的电雷管以使它们的点燃起始能比较接近。通常在同一串联网路中，康铜桥丝电雷管的电阻差值不应大于0.3Ω，镍铬桥丝电雷管的电阻差值不应大于0.8Ω，此外，同一网路中不应使用不同厂家出品的雷管，以免由于点燃起始能相差过大而不能全爆。

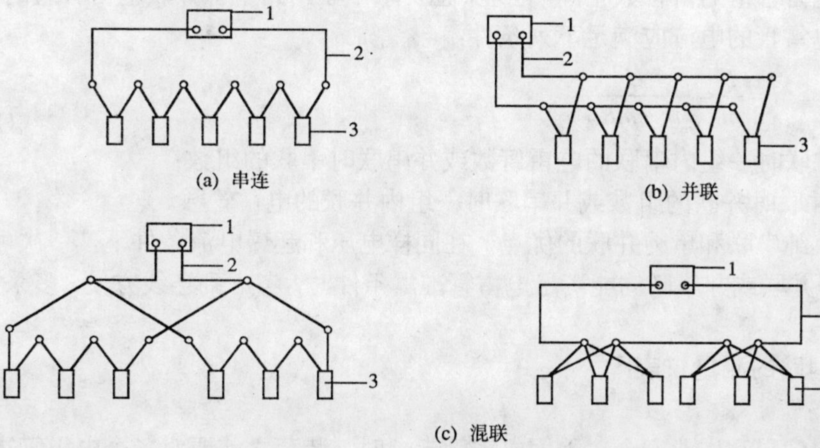

图7-27　电爆网路的连接方式

1—电源；2—导线；3—电雷管

串联网路中，通过每个电雷管的电流值必须满足下述条件：

$$i = I = \frac{U}{R_{线} + nr} \geqslant i_{准} \tag{7-5}$$

式中：I——网路总电流，A；

i——流过每个电雷管的电流，A；

U——起爆电源电压，V；

$R_{线}$——网路主线电阻，Ω；

n——串联电雷管的个数；

r——每个电雷管的全电阻，Ω；

$i_{准}$——要求流过每个电雷管的准爆电流，A。

串联网路的优点是连接比较容易，所需总电流小，导线消耗量少。缺点是网路中只要有一个电雷管不通，就会引起整个网路的电雷管拒爆。

2. 并联

并联网路中，通过每个电雷管的电流必须满足如下条件：

$$i = \frac{I}{m} = \frac{U}{mR_{线} + r} \geqslant i_{准} \tag{7-6}$$

式中：m——网路中并联电雷管的个数；其余符号意义同式（7-5）。

并联网路的优点是即使有个别电雷管不通，也不会影响整个网路电雷管的起爆。因此，是比较可靠的一种连线方法。其缺点是由于网路总电流要求很大，一般的起爆器不能适用；连接导线消耗量多，而且要求主线粗；如有个别电雷管被漏接，用仪表测量不易发现。

3. 混联

混联又可分为串并联和并串联两类。

为保证串并联网路中通入每个串联组的电流等于或大于单纯串联时的准爆电流，以及为保证流入各串联电雷管组中的电流大致相等，必须使各串联电雷管组的电阻值大致相等，这就要求各串联电雷管组的雷管数相同。同理，也要求串联网路中各并联电雷管组的雷管相同。

通过每个电雷管的电流应满足下列条件：

$$i=\frac{I}{m}=\frac{U}{nr+mR_{线}} \tag{7-7}$$

式中：n——串并联时一组内串联的电雷管数或并串联时串联的组数；

m——串并联时并联的组数或并串联时一组内并联的电雷管数。

混联兼有单纯串联和单纯并联的优点，在同样电压和起爆电流条件下，一次可起爆的雷管数较多，在串并联或并串联均能满足电雷管准爆条件时，考虑到连线方便，多采用串并联。

六、电爆网路的测量仪表

为保证起爆效果和作业安全，采用电雷管起爆时，装药之前要对各个电雷管进行逐个导通检验，连线后还要对爆破网路进行检测。测量电源电压可用伏特表，测量电源输出电流可用安培表。以上两项也可用万用表进行测量。必须特别注意的是，电雷管和电爆网路电阻的测量只准使用爆破专用的线路电桥和爆破欧姆表，严禁使用万用表。

七、电力起爆法的操作要点

有了质量合格的电雷管和设计合理的爆破网路后，为了可靠安全、准确地起爆，在操作过程中，还应注意以下几个方面。

(1) 电雷管经检查合格后，应该使脚线短路，最好用工业胶布包好短路线头。按电雷管段别分别挂上标记牌，放入专用箱，按设计要求运送到爆破现场，再根据现场布置分发到各炮孔的位置。装药时应严防捣断电雷管脚线，脚线应沿孔壁顺直。

(2) 连接网路时，操作人员必须按设计接线，连线人员不得使用带电的照明，无关人员应退出工作面。整个网路的连接必须从工作面向爆破起爆站方向顺次进行。连好一个单元后马上检测一个单元，这样能及时发现问题，出现问题马上纠正。在连接过程中，网路的不同部位采用不同的接头形式，如图7-28所示，图中(a)、(b)是常用于电雷管脚线之间的接头形式；(c)是多用于端线与连接线间的接头形式；(d)是用于细导线与粗导线间的连接接头形式；(e)为连接线与区域线间或区域线之间的连接形式；(f)多用于区域线与主线间的连接，或多芯导线连接的接头形式。

实践证明，接头不牢，会造成整条网路的电阻变化不定，因而难以判断网路电阻产生误差的原因和位置。为了保证有良好的接线质量，应注意以下几点：

①接线人员开始应先擦净手上的泥污，刮净线头的氧化物、绝缘物，露出金属光泽，以保证线头接触良好。作业人员不准穿化纤衣服；

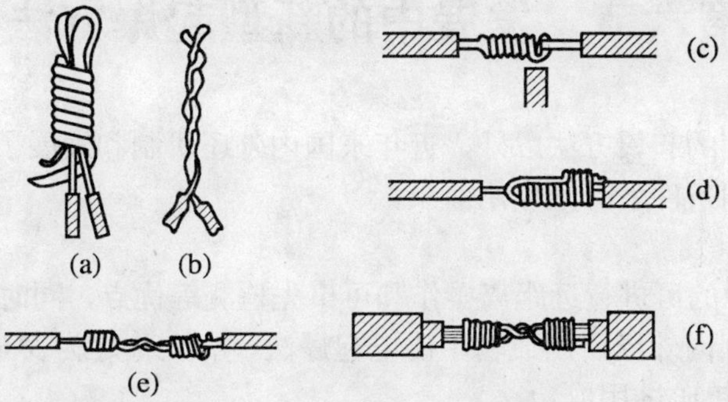

图7-28　电爆网路常用接头形式

②连接牢固扭紧，线头应有较大的接触面积；

③各个裸露接头彼此应相距足够的距离，不允许相互接触，形成短路，避免接头接触岩、矿或落入水中，故应用绝缘胶布缠裹。

整条网路联好后，应有专人按设计进行复核。

(3) 电爆网路的电阻检查与故障排除。爆破安全规程规定：“爆破主线与起爆电源或起爆器连接之前，必须测量全线路的总电阻值。总电阻值应与实际计算值相符（允许误差为5%）。若不符合，禁止连接。”

检查网路电阻时，应始终采用同一爆破电桥或内阻校对过的同类电桥，避免出现误差。

在正常情况下，由于接头多的影响，实测电阻常大于计算电阻。若差值超过5%时，应分析和检查发生故障的原因和地点。一般用二分之一淘汰法寻找，即把整条网路一分为二，分别测量两部分的电阻，并与设计计算的电阻值比较，符合计算的为正常区，反之为故障区。再将故障区一分为二，进行检测。这样不断缩小范围，直到找到故障点，并加以排除为止。

(4) 起爆站的选择。采用起爆器起爆，比较灵活机动。起爆站可灵活地选择在安全地点，网路主线可在起爆前随时敷设和检查。

采用交流电源起爆时，专用电源位置是固定的，必须预先设置专用的起爆箱（双刀双置开关），如图7-29所示。电源在起爆时不作其它用途。

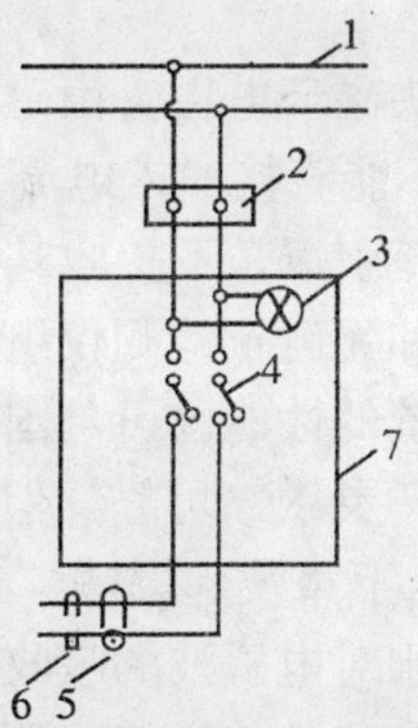

图 7-29　电力起爆开关装置

1—电源线路；2—保险丝；3—指示灯；4—开关；5—插座；6—插销；7—带锁木箱

无论采用何种方式起爆，闭锁起爆电源是必须严格执行的，而且闭锁木箱的钥匙应由负责爆破的专人随身携带，不得转交他人。

起爆时，必须有明确规定的指令和操作步骤以及安全信号。

第六节　发展中的新型起爆方法

除了上述几种常用的起爆方法以外，近年来国内外还研制和发展了多种新型起爆方法，它们各具特点，在不同条件下有其应用前景。

1. 磁电起爆法

为了保持电力起爆的可进行远距离操作和可事先检测等优点，同时又克服电力起爆中杂电威胁较大的缺点，国内外已研制成功了磁电起爆法（有人称之为安全起爆法）。我国已于1986年9月在江西吉山钨矿试用成功。

图7-30为QB-1型磁电起爆系统示意图，主要由QB-1型磁电起爆器、无接头磁环电雷管和网路检查系统等三部分组成。

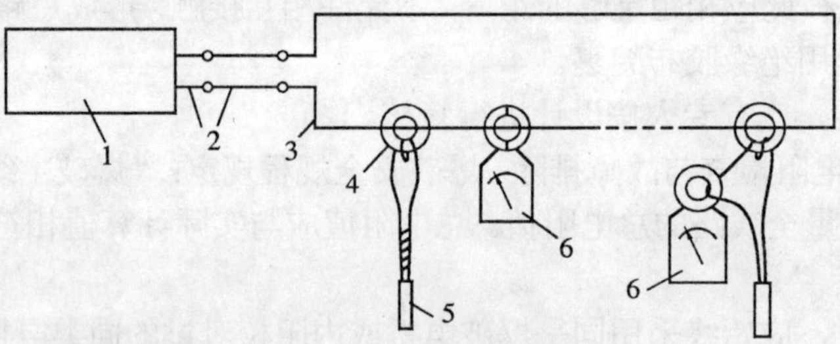

图7-30　磁电起爆系统示意图

1—QB-1型磁电起爆器；2—次线；3—导线；4—磁环；5—电雷管；6—检测仪

无接头磁环电雷管由磁环和电雷管两部分构成，电雷管脚线缠绕在磁环上，对外无接头伸出，故不能直接输入电流，而需经过QB-1型起爆器供给的固定频率的交流电信号，再由磁环感应电流引爆，不接收其它任何电信号，所以有较好的抗杂电效果，网路检测系统则由信号发生器和无触点检测仪组成，可迅速检查出网路中的接触不良或断头。目前我国研制的磁电起爆系统的性能已可与国外相比，一次起爆雷管量可达200多发，脚线长度可达10m，检测系统安全、灵敏、可靠。但仍处于实验和试用阶段，预期将会有广泛的用途。

2.　水下声波起爆法

由于水对电磁波的吸收能力很强，所以电磁波在水中传播时衰减很快，传播距离不远。然而水对声波的传递能力要强得多。因此，现代水下爆破倾向于声波起爆。

图7-31是水下声波起爆系统的原理图。安装在指挥船上的发射器通过伸入水中的送波器向水中发射超声波，水下炮孔口的接收器接收到超声波后，接通起爆装置的电源，引爆药包。

这个系统的起爆元件分A型和B型两种，分别与电雷管及内藏电池相接，装入水底炮孔内，将接收器引出孔外0.2m左右。声波通过水传到A型元件时，受波器接收信号后接通起爆装置的电源，使电雷管起爆，从而引爆炮孔内的药包，药包爆炸产生水下冲击波，当其压力达到一定数值时，使B型元件的受波器工作，引爆药包；B型元件药包爆炸又引爆附近的另外的B型元件药包，这样就可以引爆爆区内的所有药包。

一次大面积的爆破，只用一个A型元件，它装有一套电子装置，只接收水面声波发射器送来的信号。B型元件只有在A型元件药包爆炸产生水下冲击波且其压力超过一定数值时才工作。所以这套系统安全性能高，不会发生早爆现象。

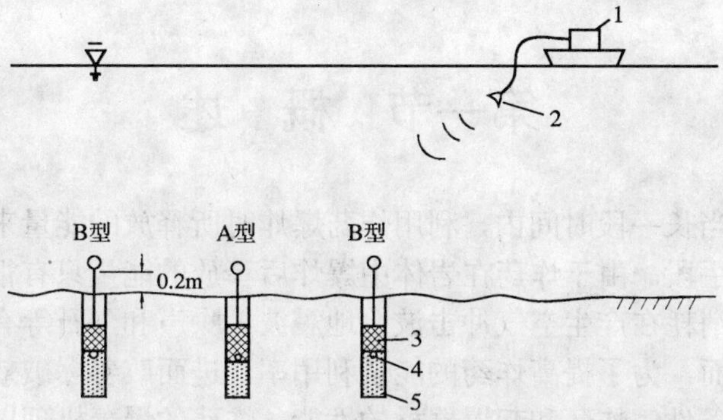

图7-31　水下声波起爆装置原理图

1—声波发射器；2—送波器；3—起爆装置；4—电雷管；5—药包

水下声波起爆法的优点是：

(1) 由于接收装置采用电子线路，抗干扰能力强，能避免误爆；

(2) 接收装置有内藏电池，减轻了发射机的负担，便于携带，实用性强；

(3) 能穿透水深100m，遥控距离达1～2km。

其缺点是超声波发射器和接收装置结构复杂且成本高。

水下声波起爆技术无需拉线，避免了深水水下拉线起爆技术上和施工中的许多困难，大大提高了安全性和准爆可靠性，对发展深水水下爆破技术有着重要的意义。

3.　激光起爆法

激光起爆法是日本首先研制成功的一种既可靠又安全的新型起爆方法。这种起爆方法是把激光装置产生的激光通过先导纤维照射特殊雷管（激光雷管）发火而起爆炸药。

激光起爆法以其距离远、能量高的优势而具有生命力。目前尚未在工业生产中推广应用，然而在军事上已有不少用途。

思　考　题

1. 常用的起爆方法有哪几种？分析说明各种起爆方法的优缺点和适用条件。
2. 什么是工业雷管的段数？
3. 导火索与导爆索的不同点是什么？
4. 说明导爆管的传播原理及其特点。
5. 继爆管有何用途？
6. 试区别以下几个重要术语的意义：最大安全电流、最小准爆电流、仪表工作电流、杂散电流。
7. 导爆索起爆网路的连接方法有几种？其特点是什么？
8. 导爆管起爆网路的连接方法有几种？其特点是什么？
9. 电爆网路有哪几种连接形式？计算原则是什么？连接网路时应注意什么？
10. 磁电起爆法与电力起爆法有何异同？

第八章　岩体爆破作用机理

第一节　概　述

目前乃至将来相当长一段时间内，利用炸药爆炸时所释放的能量来破碎岩石仍将是岩石挖掘工程的一种主要手段。由于炸药在岩体中爆炸后释放的能量只有很少一部分用于破碎岩石，而大部分能量都消耗在产生空气冲击波、地震波、噪声和飞石等有害效应方面，炸药的能量利用率很低。因而，为了提高炸药的能量利用率，进而改善爆破效果，除了要了解岩石的性质和爆破的地质条件、炸药和起爆器材的性能、炸药的爆轰机理以外，更为重要的是要研究炸药的能量对岩体的作用方式、岩体在炸药能量作用下的应力状态以及岩体在这种应力状态下的破坏规律等。只有了解了这些问题，才能根据具体的爆破条件科学地确定爆破方法、合理地设计爆破方案、精确地确定爆破参数、有效地控制爆破作用，以达到尽可能地提高炸药的能量利用率、改善爆破效果和获得最佳经济效益的目的。因此，研究爆破作用机理具有重要的理论价值和现实意义。

然而，炸药的爆炸反应是一个高温、高压和高速的过程。爆炸能量的转化、释放、传递和做功的过程极为短促，在几十微秒到几十毫秒内就完成了，并且炸药的爆炸也是一个极为危险的过程，这就给直接观测和研究岩体的破坏过程造成了极大的困难。此外，岩体本身又具有各向异性和非均质性。炸药爆炸后产生的高温、高压的爆生气体和强大的冲击波，是岩体遭到破坏的外力根源。爆生气体和冲击波在岩体破碎过程中的作用取决于炸药和岩石的性质，在某种条件下，前者起主要作用，后者起辅助作用，在另一种条件下，可能又恰恰相反。上述诸多因素，增大了岩体爆破规律研究的困难。

随着现代科学技术的发展和先进的测试技术的应用，借助于超动态量测和爆破模型试验研究和观察，岩石爆破作用机理的研究取得了很多成果，提出了一些假说和计算公式，在一定程度上反映了某些客观规律，对指导爆破设计和施工具有实际意义。

第二节　岩体内的爆炸冲击波和应力波

炸药在爆炸瞬间产生巨大的冲击压力，在这种巨大的冲击压力的急剧作用下，爆炸能量在岩石介质中将以波动的形式进行传播和扰动。

一、固体在冲击荷载作用下的变形特性

图 8-1 为固体在冲击荷载作用下的典型变形曲线。图中 OA 为弹性变形阶段，A 点为弹性极限；AB 为弹塑性变形阶段，B 点为屈服极限，B 点以后，材料进入类似于流体的状态。

若应力值不超过材料的弹性极限，在固体中传播的是弹性应力波。在弹性区内，应力和

应变为线性关系，变形模量 $d\sigma/d\varepsilon$ 为常数，即线弹性模量 E。因此，波的传播速度也是常数，与扰动强度无关。弹性应力波的传播速度等于未扰动固体中的声速 C，即

$$C=\sqrt{\frac{E}{\rho}} \tag{8-1}$$

式中: ρ——材料的密度。

上式只适用于无侧向应力的一维应力平面状态下，计算细杆内的弹性应力波波速，因为细杆的横向尺寸和应力波的波长相比很小，横向变形的影响可以忽略不计。

若载荷是突加的，弹性应力波可以具有陡峭的波头，但由于其波速是声速（未扰动固体中的声速），故不是冲击波。

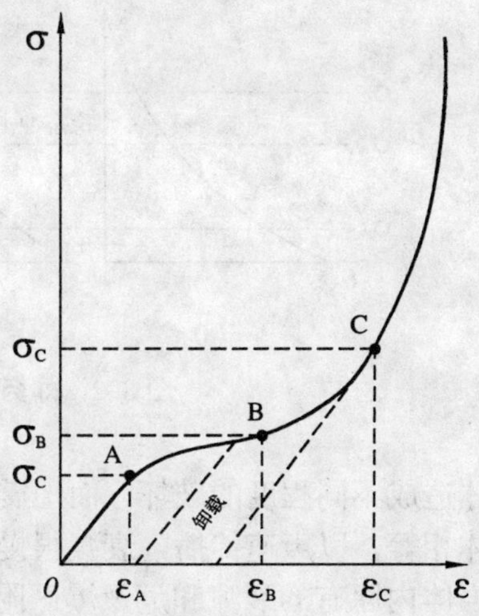

图 8-1 固体在冲击荷载作用下的变形曲线

当应力值超过材料的弹性极限后，材料进入弹塑性变形阶段，此时在固体内传播的是弹塑性波，变形模量 $d\sigma/d\varepsilon$ 不是常数，而是随应力值的增大而减小的。因此，高应力处的微幅扰动要比低应力处的微幅扰动传播慢，波头在传播过程中将逐渐变缓。通常弹塑性变形区可用直线近似表示，并以该直线的变形模量近似计算弹塑性波的平均波速，其值小于未扰动固体中的声速。

当应力值超过 B 点后，固体的变形特性类似于流体，其变形模量（相当于流体的体积压缩模量）随应力的增大或压缩率的减小而增加。因此，与弹塑性波相反，高应力处的微幅应力扰动要比低应力处的微幅应力扰动传播的快，将形成陡峭波头。但在 BC 变形阶段内，变形模量仍小于弹性变形阶段的变形模量，故在该阶段，虽能形成陡峭的波头，但波头的传播速度不是超声速的（与未扰动固体中的声速相比较），不能把这种波看成是冲击波。为了区别真正的冲击波，有时将这种波称为非稳态冲击波，而将真正的冲击波称为稳态冲击波。

当应力值超过 C 点后，不仅能形成陡峭的波头，而且波头的传播速度是超声速的，这种在固体内传播的波就是真正的冲击波。

以上的分析同样适用于岩石。炸药在岩体中爆炸后，若作用在岩体上的冲击荷载超过 C 点的值（临界应力），首先在岩体内形成冲击波，而后依次衰减为非稳态冲击波、弹塑性波、弹性波和爆炸地震波，如图 8-2 所示。

爆炸冲击载荷作用下，大多数岩石在未进入流体状态之前呈脆性，而且应力和应变遵循虎克（Hook）定律。所以，炸药爆炸后在岩体中激起的主要是冲击波、弹性应力波（简称应力波）和爆炸地震波（简称地震波）。冲击波具有陡峭的波头，以超声速传播，波头上的所有状态参数发生突跃变化，传播过程中能量损失较大，应力衰减很快，作用范围很小，衰减后变为压缩应力波。应力波波头变缓，但应力上升时间（应力增至峰值的时间）仍小于应力下降时间（由峰值下降到零的时间），并以声速传播，传播过程中的能量损失比冲击波小，衰减较慢，作用范围则较大，衰减后变为地震波。冲击波和应力波都是脉冲波，没有周期性，

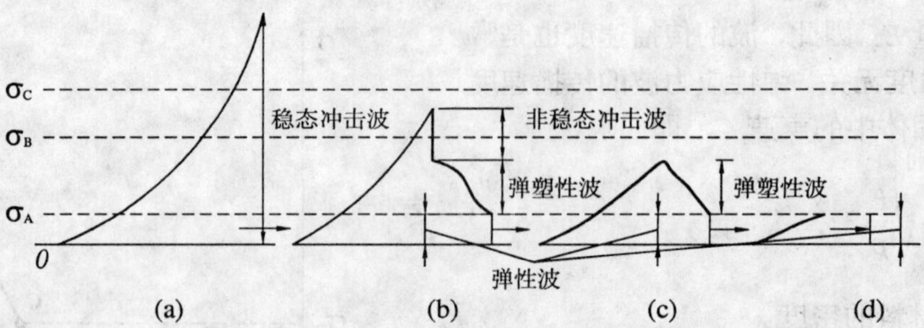

图 8-2 炸药爆炸后在岩体内传播的各种波

能对岩体造成不同程度的破坏，而地震波为周期性振动的弹性波，应力上升时间与应力下降时间大体相等，以声速传播，衰减很慢，作用范围最大，但不再对岩体造成直接的破坏，只能扩大岩体内原有的裂隙和危及爆区附近建筑物的安全。

二、岩体内的爆炸冲击波

炸药在炮孔内或药室中爆炸后所产生的爆轰波迅速向四周传播，首先以每平方厘米数万或数十万千克的瞬时冲击载荷作用在炸药周围的岩壁上，在岩体中激起波阵面前沿陡峭的脉冲应力波，这种脉冲应力波称为岩石中的爆炸冲击波。在强大的爆炸冲击波压力作用下，炸药周围的岩石被压碎，形成 3～7 倍装药半径范围的岩石压碎圈，对大多数岩石来说，冲击波的作用范围很小，而且衰减很快。压碎圈形成后，冲击波衰减成为应力波，应力波的衰减较慢，作用范围较大，一般可达装药半径的 120～150 倍。

由爆轰波在岩体中激发的冲击波，以其本身的传播规律在岩体中传播。冲击波的初始波峰压力就是爆轰波给予岩体的最初压力，其值的大小取决于炸药的性质、岩体的性质和炸药与岩体的偶合情况。

根据弹性波理论，冲击波的初始压力为

$$P_m = \frac{2\rho_r C_{pr}}{\rho_r C_{pr} + \rho_e D_e} P_e \tag{8-2}$$

式中：P_m——冲击波的初始波峰压力，MPa；

ρ_r——岩体的密度，kg/m^3；

ρ_e——炸药的密度，kg/m^3；

C_{pr}——岩体中的纵波传播速度，m/s；

D_e——炸药的爆轰速度，m/s；

P_e——炸药的爆轰压力，MPa。

由上式可知，同一种炸药在不同性质的岩体中爆轰时所激发的冲击波的峰值压力是不同的，波阻抗（密度与纵波速度的乘积）越大的岩体，在炮孔壁上产生的压力也越大。给予岩体的初始峰压越大，岩体的变形就越大，破碎也就越厉害，消耗的能量也就越多。因此，在工程爆破中必须根据工程的具体要求合理控制岩体中的初始峰压。

三、岩体内的爆炸应力波

爆炸冲击波对岩石的破坏作用虽然很大，但是持续的时间很短，作用的范围很小，随着冲击波的向前传播，很快就衰减为应力波。在这一阶段，岩石的塑性过程终止，开始非弹性效应状态，应力波的波形也较平缓，不像冲击波波阵面那样陡峭，波阵面上状态参数的变化也不如冲击波大，但应力波作用仍能使距离爆源 120～150 倍装药半径范围内的岩石处于非弹性状态，产生连续性破坏的残余变形。应力波的速度与岩石声波速度相等。这一范围是岩石破坏的主要区域。

工程爆破中的炮孔装药爆炸后，在炮孔周围岩体内激起的应力波如图 8-3 所示。在近炮孔处径向方向以压应力为主，切向方向以拉应力为主。不论是径向方向，还是切向方向，最初出现的都是压应力，而后转变成为拉应力。但径向压应力幅值与切向拉应力幅值不在同一时刻出现，前者较早，后者较晚。随着传播距离的增加，径向和切向应力波波形都将发生变化。在径向方向上的应力波的稀疏相(拉伸相)将出现较大的拉应力，在切向方向上的应力波波形的压缩相中出现较大的压应力。径向方向压应力和拉应力的幅值比值减小，而切向方向该比值则增大。

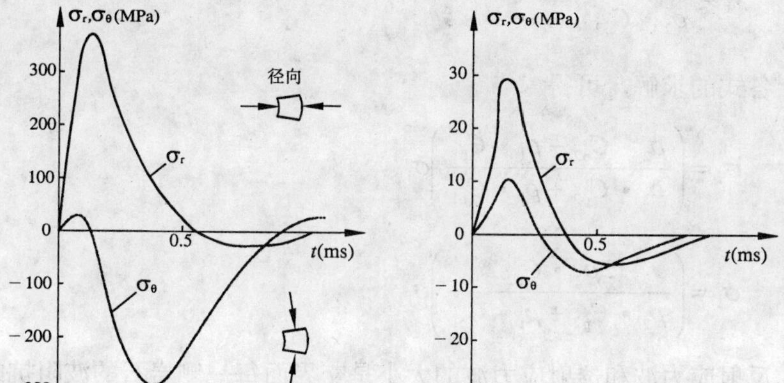

图 8-3 柱状装药在岩体内激起的应力波

（a）近炮孔处的应力波波形；（b）较远处的应力波波形

四、应力波的反射和折射

应力波在岩体内传播的过程中遇到不同界面，例如层理、节理、断层和自由面，介质性质发生变化时，应力波的一部分会从交界面反射回来，另一部分则会透射过交界面进入第二种介质。应力波入射时，因入射角不同，有垂直入射和倾斜入射两种。

1. 应力波在交界面垂直入射

应力波垂直入射时，若入射波为纵波，则折射波和反射波也为纵波；若入射波为横波，则折射波和反射波也为横波。波的反射部分的应力的大小由介质的边界条件确定。此时，在交界面处，应力波具有连续性，界面两侧的质点振动速度相等，应力状态相等，作用力与反作用力相等，即

$$v_i + v_r = v_t \tag{8-3}$$

$$\sigma_i + \sigma_r = \sigma_t \tag{8-4}$$

式中的σ、v分别代表应力和质点振动速度，下标 i、r、t 分别代表入射、反射和透射。

如果传播的应力波为纵波，纵波的传播速度为 C_{p1}，传播的介质密度为ρ_1，相邻介质密度为ρ_2，相应的纵波速度为 C_{p2}，则

$$v_i = \frac{\sigma_i}{\rho_1 \cdot C_{p1}} \tag{8-5}$$

$$v_r = \frac{\sigma_r}{\rho_1 \cdot C_{p1}} \tag{8-6}$$

$$v_t = \frac{\sigma_t}{\rho_2 \cdot C_{p2}} \tag{8-7}$$

通过对以上各式的求解，可得

$$\sigma_r = \left(\frac{\rho_2 \cdot C_{p2} - \rho_1 \cdot C_{p1}}{\rho_2 \cdot C_{p2} + \rho_1 \cdot C_{p1}}\right)\sigma_i \tag{8-8}$$

$$\sigma_t = \left(\frac{2\rho_2 \cdot C_{p2}}{\rho_2 \cdot C_{p2} + \rho_1 \cdot C_{p1}}\right)\sigma_i \tag{8-9}$$

公式说明，反射应力波和透射应力波的大小是交界面每一侧岩石的波阻抗的函数。当两种介质的波阻抗相同时，即$\rho_1 \cdot C_{p1}=\rho_2 \cdot C_{p2}$时，$\sigma_r = 0$，$\sigma_t = \sigma_i$，说明入射应力波全部通过交界面，没有反射；当$\rho_2 C_{p2}=0$时（即应力波传到自由面），$\sigma_t = 0$，$\sigma_r = -\sigma_i$，这种情况下，反射波应力的极性和入射波应力的极性发生逆转，也就是说，若入射波是压缩波，则在自由面处的反射波则变为拉伸波。此时，由式（8-8）和（8-9）可知，自由面处的合成应力为零，质点的合成振动速度是入射波引起的质点振动速度的 2 倍。因此，自由面的存在对提高爆破能量利用率具有重要作用。

式（8-8）和式（8-9）对研究岩体爆破过程中应力波的离散损失、根据不同岩石选择不同品种的炸药使其阻抗相匹配以及对提高爆破效果具有指导意义。

2. 应力波在交界面倾斜入射

当入射纵波的传播方向与自由面斜交，即倾斜入射时，反射纵波和反射横波同时存在，自由面需满足正应力平衡条件和剪应力平衡条件，即自由面上剪应力为零的边界条件。

当入射纵波斜入射到自由面上时，将同时反射回两种波，即拉伸波（反射纵波）和剪切波（反射横波）（图 8-4）。

纵波的入射角α_1、反射纵波的反射角α_2和反射横波的反射角β_2之间的关系是

$$\frac{\sin\alpha_1}{C_p}=\frac{\sin\alpha_2}{C_p}=\frac{\sin\beta_2}{C_s} \quad (8\text{-}10)$$

式中: C_p、C_s——分别为纵波和横波的传播速度，m/s。

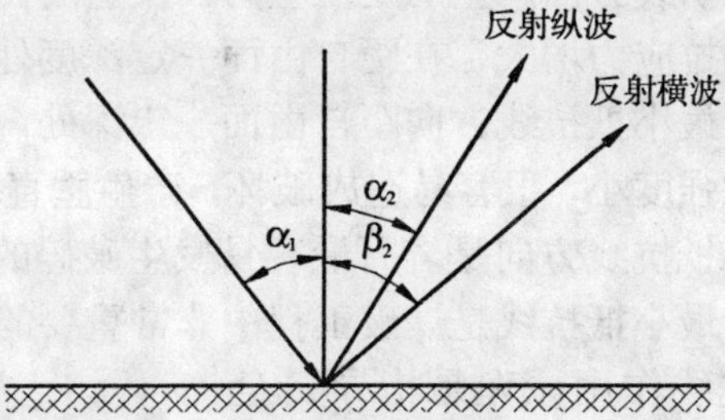

图 8-4　应力波在自由面的倾斜入射

据光学原理，$\alpha_1=\alpha_2$。

折射系数等于纵波波速C_p与横波波速C_s之比，即

$$\frac{\sin\alpha_1}{\sin\beta_2}=\frac{C_p}{C_s}=\sqrt{\frac{2G+\lambda}{G}}=\sqrt{\frac{2(1-\mu)}{1-2\mu}} \quad (8\text{-}11)$$

由式(8-11)可以看出，横波的反射角β_2可以用入射角介质的泊松比表示。

岩体中的单个装药爆破时（图 8-5），存在一个自由面，W 为最小抵抗线，在最小抵抗线上受到入射纵波和反射纵波的两个波的相互作用，其它各点，如 A 点，将受到入射纵波、反射纵波和反射横波 3 种应力波的相互作用。因此，岩体内任意点的应力，在 3 种波相互干涉时，应是这 3 种波所产生的应力的叠加。

在反射纵波中，主应力方向与波面垂直或相切。径向方向和切向方向的主应力均为拉应力。在反射横波中，沿波面切向方向产生纯剪应力。

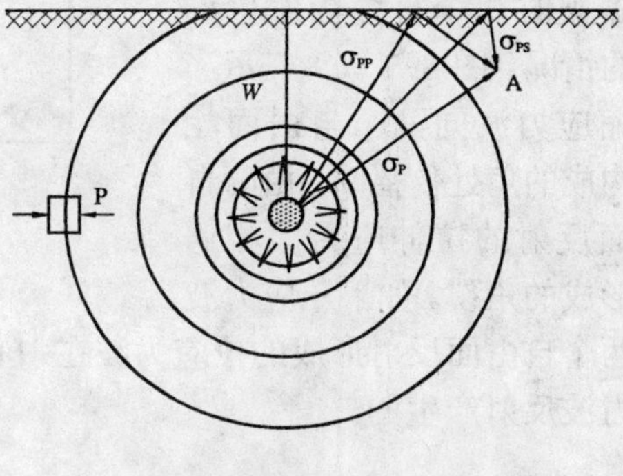

图 8-5　自由面附近岩体中的应力状态

σ_P-入射纵波；σ_{PP}-反射纵波；σ_S-反射横波

装药在自由面附近爆炸后，首先产生纵波（P 波）和横波（S 波），不论是纵波还是横波到达自由面后，都要各自反射两种新波，即反射纵波和反射横波以及 4 种反射波（由纵波反射的 PP 波、PS 波和由横波反射的 SP 波、SS 波），如图 8-6 所示。

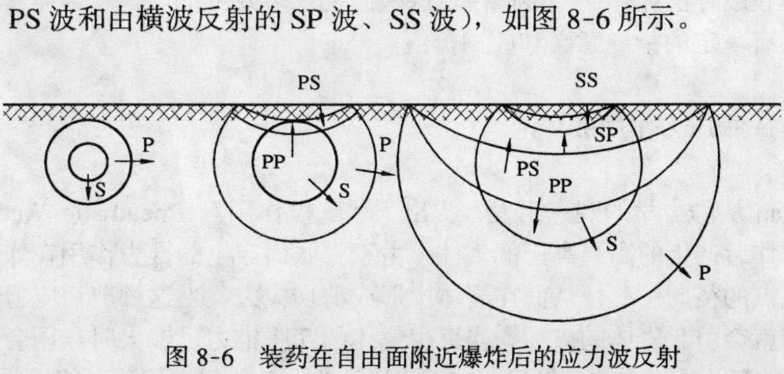

图 8-6　装药在自由面附近爆炸后的应力波反射

在最小抵抗线方向，不产生横波，即横波波面上应力为零，只有两种纵波的叠加，入射波在切线方向产生的是拉应力，反射波在切向方向产生的也是拉应力，叠加以后将使该方向上的拉应力增大，在距自由面一定深度处，径向方向的应力叠加后也将出现拉应力，因此，在沿最小抵抗线方向距自由面一定深处，岩石处于拉应力状态。在这种情况下，由于岩石的抗拉强度小，很容易造成破坏，产生垂直和平行自由面的两组裂隙，使岩石片落。由此看出，最小抵抗线方向是岩石最容易发生破碎的方向，也是质点运动速度最大的方向。

最小抵抗线是爆破工程中非常重要的一个参数，是确定其它爆破参数的重要依据。最小抵抗线作用原理是指导安全控制爆破的重要原理。

图8-7是反射应力波造成的几种断裂形式。图8-7（a）是当压缩应力波在二维平面上传播时，在自由面表面反射所造成的背面的动态层裂。图8-7（b）为在立方体岩石试件内爆破时几个自由面发生层裂的情况。图8-7（c）表示当压缩应力波向两个自由面相交构成的角处传播时，由两自由面反射的拉伸应力波相遇时形成的角裂。如果压应力波在两个自由面反射形成的拉应力波在中心相遇，可能造成心裂、层裂。角裂和心裂都是由于应力波反射产生的。

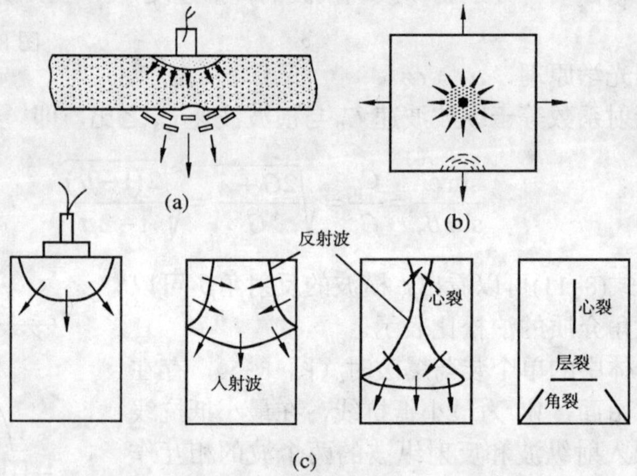

图8-7 反射应力波造成的几种断裂形式

第三节 岩体的爆破破碎机理

由第二节的内容可知，炸药在岩体中爆炸后释放的能量是以冲击波的冲击压力和爆轰气体的膨胀压力的方式作用在岩体上，而造成岩体破坏的。

关于岩体的爆破破碎机理存在很多假说，这些假说或多或少地反映了岩体爆破破碎的规律，对生产实践具有一定的指导意义和应用价值。

一、爆生气体膨胀压力作用破坏论

Kutter 和 Hagan 从静力学的观点出发，提出了“气楔作用”（Pneumatic Wedging）这种假说，认为炸药爆炸后产生的高温高压的气体，由于膨胀而产生的推力作用在炸药周围的岩壁上，引起岩体质点的径向位移，从而在岩体中形成剪切应力。当这种剪切应力超过岩体的极限抗剪强度时，就会引起岩体的破坏。当爆生气体的膨胀推力足够大时，还会引起自由面附近的岩体隆起、鼓开并沿径向方向抛掷。这种假说认为，动能仅占炸药总能量的5%～15%，绝大部分能量包含在爆生气体产物中，另一方面，岩体爆破时岩石发生破裂和破碎所需的时间小于爆生气体作用于岩体的时间。

二、应力波反射拉伸作用破坏论

以 Coates 和 Hino 为代表的这种假说，从爆轰动力学的观点出发，认为炸药爆炸后，强大的冲击波冲击和压缩周围的岩体，在岩体中激发出强烈的压缩应力波，当压缩应力波传播到自由面时，从自由面处反射而形成拉伸波。当拉伸波的强度超过岩体的极限抗拉强度时，从自由面处开始向爆源方向产生拉伸片裂作用。

三、应力波和爆生气体联合作用破坏论

以 Fairhurst 为代表的这种假说认为，爆破时岩体的破坏是应力波和爆生气体共同作用的结果。但在解释破碎岩体的主导原因时存在不同观点。一种观点认为，应力波在破碎岩体时不起主导作用，只是在形成初始径向裂隙时起先锋作用，岩体的破碎主要依靠爆生气体的膨胀推力和尖劈作用；另一种观点则认为，爆破时破碎岩体的主导作用取决于岩体的性质，即取决于岩体的波阻抗。对于波阻抗为$(10\sim15)\times10^5 g/(cm^2\cdot s)$的高波阻抗的岩体，即极致密坚韧的岩体，爆炸应力波在其当中的传播性能好，波速高，爆破时岩体的破碎主要由应力波引起；对于波阻抗为$(2\sim5)\times10^5 g/(cm^2\cdot s)$的低波阻抗的松软而具有塑性的岩体，爆炸应力波在其当中的传播性能较差，波速低，爆破时岩体的破碎主要依靠爆生气体的膨胀压力；对于波阻抗为$(5\sim10)\times10^5 g/(cm^2\cdot s)$的中等波阻抗的中等坚硬的岩体，应力波和爆生气体同样起重要作用。

第四节　单个药包的爆破作用

一、装药爆破的内部作用

炸药在固体介质中爆炸时，冲击波和爆生气体将对介质产生机械破坏作用。如装药中心距离自由面很远时，装药爆炸后，在自由面看不出爆破迹象。即装药的爆破作用只发生在岩体的内部。装药的这种作用称为内部作用。发生这种作用的装药称为药壶装药，或称为药壶爆破作用。

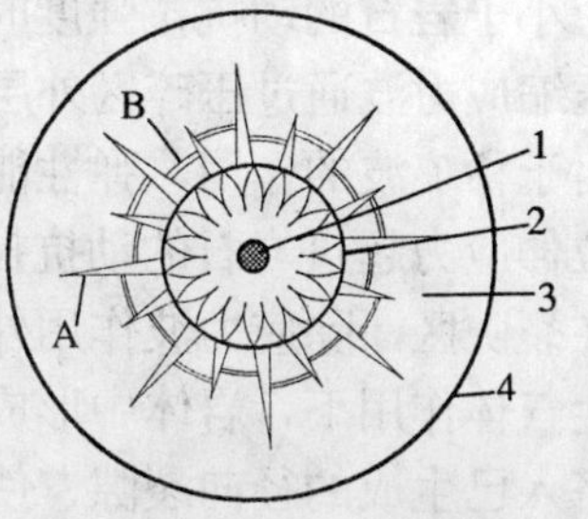

图 8-8　装药的内部爆破作用

1—药包；2—压碎圈；3—裂隙圈；4—震动圈

当装药爆炸后，除装药处形成扩大的空腔外，随着与爆源距离的增大，大致分为压碎圈、裂隙圈和震动圈（图 8-8）。

1．压碎圈

装药爆炸后，爆炸能量以冲击波的形式通过炮孔壁扩散到岩体中。与此同时，爆生气体压力也急剧增高到数万兆帕作用到岩壁上，这一压力远远超过岩石的极限抗压强度，在冲击波和爆生气体共同作用下，岩石受到粉碎性破坏，同时伴随着数千摄氏度的高温，可使紧靠

炮孔壁的岩石呈现近似流体的塑性流动区，或强烈压碎区。这一区域范围一般不超过（2～3）r_0（自爆炸中心算起，r_0为装药半径），这一区域内能量消耗大，冲击波在岩体内衰减很快，为了充分利用爆炸能量，应尽量避免形成压碎圈。

2. 裂隙圈

压碎圈是由塑性变形或剪切破坏形成的，而裂隙圈则是由拉伸破坏形成的。在压碎圈的外界面上，由于能量得不到补充，而且又随传播距离的扩大而衰减，此时最大径向应力小于岩石的动载抗压强度，故不能引起岩石的压碎破坏，但在应力波传播过程中，可以引起岩石质点向外的径向位移，在径向压应力σ_r作用下产生切向拉应力σ_θ，由于岩石的抗拉强度比抗压强度小 10～50 倍，因此，当σ_θ大于岩石的抗拉强度时，该处岩石将被拉断，形成与压碎圈相贯通的径向裂隙。同时，在高压爆生气体的挤入作用下，使径向裂隙继续延伸和扩展。径向裂隙的数目随着与爆源距离的增大而减小，呈现内密外疏的分布状况。

图 8-8 中 A、B 两点分别为径向裂隙和环状裂隙。其应力作用如图 8-9 所示。设 A 点上某一单元体 ABCD，当应力波到达时受压缩后推移到 A′B′C′D′位置。设原有 AB（或 CD）弧长为 x，移动后弧长 A′B′（或 C′D′）为 x+dx，因此，产生了切向拉伸应变 dx/x。当这种切向拉伸应变引起的拉伸应力超过岩石的动抗拉强度时，A′B′C′D′小单元体就被拉断，形成径向裂隙。实验证明，裂隙自压碎圈外开始以大约 300～1 000m/s 的传播速度沿径向扩展，直到切向拉伸应力小于岩石的动抗拉强度时，裂隙便停止发展。

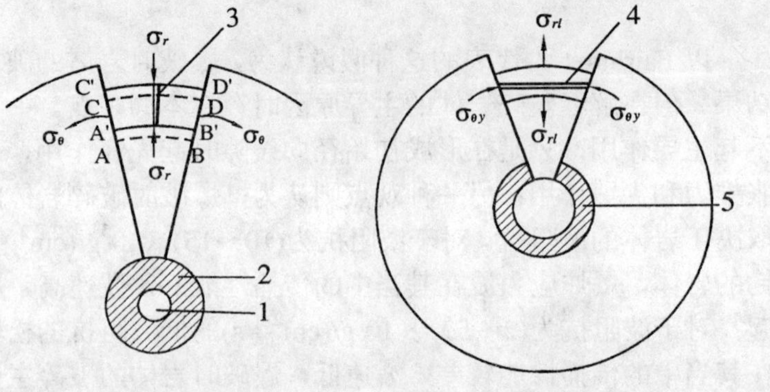

图 8-9 径向和环向裂隙形成示意图

1—药包；2—压碎圈；3—径向裂隙；4—环向裂隙；5—压碎扩大圈

σ_r—径向压应力；σ_θ—切向拉应力；σ_{rl}—径向拉应力；$\sigma_{\theta y}$—切向压应力

压缩应力波通过压碎区外层岩体时，岩石被压缩积蓄了一部分弹性变形能。当波通过以后，由于稀疏波的作用，弹性能释放，引起岩石质点的向心运动，因而产生径向拉伸应力，当该拉伸应力超过岩石的动抗拉强度时，就在岩体中产生环状裂隙（图 8-9）。

在裂隙区，除应力波作用外，爆生气体对径向裂隙和环向裂隙也起着重要作用。首先，在爆生气体作用下，岩体中形成准静态应力场，这是形成径向裂隙的重要原因。同时，爆生气体挤入已生成的径向裂隙，使裂隙扩大和延伸。由于爆生气体在压碎区和径向裂隙中不断膨胀和热扩散，其压力和温度骤降，受压缩的岩石释放储蓄能，岩石质点向炮孔移动，从而形成环状裂隙。所以，裂隙圈是应力波和爆生气体共同作用的结果。

3. 震动圈

由于爆生气体和爆炸应力波经过破碎区时做功，波头压力衰减变得比较平缓，不足以对岩石造成破坏，应力波能量只能引起岩石质点发生弹性振动。在震动圈，由于地震波，特别是瑞利波、勒夫波等表面波的作用，有可能引起建筑物、结构物的破坏。

震动圈之外，岩石就不再受爆破作用的影响了。

二、装药爆破的外部作用

当装药接近自由面时，装药爆炸后，除在装药下方岩体内形成压碎圈、裂隙圈和震动圈外，装药上方一部分岩石将被破碎，脱离岩体，形成爆破漏斗，如图 8-10 所示，表现出装药爆破的外部作用。

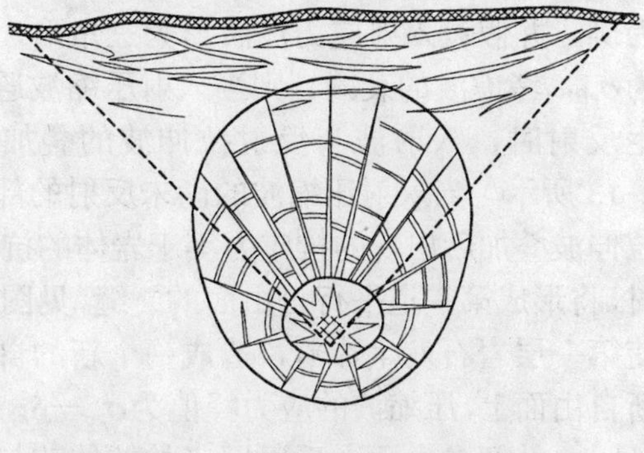

图 8-10　装药上方形成的爆破漏斗

当装药爆炸产生的应力波在岩体内部自装药中心向周围传播时，会强烈压缩周围的岩石质点沿径向运动，但波前方的外层岩石必然阻止这种运动，当应力波到达自由面时，自由面上的岩石质点的这种径向运动，由于没有外层的阻力，所以，自由面上的岩石质点可以向自由面外自由地运动。当这种运动相当强烈时，自由面附近的质点就会相继从自由面上飞离脱落，形成爆破的外部作用破坏区。岩体的自由面实际上是两种不同介质的分界面。入射的压缩应力波抵达自由面后，将变为反射的拉伸应力波从自由面向岩体内部反射。入射波和反射波的叠加作用，构成了自由面附近的岩体中非常复杂的动态应力场，该应力场对爆破漏斗的形成起着决定性的作用。

入射波遇自由面时发生反射，并产生两种波（反射纵波和反射横波），从自由面向岩体内部传播。由于纵波波速大于横波波速，故随时间的推移，反射纵波将超前于反射横波传播。反射波可看作是位于自由面空气一侧的虚拟波源所发出的波，如图 8-11 所示。

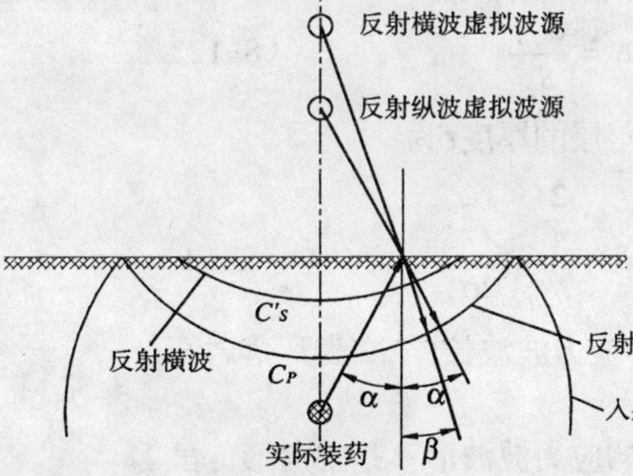

图 8-11　应力波遇自由面时的反射

α—入射角和纵波反射角；β—横波反射角

因反射波的应力与入射角有关，所以波面上各点的应力值不同。对反射纵波来说，最小抵抗线上的应力值最大，偏离最小抵抗线时，随入射角的增大，应力值减小，而且在大多数岩体中，无论入射角多大，反射纵波的径向应力和切向应力均为拉应力，但当岩石泊松比较小且入射角较大时，反射纵波的径向应力将变为压应力。对反射横波来说，最小抵抗线上的剪应力值为零，即在正入射（入射角为零）的情况下，没有反射横波产生，剪应力随入射角的增大而增大，但增大到一定程度后，剪应力将随入射角的继续增加而减小。

反射纵波和反射横波的主应力大小和方向沿波面变化的情况如图 8-12 所示。

岩体内的应力状态是由入射压缩波、反射拉伸波和反射横波的作用所确定的，但在最小抵抗线方向上，发生相互作用的仅有两种波：入射压缩波和反射拉伸波。以沿最小抵抗线方向上分割出的杆件为例，并假设入射应力波波形为三角形，应力峰值为$\sigma_{r\theta}$，考虑波的衰减，则当入射压缩波遇自由端发生反射时，入射波与反射拉伸波的叠加情况如图8-13所示。当入射压缩波的尚未反射的部分与反射拉伸波叠加后出现的拉应力等于岩体的抗拉强度 S_r时，将形成第一道平行自由面的裂缝，见图 8-13(a)，使第一层岩石发生片落，造成一个新的自由面。在新自由面上，压缩波的应力峰值为$\sigma_{r\theta}-S_r$，见图 8-13（b）。从新自由面上反射回来的拉伸波与入射波叠加后产生的拉应力再度等于岩体的抗拉强度时，将形成第二道平行自由面的裂缝，使第二层岩石发生片落，造成另一个新自由面。在该自由面上，压缩波的应力峰值减为$\sigma_{r\theta}-2S_r$。由此可见，形成的裂缝或新自由面对反射波的传播起着屏蔽作用，而且每片落一层岩石，在新的自由面上，压缩波的应力峰值减小一个S_r值。因此，片落层数量为

$$N=\frac{\sigma_{r\theta}}{S_r} \tag{8-12}$$

每片落层的厚度δ为

$$\delta=\frac{\frac{2}{\lambda}}{N}=\frac{\lambda\cdot S_r}{2\sigma_{r\theta}} \tag{8-13}$$

式中：λ为应力波波长，$\lambda/2$ 为片落岩石的总厚度。

实际的应力波波形不是三角形，虽然上述关系同样适用，但片落层的厚度不等，按式（8-13）计算的厚度应为平均厚度。由于应力波的衰减，实际片落层数和总片落厚度均小于计算值。

如上所述，入射的压应力波传播到自由面后，将部分或全部反射成为与入射压应力波方向相反的拉应力波，岩体在反射拉应力波的作用下，产生片落破坏。这种现象通常称为霍布金逊（Hopkinson）效应。

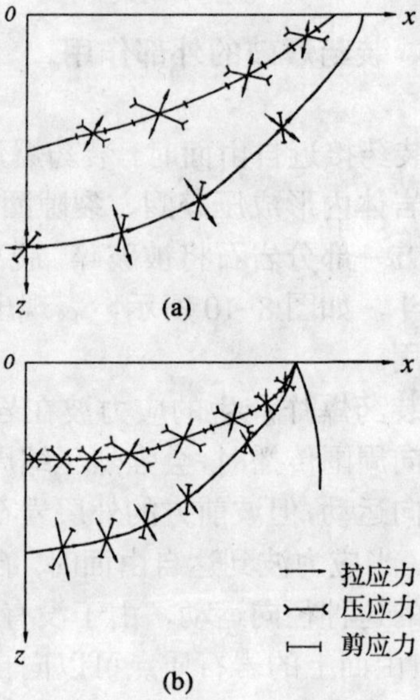

图 8-12　反射波波面上的主应力

（a）花岗岩；（b）大理岩

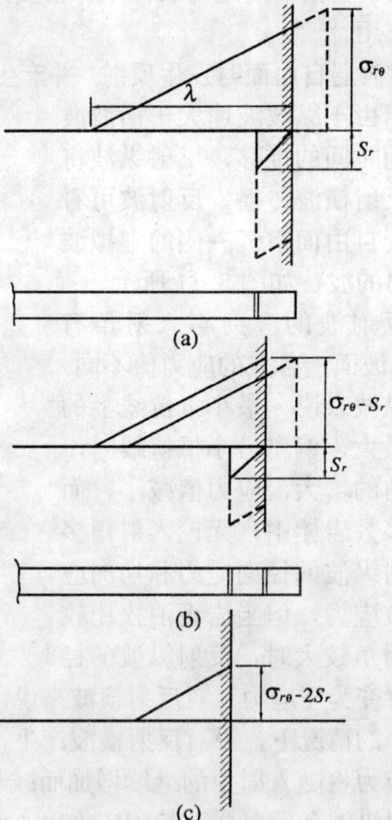

图 8-13　入射压缩波和反射拉伸波叠加使岩石产生片落

应当指出，即使反射拉伸应力波已经衰减到不足以引起岩石的片落时，它对破碎岩体也还能产生一定的作用。如图 8-14 所示，从自由面反射回来的拉伸应力波，使原先存在于径向裂隙尖梢上的应力场得到加强，故裂隙继续向前延伸。当径向裂隙同反射应力波波阵面呈90°交角时，反射拉伸效果最好。当交角为θ时，存在一个 $\sin\theta$方向的拉伸分力，促使径向裂隙扩展和延伸，或者造成一条分支裂隙。而垂直自由面方向的径向裂隙则不会因为反射拉伸应力波的影响而扩展和延伸。

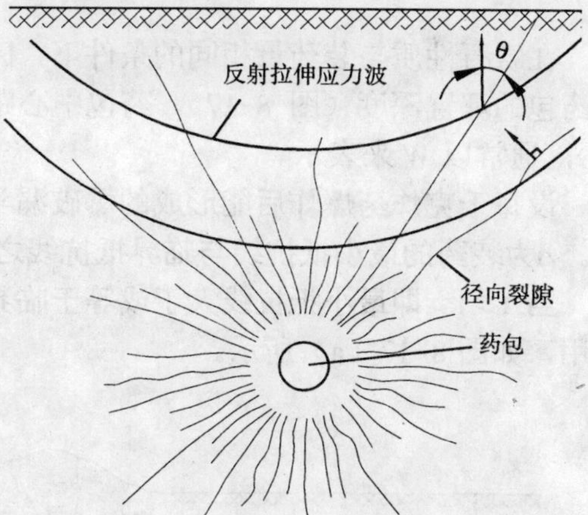

图 8-14 反射拉伸波对径向裂隙的影响

图 8-15 为球面坐标系中（r，θ，φ），按 3 种应力波叠加，利用解析方法得出的岩体内各点的拉伸主应力达到最高值时的主应力方向（另一主应力σ_3与图面垂直）。拉伸主应力σ_2是产生裂隙的根源，故其作用方向对推断岩体中爆破产生的裂隙方向和爆破漏斗的形成具有重要意义。从图中可以看出，在最小抵抗线方向上，主应力作用方向与 r、θ方向一致。但在最小抵抗线以外的点上，主应力作用方向随距最小抵抗线距离 x 值的增大而逐渐偏离 r、θ方向，其中拉伸主应力σ_2由θ方向偏转到垂直于自由面的方向。由此可以推断，在爆源附近，裂隙为径向方向，但随 x 值的增大，裂隙方向逐渐发生偏转，最后平行于自由面。因此，裂隙群的排列类似喇叭花状。若裂隙群能得到充分发展并延伸至自由面，就将形成爆破漏斗（图 8-16）。

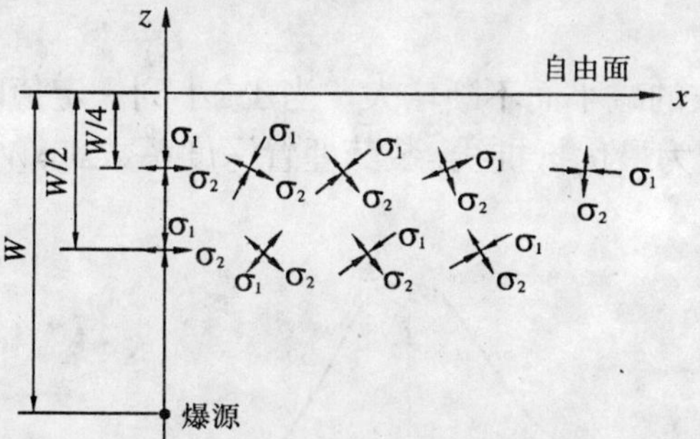

图 8-15 爆源附近主应力的方向

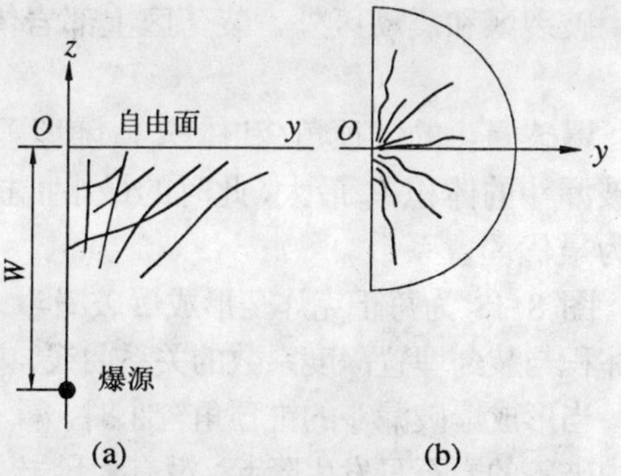

图 8-16 裂隙群延伸至自由面

此外，分析结果表明，在距爆源水平距离为 $W/2$ 的范围内，自由面或反射波对应力最大值的影响可忽略不计，但在自由面附近（距自由面为 $W/4$ 的范围内），由于自由面或反射波的影响，压缩主应力σ_1的最高值比不存在自由面时的σ_1峰值高，其比值越靠近自由面越大。这意味着自由面附近的岩体处于有利于破裂的应力状态，或说明了自由面对爆破漏斗的形成和爆破效果有着重要的影响，能使入射波产生的裂隙进一步向自由面方向扩展。

三、爆破漏斗

在岩石性质与装药量相同的条件下，区别岩体中装药爆破的内部作用和外部作用主要是看药包的埋置深度（图 8-17）。药包中心距自由面的垂直距离称为最小抵抗线（简称最小抵抗），通常以 W 来表示。

设每千克炸药爆炸后能形成的爆破漏斗体积为 V_e，V_e 的大小与装药的埋置深度系数Δ有关。Δ为装药的最小抵抗线与临界抵抗线之比值（$\Delta=W/W_c$）。

当$\Delta\geqslant1$，即最小抵抗线大于或等于临界抵抗线时，漏斗体积 $V_e=0$。装药爆破只产生内部作用，如图 8-17（a）所示。

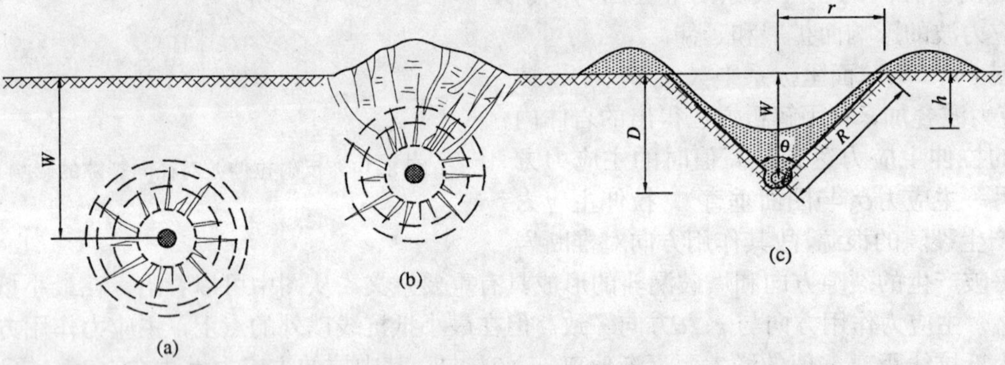

图 8-17 药包埋置深度变化时的爆破作用

当$\Delta<1$，即最小抵抗线小于临界抵抗线时，装药爆炸后，除在装药下方岩体内形成粉碎区、破裂区和震动区外，装药区上部岩体将被破碎，形成爆破漏斗，如图 8-17（b）、（c）所示。

爆破漏斗的锥顶角θ和体积 V_e 随埋置深度系数的减小而不断增大，当Δ减小到一定值时，爆破漏斗的体积 V_e 最大，此时的最小抵抗线 W_o 称为最优抵抗线，装药埋置深度系数$\Delta_o=W/W_c$ 称为最优埋置系数。

图 8-18 为每千克炸药形成爆破漏斗的体积与装药埋置深度系数的关系曲线。

当形成爆破漏斗的锥顶角较小时，漏斗内破碎的岩石只发生隆起，没有大量岩石的抛掷现象。发生这种作用的装药称为松动装药，其形成的爆破漏斗称为破碎漏斗或松动漏斗，如图 8-17（b）所示。只形成松动漏斗的爆破称为松动爆破。

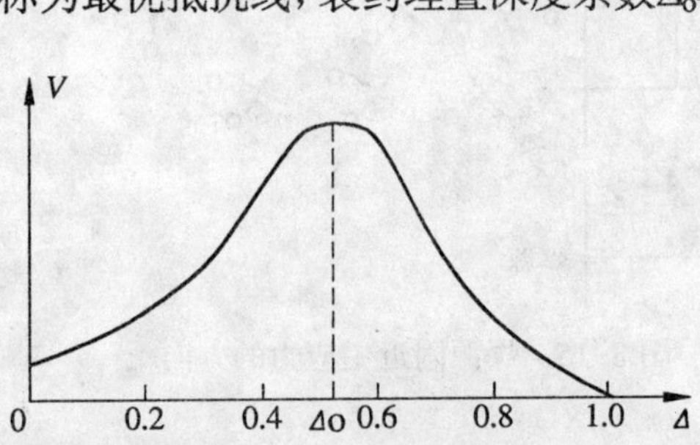

图 8-18 爆破漏斗体积与装药埋置深度系数的关系

当爆破漏斗的锥顶角增大到一定限度，即药包离自由面更近时，炸药能量不仅使岩体破碎，而且有多余的能量将岩石抛出爆破漏斗之外，此时形成的爆破称为抛掷漏斗，发生这种爆破作用的装药称为抛掷爆破装药，见图 8-17（c）。

1. 爆破漏斗的构成要素

(1) 自由面

自由面又叫临空面，是指同空气接触的岩体表面。自由面在爆破过程中起重要作用。有了自由面，爆破时岩体才能向自由面方向发生破裂、破碎和移动。在爆破工程中，为了控制爆破作用，常常在药包附近人为地创造自由面。自由面愈多愈大，爆破效果愈好。如果岩体是均质的，其它条件也都相同，则两个自由面条件下爆破破碎岩石的体积，几乎比单一自由面条件下爆破破碎岩石的体积大 1 倍。

(2) 最小抵抗线

爆破时，最小抵抗线方向的岩石最容易破坏，是爆破作用和岩石移动的主导方向。

(3) 爆破漏斗底圆半径

靠近自由面的药包爆破时通常在自由面处形成一个圆形缺口，叫做爆破漏斗底圆。它的半径在图 8-17（c）中以 r 来表示。

(4) 爆破作用半径

爆破作用半径又叫破裂半径，是指从药包中心到爆破漏斗底圆圆周上任一点的距离。图 8-17（c）中的 R 表示爆破作用半径。

(5) 爆破漏斗深度

爆破漏斗顶点至自由面的最短距离叫爆破漏斗深度。图 8-17（c）中的 D 表示爆破漏斗的深度。

(6) 爆破漏斗可见深度

爆破漏斗中岩碴堆表面最低点到自由面的最短距离叫爆破漏斗可见深度。图 8-17（c）中的 h 表示爆破漏斗可见深度。

(7) 爆破漏斗张开角

爆破漏斗的顶角叫爆破漏斗张开角。图 8-17（c）中的 θ 表示爆破漏斗的张开角。

2. 爆破作用指数

在爆破工程中经常使用一个极为重要的指数，叫做爆破作用指数 n，它是爆破漏斗底圆半径与最小抵抗线的比值，即

$$n = \frac{r}{W} \tag{8-14}$$

在最小抵抗线相等的条件下，爆破作用愈强，爆破形成的漏斗底圆半径愈大，相应地，爆破漏斗内岩石的破碎和抛掷作用也随之增大。在爆破工程中，常根据爆破作用指数 n 值的不同将爆破漏斗分为下述几类。

(1) 标准抛掷爆破漏斗

当 $r = W$，即 $n=1$ 时，爆破漏斗为标准抛掷爆破漏斗，漏斗张开角 $\theta=90°$。形成标准抛掷爆破漏斗的药包，叫做标准抛掷爆破药包。

(2) 加强抛掷爆破漏斗

当 $r > W$，即 $n>1$ 时，爆破漏斗为加强抛掷爆破漏斗，漏斗张开角 $\theta>90°$。形成加强抛掷爆破漏斗的药包，叫做加强抛掷爆破药包。

(3) 减弱抛掷爆破漏斗

当 $r < W$，即 $n<1$ 时，爆破漏斗为减弱抛掷爆破漏斗，漏斗张开角 $\theta<90°$。形成减弱抛掷爆破漏斗的药包，叫做减弱抛掷爆破药包。

(4) 松动爆破漏斗

当 $0<n<0.75$ 时，爆破漏斗为松动爆破漏斗，这时只有岩石的破裂、破碎而没有向外抛掷的作用。从外表看，没有明显的可见漏斗出现。

四、Livingston 爆破漏斗理论

岩体爆破破碎机理的研究在 20 世纪 50 年代中期开始有了比较明显的发展和进步。在各国爆破理论研究者当中，美国的 C. W. Livingston 是比较突出的一个。

Livingston 提出了一套以能量平衡为基础的岩体爆破破碎的爆破漏斗理论。他认为，药包在岩体内爆炸时传给岩体能量的多少和速度，取决于岩石的性质、炸药的性能、药包的大小和药包的埋置深度等因素。在岩石性质一定的条件下，爆破能量的多少又取决于药包重量，能量释放速度取决于炸药的传爆速度。若将药包逐渐向地表移动并靠近地表爆炸时，传给岩体的能量比率将逐渐降低，传给空气的能量比率逐渐增高。

Livingston 根据爆破能量作用效果的不同，将岩体爆破时的变形和破坏形态分为以下 4 种类型。

1. 弹性变形

地表下埋置很深的药包的爆破是爆破的内部作用，爆破时地表岩体不会遭受破坏，爆炸能量完全消耗于药包附近药室壁的压缩（粉碎）和震动区的弹性变形。如令药包埋置深度减小到某一临界值时，地表岩石开始发生明显破坏。脆性岩石将片落，塑性岩石将“隆起”。这个药包的埋置深度称为“临界深度”，并以下式表示

$$N = E \cdot \sqrt[3]{Q} \tag{8-15}$$

式中：Q——药包重量，kg；

E——应变能系数，$m/kg^{1/3}$。

Livingston 认为，E 的意义为在一定装药量 Q 的条件下，岩体表面开始破裂时岩体可能吸收的最大爆破能量。爆破能量低于此值时，岩体表面只产生弹性变形而无明显破坏；超过此能量限度，则岩体表面将由弹性变形转化为破裂。很明显，临界深度是岩体表面呈弹性变形状态的上限。

如果岩石和炸药的性质固定不变，则 Q 值大时，N 值也大；Q 值小时，N 值也小。N 值同 Q 值之比保持一个固定不变的常数，这个常数就是应变能系数 E。相反，当岩石性质不同时，E 也有不同的值。加拿大 CIL 公司在一个铁矿的实测值表明，几种不同的岩石（矿石）的应变能系数值为 $4.875 \sim 10.875 m/kg^{1/3}$。如换用不同的炸药，则应变能系数也随之改变。

2. 冲击破坏

如果药包重量不变，埋置深度从临界深度值再进一步减小，则因抵抗线减小，地表岩体的“片落”现象更加显著，爆破漏斗体积增大。当药包埋置深度减小到某一界限值时，爆破漏斗体积达到最大值。这时的埋置深度就是冲击破坏状态的上限，称为最适宜深度 N_d。

设所采用的埋置深度与临界深度之比为“深度比”，并以 Δ 表示，则式（8-15）可写为

$$N_d = \Delta \cdot E \cdot \sqrt[3]{Q} \tag{8-16}$$

当药包埋置深度为最适宜深度 N_d 时，最适宜深度比为

$$\Delta_d = \frac{N_d}{N} \tag{8-17}$$

通过漏斗爆破试验求出 E 值及 Δ_d 的值，则当现场所用药量 Q 值为已知时，可以利用上式求出最适宜深度 N_d，以此作为最小抵抗线进行爆破即可获得最佳爆破效果，即

$$W = N_d = N \cdot \Delta_d = \Delta_d \cdot E \cdot \sqrt[3]{Q} \tag{8-18}$$

Δ_d 值随岩石性质的不同而差异很大。一般在脆性岩石中 Δ_d 值较小，约为 0.5 左右；在塑性岩石中 Δ_d 值较大，接近于 1。

3. 碎化破坏

如果药包重量继续保持不变，药包埋置深度从最适宜深度继续减小，则地表岩体形成的爆破漏斗体积减小而岩体破碎的块度更细碎，岩块抛掷距离更远，空气冲击波和响声更大。当药包埋置深度继续减小到某一定值时，传播给空气的爆炸能量开始超过岩体吸收的爆炸能量，这个埋置深度称为转折深度。

岩体呈碎化破坏状态的下限为最适宜深度，上限为转折深度。在此范围内的爆破都会有或大或小的漏斗形成。

4. 空气中爆炸

如药包重量继续保持不变，而药包埋置深度从转折深度值继续减小，则岩体破碎加剧，岩块抛移更远，声响更大，爆炸能量传给空气的比率更高，而被岩体吸收部分的比率更低。其下限为转折深度，上限深度等于零，即药包完全裸露在空气中爆炸。

从上述 4 种形态来看，炸药爆炸能量消耗在 4 个方面：岩体的弹性变形、岩体的破碎、岩块的抛散以及声响、地震波和空气冲击波。随药包重量和埋置深度的不同，能量消耗的分配情况也不同。一般消耗在岩体弹性变形上的能量是不可避免的，消耗在岩块抛移和飞散以及产生空气冲击波、噪声和地震波的能量应尽可能地避免或减小。

除弹性变形外，其它 3 种爆炸能量做功时都会形成爆破漏斗。当药包重量 Q 值固定不变时，爆破形成漏斗的体积依埋置深度而变化。漏斗体积的大小对爆破效果有重要意义。为了弄清漏斗的特性，必须进行漏斗爆破试验，对不同埋置深度下漏斗体积进行精确测量。一般而言，药包埋置深度由大变小时，漏斗体积由小变大；埋置深度为最适宜深度时，漏斗体积达到最大。此后，埋置深度进一步减小，则漏斗体积又逐渐减小。

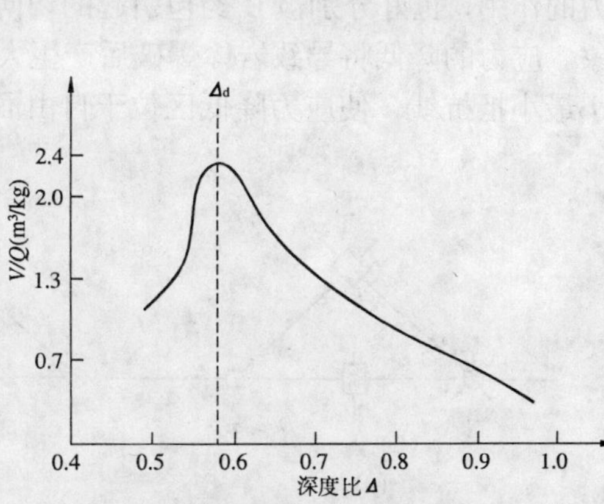

图 8-19 铁燧石的 V/Q- Δ 的关系曲线

为比较全面地描述爆破漏斗的特性，常常需要绘制漏斗体积同药包埋置深度之间的关系曲线。为了消除由于药包重量 Q 的变化而引起的曲线的变化，可以采用比例爆破漏斗体积 V/Q（即单位药量所爆破的岩石体积）来代替爆破漏斗体积 V，并用深度比来代替埋置深度。图 8-19 为铁燧石的 V/Q-Δ 的关系曲线。

Livingston 爆破漏斗理论是建立在一系列试验结果的基础上的，比较接近于实际，故在

爆破工程中得到一定程度的应用。

第五节 成组药包的爆破作用

在爆破工程中，大都采用多炮孔成组药包爆破。如成组药包是采用逐个延期起爆，爆破作用和单个药包爆破时相同。如成组药包采用同时起爆，由于相邻两药包爆炸后应力波相互叠加，岩体中的应力状态和岩体的破坏情况比单药包爆破要复杂得多。

由于对岩体爆破时的实际破坏过程难以进行直接观测，为了了解成组药包爆破时应力波的相互作用情况，通常采用光学活性材料（如有机玻璃）进行模拟爆破实验，并用高速摄像机记录多个药包同时起爆时的应力相互作用过程。

高速摄像记录表明，当两个或两个以上药包齐发爆破时，在最初几微秒时间内，应力波以同心球状各自从起爆点向外传播。经过一定时间后，相邻两药包爆轰引起的应力波相遇，并产生相互叠加。于是在模拟材料中出现了复杂的应力变化情况，炮孔连心线上的应力得到加强，而炮孔连心线中部两侧附近则出现应力降低区。

两个药包齐发爆破时所引起的应力加强和应力降低的原因可作如下解释：如图 8-20 所示，A 药包爆炸时，见图 8-20（a），岩石中Ⅰ、Ⅱ点单元体受到炮孔径向方向的压应力，分别在此二点的法线方向上产生拉伸应力。同理 B 药包爆炸时，见图 8-20（b），也将产生同样的应力状态。A、B 炮孔药包同时起爆时，见图 8-20（c），Ⅰ点岩石单元体受到了 A、B 药包爆炸引起的压缩应力波的叠加作用，其结果是在波阵面的切线方向上的拉伸应力增大，形成应力增高现象。从而使沿炮孔连心线上的岩体首先产生径向裂隙，炮孔间距愈远，这种裂隙就愈多。但是不能认为炮孔间距愈近，爆破效果就愈好，因为炮孔连心线上产生裂隙后，爆生气体会沿裂隙逸散，而使其它方向上的径向裂隙得不到足够的发展，从而降低了岩体的破碎程度。

在 AB 药包同时起爆时，Ⅱ点岩石单元体受到 A 药包爆炸引起的径向压缩应力与切向拉应力的作用，正好分别被 B 药包引起的切向拉应力与径向压应力所抵消，所以出现应力降低现象。应力的降低将导致岩体爆破后产生大块。因此，实际爆破中应适当增大孔距，并相应减小最小抵抗线，使应力降低区位于自由面之外，这样可以减少大块的产生。

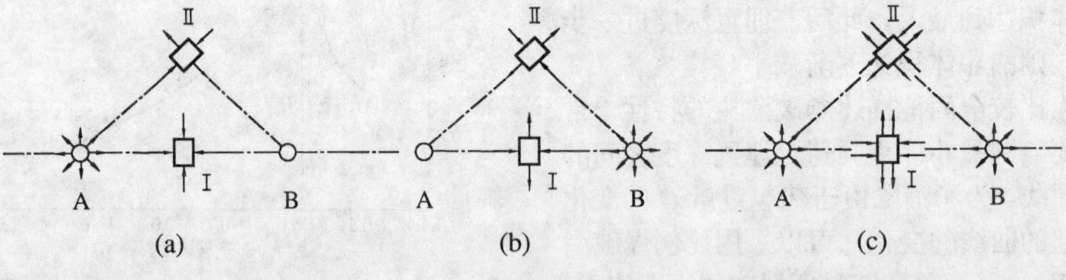

图 8-20 应力增高与降低区力学分析示意图

（a）药包 A 爆炸；（b）药包 B 爆炸；（c）药包 A、B 同时起爆多排成组药包齐发爆破所产生的应力波相互作用的情况比单排药包爆破时更为复杂。如图 8-21 所示，在前后排各炮孔所构成的四边形岩体内，受到 4 个炮孔装药爆炸引起的应力波的相互叠加作用，造成应力极高的状态，因而使岩体破碎效果得到改善。然而，多排成组药包齐发爆破时，只有第一排药包的爆破具有两个自由面的优越条件，而后排药包的爆破则因自由面少而受到较大的夹制作用。因此，多排成组药包的齐发爆破效果不好，在实际中很少应用。采用多排成组药包爆破时，用微差起爆技术可以获得较好的爆破效果。

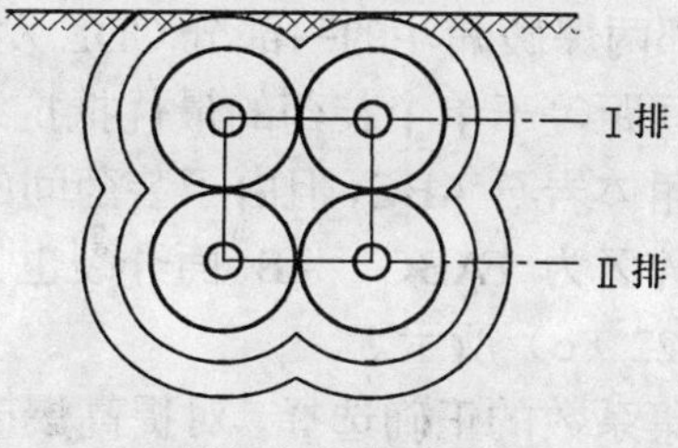

图 8-21　4 个药包齐发爆破时应力波的叠加

多药包爆破时，为使相邻装药间的岩体得到充分破碎，必须合理地选择炮孔间距与最小抵抗线的比值，即炮孔密集系数 m（a/W）。

图 8-22 为不同炮孔密集系数时岩体的破碎情况。

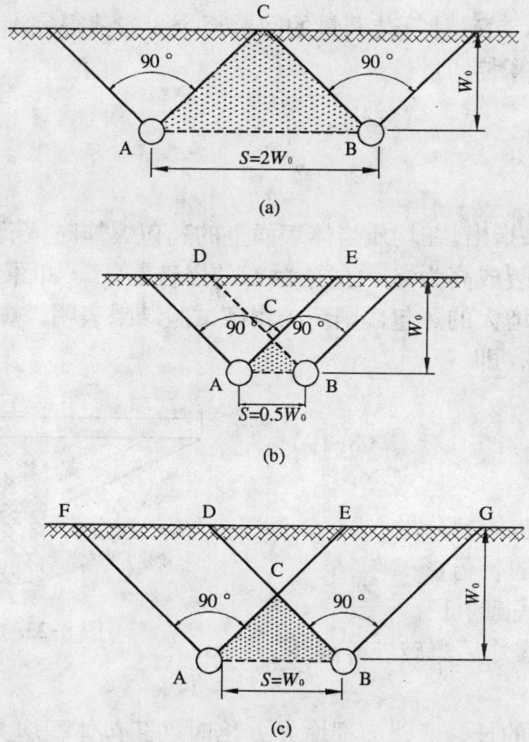

图 8-22　不同炮孔密集系数时岩石的破碎情况

如取最小抵抗线为单个装药的最优抵抗线，密集系数 m 为 2，则因孔距过大，应力随炮孔距离增大而增大，岩体将得不到充分破碎。每个装药将形成各自独立的爆破漏斗，如图 8-22（a）所示。两个爆破漏斗间的三角体岩石 ABC 可能不会被破碎或破碎不完全，破碎情况取决于岩体的节理、裂隙等特性。当炮孔间距过小，密集系数 m=0.5 时，炮孔连心线上产生裂隙后，爆生气体会很快沿裂隙逸散，相邻爆破漏斗间的三角体岩石 ABC 很小，可能形成超挖，相邻两爆破漏斗的一部分 CDE 发生重叠。炸药能量未能充分利用，如图 8-22（b）所示。如炮孔间距等于单个装药的最优抵抗线，相邻两个爆破漏斗在 C 处相交，在漏斗之间虽然也留有三角体岩石 ABC，但由于装药间的相互作用，爆破后三角体岩石一般可以较好地被破碎。实际破碎区为 FABG，AB 面开裂也比较整齐，至于有无超挖欠挖，则取决于岩石的性质，如图 8-22（c）所示。

密集系数的正确选择，对提高爆破效果有重要作用，如选择不当，可能形成超挖或欠挖、增大大块率或岩石抛掷过远等现象。一般密集系数 m 在 0.8～2.0 之间。从经济上考虑，在保证达到所要求的爆破效果的前提下，应尽量扩大炮孔间距。

第六节 装药量计算原理

在隧道和露天开挖等工程爆破中，正确地确定装药量，不仅直接影响爆破效果的好坏和成本的高低，而且影响凿岩爆破甚至铲、装、运等工作的综合经济技术效果。然而由于岩体构造的复杂性和各向异性，精确计算装药量的问题至今尚未获得完满的解决，在工程实际中，仍采用体积法的原理来计算装药量。

一、相似法则

Broberg 根据试验结果指出，在均质岩体表面上的药包爆炸时，药包正下方的岩体被压缩，压缩区周围的岩体将被破裂成高为 d_h、直径为 L 的爆破漏斗，如图 8-23 所示。如果改用一个在各个向度上都按比例增大的药包，则新的爆破试验结果表明，爆破漏斗的各个向度都按药包增大的同一比例增大，即

$$\frac{L'}{L}=\left(\frac{Q'}{Q}\right)^{1/3} \tag{8-19}$$

式中：Q——原来所用药包的装药量；

Q' ——新用药包的装药量；

L——爆破漏斗的底圆半径；

L' ——新用药包爆炸后爆破破碎漏斗的底圆半径。

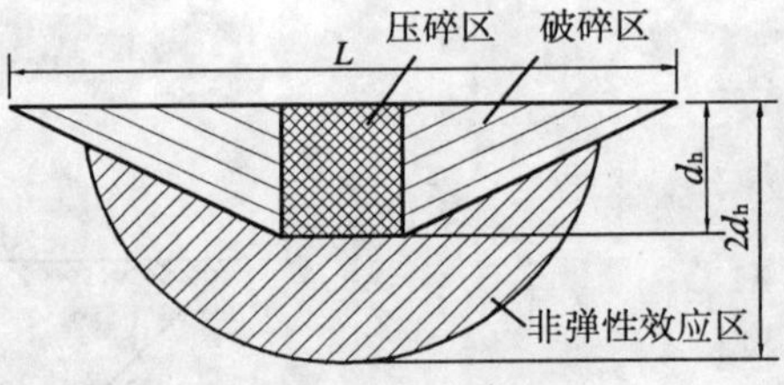

图 8-23 外部药包效应

上式也表示，当药包的长、宽、高都增大 b 倍时（药包体积增大 b^3 倍），爆破漏斗的直径和深度也将增大 b 倍。由此可以得出结论：对于一定的岩石，破碎每立方米岩石所需的平均装药量是一个定值，而不管漏斗体积是大还是小。

当药包在岩体内部爆炸时，药包周围的岩体中同样也会产生压缩区，不论药包的形状是柱状还是球状，压缩区的体积同药包体积成正比。

在完全弹性介质中，相似法则可以获得比较精确的结果。按照这一法则，在理论上许多物理量诸如爆轰压力、爆速、压缩、剪切等的数值，在药包增大时都按同一比例增大。然而在实际上，自然界的岩体通常都是或多或少不均质的和各向异性的，因此，实际上相似法则

只能获得近似值。

如果$\alpha=\left(\frac{Q'}{Q}\right)^{1/3}$，则式（8-19）可以写成：

$$L'=\alpha\cdot L \tag{8-20}$$

式中：α——模拟比（或缩尺比）。

二、体积法则

在单个水平自由面条件下，靠近自由面的单个药包爆破时形成爆破漏斗。在这种情况下，用“体积公式”同相似法则计算所得的装药量结果是一致的。Vauban 首先提出的这个体积公式的实质，在一定炸药和岩石条件下，爆落的土石方体积同所用的装药量成正比，即

$$Q=q\cdot V \tag{8-21}$$

式中：Q——装药量，kg；

q——所爆破岩石的单位炸药消耗量，kg/m^3；

V——爆破漏斗体积，m^3。

如果药包是集中药包（药包形状接近于球状或立方体的药包叫集中药包，而药包长度大于其最短边的 6 倍时则叫延长药包或长条药包），按照前面的定义，标准抛掷爆破时爆破作用指数 n 的值为 1，即 $r=W$，所以，爆破漏斗的体积大小为：

$$V=\frac{1}{3}\pi\cdot r^2\cdot W\approx W^3 \tag{8-22}$$

标准抛掷爆破装药量为

$$Q_{抛}=q\cdot W^3 \tag{8-23}$$

式中：W——最小抵抗线。

根据相似法则，在岩石性质、炸药威力和药包埋置深度都不变的情况下，仅改变（增大或减小）装药量就可以获得加强抛掷爆破漏斗或减弱抛掷爆破漏斗。这样，适用于各种类型的抛掷爆破装药量计算公式，就可以写成下面的形式：

$$Q_{抛}=f(n)\cdot q\cdot W^3 \tag{8-24}$$

式中：$f(n)$——爆破作用指数函数。

对于加强抛掷爆破，$f(n)$ 的值大于 1；对于减弱抛掷爆破，$f(n)$ 的值小于 1；对于标准抛掷爆破，$f(n)$ 的值等于 1。

对于 $f(n)$ 值的计算方法，许多人进行了试验研究，提出了不同的计算式。其中前苏联学者鲍列斯可夫提出了如下计算式：

$$f(n)=0.4+0.6n^3 \tag{8-25}$$

因此，式（8-24）可写为

$$Q_{抛}=(0.4+0.6n^3n)\cdot q\cdot W^3 \tag{8-26}$$

这一公式在前苏联和我国被广泛采用，适用于计算加强抛掷硐室大爆破的装药量。

伯克罗夫斯基认为，抛掷爆破装药量是爆破作用指数 $f(n)$ 的函数，与最小抵抗线有关。如按鲍列斯可夫公式计算装药量，则不准确。伯克罗夫斯基认为，爆破坑越深，从这个坑中克服重力而抛起 1m³ 岩石所耗费的平均功越大。因此，当药包量加大或最小抵抗线增大时抛出来的每立方米岩石所耗费的炸药量也应当增加。如像鲍列斯可夫公式那样，抛掷每立方米岩石所消耗的炸药量不变，那么在这种条件下，抛掷岩土体所消耗的爆破能量应随着药包重量的增加而增加，这意味着岩石变形及其它次要作用的能量消耗减少，而事实上，当达到能量损失与药包大小没有关系的极限情况时，鲍列斯可夫公式将不适用。

伯克罗夫斯基提出，当硐室大爆破的最小抵抗线大于 20m 时，采用下列修正公式：

$$Q_{抛}=(0.4+0.6n^3 n)\cdot\sqrt{\frac{W}{20}}\cdot q\cdot W^3 \qquad (8\text{-}27)$$

我国的工程实践表明，当硐室大爆破的 $W>25$m 时，装药量应按下式计算：

$$Q_{抛}=q\cdot W^3(0.4+0.6n^3)\cdot\sqrt{\frac{W}{25}} \qquad (8\text{-}28)$$

计算松动爆破（包括减弱抛掷爆破）的装药量，还可以采用下列公式：

$$Q_{松}=(0.4\sim0.6)\cdot q\cdot W^3 \qquad (8\text{-}29)$$

计算式中的单位炸药消耗量 q，可根据岩石的可爆性、岩石的坚固性系数、工程性质等多种因素，按下述方法选择确定。

(1) 查表参考定额或有关资料的数据；

(2) 参照条件相似的工程或本工程的实际单位炸药消耗量 q 值的统计数据；

(3) 在需要进行爆破的岩体中做标准抛掷爆破漏斗试验；

(4) 松动爆破时的单位炸药消耗量一般为标准抛掷爆破单位炸药消耗量的 0.4～0.6 倍。

综上所述，装药量计算的原理就是装药量的多少取决于要求爆破的岩石的体积、爆破漏斗形状和岩石性质等因素。但是，对于爆破质量问题，尤其是爆破岩石块度等因素，都没能在前述计算式中得到反映。虽然如此，体积公式还一直沿用至今。

以上所述装药量计算公式，都是以单自由面和单药包爆破为前提的，然而在实际爆破工程中常常采用成组多药包，并且为了改善爆破效果，通常都是利用多个自由面进行爆破，这样就使爆破漏斗的形状和大小变得更加复杂。在计算装药量时，应按具体情况确定每一个药包所能爆下的体积，分别求出每一个药包的装药量，然后进行累计，从而得出总装药量。

第七节　影响爆破作用的因素

在爆破工程中，欲想获得预期的爆破效果和不断提高爆破效率，必须对影响爆破作用的各方面因素尽可能地做出全面与正确的分析。利用爆破中客观的有利因素或人为地创造有利因素，避免或克服不利因素，以实现高速、高效、高质量、低成本的爆破工程要求。

影响爆破作用的因素很多且很复杂。本节仅就其中的主要因素进行阐述，有些问题在有关章节已有所涉及，此处不再重复。

一、岩石性质对爆破作用的影响

岩体作为爆破的对象，是影响爆破作用与效果的自然地质因素。其地质赋存条件、构造、组织结构以及岩石的物理力学性质等，是爆破设计与施工的第一手资料，对这些资料的充分认识和了解，是获得良好爆破效果的基本保证。

(一) 岩体结构面与不均质性对爆破作用的影响

实际中遇到的岩体通常不是理想的均质体，往往是各向异性的，并且存在节理、裂隙、层理和断层等自然结构面。这些自然缺陷的存在对爆破作用产生了很大的影响。

岩体的各向异性使爆炸产生的应力波在传播过程中发生畸变，影响岩体中动态应力场的分布，使岩体各个方向的动态抗压、抗拉及抗剪强度不同。因此，使各个方向上由动应力产生的裂隙密度、裂隙方向及延伸的长度各不相同。工程实践证明，爆破最容易沿岩体的原生裂隙面错动或裂开。如果岩体内的裂隙较大，并穿过药室，将会导致爆生气体进入裂隙，使其扩张，同时挤压周围岩体，限制了周围其它裂隙的扩展和延伸，并且爆生气体很容易从扩展了的裂缝中逸出，从而降低了正常破碎的有效压力与压力作用时间。当较大的裂隙面与爆炸应力波传播方向垂直时，将会引起波的反射，结果使裂隙面另一侧的岩体因应力衰减得不到应有的破碎。

岩体结构面对爆破作用方向及爆破漏斗形成的影响程度取决于结构面的产状与大小、结构面的粘结力、结构面与药包间的相互位置关系等情况。在实际工程爆破中，必须充分掌握岩体的地质构造特征及岩性，全面分析爆炸能量在岩体中的分布状况、应力波的反射与折射以及爆生气体的作用等问题，从而设法避免或克服不利的地质因素可能对爆破效果造成的不良影响。

利用根据地质统计方法建立的被爆岩体内节理和裂隙空间分布的计算机模型，指导爆破设计与施工（尤其是硐室大爆破）的技术方法，正日益引起人们的兴趣，并已取得了实用性的进展。

(二) 岩石的波阻抗对爆破作用的影响

爆破作用原理和爆破实践表明，爆炸应力波和爆生气体对岩体的破碎作用过程，随岩石波阻抗的不同而异。根据岩石波阻抗对爆破作用的影响，可将岩石分为三类。

1. 高波阻抗的岩石

波阻抗为 $10\times10^5\sim25\times10^5$g/(cm^2・s)，致密坚固而完整的岩石属于此类，如石英石、坚固的花岗岩等。这类岩石的特点是内聚力大、强度高，应力波在其中传播时的衰减速率较慢。这类岩石的破坏主要取决于应力波强度。

2. 中波阻抗的岩石

波阻抗为 $5\times10^5\sim10\times10^5$g/(cm^2・s)，致密坚固或中等坚固、有节理或裂隙存在的岩石属于此类，如石灰岩、大理岩、砂岩等。这类岩石的内聚力、粘结力及强度均较低。这类岩石的破坏是应力波（主要是入射波）和爆生气体综合作用的结果。

3. 低波阻抗的岩石

波阻抗小于 5×10^5g/(cm^2・s)，软岩或多孔塑性的岩石属于此类，如粘土类、煤等。这类岩石的粘结力和强度都很小。这类岩石主要是在爆生气体膨胀压力作用下，克服岩石的粘结力和摩擦力而被破坏。

二、炸药性能对爆破作用的影响

在炸药各种性能中（包括物理性能、化学性能和爆炸性能），直接影响爆破作用及其效果的主要是炸药密度、爆热和爆速。因为它们决定了在岩体内激起的爆炸应力波的峰值压力、应力波的作用时间、热化学压力以及传递给岩体的比冲量和比能。

无论是破碎还是抛掷岩石，都是靠炸药释放出的热能来做功的。增大爆热和炸药密度，可以提高单位体积炸药的能量密度，同时也提高了爆速，对用炸药作敏感剂的工业炸药来说，爆热增大 2 倍，炸药成本约提高 10 倍，但爆热低又将导致能量密度减小，相应地增大了凿岩工作量及其成本。工业炸药的密度有其极限值，超过该值后，炸药不可能稳定爆轰。因此，改善爆破效果的有效途径是提高炸药能量的有效利用率。

如不考虑炸药的热损失，炸药爆炸做功的主要形式有：使药包周围附近区域内的岩体产生强烈的塑性变形与粉碎；克服岩石内聚力与摩擦力，将岩石从岩体中分离出来并分裂成为碎块；将破碎岩块推移或抛掷出去；在破坏区外的岩体中产生爆破地震以及在空气中产生空气冲击波和声响。

对爆破工程而言，岩石的过度粉碎、强烈的抛掷和空气冲击波、爆破范围以外的地震效应和局部破坏等均属于无益消耗的爆炸功。因此，提高炸药能量利用率就是要提高有效爆炸功，降低无益爆炸功。

炸药的爆轰压力是影响岩体爆破效果的重要因素之一，尤其对于坚韧密实的岩体更是如此。爆轰压力愈高，在岩体中引起的应力和应变也越大，有利于改善破碎效果。当然，也不是爆轰压力愈高愈好。过高的爆轰压力将造成药包周围附近区域内的岩石过度粉碎而消耗较多的爆炸能，以致使附近区域以外的岩石的破坏效果受到影响。因此，爆轰压力以能满足应力波的强度仅使岩石破裂即可。

爆轰压力与炸药密度的一次方和爆速的平方成正比。所以，在选用爆破坚韧密实岩体的炸药时，应选用具有较高密度和爆速的炸药。

炸药的爆炸压力，即爆轰气体膨胀作用在炮孔壁上的压力，是炸药性能影响破碎岩石的另一个重要因素。由于炸药爆轰反应过程极为短暂，常在岩体破碎过程尚未完成之前即告结束，所以，爆轰压力的作用时间远小于在后来达到某一峰值的爆炸压力的作用时间。在较软弱的岩体中爆破时，爆炸压力对改善爆破效果显得极为重要。这时，裂隙在较低的应力作用下就开始出现，然后在较长时间的爆生气体的作用下，裂隙继续扩展与延伸。这样使爆炸能量分配得更加合理。

爆炸压力的大小主要取决于炸药的爆热、爆温、爆生气体的数量以及炮孔的密闭条件。所以，在破碎比较松软的岩石时，或是抛掷爆破时，应选择爆热、爆温、爆生气体数量大的炸药，并注意提高炮孔的堵塞质量。

三、炸药与岩石的相互匹配关系对爆破作用的影响

炸药在岩体中爆炸所激起的冲击波压力，对于一定的炸药，其值随岩石波阻抗不同而变化；对于一定的岩石，又因炸药波阻抗的不同而异。这说明炸药爆炸传递给岩体的能量及传递效率是与岩石的波阻抗和炸药的波阻抗有着直接关系的。

冲击波压力越大，表示炸药传给岩体的能量越多，岩体中产生的应变值也就越大。图 8-24 为炸药在不同的岩体中爆炸后，距爆源一定距离内测得的岩石应变值、炸药波阻抗和岩石波阻抗三者之间的关系。图中 ε 表示应变峰值（即应变波幅），NRT 为炸药比能。纵轴 ε/NRT 可以看作是一定特性的炸药爆炸时，在岩体中产生的应变值。横轴为炸药波阻抗与岩石波阻抗之比（其中 ρ_e 为炸药密度，D 为炸药的爆速，ρ_r 为岩石的密度，C_{lr} 为岩石中的纵波传播速度）。从图 8-24 中可以看出，随着波阻抗比值的增大，即随着炸药波阻抗同岩石波阻抗的接近，岩石应变值也增大，这对于爆破中如何选用炸药具有重要的指导意义。就是说，欲使岩石产生最大应变，必须依据岩石波阻抗来选用炸药品种，使两者的波阻抗达到良好的匹配，才能获得最佳的爆破效果。对于工程爆破中常用的硝铵类炸药来说，其波阻抗一般为 5×10^5g/(cm^2·s)左右，而高波阻抗岩石的波阻抗范围为 $10\times10^5\sim25\times10^5$g/(cm^2·s)。由此可见，普通硝铵类炸药尚不能满意地符合爆破致密坚硬岩石的要求。因此，通过提高装药密度来提高炸药的波阻抗值，也具有现实意义。

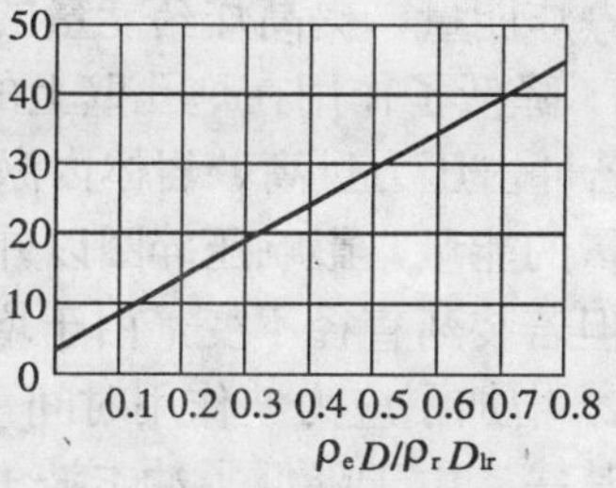

图 8-24　波阻抗比对应变的影响

四、装药结果对爆破作用的影响

(一) 不偶合装药

波动（应力波或冲击波）从一种介质传播到另一种介质时，常因波的反射而发生衰减。因此，药包与岩体的偶合状况就很重要了。所谓“不偶合系数”是指炮孔直径与药包直径的比值，反映了药包在炮孔中与炮孔壁的接触情况。当药包完全填满炮孔整个断面时，不偶合系数达到其最小值 1。这时药包的爆轰波可以直接传播到岩体中去而不经过药包和孔壁之间存在的空气间隙，这样就使能量传播时的无效消耗得以避免。

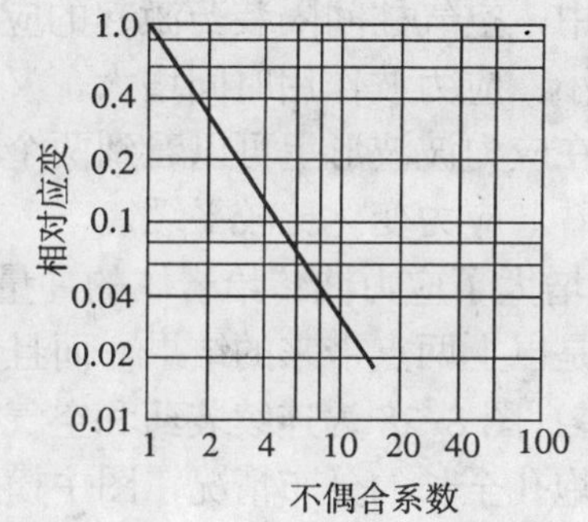

图 8-25　相对应变与不偶合系数的关系

根据试验资料（图 8-25），爆破时岩石的相对应变值近似地与不偶合系数的 1.5 次幂成反比。例如，同样使用 76mm 直径的药包进行爆破，炮孔直径由 76mm 改变为 152mm 时，应力波的幅值减小 2/3。对于爆速和爆炸压力取决于约束条件的炸药，不偶合系数的影响尤为显著，因为爆炸压力随不偶合系数值的增大而降低。

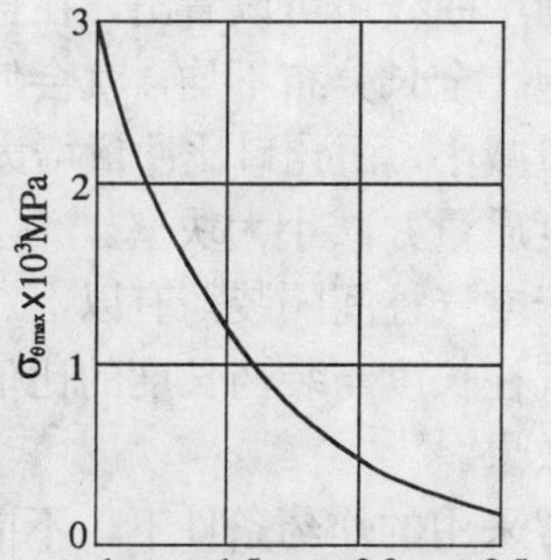

图 8-26　不偶合系数与孔壁应力的关系

从图 8-26 可以看出，随着不偶合系数值的增大，炮孔壁上的切向最大应力值急剧下降。

(二) 空气柱间隔不偶合装药

在一定的岩石和炸药条件下，采用空气柱间隔不偶合装药，可以增加用于破碎或抛掷岩石的爆炸能量，提高炸药能量的有效利用率，降低耗药量。空气柱间隔装药的作用原理是：

1. 降低了作用在炮孔壁上的冲击压力峰值

若冲击压力过高，岩体内激起的冲击波产生压碎圈，炮孔附近的岩石被过度粉碎，会消耗大量的能量，影响压碎圈以外岩体的破碎效果。增大装药不偶合系数，虽也能降低冲击压力，但若装药直径不变，由于增加了炮孔直径，会给凿岩工作带来困难。

2. 增加了应力波作用时间

其一，由于降低了冲击波的压力，减小或消除了冲击波的作用，相应地增加了应力波的能量，从而能够增加应力波的作用时间；其二，两段装药间存在空气柱室，装药爆炸后，首先在空气柱内激起相向传播的空气冲击波，并在空气柱中心发生碰撞，使压力增高，同时产生反射冲击波向相反方向传播，其后又发生反射和碰撞。炮孔内空气冲击波往返传播，发生多次碰撞，增大了冲击压力及其激起的应力波的作用时间。

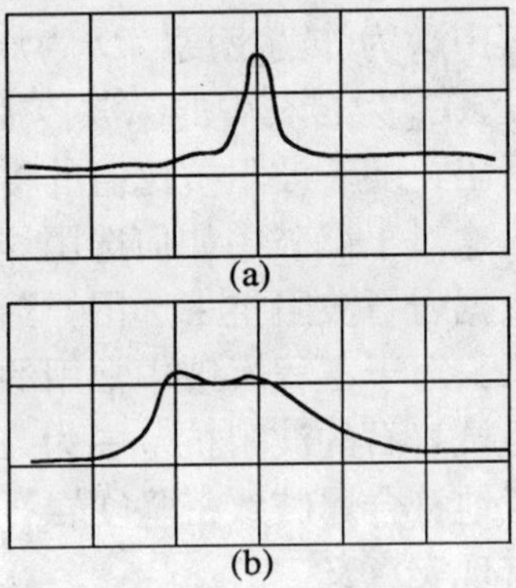

图 8-27 连续装药和空气柱间隔装药应力波波形比较

（a）连续装药；（b）空气柱间隔装药

图 8-27 为在相似材料模型中和相同试验条件下，测得的连续装药和空气柱间隔装药的应力波波形。图中，空气柱间隔装药激起的应力波，其峰值应力减小，应力波作用时间增大，又由于空气冲击波碰撞在应力波波形上可以看到两个峰值应力，但总的来看，应力变化比较平缓。

3. 增大了应力波传给岩体的冲量

这是以上两点带来的结果，而且比冲量沿炮孔分布较均匀。图 8-28 为连续装药和空气柱间隔装药的比冲量沿炮孔全长的分布情况，图中横坐标为炮孔任一截面至炮孔底部距离与炮孔长度的比值，纵坐标为任一截面比冲量与炮孔底部比冲量的比值。

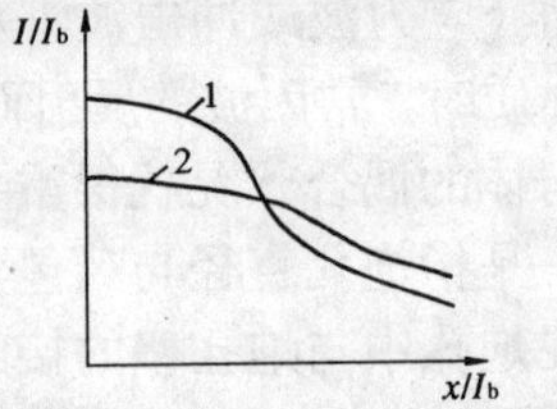

图 8-28 不同装药结构的比冲量沿炮孔全长的分布

从图中曲线 1 可以看出，在连续装药的情况下，孔底比冲量远比孔口比冲量高。由于比冲量沿炮孔全长分布不均，就会使爆破块度不匀并增加大块率。采用空气柱间隔装药时，孔底比冲量减小，而孔口比冲量增大（图中曲线 2），使比冲量沿炮孔全长分布趋于均匀，故能改善块度质量并减小大块率。

由于空气柱间隔装药有以上 3 个方面的作用，因此，在一定的岩石和炸药条件下，合理确定空气柱长度与装药长度的比值，调整应力波参数，就能提高炸药能量的有效利用率，改善爆破效果。

通常采用的炸药条件下，不同岩石适用的空气柱长度与装药长度的比值见表 8-1。

若空气柱长度与装药长度的比值超过 0.35～0.40，应采用多段间隔装药，在隧道掘进中，一般可将装药分为两段，其中底部装药应为总药量的 65%～70%，装药间用导爆索连接。如果没有合适的起爆方法，也可以采用多段间隙装药，装药时使装药间距不超过殉爆距离，或采用连续装药，而将空气柱留在装药与炮泥之间。

表 8-1　合理的空气柱长度

岩石性质	空气柱长度与装药长度的比值
软　　岩	0.35～0.40
中等坚硬多裂隙岩石（$f=8$～10）	0.30～0.32
中等坚硬块状岩石（$f=8$～10）	0.30～0.32
多裂隙的坚硬岩石（$f=12$～16）	0.15～0.20
坚韧的细微裂隙岩石（$f=18$～20）	0.15～0.20

(三) 炮孔的堵塞

1. 堵塞的作用

炮孔装药后，孔口堵塞与否对于爆破效果有较大的影响。堵塞是以提高炸药的密闭效果及爆生气体的有效作用时间为目的的。良好的堵塞可以提高炸药稳定爆轰的性能，提高爆速和殉爆距离。更主要的是可阻止爆生气体产物过早地从装药空间冲出，以保证在岩体破裂之前使装药孔保持高压状态，且延长爆生气体膨胀做功的时间。这样便可增加有效破岩的能量，从而提高爆破效果。

根据试验，有无堵塞时炮孔中的压力随时间的变化关系，如图 8-29 所示。从图中可以看出，堵塞与否对作用在孔壁上的冲击波压力虽有影响，但不显著，然而堵塞却大大地增大了爆生气体产物对孔壁的作用压力和作用时间，从而大大提高了对岩石的胀裂作用效果。

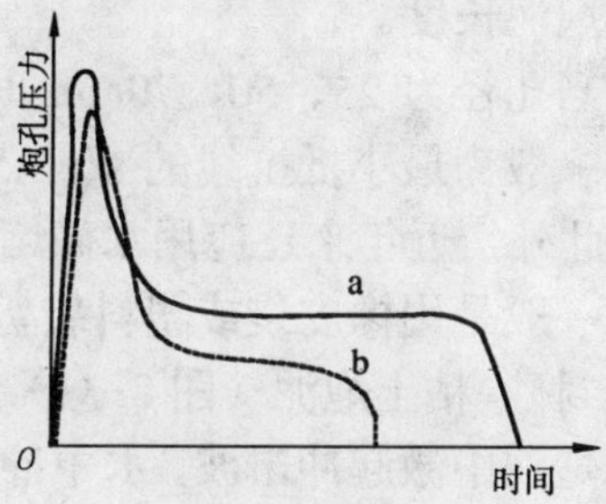

图 8-29　堵塞对炮孔压力的影响

a—堵塞时；b—无堵塞时

炮孔的堵塞物通常称做炮泥。关于炮泥作用原理有种种说法，从理论上说，要求炮泥的堵塞强度应该与原岩强度相同，但实际上是困难的，也未必须要这样做。目前的一种看法是，只要堵塞的炮泥能保证孔内爆生气体产物从孔口喷出的时间大于或等于爆生气体在孔内基本完成爆破岩石的时间即可；另一种看法是，炮泥在爆生气体压力作用下要向孔口方向运动，最初只是临近装药部分的炮泥开始运动，而孔口部分的炮泥并不运动。这时炮泥受力且密度增大，其横向压力也增大，使炮泥与孔壁间产生很大的摩擦力。因此，炮泥运动到一定距离（大约几厘米）后，就会形成密实的炮塞楔在炮孔中，起到了阻止爆生气体产物向孔口泄出的作用。

应当指出，也有人主张在使用高爆速猛炸药（如硝化甘油炸药）进行炮孔爆破，或者采用中威力炸药（如铵梯炸药）进行炮孔“反向爆破”时，可以不加堵塞。其理由是炸药爆速高，产生的应力波速度快，当炮泥来不及运动时，岩石就破碎了；或认为孔口部分的炸药在爆炸的前一阶段对孔内炸药的爆炸起到了炮泥的作用，因此，可以不加堵塞。但爆破实践证明，这种无炮泥堵塞爆破法是不能采用的。实际现场甚至有用药卷装满孔口以代替炮泥的做法，更是不合理。后者的做法不仅浪费了大量炸药，而且还影响了爆破质量，如造成隧道的大量超挖、岩壁的不整齐等。堵塞不仅在浅孔爆破、正向起爆及炸药爆轰性能较低时是十分必要的，即使在炮孔较深和反向起爆的条件下也不容忽视。因为在深孔时，堵塞对爆破效果的影响仅仅相对而言不很显著，但绝对而言，堵塞作用依然存在。

此外，堵塞可以促使炸药爆轰反应完全，减少有毒气体生成量，在有可燃性矿尘或瓦斯的矿井内爆破时，可以减小引爆的危险性。因此，从安全角度出发，也必须堵塞。

2. 堵塞材料与堵塞长度

保证堵塞效果，主要是选择合适的堵塞材料和必须的堵塞长度，以获得堵塞物与炮孔壁之间所必须的摩擦阻力。常用的堵塞材料有砂子、岩粉、粘土等。堵塞长度与装药直径、装药深度、炸药性质及岩石性质等因素有关。

堵塞效果通常以移动炮泥所必须的压力（即堵塞阻力，MPa）来衡量，它与堵塞长度的关系如图 8-30 所示。从图中曲线可知，堵塞长度达到一定值时，堵塞阻力已达最大值。与堵塞阻力最大值相对应的是堵塞长度，叫做临界堵塞长度。超过临界堵塞长度后，再增加堵塞长度已不起作用，由于砂的临界长度比粘土的小，故砂比粘土优越。但是，砂子只适用于垂直向下的炮孔的堵塞，却难适用于水平炮孔。因此，水平炮孔常用砂与粘土混合制成炮泥。炮泥阻力取决于砂和粘土的混合比、含水率和炮泥长度。

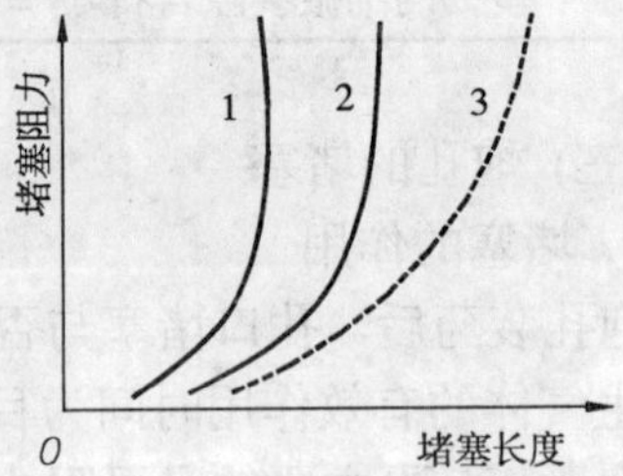

图 8-30 堵塞长度与阻力的关系

1—砂；2—粘土；3—湿砂

当孔径为 25、50、70mm 时，堵塞长度应分别为 18、45、50cm。在台阶爆破中，堵塞长度一般为最小抵抗线的 1～1.5 倍。

此外，近年来还应用水做堵塞材料，称为水炮泥。水炮泥一般是用橡皮袋或塑料袋盛水。采用水炮泥时，孔口还应封砂-粘土炮泥（图 8-31），其原理是，炸药爆炸后，在水炮泥中激起冲击波，水中冲击波遇到孔口炮泥产生反射，由于炮泥介质密度大于水，则反射波与入射波同为压缩波，这就使水质点产生速度极大的相向冲击运动，相应地造成很大的侧压而作用于孔壁。可以认为，在炸药爆炸瞬间水炮泥处于完全刚体状态，从而起到了坚实的炮塞作用。实践证明，采用水炮泥可以加强爆生气体对岩石的爆破作用，这对于使用高速炸药是有效的，但对低威力炸药没有什么效果。另外，水炮泥对减少爆破时的岩尘飞扬和防止易爆矿尘因爆破着火具有较好的安全效果。

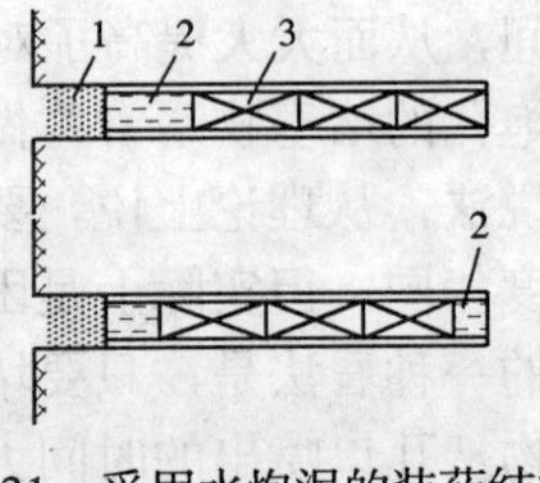

图 8-31 采用水炮泥的装药结构

1—炮泥；2—水炮泥；3—炸药

(四) 起爆药包的位置

采用柱状装药时，起爆药包放在什么位置决定着爆轰波、岩体中的应力波以及岩石破裂的传播与发展方向。

根据起爆药包在炮孔内的位置的不同，爆破方法有 3 种：一是起爆药包位于孔底装药位置（通常放在孔底的第二个药包处），并将雷管聚能穴朝向孔口，称为反向起爆；二是起爆药包放在孔口位置（通常放在孔口的第二个药包处），雷管聚能穴朝向孔底，称为正向起爆；三是起爆药包放在炮孔中间位置，称为中部（或双向）起爆。

过去多用正向起爆，近年来，国内外的工程实践表明，反向起爆能提高炮孔利用率，减小岩石块度，增大抛碴距离及降低炸药消耗量。此外，在有瓦斯或矿尘爆炸危险的矿井中，反向爆破比正向爆破更安全，堵塞对反向爆破的影响比对正向爆破的影响小。处理瞎炮也比较安全，可以掏出炮泥重新放入起爆药包起爆。

实践还证明，岩石愈坚固，炸药爆速愈低以及炮孔愈深时，反向爆破效果愈好。

反向爆破效果好的原因可作如下解释。

1. 提高了爆炸冲击波的有效作用

由于反向起爆产生的爆炸应力波，除非炸药爆速大大超过应力波传播速度外，通常都将叠加成为一个高压应力波波阵面指向自由面，这就使得在自由面反射后能形成强烈的拉伸波，从而提高了自由面附近岩体的破碎效果。而正向起爆恰恰相反，叠加后的高应力波波阵面不是指向自由面，而是指向岩体内部，因而压缩应力波的破岩效率大大地低于拉伸波，同时应力波能量被无限岩体所吸收，使应力波能量的有效作用降低。

2. 增加了应力波的动作用和爆生气体的静作用时间

如图 8-32 所示，在其它条件相同时，正向爆破（图 8-32a）和反向爆破（图 8-32b）分别从 A 点和 B 点起爆，爆炸应力波分别向自由面传播，并在自由面产生反射，从起爆至反射波各自返回到达 A 点的时间，反向爆破比正向爆破推迟了一段时间Δt。也就是说，反向爆破时，A 点与自由面产生贯穿裂隙的时间延长了一段Δt 的时间。在Δt 内，装药部分的岩体在入射应力波和爆生气体的作用下，便能产生更多的裂隙并促使裂隙进一步扩展，从而加强了破碎岩石的效果。与此相反，正向爆破时，A 点将因反射拉伸波的作用，产生了与自由面贯穿的裂隙，孔内高压爆生气体就从裂隙向外逸出，从而减弱了爆生气体对下部岩石的破碎作用，更严重的是，当 A 点出现与自由面贯穿裂隙时，孔内下部装药尚未爆轰完毕（如图 8-32a 中爆轰传到 C 点），由于孔内爆生气体逸出引起的稀疏波则有可能影响孔内炸药继续爆轰的稳定性，从而造成 CB 段药柱拒爆。这就是正向爆破常出现较深残孔的原因。尤其炸药爆速小时，这种现象更严重。

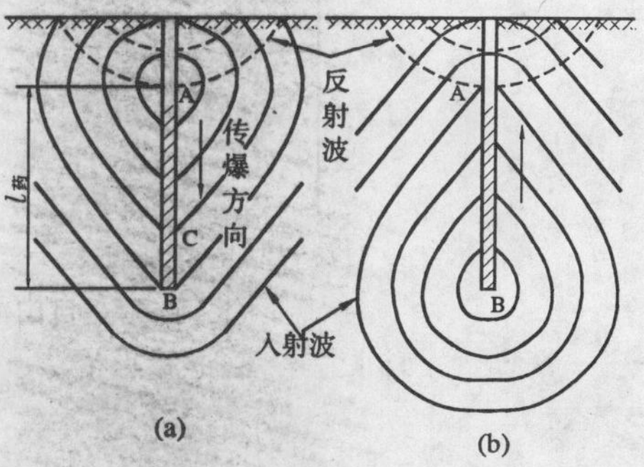

图 8-32　爆炸应力波传播示意图

(a) 正向起爆；(b) 反向起爆

3. 增大了炮孔底部的爆炸作用力和作用时间

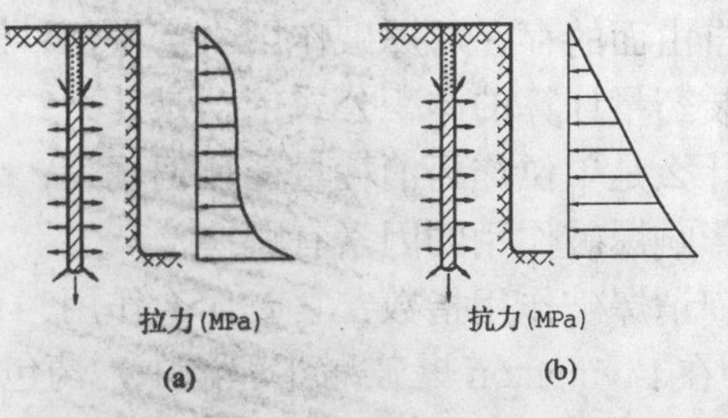

图 8-33　爆破抗力随孔深的变化

（a）台阶爆破；（b）漏斗爆破

岩体的抗爆强度随孔深而增大（图 8-33），孔底部分的岩体抗力最大，需要消耗较大的能量来破碎。若用正向爆破，由于爆生气体对孔底的作用时间短，且压力低，故爆破效果差。而反向爆破时，炮孔内最大压力恰好作用在孔底部分，而且作用时间长，符合沿孔深分布的岩体抗爆能力的变化规律，故爆破效果好。

五、自由面大小和数量对爆破作用的影响

自由面的大小和数目对爆破作用效果具有显著的影响。自由面愈小，数目愈少，爆破受到的夹制作用愈大，爆破愈困难，单位炸药消耗量增高，其影响程度通常以夹制系数 K 表示，自由面的大小与数目对爆破作用的约束状态及 K 值的影响如图 8-34 所示。

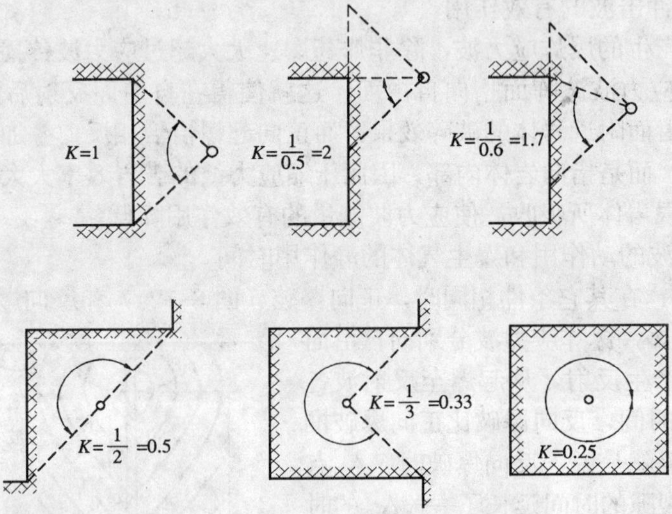

图 8-34 自由面大小与数目对爆破的夹制作用

思 考 题

1. 简述岩体内爆炸冲击波和应力波的传播特性及其破坏作用。
2. 岩体爆破机理有哪几种假说?你倾向于哪一种?
3. 简述装药爆破的内部作用。
4. 单药包在有限(有自由面存在)均质岩体内爆破时，将产生哪些作用，为什么?
5. 自由面的存在对爆破作用将产生何种影响?
6. 装药量计算的体积公式依据是什么?
7. 什么是单位炸药消耗量，如何确定?
8. 影响爆破作用的因素有哪些?
9. 何谓爆破作用指数？它有什么作用?
10. 在 Livingston 爆破漏斗理论中，药包的埋深与爆破作用效果有何关系?
11. 试用岩体爆破机理说明岩石爆破漏斗的形成过程。
12. 在平坦地形条件下，已知药室的 W=12m，在 f=8 的石灰岩中用铵油炸药进行抛掷爆破，欲使爆破漏斗半径 r=18m，求药室装药量。

第九章　炮眼爆破

第一节　概　述

炮眼爆破通常是指孔径小于 50mm、长度小于 5m 的爆破方法。

炮眼爆破是工程爆破中较早发展起来的一种爆破方法。在现代爆破方法中，炮眼爆破仍然有着广泛的应用范围。无论是露天还是地下的岩土开挖工程，炮眼爆破仍占有较大的比重。如探矿巷道掘进，开拓和采矿巷道的掘进或地下硐室的爆破开挖、露天小台阶爆破，几乎全部都采用炮眼爆破法；露天深孔爆破时钻孔平台的平整和清理、大块岩石、矿石的二次破碎、沟渠及桥涵基础开挖的石方爆破、清刷岩石边坡和处理孤石和危石等等，也都要用炮眼爆破法。近年来，在城市建筑物的拆迁中所用的控制爆破技术，实质上也是炮眼爆破的一种应用。

炮眼爆破所采用的钻眼机械主要是手持式或气腿式凿岩机以及凿岩台车。这些机械操作简单、使用灵活方便。在没有凿岩机的条件下，还可以用人工打钎凿岩，增加了炮眼爆破的适应性。对于不同的爆破目的和工程需要，炮眼爆破易于通过调整炮眼位置和装药量的方法，控制爆破岩石的块度，限制围岩的破坏范围。

但是，炮眼爆破的机械化程度还不够高，工人劳动强度大，劳动生产率低，爆破作业频繁，大大地增加了爆破安全管理的工作量。

第二节　隧道掘进中的炮眼爆破

炮眼爆破法是隧道掘进中使用的最基本的爆破方法。爆破效果的好坏直接影响到隧道掘进施工的质量、速度和成本。合理地布置工作面上的炮眼和正确确定爆破参数是取得良好爆破效果和加速掘进速度的重要保证。

一、隧道掘进工作面上的炮眼排列

(一) 平巷掘进工作面炮眼布置

隧道掘进工作面上的炮眼，按其作用的不同，可分为掏槽眼、辅助眼和周边眼。掏槽眼的作用是为辅助眼的爆破创造第二个自由面。辅助眼的作用是进一步扩大掏槽体积和大量崩落岩石。周边眼的作用是形成和控制隧道断面的形状。对于平巷和斜井而言，周边眼又分为顶眼、邦眼和底眼。各类炮眼位置及作用范围参见图 9-1。

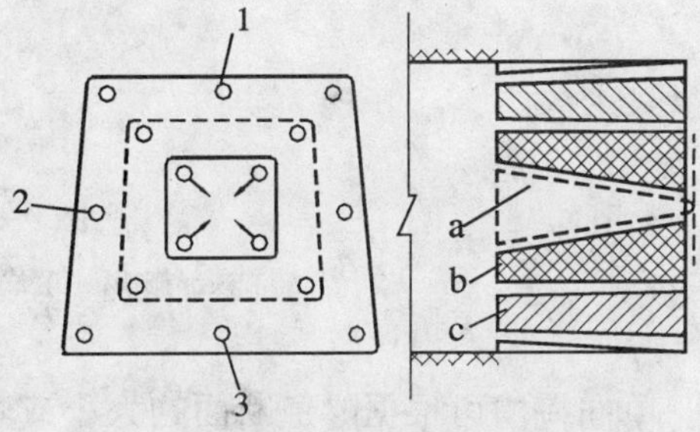

图 9-1　各类炮眼位置及其作用范围示意图

a—掏槽；b—扩槽；c—形成隧道断面规格

1—顶眼；2—邦眼；3—底眼

隧道掘进爆破时，一般只有一个自由面，爆破条件困难。为了创造第二自由面，可以在掘进工作面的某一适当位置布置少量炮眼，爆破时首先起爆，在工作面上形成一个槽口，为其余炮眼的爆破创造有利条件，这些首先起爆的少量炮眼就称为掏槽眼。

为了提高其它炮眼的爆破效果，掏槽眼应比其它炮眼加深150～200mm，装药量增加15%～20%。

根据隧道断面、岩石性质和地质构造等条件，掏槽眼的排列形式有很多，归纳起来可分为倾斜掏槽和垂直掏槽两大类。此外还有两者结合的混合掏槽。

1. 倾斜掏槽

倾斜掏槽是指掏槽方向与工作面斜交的掏槽方法。通常有单向掏槽、锥形掏槽和楔形掏槽几种形式。

(1) 单向掏槽

掏槽眼排列成一行，并朝一个方向倾斜。此类掏槽主要是根据工作面不同的岩层条件，选择薄弱部位布置炮眼。按炮眼部位和倾斜方向，可分为顶部掏槽、底部掏槽、侧向掏槽和扇形掏槽。

当隧道顶部有软弱夹层或顶板正好是岩层的自然接触面或岩层层理与裂隙背向工作面倾斜时，采用顶部掏槽（图9-2(a)）。当隧道底部有软弱夹层或隧道底板正好是岩层的自然接触面或岩层层理与裂隙向着工作面倾斜时，采用底部掏槽（图9-2(b)）。当隧道一侧有软弱夹层或层理、裂隙向侧邦倾斜时，采用侧向掏槽（图9-2(c)）。当工作面遇到的夹层位于巷道中部或斜交时，常采用扇形掏槽（图9-2(d)）。

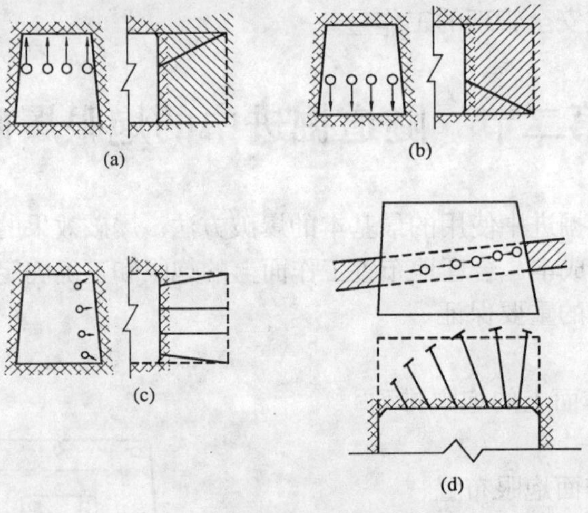

图9-2 单向掏槽示意图

(a) 顶部掏槽；(b) 底部掏槽；(c) 侧向掏槽；(d) 扇形掏槽

单向掏槽可根据隧道断面的大小或软弱夹层的厚度，布置一排或两排。掏槽眼的倾斜角度一般为50°～70°，岩石坚固程度高，角度取小值。

(2) 锥形掏槽

各掏槽眼以相等或近似相等的角度向中心轴线倾斜，眼底趋于集中，但互相并不贯通，爆破后形成锥形槽。眼数为3～6个，通常为三角锥形和正角锥形（图9-3）。

正角锥形掏槽在平巷掘进中使用较多。锥形掏槽的有关参数视岩石性质而定，施工中可参考表 9-1 所列数据选取。

(3) 楔形掏槽

楔形掏槽通常由两排相对称的倾斜炮眼组成，爆破后形成楔形槽，可分为垂直楔形掏槽和水平楔形掏槽两种（图 9-4）。

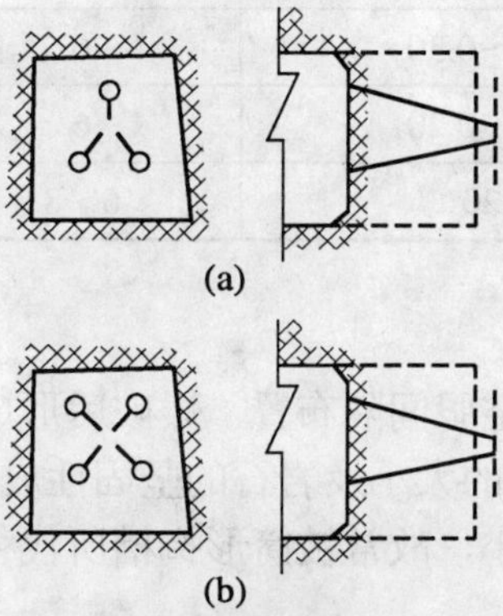

图 9-3　锥形掏槽

(a) 三角锥形；(b) 正角锥形

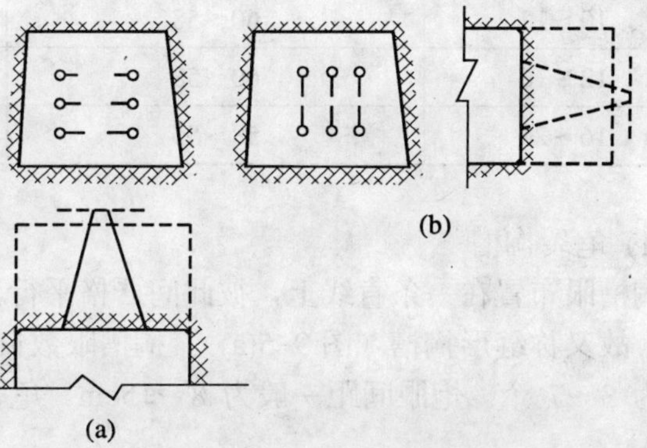

图 9-4　楔形掏槽

(a) 垂直楔形；(b) 水平楔形

表 9-1　锥形掏槽眼要素

岩石坚固性系数 *f*	炮眼倾角 (°)	相邻炮眼间距（m）	
		眼口距离	眼底距离
2～6	75～70	1.00～0.90	0.40
6～8	70～68	0.90～0.85	0.30
8～10	68～65	0.85～0.80	0.20
10～13	65～63	0.80～0.70	0.20
13～16	63～60	0.70～0.60	0.15
16～18	60～58	0.60～0.50	0.10
18～20	58～55	0.50～0.40	0.10

楔形掏槽常用于中硬以上的均质岩石，且巷道断面大于 4m^2 的工作面，每对掏槽眼间距为 0.2～0.6m，掏槽眼与工作面的交角为 55°～75°，眼底间距为 10～20cm。楔形掏槽炮眼参数根据岩石性质而定，参见表 9-2。

倾斜掏槽的优点是：掏槽眼数目少，掏槽体积大。缺点是：掏槽眼深度受到隧道断面尺寸的限制，因而影响了每个循环的进尺，岩石抛掷距离远且岩堆分散，影响装岩效率。

2. 垂直掏槽

垂直掏槽也称直线掏槽，所有掏槽眼均垂直于工作面，炮眼之间相距较近且保持互相平行，其中有 1 个或数个不装药的空眼，作为装药炮眼爆破时的辅助自由面。垂直眼掏槽有龟裂掏槽、筒形掏槽和螺旋形掏槽 3 种类型。

表 9-2 楔形掏槽眼要素

岩石坚固性系数 f	炮眼倾角 (°)	两排炮眼眼口距离 (m)	炮眼数目 (个)
2～6	75～70	0.6～0.5	4
6～8	70～65	0.5～0.4	4～6
8～10	65～63	0.4～0.35	6
10～12	60～58	0.35～0.30	6
12～16	60～58	0.30～0.20	6
16～20	58～55	0.20	6～8

(1) 龟裂掏槽

掏槽眼布置在一条直线上，彼此间严格平行，装药眼与空眼间隔布置，爆破后形成一条槽缝，故又称缝形掏槽（图 9-5(a)）。掏槽眼数目与隧道断面的大小及岩石的坚固性成正比，通常为 3～7 个。炮眼间距一般为 8～15cm。龟裂掏槽体积小，故常被筒形掏槽所代替（图 9-5(b)）。

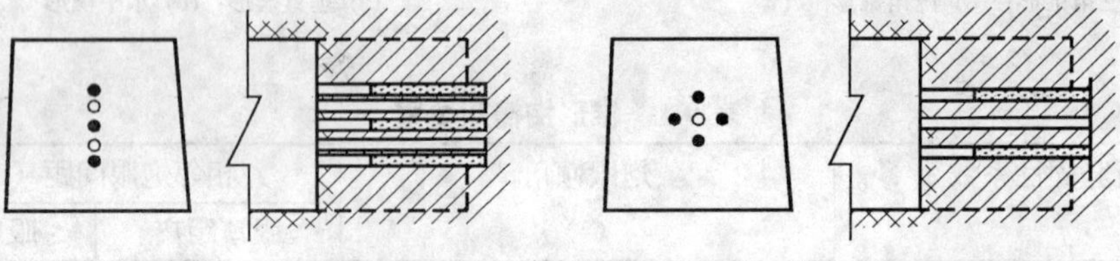

(a) (b)

图 9-5 龟裂掏槽和筒形掏槽

(a) 龟裂掏槽；(b) 筒形掏槽

(2) 筒形掏槽

筒形掏槽又称角柱形掏槽，各掏槽眼之间互相平行且呈对称布置。空眼直径可与装药眼相同，也可采用 75～100mm 的大直径空眼，以增强自由面的作用。图 9-6 为大直径空眼角柱形掏槽，图 9-7 为普通直径空眼筒形掏槽，其中有些掏槽眼呈对称布置。筒形掏槽较龟裂

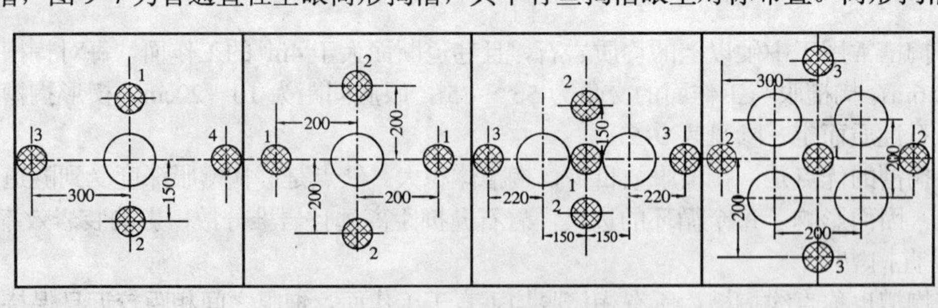

图 9-6 大直径空眼角柱形掏槽

装药眼；空眼；1、2、3、4—起爆顺序

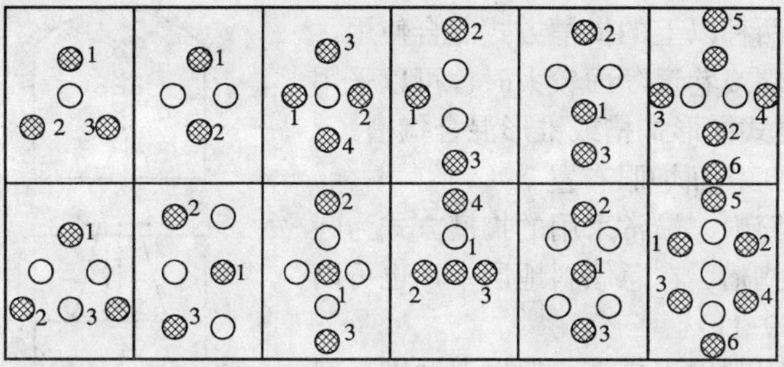

图 9-7　普通直径空眼筒形掏槽

掏槽形成的槽子体积大，在中硬岩石中使用较为普通。

(3) 螺旋形掏槽

螺旋形掏槽是由筒形掏槽发展而来的，其特点是各装药眼至空眼的距离依次递增，呈螺旋形布置，并按由近及远的顺序起爆，能充分利用自由面，扩大掏槽效果，其扩槽原理如图 9-8 所示。

小直径空眼螺旋形掏槽的典型布眼方案如图 9-9 所示。空眼一般只有 1 个，遇到坚韧难爆的岩石时可以增加 1、2 个空眼，如图中虚线所示。螺旋形掏槽眼爆破后往往在槽中存留被压实的岩碴，影响辅助眼的爆破效果，为了克服这一缺点，常将空眼加深 300～500mm，并在眼底装入 200～300g 炸药，然后用充填物堵塞约 100mm，待所有掏槽眼爆破之后，紧接着反向起爆，以利抛碴。各装药眼与空眼之间的距离，可根据炮眼直径 d 确定: $L_1=(1\sim1.8)\ d$; $L_2=(2\sim3.5)\ d$; $L_3=(3\sim4.5)\ d$; $L_4=(4\sim4.5)\ d$。

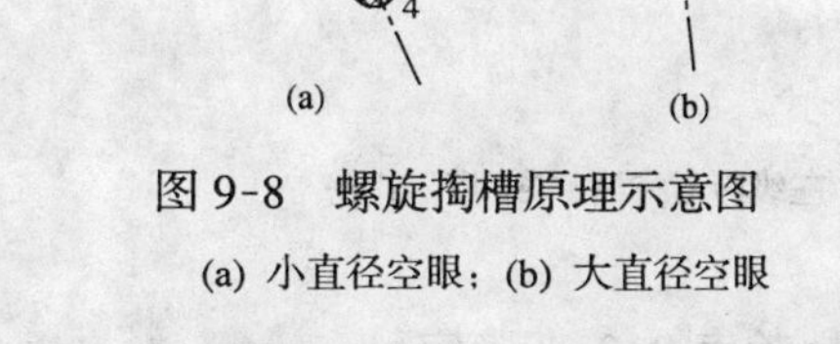

图 9-8　螺旋掏槽原理示意图

(a) 小直径空眼；(b) 大直径空眼

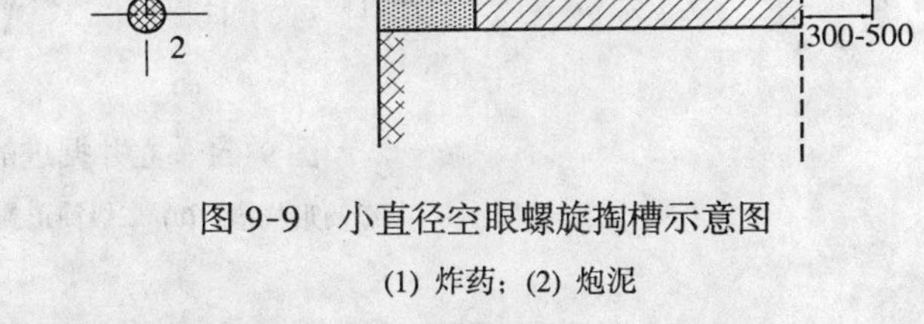

图 9-9　小直径空眼螺旋掏槽示意图

(1) 炸药；(2) 炮泥

垂直掏槽与倾斜掏槽相比，其优点是：眼深不受隧道断面限制，可进行较深炮眼的爆破，加大一个掘进循环的进尺；掏槽体积里外大小较一致，因而相邻炮眼的最小抵抗线里外也较一致，使爆落的岩石块度均匀，不会抛掷太远，爆堆集中在工作面附近，有利于装岩。其缺点是：掏槽眼数较多，掏槽眼体积小，装药眼和空眼的间距不能太大且需互相平行，要求要有较高的钻眼技术。

3. 混合掏槽

混合掏槽是指两种以上的掏槽方式混合使用。在遇到岩石特别坚硬或巷道断面较大时，可以采用如图 9-10 所示的复式楔形掏槽或锥形混合掏槽。

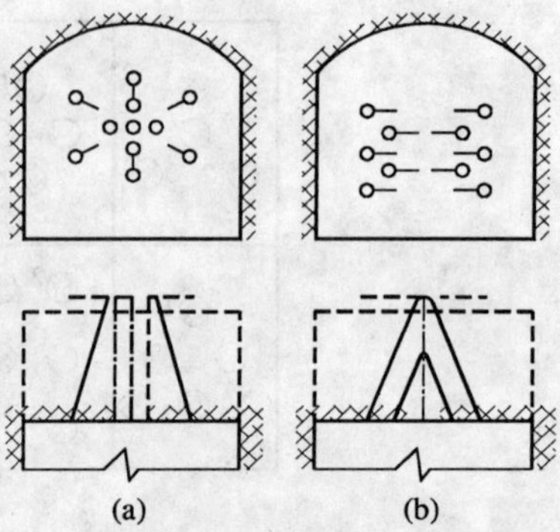

图 9-10 混合掏槽

(a) 桶形与锥形混合；(b) 复式楔形掏槽

(二) 竖井掘进工作面炮眼布置

在圆形断面井筒内，最常采用的掏槽方式为圆锥掏槽和筒形直眼掏槽。在急倾斜地层中，也可以采用楔形掏槽（图 9-11）。

圆锥掏槽的炮眼利用率较高，但岩石抛掷高度也高，容易损坏井内设备。为减小抛掷高度，在井筒中心可附加一个缓冲炮眼，其深度为掏槽眼深度的一半。若在其内装药，则与掏槽眼同时起爆。

目前，应用最广泛的掏槽形式是筒形掏槽。当炮眼深度较大时，可采用二级或三级筒形掏槽，每级逐渐加深，后级深度通常为前级深度的 1.5～1.6 倍。楔形掏槽在圆形井筒内很少采用。

竖井工作面上的炮眼，包括掏槽眼、崩落眼和周边眼，均布置在以井筒中心为圆心的同心圆周上。

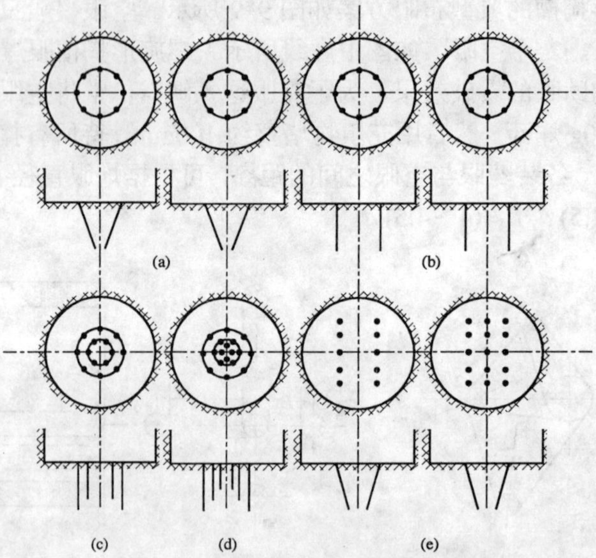

图 9-11 立井掘进的掏槽形式

(a) 圆锥掏槽；(b) 一级筒形掏槽；(c) 二级筒形掏槽；(d) 三级筒形掏槽；(e) 楔形掏槽

采用圆锥或筒形掏槽时，掏槽眼直径和炮眼数目可参考表 9-3 来确定。

二、隧道掘进中爆破参数的确定

(一) 炮眼直径

炮眼直径的大小直接影响钻眼速度、钻眼数目、单位炸药消耗量、爆落岩石的块度和隧

表 9-3　掏槽眼直径和炮眼数目

掏槽参数（掏槽圈直径，m）	岩石坚固性系数 f 值				
	1～3	4～6	7～8	10～12	13～16
圆锥掏槽	1.8～2.2	2.0～2.3	2～2.5	2.2～2.6	2.2～2.8
筒形掏槽	1.8～2.0	1.6～1.8	1.4～1.6	1.3～1.5	1.2～1.3
炮眼数目（个）	4～5	4～6	5～7	6～8	7～9

道轮廓的平整性。炮眼直径的增加，意味着药卷直径的加大，有利于提高爆炸反应的稳定性，增加爆速，但是炮眼直径过大，不仅使钻眼速度下降，而且因炮眼数目的减少而影响炸药的均匀分布，使岩石的破碎质量变差。隧道掘进中，一般采用 36～43mm 的炮眼直径，小断面隧道（$S \leqslant 4m^2$）掘进时，也可采用 25～30mm 的小直径炮眼，配合轻型高频凿岩机、压气装药或高威力炸药，能获得良好的爆破效果。

(二) 炮眼深度

炮眼深度是指炮眼眼底到工作面的垂直距离，而沿炮眼方向的实际深度叫炮眼长度。

炮眼深度的大小，不仅影响着每个掘进工序的工作量和完成各工序的时间，而且影响爆破效果和掘进速度。为了实现快速掘进，在提高机械化程度、改进掘进技术和改善工作组织的前提下，应力求加大眼深，并增多循环次数。根据我国快速掘进的经验，采用深眼多循环，能使工时得到充分利用，增加凿岩和装岩时间，减少装药、爆破、通风和准备工作时间。但是，眼深和循环次数又是矛盾的两个方面，必须正确分析和处理，随着掘进机械化程度的提高和掘进技术的改进，当达到一定循环指标后，适当地控制循环次数，逐步增加眼深是适宜的。但如果隧道断面小，随着眼深的增加，爆破受到的夹制作用会加大。目前，隧道掘进的眼深以 1.5～2.5m 为多。随着新型高效率凿岩机和先进的装运设备的出现，以及爆破器材质量的提高，在中等断面以上的隧道掘进中，采用凿岩台车凿岩，将眼深增至 3～3.5m，这在技术经济上是合理的。

在竖井掘进中，若井筒直径为 D（m），根据经验，炮眼深度可按下式选取。

$$L = (0.3 \sim 0.5)D \tag{9-1}$$

(三) 单位炸药消耗量

爆破 $1m^3$ 原岩所需的炸药量称为单位炸药消耗量，通常以 q（kg/m^3）表示。该值的大小对爆破效果、凿岩和装岩工作量、炮眼利用率、隧道轮廓的平整性和围岩的稳定性都有较大的影响。单位炸药消耗量偏低时，则可能使隧道断面达不到设计要求，岩石破碎不均匀，甚至崩落不下来。当单位炸药消耗量偏高时，不仅会增加炸药的用量，而且可能造成隧道超挖，降低围岩的稳定性，甚至还会损坏支架和设备。

单位炸药消耗量取决于岩石的性质、隧道的断面尺寸、炮眼直径和炮眼深度等多种因素，目前尚无完善的理论计算方法。在掘进爆破工作中，常根据国家定额选取或经验公式计算。

通过实践，我国对各种岩石的不同掘进断面的炸药消耗量进行了统计。表 9-4 所列的为 1981 年颁布的《矿山井巷工程预算定额》中规定的岩巷掘进的炸药消耗量定额。表中所列定额是按 2 号岩石硝铵炸药和延期电雷管制订的，若采用其它炸药时，则需根据其爆力的大小加以适当修正。若 A 为制订定额所用的标准炸药的爆力，B 为换用炸药的爆力，则定额修正系数 K 为：

表 9-4　平巷掘进的炸药单耗 q 值（kg/m^3）

掘进断面（m^2）	岩石坚固性系数 f 值			
	4～6	8～10	12～14	15～20
<4	1.77	2.48	2.96	3.36
4～6	1.50	2.15	2.64	0.93
6～8	1.28	1.89	2.33	2.59
8～10	1.12	1.69	2.09	2.32
10～12	1.01	1.51	1.90	2.10
12～15	0.92	1.36	1.78	1.97
15～20	0.90	1.31	1.67	1.85
>20	0.86	1.26	1.26	1.80

$$K=\frac{A}{B} \tag{9-2}$$

改用新炸药的 q' 值为：

$$q'=K\times q\ (kg/m^3) \tag{9-3}$$

表 9-5 和表 9-6 所列数据是国家颁布的《矿山井巷工程预算定额》所规定的天井和竖井井筒基岩施工的炸药和雷管消耗量定额。

隧道掘进爆破的炸药单耗比起有 2 个以上自由面的采矿单耗要大 3～4 倍。q 值取决于岩

表 9-5　天井掘进炸药单耗（kg/m^3）

掘进断面（m^2）	岩石坚固性系数 f 值		
	4～6	8～10	12～14
<4	1.70	2.15	2.70
4～6	1.60	2.03	2.55
6～8	1.50	1.92	2.40

表 9-6　竖井掘进炸药单耗（kg/m^3）

掘进断面		岩石坚固性系数 f 值			
形状	面积（m^2）	4～6	8～10	12～14	15～20
圆形	<16	1.26	2.10	2.62	2.79
	<24	1.13	1.82	2.22	2.31
	<34	0.98	1.62	2.01	2.25
	>34	0.87	1.41	1.78	1.95
矩形	<7	1.61	2.27	2.82	3.34
	<12	1.50	2.14	2.56	2.98
	<16	1.38	2.00	2.40	2.80
	>16	1.29	1.87	2.22	2.62

性、巷道断面大小、眼深与眼径、药性、掘向等因素。当岩石坚硬、断面窄小、炸药爆力小时，q 值增大；向上掘进天井时，因岩石的自重作用可减小 q；眼深及眼径对 q 的影响则较复杂，应具体分析。炸药单耗 q 值过小则可能爆不下来，或降低炮眼利用率，减低掘进速度；q 值过大则浪费炸药，还可能炸塌顶板和支护，导致断面过大等事故，甚至还会挤死部分炮眼。

(四) 炮眼间距

炮眼间距的确定一般是根据一个掘进循环所需要的总装药量计算出总炮眼数目后，再按隧道断面的大小及形状均匀地布置炮眼。平巷掘进中，掏槽眼有多种不同的形式，其炮眼间距也有所不同，可参考本章表 9-1、表 9-2 的有关数据，以及图 9-6、图 9-9。

三、隧道掘进爆破说明书的编制

爆破说明书是工程施工组织设计的组成部分，是指导、检查和总结凿岩爆破工作的技术文件。应当根据地质条件、工程设计要求、施工计划和实际施工经验，理论结合实际来编制，并要根据施工条件的变化及时修正。

爆破说明书的内容包括：

1. 爆破作业的原始条件

包括掘进隧道的种类、断面的大小和形状、岩石性质（坚固性系数、裂隙和含水情况等）以及有无瓦斯和瓦斯等级。

2. 选用凿岩爆破器材

包括炸药、雷管的品种，凿岩机的型号和工作面同时的台数，凿岩生产率的大小等。

3. 确定凿岩爆破综合工作参数

包括炮眼直径、炮眼深度、单位炸药消耗量、炮眼数目等。

4. 炮眼布置

包括掏槽眼、辅助眼和周边眼的数量，各炮眼的装药量与装填结构，各炮眼的起爆顺序和炮眼布置三面投影图。

5. 预期爆破效果

包括炮眼利用率、每循环进尺、每循环炸药单耗量、单位炸药消耗量、单位雷管消耗量和单位炮眼消耗量。

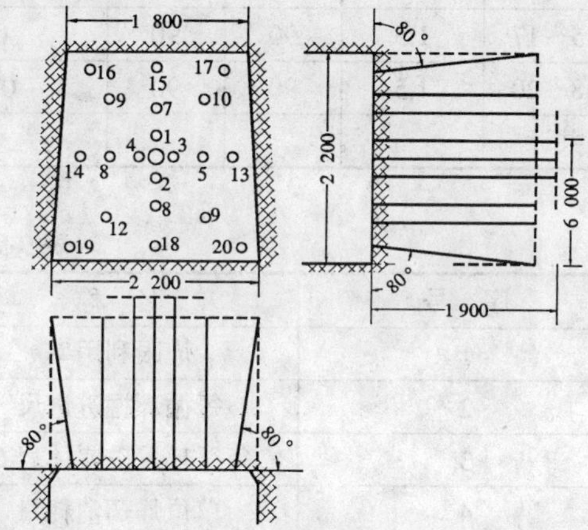

图 9-12　炮眼布置图

图 9-12 为炮眼布置三视投影图，图 9-13 为炮眼装填结构示意图。表 9-7～表 9-9 为爆破说明书表格示例。

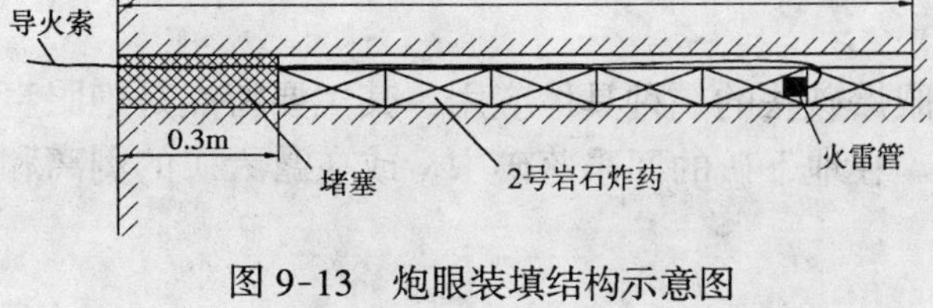

图 9-13　炮眼装填结构示意图

表 9-7　基本爆破条件

项　目	数　值	项　目	数　值
掘进断面	$4m^2$	炮眼数目	20+1 个
岩　石	角闪岩	炸药种类	铵油炸药
瓦斯等级	无	雷管种类	8 号火雷管
炮眼深度	1.5m	每循环装药量	13.65kg

表 9-8　炮眼排列说明简表

炮眼编号	眼深（m）	炮眼倾角（°）		每眼装药量（kg）	装药量小计	放炮顺序	联接方式
		水平	垂直				
0	1.6	90	90				导火索一次起爆
1,2	1.6	90	90	0.9	1.8	Ⅰ	
3,4	1.6	90	90	0.75	1.5	Ⅱ	
5,6	1.5	90	90	0.75	1.5	Ⅲ（5,6,7,8）	
7～12	1.5	90	90	0.6	3.6	Ⅳ(9,10,11,12)	
13,14	1.5	90	90	0.6	1.2	Ⅴ	
15～17	1.5	90	90	0.6	1.8	Ⅵ	
18～20	1.5	90	90	0.75	2.25	Ⅶ	
共计					13.65		

表 9-9　预期爆破效果

序　号	名　称	单　位	数　值
1	炮眼利用率	%	90
2	每循环掘进进尺	m	1.25
3	每循环爆破实体岩石	m^3	5.94
4	单位炸药消耗量	kg/m^3	2.30
5	每米巷道炸药消耗量	kg/m	10.11
6	单位雷管消耗量	个$/m^3$	3.36
7	每米巷道雷管消耗量	个/m	14.8

第三节　小台阶爆破

小台阶爆破是浅眼爆破法的一种具体应用。其主要特点是炮眼直径小，炮眼深度浅，爆破工作面形成台阶状。在地下矿的回采落矿中，或在露天矿的剥离和采矿中，常用到小台阶爆破法。

一、地下矿小台阶炮眼爆破

地下矿小台阶炮眼落矿爆破与隧道掘进爆破相比较，具有两个以上的自由面，爆破面积和爆破量都比较大。

(一) 炮眼排列

地下台阶炮眼落矿的炮眼排列方向有上向眼和水平眼两种，如图 9-14 所示，其中上向眼应用较多。爆破工作面以台阶形式向前推进。炮眼在工作面的排列形式有矩形或方形排列与交错排列之分，如图 9-15 所示。矩形排列适用于矿石坚硬、矿体与围岩不易分离或接触界线不明显的采幅较宽的矿脉。交错排列时，炸药爆破能量在矿体中的分布较均匀，崩落的矿石块度也较均匀，在实际生产中使用非常广泛，当采幅较窄时，其效果更为显著。

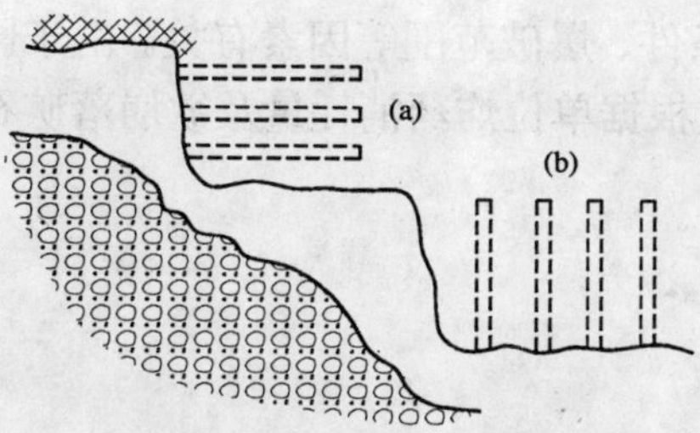

图 9-14 炮眼排列方向示意图

(a) 水平炮眼；(b) 上向炮眼

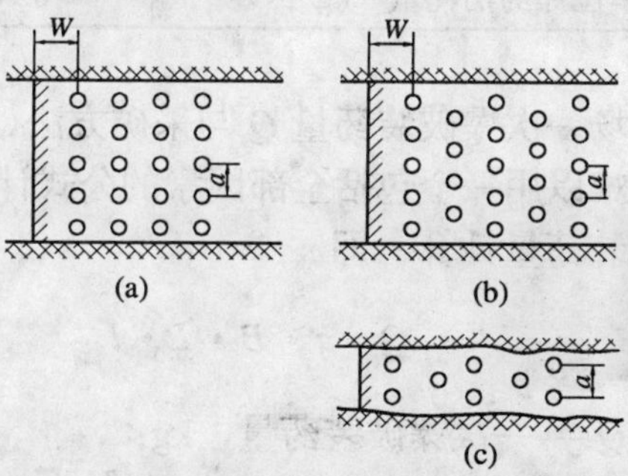

图 9-15 地下小台阶爆破炮眼排列示意图

(a) 矩形排列；(b)、(c) 宽、窄幅交错排列；

W—最小抵抗线；a—炮眼间距

(二) 爆破参数

1. 炮眼直径和深度

炮眼直径除了隧道掘进中谈到的一些影响因素外，还与矿体的赋存条件有关。我国炮眼落矿广泛使用 32mm 的药卷直径，其相应的炮眼直径为 38～42mm。这些年来，不少有色金属矿山曾试用 25～28mm 的小直径药卷爆破，在控制采幅宽度、降低损失贫化方面取得了比较显著的效果。使用小直径炮眼还可以提高凿岩生产率和矿石回收率，当开采薄矿脉时，尤其是开采稀有金属和贵重金属矿床时，特别适宜使用小直径炮眼爆破。随着炸药品种的增多与炸药威力的提高，将为小直径炮眼爆破创造更为有利的条件。

炮眼深度与矿体和围岩的性质、矿体厚度及其边界形状等因素有关。地下落矿常用的眼深为 1.5～2.5m，有时达 3～4m。当矿体较薄、矿岩不稳固和形状不规则时，应选取较小值，相反则取较大值。

2. 最小抵抗线和炮眼间距

地下采矿用炮眼法爆破时，最小抵抗线和炮眼间距通常采用同一数值 W（见图 9-15）。炮眼间距 a 是指同排炮眼之间的距离。这两个参数的大小对爆破效果影响较大，一般来说，W 和 a 的取值偏大时，会使大块率增加；相反，若取值偏小时，又会出现矿石过度粉碎，既浪费爆破器材，又给易氧化、易粘结、易自燃的矿石装运工作带来困难。

通常，最小抵抗线 W 和炮眼间距 a 可按下列经验公式选取。

$$W=(25\sim30)\,d \tag{9-4}$$

$$a=(1\sim1.5)W \tag{9-5}$$

式中：d——炮眼直径，m。

3. 单位炸药消耗量

单位炸药消耗量除与矿石性质、炸药性能、炮眼直径、炮眼深度有关外，还与赋存条件有关。一般来说，矿体厚度愈小，炮眼愈深，单位炸药消耗量愈大。单位炸药消耗量主要是根据经验来确定。表 9-10 所列的经验数据是指 2 号岩石硝铵炸药的单位炸药消耗量，可供参考。

表 9-10　地下炮眼落矿爆破的单位炸药消耗量

矿石坚固性系数 f	<8	8～10	10～15
单位炸药消耗量（kg/m^3）	0.26～1.0	1.0～1.6	1.6～2.6

采场一次爆破装药量 Q 与采矿方法、矿体赋存条件、爆破范围等因素有关。由于影响因素多，难以用一个包括全部因素的公式计算，通常只根据单位炸药消耗量及欲崩落矿石的体积进行装药量计算，即

$$Q=q\cdot B\cdot L\cdot l \tag{9-6}$$

式中：Q——一次爆破装药量，kg；

q——单位炸药消耗量，kg/m^3；

B——矿体厚度，m；

L——一次落矿总长度，m；

l——平均炮眼深度，m。

二、露天小台阶炮眼爆破

露天小台阶炮眼爆破工作是在露天的台阶（也称为梯段）上进行的，每个台阶至少有水平的和倾斜的两处自由面。在水平面上进行钻眼、装药、堵塞及起爆作业。爆破时岩石朝着倾斜自由面的方向崩落，然后形成新的倾斜自由面，如图 9-16 所示。图中符号意义见图注说明，其中 $W_{底}$表示炮孔中心至台阶底部表面的距离，是爆破阻力最大的地方。h 为炮眼超深（也叫超钻）长度，超深的目的是为了降低装药高度，以利于克服底部的阻力，使爆后能形成平整的台阶面。

(一) 炮眼排列方式

炮眼排列形式可分为单排眼和多排眼两种。一次爆破量较少时用单排眼，一次爆破量较大时，则要布置多排眼，多排眼的排列可以是平行的，也可以是交错的。图 9-17 为常用的炮眼布置形式。

(二) 爆破参数

爆破参数应根据施工现场的具体条件和类似矿山的经验选取，并通过实践检验修正，以取得最佳参数值。

1. 单位炸药消耗量 q

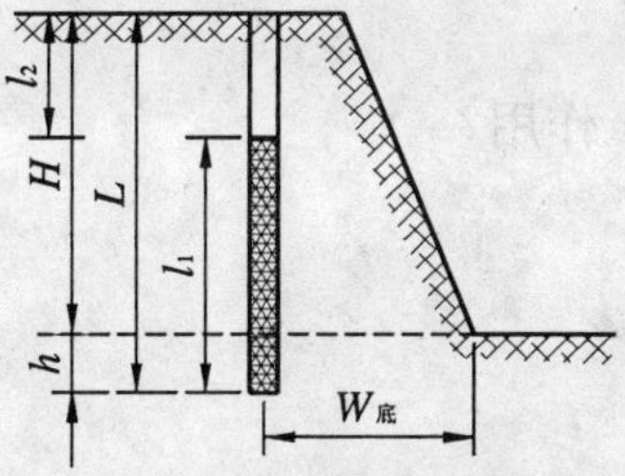

图 9-16　露天小台阶炮眼爆破的炮眼

H—台阶高度；L—眼深；h—超深；l_1—装药长度；

l_2—堵塞长度；$W_{底}$—底盘抵抗线

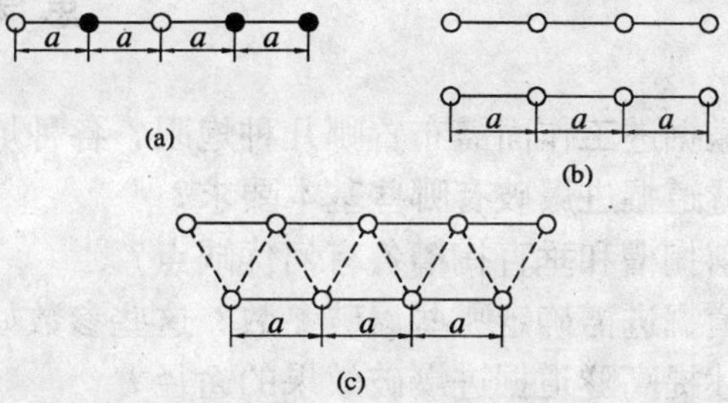

图 9-17　露天小台阶炮眼爆破的炮眼布置形式

(a) 单排眼；(b) 多排眼平行排列；

(c) 多排眼交错排列

q 值与岩石性质、台阶自由面数目、炸药种类、炮眼直径等多种因素有关。在大孔径深孔台阶爆破中，q 值在 0.2～0.6kg/m^3 范围内变化，浅眼小台阶爆破可参照此数值或稍高一些选取。

2. 炮眼直径 d 和炮眼深度 L

露天矿小台阶炮眼爆破与深孔爆破的一个主要区别是炮眼直径和炮眼深度不同。小台阶炮眼爆破时，采用浅眼凿岩设备，炮眼直径和深度都远小于深孔参数，眼径多在 50mm 之内，眼深多在 5m 之内，此时台阶高度 H 也在 5m 以内。若台阶底部辅以倾斜炮眼，台阶高度尚可增加，如图 9-18 所示。

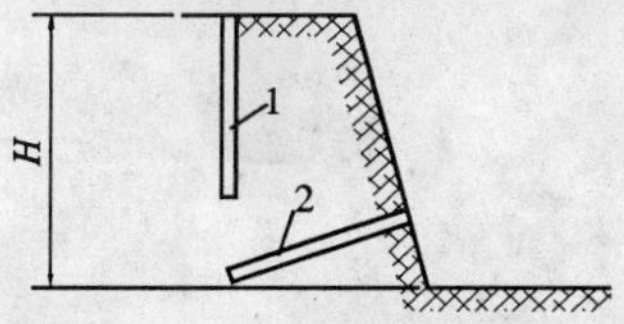

图 9-18　小台阶炮眼示意图

1—垂直眼；2—倾斜眼

3. 底盘抵抗线 $W_{底}$

在台阶爆破中，一般都用这一参数代替最小抵抗线进行有关计算，以便保证台阶底部能获得预期的爆破效果，$W_{底}$与台阶高度 H 有如下关系：

$$W_{底}=(0.4\sim1.0)H \tag{9-7}$$

在坚硬难爆的岩体中，或台阶高度较高时，计算时应取较小的系数。

4. 炮眼超深 h

如前所述，为了克服台阶底部岩石对爆破的阻力，炮眼深度要适当超出台阶高度 H，其超出部分 h 为超深。h 一般取台阶高度的 10%～15%，即

$$h=(0.1\sim0.15)H \tag{9-8}$$

5. 炮眼间距 a

同一排炮眼间的距离叫炮眼间距，常用 a 表示。通常 a 不大于 L，不小于 $W_{底}$；并有以下关系：

$$a=(1.0\sim2.0)W_{底} \tag{9-9}$$

$$a=(0.5\sim1.0)L \tag{9-10}$$

近几年来，随着爆破技术水平的提高，小抵抗线大孔距的布孔方式逐步得到推广应用，即在台阶爆破中，采用 $2W_{底}<a<8W_{底}$的宽眼距。实践证明，采用小抵抗线而加大炮眼间距的布眼方式，在不增加单位炸药消耗量的条件下，可以使爆破质量大大改善。

思考题

1. 隧道掘进工作面需布置哪几种炮眼？各种炮眼分别起什么作用？
2. 对隧道掘进爆破有哪些基本要求？
3. 倾斜掏槽和垂直掏槽各有何优缺点？
4. 隧道掘进需确定哪些爆破参数？这些参数如何确定？
5. 试述提高隧道掘进爆破效果的途径？
6. 隧道掘进爆破说明书应包括哪些内容？
7. 试述地下采场炮眼爆破的特点及爆破参数的确定方法。
8. 试述露天小台阶爆破的主要特点、适用条件及爆破参数的确定方法。
9. 装药系数与炮眼利用率有何区别？

第十章　露天深孔爆破

露天深孔爆破法在爆破工程中占有重要的地位，它已广泛应用于露天采矿工程、山地工业场地整平、港口建设、铁路和公路路堑、水电闸坝基坑中，并取得了良好的技术经济效果。

爆破工程中通常将孔径在 50mm 以上及深度在 5m 以上的钻孔称为深孔。深孔爆破一般是在台阶上或事先平整的场地上进行钻孔作业，并在深孔中装入延长药包进行爆破。

为了达到良好的深孔爆破效果，必须合理地确定布孔方式、孔网参数、装药结构、装填长度、起爆方法、起爆顺序和单位炸药消耗量等参数。

第一节　露天深孔的布置及爆破参数的确定

一、台阶要素

深孔爆破的台阶要素如图 10-1 所示。

H 为台阶高度；$W_底$为前排钻孔的底盘抵抗线；L 为钻孔深度；l_1 为装药长度；l_2 为堵塞长度；h 为超深；α为台阶坡面角；b 为排距；B 为台阶上眉线至前排孔口的距离；W 为炮孔的最小抵抗线。为达到良好的爆破效果，必须正确确定上述各项台阶要素。

二、钻孔形式

深孔爆破钻孔形式一般分为垂直钻孔和倾斜钻孔 2 种，如图 10-2 所示，也有个别情况采用水平钻孔。

垂直深孔和倾斜深孔的使用条件和优缺点列于表 10-1。

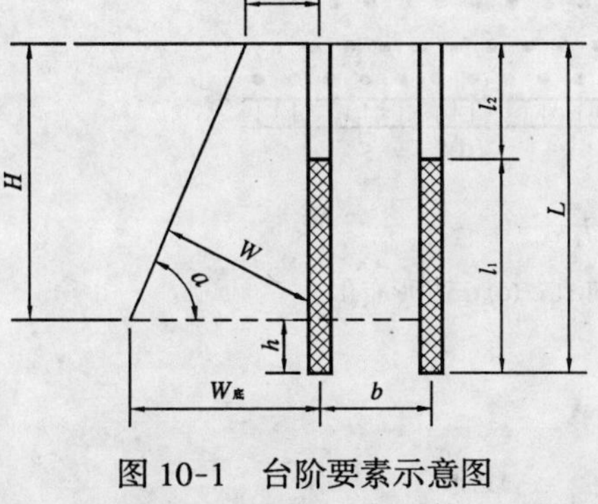

图 10-1　台阶要素示意图

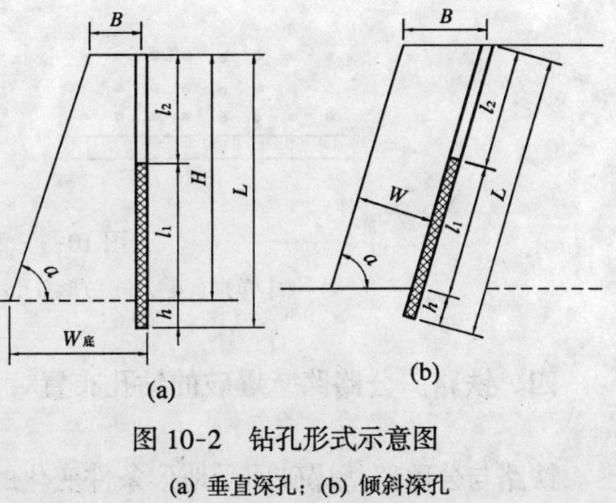

图 10-2　钻孔形式示意图

(a) 垂直深孔；(b) 倾斜深孔

表 10-1 垂直深孔和倾斜深孔的比较

钻孔形式	适用情况	优点	缺点
垂直钻孔	在开采工程中大量采用	（1）适用于各种地质条件的深孔爆破 （2）钻垂直深孔的操作技术比倾斜孔容易 （3）钻孔速率比较快	(1) 爆破后大块率比较高，常留有根底 (2) 台阶顶部经常发生裂缝，台阶面稳固性比较差
倾斜钻孔	在软质岩石开采工程中应用比较多，随着新型钻机的发展，应用范围将增加	(1) 抵抗线分布比较均匀，爆后不易产生大块和残留根底 (2) 台阶比较稳固，台阶坡面容易保持，对下一台阶面破坏小 (3) 爆破软质岩石时，能取得很高效率 (4) 爆破后岩堆的形状比较好	(1) 钻孔技术操作比较复杂，容易发生夹钻事故 (2) 在坚硬岩石中不宜采用 (3) 钻孔速度比垂直孔慢

从表中可以看出，斜孔比垂直孔具有更多优点，但由于钻凿斜孔的技术复杂，孔的长度相应比垂直孔长，而且装药过程中易发生堵孔，所以垂直孔仍然用得比较广泛。

三、布孔方式

布孔方式有单排布孔和多排布孔两种。多排布孔又分为方形、矩形及三角形（又称梅花形）3 种，如图 10-3 所示。从能量分布的观点看，以等边三角形布孔最为理想，所以许多矿山多采用三角形布孔，而方形或矩形布孔多用于挖沟爆破。目前，为了增加一次爆破量，广泛推广大区多排孔微差爆破技术，不仅可以改善爆破质量，而且可以增大爆破规模以满足大规模开挖的需要。

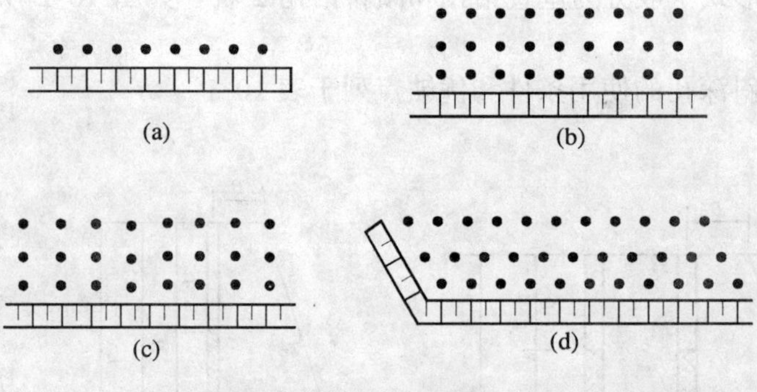

图 10-3 深孔布置方式

(a) 单排布孔；(b) 方形布孔；(c) 矩形布孔；(d) 三角形布孔

四、铁路、公路路堑爆破的钻孔布置

铁路与公路路堑爆破因受地形条件变化的影响，布孔方法与露天矿的正规台阶爆破有所不同，布孔条件较为复杂，通常有两种布置方法。

1. 半壁路堑开挖布孔方式

半壁路堑开挖多采用纵向台阶法布孔，即平行线路方向钻孔，如图 10-4 所示。对于高边坡半壁路堑，应采用分层布孔。

2. 全路堑开挖布孔方式

全路堑开挖由于开挖断面小，爆破易影响边坡的稳定性，因此，最好采用纵向浅层开挖，每层深 6～8m。上层顺边沿倾斜孔进行预裂爆破，下层靠边的垂直孔深度应控制在边坡线以内，如图 10-5 所示。若开挖面较大，如双线路堑，仍可采用单层开挖，一般采用横向台阶布孔法。

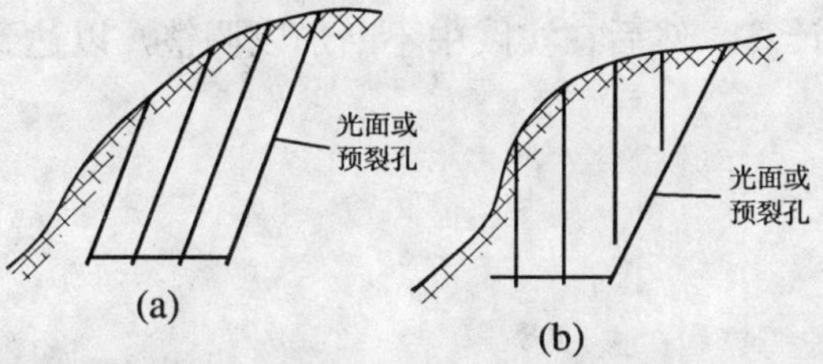

图 10-4　半壁路堑布孔

(a) 倾斜孔；(b) 垂直孔

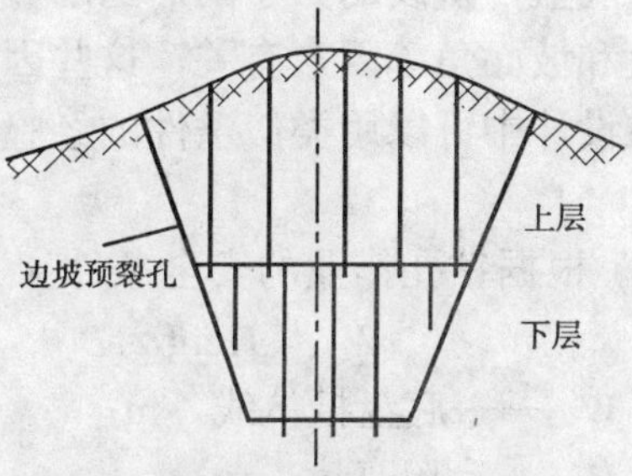

图 10-5　全路堑开挖布孔

五、露天深孔爆破参数

露天深孔爆破参数包括孔径、孔深、超深、底盘抵抗线、孔距、排距、堵塞长度和单位炸药消耗量等。

1. 孔径和孔深

露天深孔爆破的孔径主要取决于钻机类型、台阶高度和岩石性质。采用潜孔钻机时，孔径通常为 100～200mm，采用牙轮钻机或钢绳冲击式钻进时，孔径为 250～310mm，也有达 500mm 的大直径钻孔。一般来说，钻机选型确定后，其钻孔直径已固定下来，国内采用的深孔孔径有 80、100、150、170、200、250、310mm 几种。

孔深由台阶高度和超深确定。

2. 台阶高度和超深

台阶高度主要是为钻孔、爆破和铲装创造安全和高效率的作业条件，一般按铲装设备选型和开挖技术条件来确定，多采用 10～12m 的台阶高度，也有采用 15～20m 的高台阶。有的学者则认为经济的台阶高度为 12～18m。

超深是指钻孔超出台阶底盘标高的那一段孔深，其作用是用来克服台阶底盘岩石的夹制作用，使爆破后不残留根底，而形成平整的底部平盘。超深选取过大，将造成钻孔和炸药的浪费，增大对下一个台阶顶盘的破坏，给下次钻孔造成困难，而且还会增加爆破地震波的强度；超深不足将产生根底或抬高底部平盘的标高，从而影响装运工作。

根据实践经验，超深可按下式确定

$$h=(0.15\sim0.35)W_{底} \qquad (10\text{-}1)$$

式中：$W_{底}$——底盘抵抗线，m。

岩石松软时取小值，岩石坚硬时取大值。如果采用组合装药，底部使用高威力炸药时可适当降低超深。有时可按孔径的倍数来确定超深值，超深一般取 8～12 倍的孔径。国内工程的超深值一般在 0.5～3.6m 之间。在某些情况下，如底盘有天然分离面或底盘岩石需要保护时，则可不留超深或留下一定厚度的保护层。

3. 底盘抵抗线

底盘抵抗线是影响露天爆破效果的一个重要参数。过大的底盘抵抗线会造成根底多、大块率高、后冲作用大；过小则不仅浪费炸药，增大钻孔工作量，而且岩块易抛散和产生飞石危害。底盘抵抗线的大小同炸药的威力、岩石的爆破性、岩石的破碎要求以及钻孔直径、台阶高度和坡面角等因素有关，这些因素及其互相影响程度的复杂性，很难用一个数学公式表达。在设计中可以用类似条件的经验公式来计算，然后在实践中不断加以调整，以达到最佳效果。

(1) 根据钻孔作业的安全条件

$$W_{底} \leqslant H\mathrm{ctg}\alpha + B \tag{10-2}$$

式中：$W_{底}$——底盘抵抗线，m；

H——台阶高度，m；

α——台阶坡面角，一般为 60º～70º；

B——从钻孔中心至坡顶的安全距离，m，$B \geqslant 2.5 \sim 3.0$m。

(2) 按台阶高度

$$W_{底}=(0.6 \sim 0.9)H \tag{10-3}$$

(3) 按炮孔孔径倍数确定底盘抵抗线

根据调查，我国露天深孔爆破的底盘抵抗线一般为孔径的 20～50 倍。

清碴和压碴爆破的 $W_{底}/D$ 的比值如下：

孔径（mm）	清碴爆破	压碴爆破
200	30～50	22.5～37.5
250	24～48	20～48
310	33.5～42	19.5～30.5

以上说明，底盘抵抗线受许多因素的影响，变动范围较大，除了要考虑前述的一些条件外，控制坡面角是调整底盘抵抗线的有效途径。此外，还可通过漏斗爆破与半工业试验，获得具体的岩石条件和使用较匹配的炸药情况下的最佳底盘抵抗线。

4. 孔距与排距

孔距 a 是指同一排深孔中相邻两钻孔中心线间的距离。孔距按下式计算：

$$a=mW_{底} \tag{10-4}$$

式中的 m 为炮孔密集系数（或邻近系数），其值通常大于 1.0，在宽孔距爆破中则为 3～4 或更大。但是第一排孔往往由于底盘抵抗线过大，应选用较小的密集系数，以克服底盘的阻力。

排距 b 是指多排孔爆破时，相邻两排钻孔间的距离，也就是第一排孔以后各排孔的底盘抵抗线。因此，确定排距时应按确定最小抵抗线的原则考虑。采用三角形布孔时，排距与孔距的关系为：

$$b = a \cdot \sin 60^{\circ} = 0.866a \tag{10-5}$$

式中：b——排距，m；

a——孔距，m。

多排孔爆破时，孔距与排距是一个相关的参数。因为在炸药性能一定时各种岩石有一个合理的炸药单耗量，因此，在给定的孔径条件下，每个孔有一个适宜的负担面积，即

$$S = a \cdot b$$

或

$$b = \sqrt{\frac{S}{m}} \tag{10-6}$$

式中符号的意义同前。

式(10-6)表明，当已知合理的钻孔负担面积 S 和钻孔邻近系数 m 值，就可以确定排距。

5. 堵塞长度

合理的堵塞长度和堵塞质量，对改善爆破效果和提高炸药能量利用率具有重要作用。

合理的堵塞长度应能降低爆炸气体能量损失和尽可能增加钻孔装药量。堵塞长度过长将会降低延米爆破量，增加钻孔费用，并造成台阶上部岩石破坏不佳；堵塞长度过短，则炸药能量损失大，将产生较强的空气冲击波、噪声和个别飞石的危害，并影响钻孔下部的破碎效果。一般地，堵塞长度不小于底盘抵抗线的 0.75 倍，或取 20～40 倍的孔径，最好不小于 20 倍的孔径。堵塞试验表明，随着堵塞长度的减小，炸药能量损失增大，不堵塞时爆轰产物将以每秒几千米的速度从炮孔口喷出，造成有害效应。因此，安全规程中规定禁止无堵塞爆破。

露天深孔爆破的堵塞长度一般为 5～8m。堵塞物料多为就地取材，以钻孔时排出的岩碴作堵塞物料。

6. 单位炸药消耗量

影响单位炸药消耗量的因素很多，主要有岩石的爆破性、炸药种类、自由面条件、起爆方式和块度要求等。因此，合理地选取单位炸药消耗量（q）往往需要通过试验或长期的生产实践。单纯地增加炸药单耗对爆破质量不一定有更大的改善，只能消耗在岩石的过度粉碎和增加爆破的有害效应上。实际上，对于每一种岩石，在一定的炸药与爆破参数和起爆方式下，有一个合理的炸药单耗。各种爆破工程都是根据生产经验，按不同岩石的爆破性分类确定单位炸药消耗量或采用工程实践总结的经验公式进行计算。一般地，露天深孔爆破的炸药单耗在 0.1～0.35kg/m^3 之间。在进行露天深孔爆破设计时，可以参照类似岩石条件下的实际单耗，也可以按表 10-2 选取单位炸药消耗量（该表数据以 2 号岩石硝铵炸药为标准）。

表 10-2　单位炸药消耗量 q 值表

岩石坚固性系数 f	0.8～2	3～4	5	6	8	10	12	14	16	20
q（kg/m^3）	0.40	0.43	0.46	0.50	0.53	0.56	0.60	0.64	0.67	0.70

7. 每孔装药量

单排孔爆破或多排孔爆破的第一排孔的每孔装药量按下式计算：

$$Q=q \cdot a \cdot W_{底} \cdot H \tag{10-7}$$

式中：q——单位炸药消耗量，kg/m^3；

a——孔距，m；

H——台阶高度，m；

$W_{底}$——底盘抵抗线，m。

多排孔爆破时，从第二排孔起，以后各排的每孔装药量按下式计算：

$$Q = K \cdot a \cdot b \cdot H \tag{10-8}$$

式中：K——考虑受前面各排的岩石阻力作用的增加系数，一般取 1.1～1.2；

b——排距，m。

其余符号同前。

第二节　深孔微差爆破

微差爆破又称毫秒爆破，是指在深孔孔间、深孔排间或深孔内以毫秒级的时间间隔，按一定的顺序起爆的一种爆破方法。这种方法具有降低爆破地震效应、改善破碎质量、降低炸药单耗、减小后冲、爆堆比较集中等明显优点。因此，在各种爆破工程中得到广泛应用，特别是大区多排孔微差爆破方法已成为露天爆破开挖工程的一种主要方法。

一、微差爆破作用原理

相邻深孔起爆间隔时间很短，爆破过程中存在着复杂的相互作用。微差爆破的主要作用原理是先爆孔为相邻的后爆孔增加新的自由面，应力波的相互叠加作用和岩块之间的碰撞作用，使被爆岩体获得良好的破碎，并相应提高了炸药能量的利用率。

以单孔顺序起爆方法为例，其破岩过程如下：

(1) 先行爆破的深孔在爆破作用下形成单孔爆破漏斗，使这部分岩体破碎并与原岩分离，同时在漏斗体外相邻孔的岩体中产生应力场与微裂隙；

(2) 后爆破的相邻深孔，因先爆孔已为其增加了新的自由面，改善了爆破作用条件，从而得到良好的破碎；

(3) 后爆孔是在先爆孔产生的预应力尚未消失之前起爆，形成应力波的互相叠加，从而增强了爆破效果；

(4) 相邻孔之间的岩体在破碎过程中存在着岩块间的互相碰撞，得到了进一步的破碎。

二、微差爆破间隔时间的确定

合理的微差爆破间隔时间，对改善爆破效果与降低爆破地震效应具有重要作用。在确定微差间隔时间时主要考虑岩石性质、布孔参数、岩体破碎和运动特征等因素。微差间隔时间过长则可能造成先爆孔破坏后爆孔的起爆网络，过短则后爆孔可能因先爆孔未形成新的自由面而影响爆破质量。微差间隔时间的长短一般根据经验公式来确定。

$$\Delta t = t_{d} + \frac{L}{V_{c}} = K \cdot W_{底} + \frac{L}{V_{c}} \tag{10-9}$$

或　　$\Delta t = K_p \cdot W_{底} \cdot (24 - t)$　　(10-10)

式中：Δt——微差间隔时间，ms；

t_d——从爆破到岩体开始移动的时间，ms；

K——系数，一般为 2～4ms/m，也可通过观测确定；

$W_{底}$——底盘抵抗线，m；

V_c——裂隙开裂速度，m/ms；

L——裂隙宽度，m，一般取 0.01m；

K_p——岩石裂隙系数。对于裂隙少的岩石，K_p =0.5；对于中等裂隙岩石，K_p =0.75；对于裂隙发育的岩石，K_p =0.9；

f——岩石坚固性系数。

我国露天深孔爆破采用的微差间隔时间一般为 25～50ms。近年来，由于起爆器材的不断改进，提高了起爆网络的可靠性，对多排微差爆破来说，适当延长微差间隔时间，将会改善爆破质量和降震效果。

三、大区多排微差爆破起爆方案

随着开挖工程规模的不断扩大，大区多排微差爆破愈加显示出优越性。为保证达到良好的爆破质量，必须正确选择起爆方案。起爆方案是与深孔布置方式和起爆顺序紧密结合的，需要根据岩石性质、裂隙发育程度、构造特点、爆堆要求和破碎程度等因素进行选择。

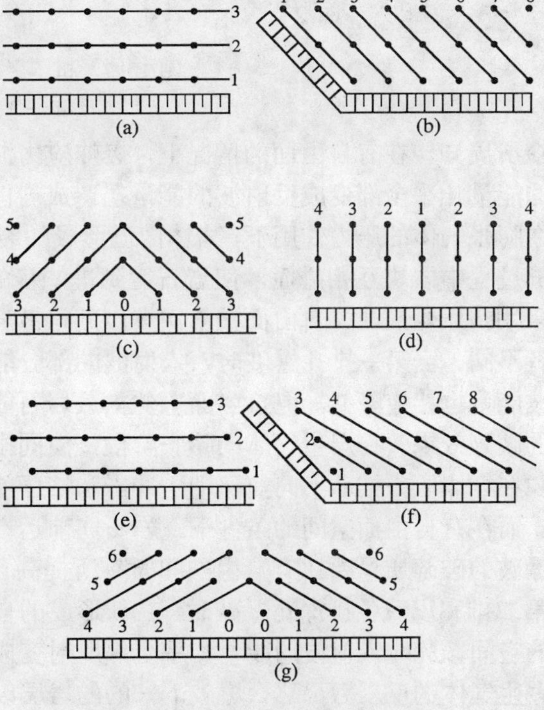

图 10-6　几种常用的起爆方案

常用的起爆方案有以下几种：

(1) 方形（或矩形）布孔，排间微差起爆，如图 10-6(a)。

(2) 方形（或矩形）布孔，对角微差起爆，如图 10-6(b)。

(3) 方形（或矩形）布孔，V 型微差起爆，如图 10-6(c)。

(4) 方形（或矩形）布孔，横向掏槽起爆，如图 10-6(d)。

(5) 三角布孔，排间微差起爆，如图 10-6(e)。

(6) 三角布孔，对角微差起爆，如图 10-6(f)。

(7) 三角布孔，V 型微差起爆，如图 10-6(g)。

此外，在方形或三角形布孔方式中，也可采用单孔顺序微差起爆方案。

目前，多采用三角形布孔对角起爆或V型起爆方案，以形成小抵抗线宽孔距爆破，使深孔实际的密集系数增大到3～8，以保证岩石的破碎质量。

第三节 深孔挤压爆破

挤压爆破是指在爆破自由面前面覆盖有松散岩石条件下进行的爆破，如图10-7所示。它完全借助于爆破作用挤压自由面前面的松散岩石，以取得岩石碎胀时所必须的补偿空间。

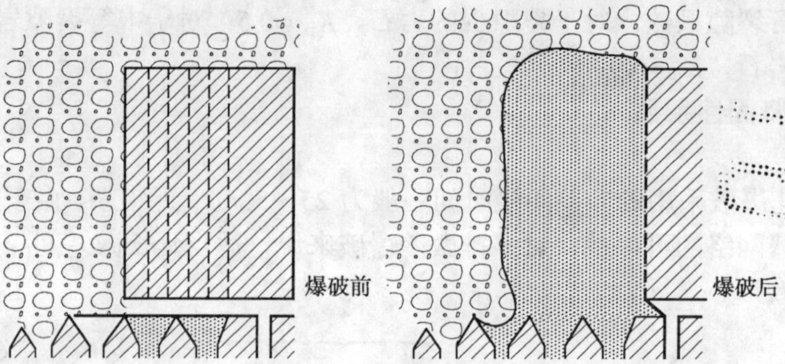

图10-7 挤压爆破示意图

众所周知，在有自由面的情况下，爆炸应力波首先从自由面反射而变成拉伸应力波。入射波的能量几乎全部变成反射波的能量，造成岩体中裂隙的延伸和自由面附近岩石的剥落。然后在膨胀气体的压力作用下，岩体内已形成的裂隙被扩大和延伸，造成岩石的破碎和抛掷，在抛掷过程中岩块互相碰撞，使岩石得到进一步的破碎。

采用挤压爆破时，自由面被前次爆破的松散岩石所覆盖而没有自由空间，它的爆破过程与前者不同。当第一排孔爆破时，入射波的部分能量透射到松散的岩石中而损失掉了，从而反射波能量也相应降低，但自由面上的松散岩石能延长爆炸应力波的作用时间，有利于改善岩石的破碎效果。在爆生气体的膨胀阶段，使同排深孔的裂隙贯通，并使该层岩石与岩体分离，并在气体压力推动下向前移动，冲击和挤压前面的松散岩石，又使岩石产生强烈的补充破碎。而在有自由面空间的条件下，岩石向前运动的动能完全消耗在岩石的抛掷上。因此，挤压爆破的破碎质量要比有自由空间时有所提高。

第二排和以后各排深孔爆破时，在新形成的自由面和前排向前移动的岩层之间会形成短时间的空间，此时入射波的能量几乎全部反射变成反射波的量。当顺序微差爆破时，如果不考虑爆生气体的反压力，那么爆破下来的的岩层以极大的速度撞击前一排孔崩下的岩石，因而产生强烈的补充破碎，同时由于被挤压岩石的阻力和气体的压力，延长了应力波在岩体中作用的时间，有助于提高炸药能量的利用率。

在挤压爆破中，一次爆破的深孔排数受到一定的限制，随着排数的增加，前面松散的岩石将越压越实，空隙越来越小，对后排深孔的爆破起不到挤压作用。当被挤压的岩石的松散系数达到1.1时，则已达到它的极限值。若小于此值，则会影响岩石的破碎质量。

挤压爆破具有开挖工艺简单、降低大块率和提高开挖效率等优点，因此，在井下和露天的开挖工程中逐渐得到推广使用。

第四节　装药结构与爆破网路敷设

一、装药结构

装药结构按装药种类可分为单一装药结构和组合装药结构。单一装药结构是在孔内装填同一品种和密度的炸药，组合装药结构是在炮孔底部装填高威力炸药，在炮孔上部装填低威力的炸药。

装药结构按装药形式则可分为连续装药结构、间隔装药结构和偶合及不偶合装药结构。

各种装药结构对改善爆破效果均有一定作用，如果没有特殊的要求，装药一般采用单一连续的装药结构，这种装药结构操作方便，工艺简单。对需要克服底盘夹制作用较大的炮孔，则宜采用组合装药结构。不均质的层状岩体有时则宜采用间隔装药结构，将药包装在较坚硬的部位，而在软弱部位进行堵塞。有时为了提高装药高度以改善台阶上部的破碎质量，可分成两段装药结构。上部的装药量仅为炮孔总装药量的 1/3～1/4，中间用堵塞料将炸药分开。此时上部药包顶至孔口的垂直距离应当不小于其至台阶坡面的垂直距离。

近年来，国内试验并推广了采用空气或水为间隔介质的间隔装药方法。以空气为介质时又叫做空气垫层或空气柱爆破。.

采用空气间隔装药的目的是降低爆炸起始压力峰值，爆破的比冲量沿孔壁分布均匀，故破碎块度均匀；延长了孔内爆轰压力的作用时间。由于空气柱的存在，爆轰波以冲击波的形式向孔壁入射，必然引起多次反射，加之紧跟着产生的爆生气体向空气柱高速膨胀飞射，延长了压力作用时间并获得较大的爆破能量，从而加强了岩石的破碎效果。

炮孔底部水介质间隔装药所利用的原理是：水具有各向均匀压缩性，即均匀传递爆炸压力的特征。在爆炸初始阶段，充水腔壁和装药腔壁同样受到动载作用而且峰压下降缓慢；到了爆炸后期爆生气体膨胀做功时，水中积蓄的能量随之释放，故可加强对岩石的破碎作用。另外，以空气或水为介质的间隔装药，可提高药柱重心，加强对台阶顶部岩石的破碎。

不难看出，水间隔和空气间隔的作用原理虽然不同，但都能提高炸药能量的利用率。

二、炮孔堵塞

深孔爆破的堵塞应达到设计要求的长度。除深孔扩壶爆破外，严禁不堵塞而进行爆破。

堵塞料多采用钻孔的岩屑，也可采用尾矿砂或专门破碎的岩石，但禁止使用石块和易燃材料，在有水的炮孔堵塞时，还应防止堵塞料悬空。

三、爆破网路敷设与起爆

深孔爆破采用电力、导爆索—继爆管、导爆管起爆网路或复式起爆网路。雷雨季节宜采用非电起爆法。网路敷设所使用的起爆器材应事先进行检验。网路敷设应按设计要求进行，并严格遵守《爆破安全规程》中有关起爆方法的规定，经查验确认起爆网路完好且具备安全起爆条件时方准起爆。

思考题

1. 露天台阶深孔爆破的参数有哪些？应如何确定？
2. 多排孔微差爆破的炮孔排列及起爆顺序有哪几种？各有何优点？适用什么条件？
3. 孔内微差爆破有何特点？可获得哪些技术经济效果？
4. 如何确定微差爆破合理的间隔时间？
5. 如何解释挤压爆破原理？挤压爆破参数有何特点？
6. 何谓分段间隔不偶合装药？有几种形式？
7. 空气间隔装药为何能获得好的爆破效果？

第十一章　预裂爆破和光面爆破

第一节　预裂（光面）爆破的作用机理

一、概述

炸药在炮孔内爆炸后，产生强大的冲击波和高压气体并猛烈冲击炮孔周围的岩体，使得周围的岩体开裂或破碎。在有限范围内进行开挖爆破时，如露天矿、建筑物基坑、路堑及沟槽开挖、隧道及地下空间掘进等，一方面要求爆破开挖的边界尽量与设计的轮廓线相符合，不要出现超挖或欠挖，另一方面还要求开挖边界上的岩体能尽量保持完整无损。预裂爆破和光面爆破就是为达到上述要求而采用的一种爆破技术。

控制开挖边界或轮廓的爆破作业，可以在设计开挖范围内的岩体爆破之前进行，也可以在它之后进行。前一种情况是指预先在设计的轮廓线处用爆破的方法形成一条裂缝，这种方法称为预裂爆破。后一种情况则是在设计开挖范围内的岩体爆破以后，再爆破轮廓炮孔，通常称为光面爆破。显然，两者的爆破条件不完全相同，预裂爆破时，药包在受夹制的状态下爆炸，只有一个自由面，而光面爆破则有两个自由面。

预裂爆破和光面爆破的优点很突出，主要有以下几点：

(1) 减少超、欠挖量，节省工程投资；

(2) 开挖面光洁平整，有利于后期作业；

(3) 对保留岩体的破坏小，有利于隧道围岩及边坡的稳定；

(4) 由于预裂缝的存在，可以放宽对开挖区爆破规模的限制，提高工效。

二、预裂（光面）爆破成缝机理

预裂爆破和光面爆破是 20 世纪 50 年代发展起来的一种爆破技术，由于这种方法具有明显的优越性，所以自它问世以来，在一些重要的开挖工程中迅速得到推广使用。但是，对于预裂和光爆的成缝机理，众说纷纭，没有一个统一的观点。这主要是由于岩体爆破过程本身的复杂性，以及理论研究的不成熟所致，这里仅介绍几种有代表性的观点。

(一) 应力波叠加理论

W. I. Duvall 和 R. S. Paine 等人提出的相邻炮孔爆炸应力波叠加成缝的理论。他们认为，当相邻两炮孔同时起爆时，各炮孔爆炸所产生的压缩应力波，以柱面波的形式向四周扩散，并在两孔连心线的中点处相遇，产生应力波的叠加。在应力波的交会处，应力波合力的方向垂直于炮孔连心线，而且方向相背，促使岩体向外移动，产生拉伸应力，如图 11-1 所示。当合成应力超过岩体的抗拉强度时，便会在两炮孔连心线的中点首先产生裂缝，然后，沿着炮孔连心线向两炮孔方向发展，最后形成一条断裂面。

应力波叠加理论是一种纯理论的分析，要使相邻炮孔的爆炸应力波在其连心线中点相遇，必须保证相邻两炮孔绝对同时起爆。这在生产实践中往往是很难做到的，即使采用瞬发电雷管或采用导爆索起爆，仍然或多或少地存在着某些时差。但是，在预裂（光面）爆破中，相邻两孔的间距一般都不大，只有几十厘米，而应力波在岩体中的传播速度往往达到 4 000m/s 以上，因此，两孔之间的传播时间只有 0.1～0.2ms，有时甚至还要更短。而实际的起爆时差要比上述数值大得多，因此，在生产实践中，单纯用应力波叠加的理论来进行分析，是很难完全解释清楚的。

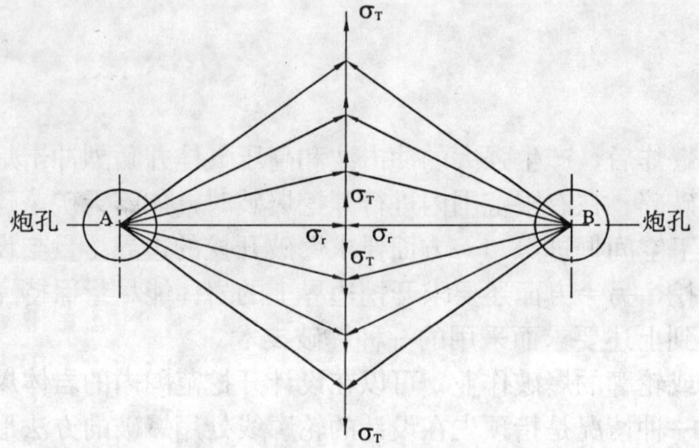

图 11-1 应力波叠加示意图

(二) 高压气体作用理论

山口梅太郎等人提出预裂缝的形成主要是爆炸高压气体的作用。他们也承认应力波的作用，但认为这种作用是微小的，裂缝的形成主要是爆炸生成的高压气体的准静态应力所致。该理论强调不偶合装药条件下的缓冲作用。由于空气间隙的存在，使得作用于孔壁的冲击波压力大大减小。尹藤一郎等人在铝块中的爆破实验表明，随着不偶合系数的不断增大，作用于孔壁的压力呈指数急剧衰减，当不偶合系数为 2.5 时，孔壁上的压力值为 1/16。从孔壁压力的作用过程看，当不偶合系数大时，压力与时间的关系曲线已不再是冲击波的典型形式，而是呈台阶状，压力峰值下降，但压力的作用时间延长，这主要是爆炸高压气体所造成的准静态压力的作用。此外，该理论还特别强调空孔的效应。炮孔爆破时，若附近有空孔存在，则沿爆破孔与空孔的连心线将产生应力集中，如图 11-2 所示。相邻两个炮孔越接近，应力集中现象越显著。此时，首先在孔壁上应力集中

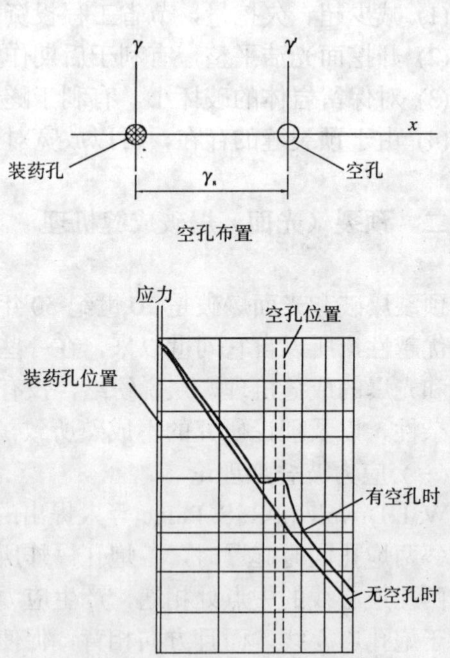

图 11-2 空孔的应力集中效应

最大的地方出现拉伸裂隙，然后，这些裂隙沿着炮孔连心线方向延伸，当孔距合适时，相向延伸的裂缝互相贯通，形成一个光滑的断裂面。

(三) 应力波与气体压力共同作用理论

H. K. Kert 等人提出了裂缝面的形成是应力波和爆生气体压力共同作用的结果的理论。认为应力波的主要作用是在炮孔的周围产生一些初始的径向裂缝。继之，在爆炸高压气体准静态压力的作用下，使径向裂缝进一步扩展。当相邻的两个炮孔爆炸时，不论是同时起爆，或是存在着不同程度的时差，由于应力集中的缘故，沿炮孔的连心线方向首先出现裂缝，并且发展也最快。在爆生气体压力的作用下，由于最长的径向裂缝扩展所需的能量最小，所以该处的裂缝将首先得到扩展。因此，炮孔连心线方向也就成为裂缝继续扩展的最优方向，而其它方向的裂缝发展甚微，从而保证了裂缝沿着炮孔连心线将岩体裂开。这种解释比较符合实际的情况。

第二节　预裂爆破

一、概述

所谓预裂爆破，就是指在正式爆破开挖之前，预先沿着设计的轮廓线爆破出一条一定宽度的裂缝，以达到保护保留区岩体的目的的爆破方法。

进行预裂爆破时，为使岩体开裂而又不使岩体壁遭受破坏，希望爆炸冲击波作用于孔壁上的径向压力要低于岩体的极限抗压强度，而由此派生的切向拉伸应力则要超过岩体的抗拉强度。这对于岩体、混凝土等一些脆性材料来说，是比较容易达到的。通常，岩体的抗压强度可达到数万甚至数十万千帕以上，而抗拉强度却要低得多，还不到抗压强度的 1/10，这就为满足上述要求，提供了有利条件。

一般情况下，炸药爆炸时药包表面的冲击波压力峰值可达数百万千帕，这个数值已远远超过了岩石的抗压强度，因此，药包周围的岩体被压碎成粉末状，为了减轻作用于岩壁上的压力，一般可采取两种措施，一是采用低猛度低爆速的炸药，另一种就是采用不偶合装药。所谓的不偶合装药，就是指钻孔直径远大于药柱直径的一种装药方式。孔径与药柱直径的比值，称为不偶合系数，不偶合系数的大小直接反应了药柱外壁与孔壁之间的间隙大小。

二、预裂爆破的设计计算

影响预裂爆破效果的因素很多，如钻孔直径、孔距、装药量、岩石的物理力学性质、地质构造、炸药品种、装药结构以及施工因素等等，凡此种种都是互相影响的，想要完全从理论上说清楚它们之间的关系是困难的。就目前的状况来说，预裂爆破的理论研究还很欠缺，设计计算方法也很不完善，多半需要通过现场爆破试验，才能获得较为满意的结果。

预裂爆破设计的要点，就是根据爆破区域的岩石种类、地质构造情况以及施工机具等条件，恰当地确定钻孔直径、炮孔间距、装药量以及装药结构等。在预裂爆破中，岩体的构造特性对爆破效果的影响将比对其它爆破工程效果的影响更为明显，这是一个非常值得重视的问题。例如，在成层的岩体中，裂缝较易于沿着岩体本身的层理方向裂开，如果预裂缝设计在位于层理的垂直方向，那么成缝就要困难得多，这就必须要从炮孔间距、装药量等各个方面予以调整，选出合适的参数，才能获得预期的效果。

目前，确定预裂爆破主要参数的方法，大致有下列3种：①理论计算法；②经验公式法；③经验类比法。

(一) 理论计算法

前苏联 A.A.费先柯和 B.C.艾里斯托夫提出了一个以预裂孔同时起爆和爆炸应力波的动力作用为基础的计算方法。

为了保证形成理想的预裂面，且孔壁不受或少受破坏，必须满足下面的力学方程。

$$\begin{cases} \sigma_r \leqslant \sigma_{压} \\ \sigma_T \geqslant \sigma_{拉} \end{cases} \tag{11-1}$$

式中：σ_r——预裂孔壁受到的最大径向压应力，kPa；

σ_T——预裂孔连心线上岩体受到的最大切向拉应力，kPa；

$\sigma_{压}$——岩体的极限抗压强度，kPa；

$\sigma_{拉}$——岩体的极限抗拉强度，kPa。

根据冲击波对障碍物的作用理论，可知

$$P = 25Q\frac{\Delta}{\rho_e} \tag{11-2}$$

式中：P——冲击波压力，kPa；

Δ——爆破孔内的装药密度，g/m^3；

ρ_e——炸药本身的密度，g/m^3；

Q——炸药的爆热，kJ/kg。

当空气冲击波碰到固定的刚体障碍物时，压力增长系数为

$$n = 2 + \frac{6P}{P+7} \tag{11-3}$$

为使孔壁不被压碎，必须满足下面的关系

$$n \cdot P \leqslant \sigma_{压}$$

将式（11-2）和（11-3）代入上式，得

$$\sigma_{压} = \left[2 + \frac{6\times 25Q\dfrac{\Delta}{\rho_e}}{25Q\dfrac{\Delta}{\rho_e} + 7}\right]\left(25Q\frac{\Delta}{\rho_e}\right)$$

据此，可求得最佳的装药密度

$$\Delta = \rho_e\frac{\dfrac{\sigma_{压}}{10}\left(2.5 + \sqrt{6.25 + \dfrac{1400}{\sigma_{压}/10}}\right)}{100Q} \tag{11-4}$$

求出孔内的装药密度后，只要给定一个孔径，就可以直接求出钻孔的装药量。

另一个主要参数是孔距 a，可根据连心线中点处$\sigma_T{}' \geqslant \sigma_{拉}$这一条件进行计算。当相邻两孔连心线上的切向拉应力超过岩石的抗拉强度时，形成裂缝将是可能的。

拉应力值依赖于冲击波的压应力，根据轴向对称应力波的理论，由柱状波产生的最大压应力与最大拉应力之间的关系为

$$\sigma_T' = \frac{\mu}{1-\mu}\sigma_r'$$

式中：σ_T' ——岩体内某一点的切向拉应力，kPa；

σ_r' ——岩体内某一点的径向压应力，kPa；

μ——岩体的泊松比。

爆破时岩体中的压应力随距离的增大而降低，即

$$\sigma_r' = \frac{\sigma_r}{\left(\frac{r}{r_b}\right)^k}$$

式中：r——岩体内某一点至药包中心的距离，m；

r_b——炮孔半径，mm；

k——衰减指数，一般可取 $k=1.5$。

两孔同时起爆时，炮孔连心线中点处的拉应力为单孔的 2 倍，则

$$\sigma_{拉} \leqslant \sigma_T' = 2\left(n \cdot P\frac{\mu}{1-\mu}\right)\left(\frac{r_b}{a/2}\right)^{1.5}$$

据此可求出炮孔间距

$$a = 3.2\left(\frac{n \cdot P}{\sigma_{拉}} \cdot \frac{\mu}{1-\mu}\right)^{2/3} \cdot r_b \tag{11-5}$$

式中：a——炮孔间距，m。

当炮孔内的装药满足式（11-4）的最优装药密度时，炮孔间距的计算式为

$$a = 3.2\left(\frac{\sigma_{压}}{\sigma_{拉}} \cdot \frac{\mu}{1-\mu}\right)^{2/3} \cdot r_b \tag{11-6}$$

从上述公式的推导过程看，都是以爆炸应力波作为计算依据的，对于爆生气体的准静态应力场的作用，则未予以考虑。同时，在考虑极限强度时，外力是瞬间动荷载，而岩体抗拉强度则是静力条件下的数值，没有考虑岩体的动荷载，显然是不够合理的。另外，地质构造等因素在公式中也没有得到反映。

(二) 经验公式计算法

预裂爆破主要参数的影响因素复杂，很难从理论上得出一个完整的解，因此，爆破工作者根据各自积累的经验，针对几个最主要的影响因素，归纳得出了一些经验公式。这些经验公式主要考虑了装药密度与岩体的抗压强度、炮孔间距以及孔径之间的关系，基本形式为

$$Q_{线}=K \cdot [\sigma_{压}]^{\alpha} \cdot [a]^{\beta} \cdot [d]^{\gamma} \tag{11-7}$$

式中：$Q_{线}$——炮孔的线装药密度（每 m 的装药量），kg/m；

$\sigma_{压}$——岩体的极限抗压强度，MPa；

a——炮孔间距，m；

d——炮孔直径，mm；

K、α、β、γ——系数。

(1) 长江科学研究院经验公式

$$Q_{线}=0.034[\sigma_{压}]^{0.63}\cdot a^{0.67} \tag{11-8}$$

上式适用于$[\sigma_{压}]$=10～15MPa，r_b= 40～170mm，a = 40～130cm 的爆破条件。

(2) 美国经验公式

$$Q_{线}=0.038L\cdot d^2 \tag{11-9}$$

式中：L——炮孔深度，m。

上式适用于各种直径和深度的炮孔。

当岩体声速为 2 500～3 075m/s 时，a =12d；当岩体声速为 3 384～4 000m/s 时，a =15d；当岩体声速>4 000m/s 时，a =18d。

(3) 葛洲坝工程局经验公式

$$Q_{线}=0.367[\sigma_{压}]^{0.5}\cdot d^{0.86} \tag{11-10}$$

(4) 武汉大学水电学院（原武汉水利电力学院）经验公式

$$Q_{线}=0.127[\sigma_{压}]^{0.5}\cdot a^{0.84}\cdot\left(\frac{d}{2}\right)^{0.24} \tag{11-11}$$

(5) 马鞍山矿山研究院经验公式

$$Q_{线}=78.5\cdot d^2\cdot M^{-2}\cdot\rho_e \tag{11-12}$$

式中：M——不偶合系数。

(6) 保证不损坏孔壁的经验公式

$$Q_{线}=2.75[\sigma_{压}]^{0.53}\cdot\left(\frac{d}{2}\right)^{0.38} \tag{11-13}$$

上式的使用范围为$[\sigma_{压}]$= 10～15MPa，d = 92～340mm，a = 40～130cm。

(三) 经验类比法

在预裂爆破设计中，炮孔的装药量除了用理论公式或经验公式计算外，还可采用经验类比法，即参考某些工程的实际经验数据，进行对比分析后得出适合本次工程的装药量。由于影响爆破效果的因素繁多且复杂，因此理论计算的结果和实际工程出入较大，例如，理论计算公式考虑的因素只是有限的几项，对于地质构造这样重要的因素在计算式中却很难确切地反映。而经验公式则往往受到归纳整理这些公式时所处的条件的限制，使其只能在一定范围内使用。此时，参考一些成功工程的实际经验资料，从地质条件、钻孔机具以及爆破规模等各个方面进行类比，从中找出适合于本工程的近似数据作为参考，是一种行之有效的方法。

表 11-1 为国内外采用的预裂爆破实用参数。

表 11-1　预裂爆破实用参数表

炮孔直径 d（mm）	药卷直径 d_c（mm）	不偶合系数 M $M=d/d_c$	炮孔间距 a（m）	线装药量 $Q_线$（g/m）
32	22	1.45	0.40	120
38	22	1.73	0.45	140
45	22	2.05	0.50	160
50	22	2.27	0.55	190
65	22	2.95	0.65	250
75	25	3.40	0.75	450
90	29	3.60	0.90	650
100	32	3.45	1.00	800
115	38	3.59	1.10	1 100
125	45	3.29	1.20	1 300
150	55	3.33	1.45	1 850
200	65	3.64	1.85	3 300
230	80	3.54	2.00	4 500
250	80	3.13	2.15	5 300
270	80	3.38	2.25	6 100
310	80	3.88	2.40	7 800

三、预裂孔的装药结构

理想的预裂爆破应当使预裂面从顶到底形成一个光滑平整的壁面，保留的岩体既不遭受破坏又不残留岩埂，这就要求在预裂面各个部位上的爆破作用大致上能均匀一致。因此，药包沿炮孔的分布应与它的作用相适应。

预裂爆破的装药结构如图 11-3 所示。

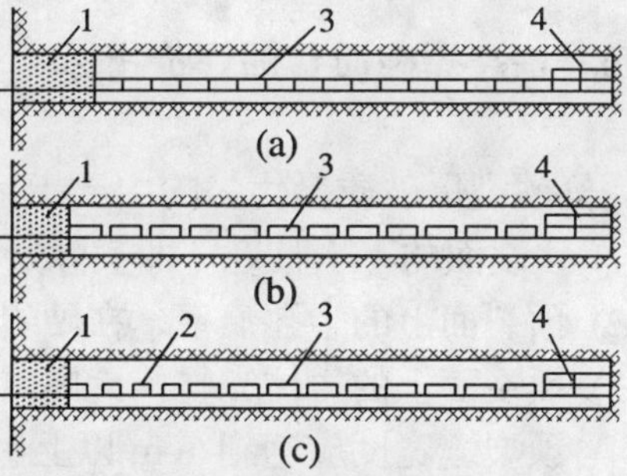

图 11-3　预裂孔装药结构示意图

(a) 连续装药；(b)、(c) 间隔装药

1—堵塞段；2—顶部减弱装药段；3—正常装药段；4—底部增强装药段

预裂孔的顶部有自由面存在，由于爆炸应力波的反射拉伸作用，破坏最强烈，容易形成爆破漏斗。因此，在距地表的一定范围内应设置一个不装药段，并用惰性材料予以堵塞。此外，为了防止爆生气体过早逸出，设置这个堵塞段也是必要的。不装药段的长度与该处的地层情况、预裂孔的孔径以及装药量等因素有关。松软破碎的岩石，容易产生破坏，甚至出现漏斗，故不装药段宜长些。反之，对于坚硬岩石，其不装药段可短些。

堵塞段的长度一般为 0.6～2.0m。另外，炮孔内线装药密度的大小对于炮孔孔口的破坏也有明显的影响。线装药密度大，孔口破坏严重，有时，为了减轻这种影响，可将炮孔顶部的装药量适当削减，以维持炮孔顶部附近岩体的完整。

炮孔底部受到很大的夹制作用，必须加大装药量，才能达到预期的爆破效果。炮孔越深，岩石越坚硬，夹制作用越明显。在实际工程中，这种底部装药的增量多半以该孔线装药量密度的倍数来衡量，孔深小于 5m 时，增加 1～2 倍，孔深 5～10m 时，增加 2～3 倍，当孔深超过 10m 时，增加 3～5 倍，坚硬的岩石取大值，松软的岩石取小值。底部增加装药量的范围为自孔底起约 0.5～1.5m。

原则上来说，预裂爆破时，药包应均匀连续地布置于炮孔的中央，这样的爆破效果最为理想。为此，国内外一些厂家专门生产了一些不同直径的药卷（特别是小直径药卷）供预裂爆破和光面爆破使用。我国目前生产的这类药卷，规格品种少，价格高，远不能满足生产实践的需要，在很多场合下，还是采用现成的标准药卷，或者在现场将标准药卷改装成小直径药卷。当使用标准药卷时，通常将药卷沿孔深分散间隔布置，即根据计算的线装药密度，将药卷按一定的间隔距离绑扎在导爆索上，形成一个炸药串。此时，需要考虑两个问题，一是药卷之间的间隔距离允许有多大，二是药卷直径与炮孔直径的比值。

根据前苏联的资料，药卷之间的间隔距离控制在 10～30cm 以内为宜，在这个范围内，爆破作用沿炮孔分布均匀，能获得满意的爆破结果。间隔距离超过 30cm 时，爆破后在岩壁上保留的炮孔痕迹和保留面的质量开始恶化，药包的各个部分呈现出孤立的局部爆破效应。

炮孔直径与药卷直径的比值（不偶合系数）一般不宜小于 1.5～2.0，否则不能保证预裂轮廓的质量。对于直径为 28～32mm 的标准药卷来说，炮孔直径采用 76、100 或 150mm 时，对爆破轮廓没有什么不良影响。在瑞典，炮孔直径采用 60mm 时，也获得了良好的爆破效果。但当孔径缩小到 42mm 时，由于药卷与孔壁间的间隙太小，在猛烈的爆炸冲击波作用下，孔壁几乎全部都被破坏，也就是说，当采用 28～32mm 的标准药卷时，炮孔的直径不宜小于 60mm。

四、预裂爆破质量的评价指标

评价预裂爆破质量优劣的主要指标为：

(1) 预裂面的不平整度，即实际开挖轮廓与设计开挖轮廓的差值，一般不超过±15cm；

(2) 预裂面上的半孔痕率，在硬岩中应达到 80%以上，在软岩中应达到 50%以上；

(3) 预裂面上的岩体完整，无肉眼可见的松石、浮石；

(4) 预裂缝宽度应达到 1cm 以上。

第三节　光面爆破

一、概述

光面爆破也是控制开挖轮廓的爆破方法之一，它与预裂爆破不同之处在于光面爆破是在开挖主爆孔的药包爆破之后进行的，而预裂孔的爆破则是在岩体开挖之前进行的。从爆破时岩体的状态（边界条件）看，预裂爆破时只有一个自由面，而光面爆破则有两个自由面，从而大大地改善了它的爆破条件，同时，对保留区岩体的破坏也有所改善。因此，在进行光面爆破时，对爆破开挖所创造的自由面应给予充分的注意。

光面爆破一般多用于地下工程（隧道）的开挖，此外，也可以用于地面开挖工程，关键是要创造一个良好的自由面。当光爆孔与开挖主爆孔用迟发雷管分段起爆时，只能在隧道开挖中获得较为满意的效果，在其它的场合中，效果并不理想，这就需要将光爆孔与邻近的主爆孔分开爆破，而这又增加了施工的复杂性。因此，目前光面爆破主要还是用于地下工程，在露天开挖中用得比较少，只有在一些有特殊要求，或者条件有利的情况下使用。

在隧道施工中采用光面爆破具有以下优点：

(1) 光面爆破对围岩的破坏要轻微得多。声波探测表明，采用光面爆破时，围岩松弛带的范围只是普通常规爆破方法的 1/3～1/2，从而提高了围岩的稳定性，减少了支护工作量；

(2) 光面爆破可以大大地减少隧道的超、欠挖量，提高工程质量，加快施工进度，并能大量减少混凝土衬砌浇筑量；

(3) 采用光面爆破，围岩的壁面平整、危石少，撬顶工作简单，减轻了表面应力集中现象，避免了局部冒落，增加了围岩的稳定和施工安全，并为锚喷支护的使用创造了有利条件。

光面爆破的效果在完整的岩体中很明显，可以从直观的感觉中看到，爆破后的开挖面光洁平整、岩体完整、爆破裂缝不发育，给人以舒适安全的感觉。但是，在松软的岩体中，特别是在一些不均匀的岩体和构造发育的岩体中采用光面爆破时，从表面上看，其效果可能是令人失望的，有时甚至连一个炮眼的半孔痕迹也看不到。但是，应该清楚地认识到，在破碎岩体中进行光面爆破时，对减轻围岩的破坏、减少超挖以及避免产生冒顶事故等方面的作用仍是很大的。从某种意义上说，愈是地质条件不良的地段，更有必要采用光面爆破技术，只是此时的着眼点已不是局限于岩体表面的光洁而在于岩体本身的稳定了。在隧道掘进中，采用光面爆破技术并不复杂，只需稍微增加一些周边孔的数量，并采用合理的炮孔布置和起爆顺序即可实现。因此，近年来，光面爆破技术已愈来愈广泛地用于工程实践。

二、光面爆破的设计与施工

进行光面爆破时，一般都要引用光爆层这一概念。所谓光爆层，就是指周边炮孔与最外层主爆孔之间的一圈岩石层，如图 11-4 所示。实际上，光爆层的厚度就是周边孔（光爆孔）的最小抵抗线。

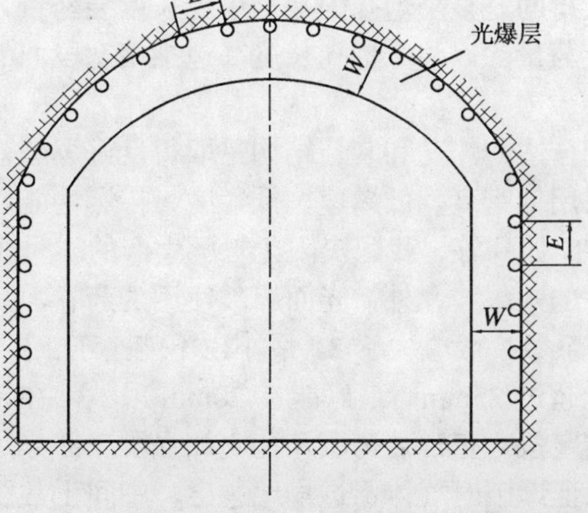

图 11-4　光爆层示意图

光爆层的厚度 W 与周边孔的间距 E 有着密切的关系，可用两者的比值 $K=E/W$ 表示，K 称为周边孔（光爆孔）的密集系数。K 值小，表示炮孔间距近，岩体能较精确地沿炮孔连心线裂开，但钻孔工作量增大，不一定经济。K 值过大，各炮孔只能各自独立地起作用，不能形成要求的光爆面，这也是不可取的。在一般情况下，K 值是一个小于 1 的数字，通常取 $K=0.8$ 左右。

光爆层的厚度与隧道开挖断面的大小有关，大断面隧道的顶拱跨度大，光爆孔所受到的夹制作用小，岩体比较容易崩落，此时，光爆层的厚度可以大一些。小断面的隧道，光爆孔受到的夹制作用大，光爆层厚度宜小一些。

光爆层的厚度还与岩石的性质和地质构造等因素有关，坚硬完整的岩石，光爆层宜薄一些，而松软破碎的岩石，光爆层宜厚一些。

光爆层的炸药单耗比主爆孔要小得多。光爆孔间距也比主爆孔的小，与炮孔直径、岩石性质以及装药量等有关。当炮孔直径为 35～45mm 时，间距一般可取 500～700mm，在岩石节理裂隙发育的地区，或者对光爆面的质量要求较高的部位，其孔距还应更小一些。炮孔的装药量也随之减少，或者在两孔之间加一个不装药的导向孔，导向孔至装药孔的距离不宜大于 40cm。

在隧道开挖中，为了使隧道的开挖断面不会愈挖愈小，周边孔必须向外插，可能的最小的外插量取决于钻机对周边净空的要求，一般为 10～20cm，在设计计算中，这个外插量应当计入光爆层的厚度，即光爆孔的最小抵抗线。

均匀的光爆层是有效地实现光面爆破的一个主要环节，因此，在设计光面爆破时，应对邻近光爆层的主爆孔及其装药量给予充分的注意，特别是在地质条件不太好的情况下，主爆孔爆破后，参差不齐的壁面将直接影响光面爆破的效果。此时，应适当地调整邻近光爆层的主爆孔的布置和装药量。必要时，这一层主爆孔也可以按照光爆层的要求来布置，使之成为另一层光爆孔，只是装药量较多而已。

光面爆破的参数设计，多半采用经验方法。首先，应根据工程的特点、地质条件、施工机具以及对光爆面的质量要求，并参照国内外的一些类似工程的资料，初步选定光爆层的厚度、孔距以及装药量等一些主要参数，然后在施工实践中通过试验逐步完善。表 11-2～11-4 为某些工程中所采用的光面爆破参数。

表中的装药集中度，指的是整个炮孔的平均单位长度装药量，它与线装药量密度的概念不同，前者为炮孔的总装药量除以整个炮孔长度（包括堵塞段）的商，而后者等于炮孔装药量除以装药段的长度。

在光面爆破中，选用合适的炸药和装药结构是取得良好爆破效果的重要因素。为了减轻爆破对围岩的破坏，宜采用低密度、低爆速、低猛度、传爆性能好的炸药。例如，瑞典采用古力特炸药，日本采用 TN 炸药等。我国庆阳化工厂生产的 2 号光爆炸药，在引渠工程的光面爆破中，也取得了较好的效果。此外，光面爆破使用的药卷，其直径也必须满足一定的不偶合系数的要求，不偶合系数一般应大于 2，最小也不能小于 1.5。对于直径为 38～42mm 的炮孔来说，药卷直径不能超过 25mm，最好能在 20mm 以下。在装药结构方面，同预裂爆破一样，一般也分为孔口堵塞段、正常装药段及孔底加强段三部分，堵塞段的长度一般可取炮孔深度的 1/4～1/3，以保证爆破时气体不过早地逸出，中间正常段的装药最好用小直径药卷连续装药，药卷直径小于临界直径时，可采用间隔装药，此时，应按计算的线装药密度均匀

表 11-2　马鞍山矿山研究院资料

岩体情况	开挖部位	跨度（m）	光爆孔参数：炮孔直径（mm）	炮孔间距（mm）	最小抵抗线（m）	炮孔密集系数	装药集中度（kg/m）
整体稳定性好，中硬到坚硬岩石	顶拱	<5	35～45	600～700	500～700	1～1.1	0.20～0.30
	顶拱	>5	35～45	700～800	700～900	0.9～1.0	0.20～0.25
	边　墙		35～45	600～700	600～700	0.9～1.0	0.20～0.25
整体稳定性一般或欠佳，中硬到坚硬岩石	顶拱	<5	35～45	600～700	600～800	0.9～1.0	0.20～0.25
	顶拱	>5	35～45	700～800	800～1000	0.8～0.9	0.15～0.20
	边墙		35～45	600～700	700～800	0.8～0.9	0.20～0.25
节理裂隙很发育、破碎，岩石松软	顶拱	<5	35～45	400～600	700～900	0.6～0.8	0.12～0.18
	顶拱	>5	35～45	500～700	800～1000	0.5～0.7	0.12～0.18
	边　墙		35～45	500～700	700～900	0.7～0.8	0.15～0.20

表 11-3　瑞典 Gustavsson 的资料

炮孔直径（mm）	装药集中度（kg/m）	炸药种类	最小抵抗线（m）	炮孔间距（m）
26～32	0.07	Φ11mm Gurit	0.30～0.45	0.25～0.35
25～43	0.16	Φ17mm Gurit	0.70～0.80	0.50～0.60
45～51	0.16	Φ17mm Gurit	0.80～0.90	0.60～0.70
51	0.30	Φ22mm Nabit	1.00	0.80
64	0.36	Φ22mm Nabit	1.00～1.10	0.80～0.90

表 11-4　瑞典 Langefors 的资料

炮孔直径（mm）	装药集中度（kg/m）	炸药种类	药卷直径（mm）	最小抵抗线（m）	炮孔间距（m）
30		Gurit		0.7	0.5
37	0.12	Gurit		0.9	0.6
44	0.17	Gurit		0.9	0.6
50	0.25	Gurit		1.1	0.8
62	0.35	Nabit	22	1.3	1.0
75	0.5	Nabit	25	1.6	1.2
87	0.7	Dynamite	25	1.9	1.2
100	0.9	Dynamite	2	2.1	1.6
125	1.4	Nabit	40	2.7	2.0
150	2.0	Nabit	50	3.2	0.4
200	3.0	Dynamite	52	4.0	3.0

地布置药卷。药量不能太集中，应适当分散，各药卷之间的间隔距离也不宜过大。为了克服孔底部位的阻力，不管采用哪一种装药结构，通常在孔底应放置 1～2 卷的标准药卷，以增强其作用，使光爆层能够比较容易地脱离岩体。

光爆孔的装药结构如图 11-5 所示。

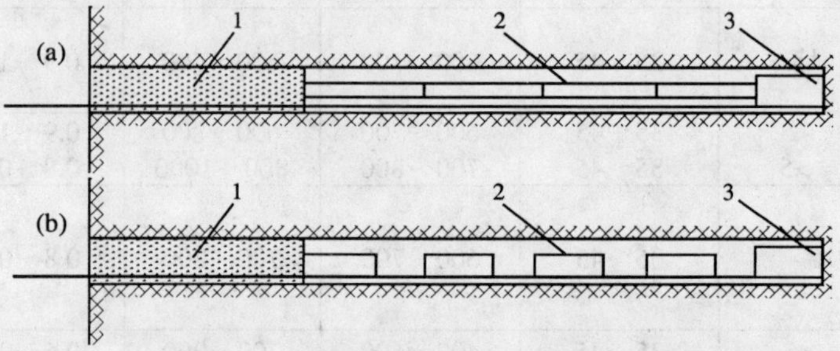

图 11-5　光爆孔装药结构示意图

(a) 连续装药；(b) 间隔装药

1—堵塞段；2—中间装药段；3—底部增强装药段

光爆孔应同时起爆，但是，在需要控制一次起爆药量的情况下，若光爆孔的数量很多，也可采用分段起爆。导爆索起爆是保证同时齐爆的好方法，同段雷管引爆的效果不及导爆索好。在一个炮孔内采用间隔装药时，也应保证它的齐爆。一般可采用两种方法，一是用导爆索贯穿整个炮孔，二是在每一节炸药卷中装一个同段的雷管，从爆破效果及施工方面看，前者是较为有利的。

光爆层的爆破与隧道开挖的衔接，也就是说隧道的开挖顺序和步骤，对光面爆破效果的影响是明显的。隧道中的光面爆破，通常采用两种布置方法，一种是预留光爆层；另一种则是全断面一次开挖。

预留光爆层的开挖布置如图 11-6 所示。隧道的中间部分（主爆区）超前一两个循环开挖，留下光爆层，使光爆层与下一个循环的主爆孔同时钻孔和爆破。在起爆顺序上，光爆层最先起爆，然后再引爆主爆孔。

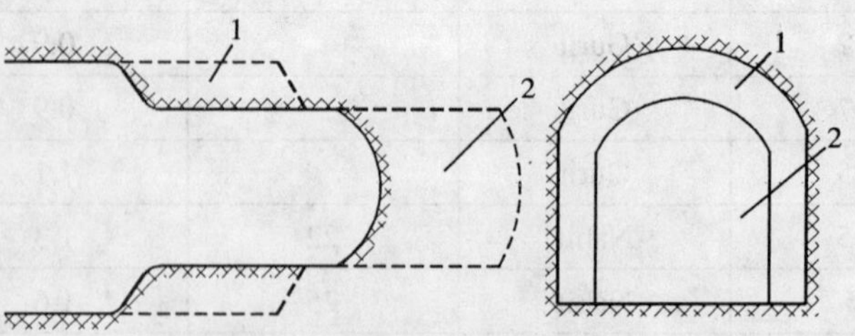

图 11-6　预留光爆层示意图

1—预留光爆层；2—超前开挖区

这种方法的优点是，光爆层的自由面上没有岩碴阻挡，夹制作用小。这对提高光面爆破的质量大有好处。另外，光爆孔最先起爆，不管是采用导爆索或者是瞬发雷管引爆，对光爆孔的同时齐爆都是非常有利的。因此，将光爆层和主爆区分开进行开挖爆破的方法，效果良好。但从施工角度看，开挖面上的钻孔和爆破出碴等工作比较复杂，难度也要大一些。另外，这种方法只有当隧道的开挖断面较大时，才比较适合，当开挖断面小时，超前部分的开挖断面将更小，这对施工是不利的。

隧道全断面一次钻孔爆破的布置如图 11-7 所示。考虑到主爆孔爆落的岩石能够充分地与岩体脱开，以便为光爆孔创造出一个较好的自由面，光爆孔一般仅布置在隧道开挖断面的顶部，或者侧帮。在起爆顺序上，先引爆主爆区的炮孔，光爆孔在最后起爆。

这种布置的优点是，施工简单，所增加的工作量不大，容易得到推广。不足之处是光爆层的自由面条件不及预留的明显，特别是当主爆孔的根底较大时，会影响光面爆破的效果。另外，光爆孔在最后起爆，一般只能用同段的延期雷管来满足齐爆的要求，由于高段别延期雷管本身的误差较大，因此，在保证光爆孔同时起爆方面，不如预留光爆层那样有效。有时也可用导爆索将光爆孔连接起来，使之齐爆，但孔外的导爆索在光爆孔的爆破过程中有可能被砸断而发生拒爆。

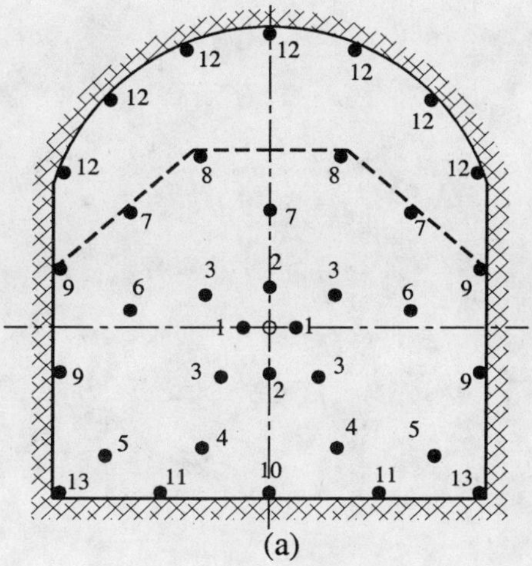

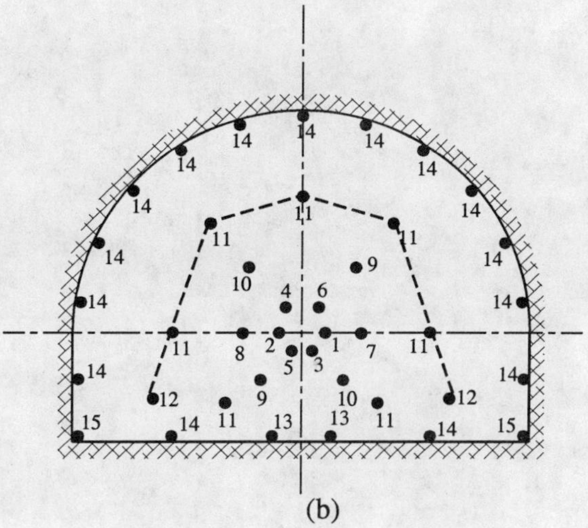

图 11-7 全断面开挖光爆层布置示意图

(a) 顶拱光爆层；(b) 顶拱和侧帮光爆层

三、光面爆破质量评价

评定光面爆破效果优劣的主要指标是：

(1) 开挖轮廓成形规则，岩面平整，符合设计要求，超、欠挖量没有突破规定的指标。

(2) 岩面上的半孔率达到预定的要求。

(3) 在周边炮孔（光爆孔）的装药部位，肉眼观察不到明显的爆破裂隙。

(4) 爆破后，围岩中无危石。

思考题

1. 光面爆破和预裂爆破的机理是什么？有哪些理论？
2. 预裂爆破中装药量计算的主要点是什么？如何实现？
3. 预裂爆破的施工应注意哪些问题？
4. 在隧（巷）道开挖中，如何实现光面爆破？
5. 试述评价预裂爆破和光面爆破效果优劣的标准。

第十二章　硐室爆破

第一节　概　述

硐室爆破是指将大量炸药装入硐室和巷道中进行爆破的方法。

硐室爆破具有以下特点：

(1) 爆破方量大，可以在短期内完成大量土石方的开挖，有利于加快工程施工进度；

(2) 与其它爆破方法相比，其凿岩工作量少，相应的设备、工具及动力消耗也少；

(3) 施工机具简单、工效高，可以节省大量的劳力、物力和财力；

(4) 与其它爆破方法相比，大块率较高，二次爆破量大；

(5) 工作条件艰苦，劳动强度大；

(6) 一次爆破药量较多，安全问题复杂；

(7) 大型硐室爆破工程施工组织工作比较复杂，需要有熟练的、经验丰富的技术力量才能在保证安全的前提下顺利地完成硐室爆破工作。

上述特点决定了硐室爆破的应用范围，下列条件适宜于采用硐室爆破：

(1) 在地势较陡的山区，土石方工程量大、机械设备上山有困难时，宜采用硐室爆破；

(2) 在峡谷、河床两侧有较陡山地可取得大量土石方量时，可采用硐室爆破修筑堤坝；

(3) 在工程建设初期，如果地形有利而又有足够的土石方量时，宜采用硐室爆破剥离土岩和平整场地，以缩短建设工期；

(4) 在山区修筑铁路和公路时，宜用硐室爆破修筑路堑和平整场地。

第二节　爆破抛掷作用原理

一、控制抛掷方向的基本原理

1. 最小抵抗线原理

最小抵抗线方向是爆破介质抵抗力最弱的方向。因而被爆岩体表面首先在最小抵抗线方向上向外隆起，形成以最小抵抗线为对称轴的钟形鼓包，然后向外抛散。在最小抵抗线方向上，岩石运动的初速度最大，因而也抛掷得最远。抛掷形成堆积，而堆积的分布对称于最小抵抗线的水平投影。因此，最小抵抗线的方向是破碎、抛掷和堆积的主导方向。

根据这个原理，如果要求多个药包爆落的岩土体向某处集中抛掷堆积，则应尽可能利用或选择凹形地形，合理布置药室，如图 12-1 所示。如果地形条件不利，可利用辅助药包及采用合理的起爆顺序，以控制爆破的方向，如图 12-2 所示。

在图 12-3 中仅改变药包 O_1 和 O_2 的位置（即改变起爆顺序），就可使图 12-3（a）的抛掷距离大于图 12-3（b）。

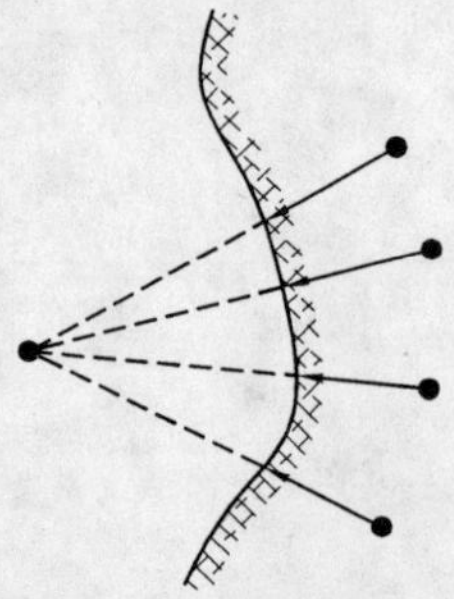

图 12-1　集中抛掷药包

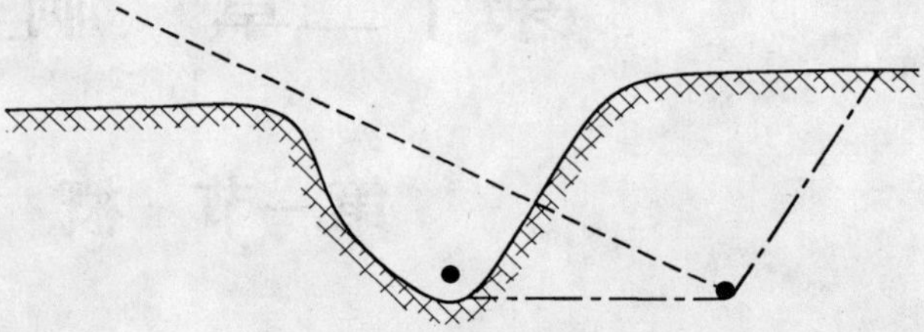

图 12-2　利用辅助药包控制抛掷方向

2. 多向爆破作用原理

在多自由面山头爆破时，可以通过调整最小抵抗线的大小和方向来控制爆破的抛掷作用。

在图 12-4（a）中，$W_A=W_B$，可达到 A、B 两侧等量等距的抛掷。

在图 12-4（b）中，A 侧加强抛掷，B 侧加强松动，则

$$W_A=\sqrt[3]{\frac{f(n_B)}{f(n_A)}}\cdot W_B \qquad (12\text{-}1)$$

式中：W_A、W_B——A 和 B 方向的最小抵抗线；

n_A、n_B——A 和 B 方向的爆破作用指数。

在图 12-4（c）中，A 侧抛掷，B 侧松动，则

$$W_A=\sqrt[3]{\frac{1}{3f(n_A)}}\cdot W_B \qquad (12\text{-}2)$$

在图 12-4（d）中，A 侧抛掷，B 侧不破碎，则

$$W_B\geqslant 1.3W_A\sqrt{1+n_A^{\ 2}} \qquad (12\text{-}3)$$

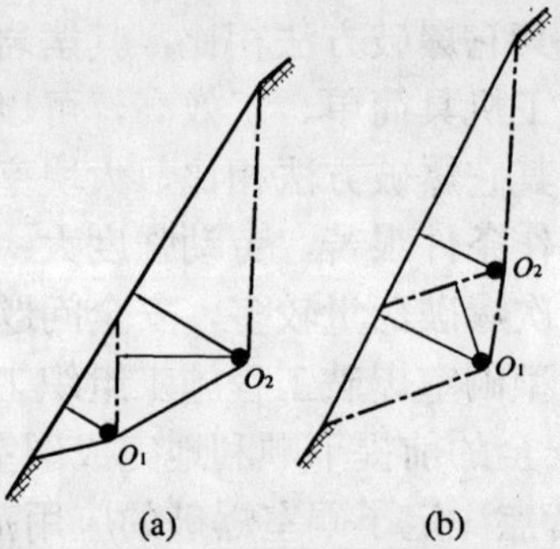

图 12-3　药包位置和起爆顺序对抛掷的影响

3. 群药包共同作用原理

上面所述均为单个药包的爆破作用原理。两个并列等量对称药包爆破时，其中间的岩土介质一般不会发生侧向抛散，只能沿着两个药包抵抗线方向抛出，堆成带状。非等量对称群药包之间的岩土体会发生侧向抛散，即向几个药包联合作用方向抛出。据此，可按照“定向中心”的原理布置等量对称药包。图 12-5 为两个相邻药包的间距 a 与该两个药包最小抵抗线 W 的平均值比，此比值叫做药包间距系数 m。当两个相邻药包的间距系数 $m>1$ 时，爆后各自形成一个单独的

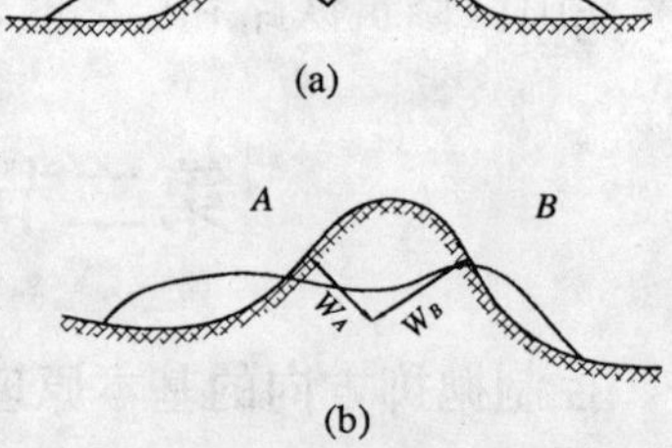

图 12-4　多向爆破作用的控制

爆破漏斗，如图 12-5（a）所示；若缩小两个药包的间距到某一个适当值，例如 $m=1$ 时，则两个爆破漏斗会连在一起形成一个椭圆形的爆破漏斗，如图 12-5（b）所示；若进一步缩小两个药包的间距，爆后形成一个近似于加强抛掷药包所产生的单个抛掷漏斗，如图 12-5（c）所示。

采用群药包进行抛掷爆破时，可利用各个药包之间的相互作用，使抛掷的岩土体获得比较均匀的抛速，以控制抛掷距离和堆积形式。平坦地形条件下 4 个等量对称药包组成的群药包，其爆破漏斗近似如图 12-6 所示。漏斗中部 4 个药包共同作用区称为主抛体；两个相邻药包的共同作用区是一个楔形体，漏斗的 4 角的 1/4 个圆锥体是各个药包单独作用区，锲形体和 1/4 圆锥体叫做副抛体。

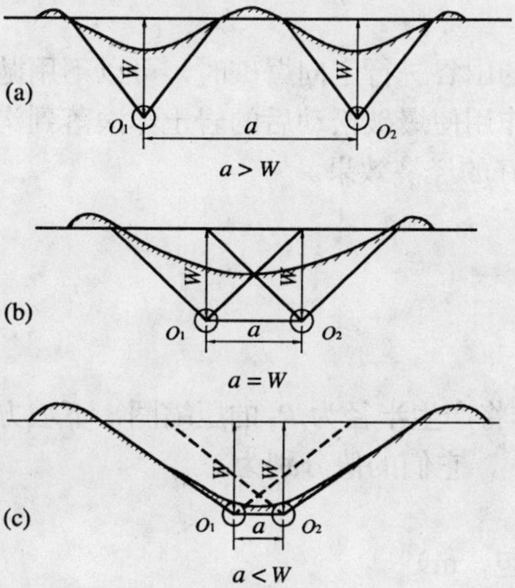

图 12-5　药包相互作用时的爆破漏斗

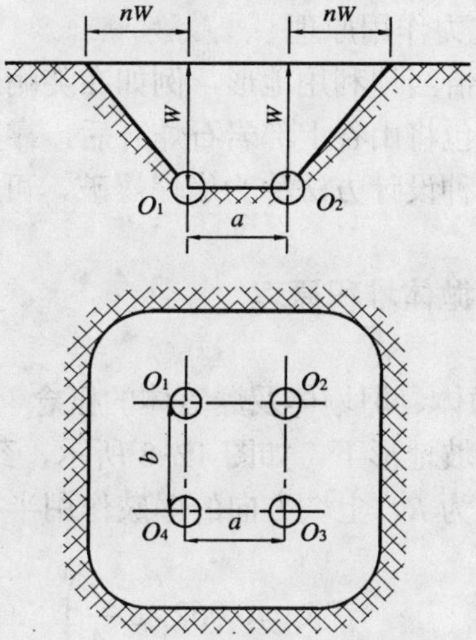

图 12-6　4 个药包相互作用时的爆破漏斗

在斜坡地形条件下群药包抛掷爆破的抛掷方向和抛方体积如图 12-7 所示。

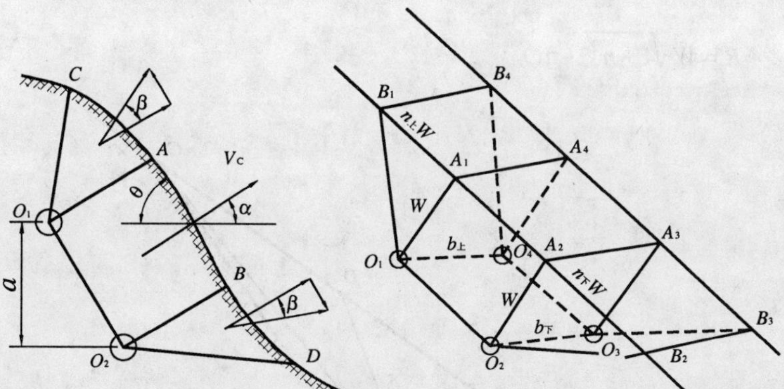

图 12-7　斜坡地形抛掷方向和抛方体积

(a) 剖面图；(b) 立体图

若药包布置呈上下两层，用 a 表示上下层药包间距，用 b 表示相临两列药包的间距，以 W 表示药包的最小抵抗线，则两列相临药包的抛方量 V 由主抛体 $O_1O_2O_3O_4A_1A_2A_3A_4$ 及副抛体 $O_1O_4A_1A_4B_1B_4$ 和 $O_2O_3A_2A_3B_2B_3$ 组成。

若斜坡的平均面角用 θ 表示，则主抛体质心的抛掷方向与水平面成 α 角，θ 与 α 互为余角。主抛体质心抛掷速度可取与平坦地形条件下群药包主抛体质心抛掷速度相同的值。副抛体质心的抛掷速度约为主抛体质心抛掷速度的 1/2。上副抛体的抛向偏向上方，下副抛体的抛向偏向下方。它们偏离斜坡地面法线的角度用 β 表示。副抛体质心抛速可分为垂直及平行坡面的两个分量。在等量对称药包爆破时，主抛体与副抛体质心抛速平行坡面的分量约为垂直坡面分量的 1/2。在上、下两层药包不等量时，主抛体与副抛体质心抛掷方向都略微向上层药包一侧偏转，偏转角的值随上、下层药包药量的差值的增大而增大。

4. 重力作用原理

如能恰当地利用地形，例如在陡峭而狭窄的山谷进行定向爆破时，可以不用抛掷，而布置松动药包将山谷上部岩石炸开后，靠其重力作用使爆破松动后的岩土体滚落到沟底，形成堆积，这种设计方法称为崩塌爆破，可获得较好的经济效果。

二、抛体堆积原理

1. 抛体、坍塌体及爆落体的概念

在斜坡地形下，如图 12-8 所示，药包爆炸将产生半径为 R_1 的压缩圈，下坡方向的爆破作用半径为 R，上坡方向的爆破作用半径为 R'，它们的值分别为

$$R_1 = 0.062\left(\mu\frac{Q}{\Delta}\right)^{1/3} \text{（集中药包，m）} \tag{12-4}$$

$$R_1 = 0.56\sqrt{\frac{q\cdot\mu}{\Delta}} \text{（条形药包，m）} \tag{12-5}$$

$$R = W\sqrt{1+n^2} \text{（m）} \tag{12-6}$$

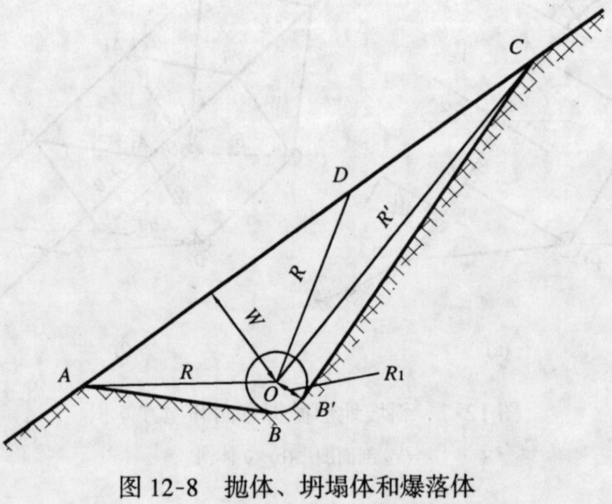

图 12-8 抛体、坍塌体和爆落体

$$R' = W\sqrt{1+\beta \cdot n^2} \tag{12-7}$$

式中：Q——药包重量，t；

W——最小抵抗线，m；

n——爆破作用指数；

Δ——装药密度，t/m^3；

μ——岩土体的压缩系数，其值列于表 12-1 中；

q——条形药包每米装药量，t/m；

β——岩土的破坏系数，对于坚硬岩石，$\beta = 1+0.016\left(\dfrac{\theta}{10}\right)^3$；对于土、松软岩和中硬岩，$\beta = 1+0.04\left(\dfrac{\theta}{10}\right)^3$，$\theta$为地形坡面角。

表 12-1　岩土体的压缩系数

岩土性质	黄土	松散岩土	软岩	硬岩
坚固性系数 f	0.5～0.6	0.8～2.0	3～5	>6
μ值	200～150	50	20	10

在图 12-8 中，当 n>1 时，AOD 范围内的岩土体爆破后可被抛出爆破漏斗之外，该范围内的岩土体称为抛体。DOC 范围内的岩土体在爆破及重力作用下将产生破碎、坍塌，称为坍塌体。$ABB'C$ 范围内的岩土体统称为爆落体。

抛体和坍塌体的破碎机理、运动形态和堆积规律各不相同。坍塌体是在爆破作用下产生一定的裂隙，是当抛体被抛出后由于重力和震动作用而形成的。坍塌体大部或全部坍塌滚落在爆破漏斗之内，堆积符合松散体的坍塌堆积规律，堆积角一般约为 32°。

当药包上部的岩土体呈平台或山脊地形时，破裂范围由破裂角φ_0确定，如图 12-9 所示。破裂角φ_0一般为 55°～65°，如果是土壤或 n 值较大时，取小值；硬岩或 n 值较小时，取大值。

2. 抛体堆积原理

(1) 抛体质心运动规律遵循质心系运动的基本原理

如果忽略空气阻力的影响，则可认为抛体质心基本上沿弹道轨迹运行，如图 12-10 所示，其基本方程为

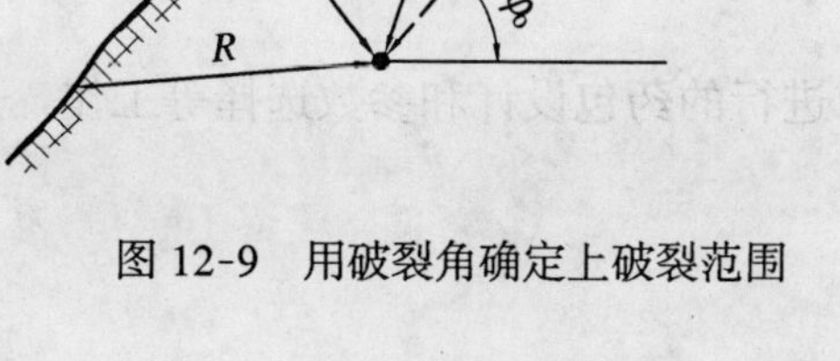

图 12-9　用破裂角确定上破裂范围

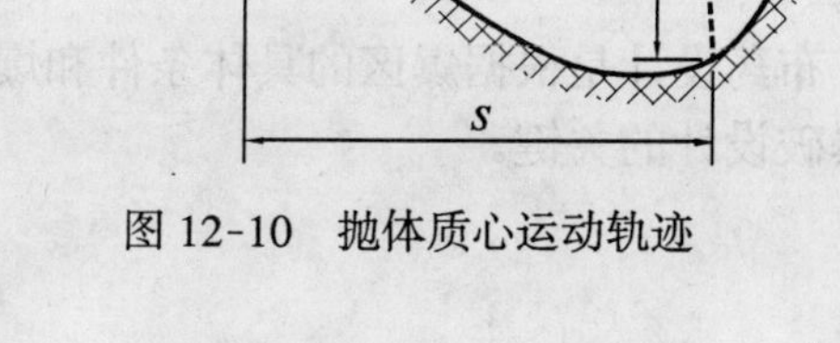

图 12-10　抛体质心运动轨迹

$$v=\sqrt{\frac{g\cdot S}{\sin 2\varphi\left(1+\mathrm{tg}\varphi\frac{H}{S}\right)}} \tag{12-8}$$

式中：v——抛体初速度，m/s；

g——重力加速度，g=9.8m/s^2；

φ——抛射角，(°)；

H——抛体起落点间的高程差，m；

S——抛体起落点间水平距离，m。

由此可见，抛距 S 主要同抛速 v 和抛射角 φ 等因素有关。在具体条件下，合理布设药包可获得较理想的抛射角；合理的选择爆破参数，可获得适宜的抛速；采用不同的布药方案、装药结构及起爆顺序等，均可调节抛速、抛射角，以取得较好的爆破效果。

（2）单个抛体堆积呈三角形分布

平坦地形单个药包爆破后，爆破漏斗外堆积体的断面形状近似三角形，它的各部分尺寸都同药包参数有关。斜坡地形单层单排药包的抛体堆积分布，也近似于三角形（图 12-11）。

多层多排药包或其它群药包的抛体堆积为三角形的叠加合成，如图 12-12 所示。

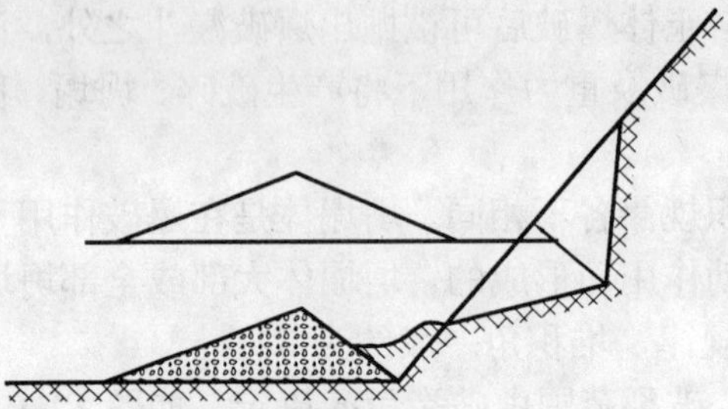

图 12-11　斜坡地形单层单排药包的抛掷堆积体

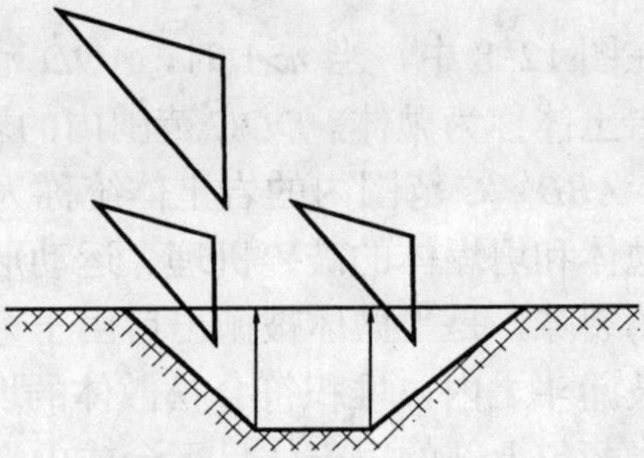

图 12-12　多层多排药包的抛掷堆积三角形

堆积三角形尺寸同地形条件、药包位置、布药参数等因素有关，改变其中的某些因素，可获得不同的堆积效果。

（3）堆积体同抛体的体积平衡

抛体被抛出爆破漏斗后，经松散和堆积作用，即成堆积体。因堆积体来自抛体，所以两者体积应相等。据此可以估算堆积体的体积、堆积高度及抛掷率等。

第三节　布药设计

布药设计是根据爆区的具体条件和爆破的要求进行的药包设计和参数选择等工作，是硐室爆破设计的关键。

一、设计所需要的基础资料

(1) 设计任务书

设计任务书是经上级机关批准的正式文件，其主要内容包括工程地点、性质、爆破范围、工程量、投资额、技术与进度要求及主要技术经济指标等。

(2) 地形与地质资料

一般需要 1:500 的爆区地形图、1:1 000 或 1:2 000 的地质地形图、爆破附近地面建筑及地下建筑位置图、爆区工程地质及水文地质、气象、地震等有关资料和图件。

(3) 实验及检测资料

如炸药性能、起爆材料和起爆网络实验、检测数据资料及小型爆破模拟资料等。

二、布药设计的基本要求

(1) 应能满足工程爆破破碎范围的要求，不超挖欠挖；

(2) 应能满足工程对爆落方量、抛掷方量的要求；

(3) 应能满足工程对投掷方向、投掷距离及堆积状况的要求；

(4) 边坡、建筑物、构筑物以及地下设施等应得到良好的保护而不受破坏；

(5) 应能按工程的要求保证合理的块度分布及爆破质量，并节省炸药和其它爆破材料；

(6) 保证爆破安全。

三、药包布设规划

在具体确定每个药包的位置和参数之前，应对爆区有一个整体规划，其主要内容及考虑的问题有：

1. 药包的规模及分排

药包的规模应根据地形地质条件及对爆破的要求而定，并应考虑安全及总的技术经济效果。我国目前采用的药包规模适用于 5～50m 的最小抵抗线。

当地形条件适宜、爆破范围不大、要求爆破及抛掷量不大时，尽量采用单排药包；当因地形限制，布设单排药包满足不了爆破方量和爆破范围等要求时，应考虑布设双排或多排药包。

在确定药包的规模及分排时，应大体上确定起爆顺序及 n 值。

2. 药包的高程及分层

药包的高程主要取决于爆破目的与要求以及爆破破碎范围。有时需要通过对该次爆破有关的总的技术经济效果分析比较而定。

经验表明，药包的最小抵抗线同药包中心至地表垂直距离的比值 W/H=0.6～0.8 时，其破碎与抛掷效果最好。当地形高差较大或要求破碎质量较高时，布设单层药包的 W/H 值可能小于 0.5，这时应该考虑布设双层或多层药包。如果对爆破的块度无严格要求，有些坍塌爆破的 W/H 值可能小于 0.5。图 12-13 为药包布设方式示意图。

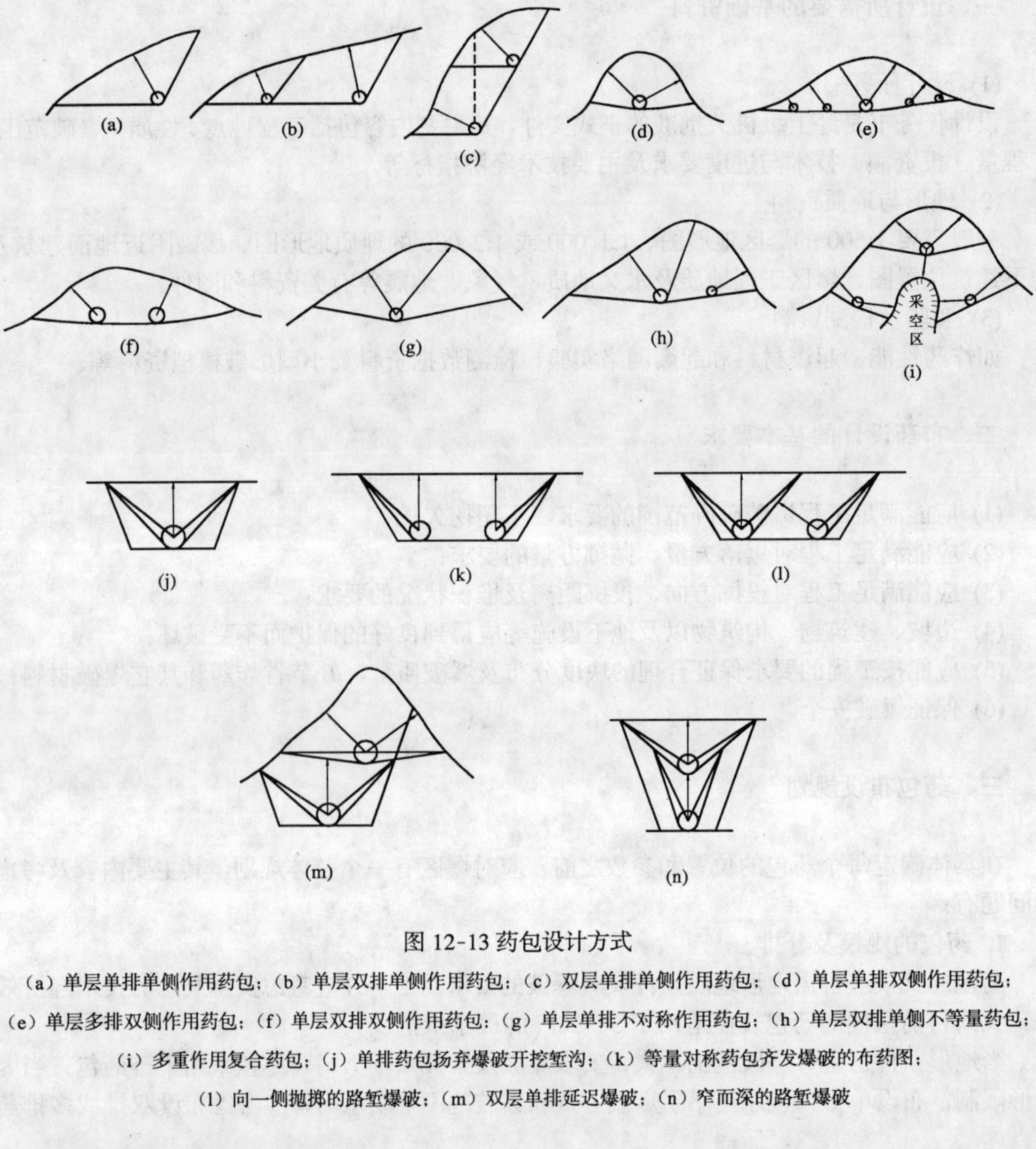

图 12-13 药包设计方式

（a）单层单排单侧作用药包；（b）单层双排单侧作用药包；（c）双层单排单侧作用药包；（d）单层单排双侧作用药包；（e）单层多排双侧作用药包；（f）单层双排双侧作用药包；（g）单层单排不对称作用药包；（h）单层双排单侧不等量药包；（i）多重作用复合药包；（j）单排药包扬弃爆破开挖堑沟；（k）等量对称药包齐发爆破的布药图；（l）向一侧抛掷的路堑爆破；（m）双层单排延迟爆破；（n）窄而深的路堑爆破

当单排药包布置在山脊地形时，若在药包破坏半径 $R=W\sqrt{1+n^2}$ 与山脊交点的高差 h 大于 7m 时，为避免在山坡底部留下岩坎，应在山坡与主药室之间布设辅助药包，如图 12-14 所示。

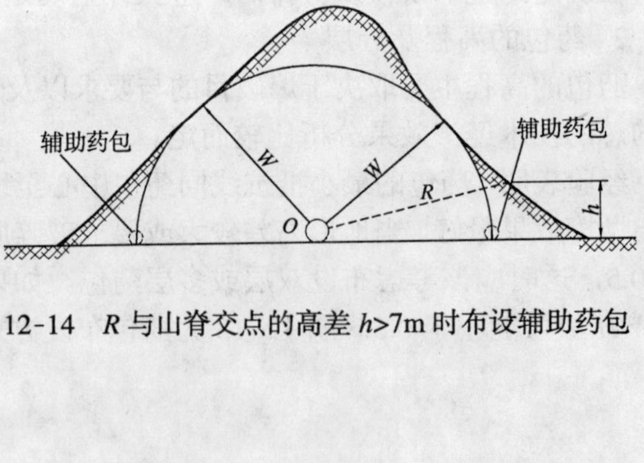

12-14 R 与山脊交点的高差 h>7m 时布设辅助药包

四、药包布设参数的确定

药包布设参数主要有爆破作用指数 n、最小抵抗线 W 及药包间距 a。

1. 爆破作用指数 n

爆破作用指数 n 是硐室爆破极为重要的参数。它决定着爆破作用的性质、爆破漏斗的尺寸、岩石破碎程度、抛掷方量和抛掷率以及技术经济效果等。

(1) 加强松动爆破的 n 值，一般受地形影响，通常变化于 0.75～1.0 之间。在斜坡地形条件下，单排单侧作用药包 n 值用下式计算

$$n=\frac{\frac{H_b}{W}-0.39}{0.27} \tag{12-9}$$

式中：H_b——爆破漏斗的可见深度，m；

W——最小抵抗线，m。

斜坡地形多排单侧作用药包，各后排药包受夹制作用，通常将后排药包的 n 值相对前排增加 0.2～0.25 倍。

山脊地形坡角在 40º～50º时，单排双侧作用药包按药包的最小抵抗线确定 n 值，参见表 12-2。

表 12-2　山脊地形加强松动爆破的 n 值

最小抵抗线 W(m)	15	20	25	30	35
n	0.75	0.8	0.85	0.95	1.0

当山脊地形的坡角大于 40º～50º时，n 值应减小 0.05～0.1 倍。

(2) 抛掷爆破的 n 值，因受地形坡角及抛掷率的影响，变化较大，可按表 12-3 列出的经验值选取。

表 12-3　抛掷爆破的 n 值

抛掷率 E (%)	47.5	50	55	60	64	68	72	76
n	0.75	0.8	0.9	1.0	1.1	1.2	1.3	1.4

在坍塌爆破中，n 值可按下列经验公式计算或按图 12-15 的 n 值曲线确定。

$$n=\left(\frac{E}{55}+0.51\right)\cdot\sqrt[3]{f(\alpha)} \tag{12-10}$$

式中：E——抛掷率，%；

$f(\alpha)$——地形坡度函数，称为坍塌系数，$\alpha=0º\sim30º$时，$f(\alpha)=1-a^2/7\,000$；$\alpha=31º\sim90º$时，$f(\alpha)=a/26$。

多层布设药包时，上、下层同时起爆的药包，上层药包的 n 值可增加 0.1 左右。

主辅药包爆破时，主药包 n 值一般比辅助药包的 n 值大 0.25 左右。

2. 最小抵抗线 W

确定药包的最小抵抗线，实质上是确定药包的高程和平面位置。确定时应考虑：

(1) 主导破碎方向及抛掷方向的要求。药包不同方向的抵抗线的大小，直接影响其爆破作用、破碎效果及抛掷方向。因此，首先要考虑最小抵抗线的方向，使其满足爆破的要求。

(2) 对爆破方量、抛掷方量及堆积状况的要求。

(3) 为保护边坡不受破坏，在靠近边坡的药包旁边应预留保护层，如图 12-16 所示，保护层厚度可用下式计算

$$M = R_1 + 1.7B \quad (\text{m}) \tag{12-11}$$

式中：M——药包中心至边坡坡底线的水平距离，m；

R_1——药包的压缩区半径，m；

B——药室宽度的一半，m。

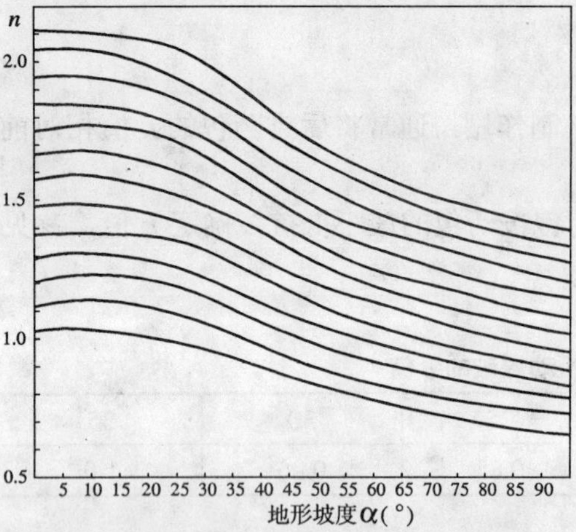

图 12-15 确定坍塌系数的 n 值曲线

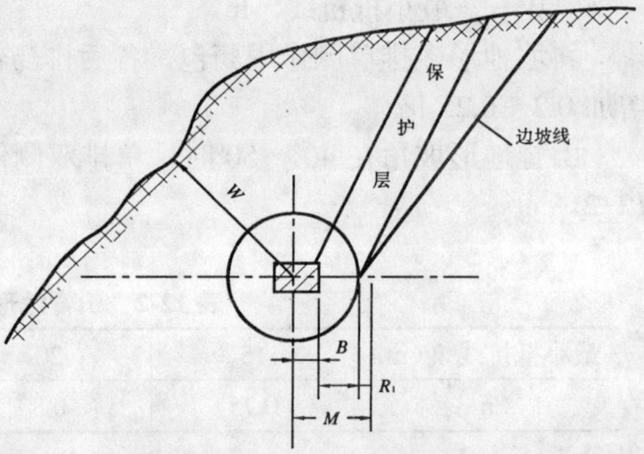

图 12-16 边坡保护层

(4) 某些条件下的特殊要求。遇有大断层、岩溶、破碎带时，药包应尽量避开这些地质构造，或布设辅助药包加以处理。在改河和挖掘路堑、沟渠等工程中，还应考虑水位的高程。

(5) 在所有情况下都应避免选用过大的最小抵抗线，只要掘进工作量、施工工期以及其它条件允许，应当充分利用多层、多排、分集药包来代替一个过大的药包。

3. 药包间距 a 的确定

合理的药包间距可以使两药包之间不留岩埂，同时又能充分利用爆炸能量。药包间距通常根据最小抵抗线和爆破作用指数来确定，并同爆破类型、地形地质条件有关。表 12-4 所列之值可作为确定药包间距的参考。表内各式的最小抵抗线和爆破作用指数应取相邻药包的平均值。

五、装药量的计算

1. 标准炸药单耗 q 值

(1) 标准炸药单耗 q，可参照表 12-5 选取。

(2) 当爆破规模较大时，应进行爆破漏斗试验来确定 q 值。

(3) 标准炸药单耗可用下列经验公式计算

$$q = 1.3 + 0.7\left(\frac{\gamma}{1\,000} - 2\right)^2 \quad (\text{kg/m}^3) \tag{12-12}$$

表 12-4　药包间距计算公式

爆破类型	地形	岩石	计算式
松动爆破	平坦地形、斜坡、台阶	土　壤	$a=(0.8\sim1.0)\ W$
		岩　石	$a=(1.0\sim1.2)\ W$
加强松动、抛掷爆破	平坦地形	岩　石	$a=0.5W(1+n)$
		土壤、软岩	$a=W\cdot\sqrt[3]{f(n)}$
	斜坡地形	硬岩	$a=W\cdot\sqrt[3]{f(n)}$
		软岩	$a=n\cdot W$
		土壤	$a=\frac{4}{3}n\cdot W$
	多面临空	土壤、岩石	$a=(0.8\sim0.9)\ W\sqrt{1+n^2}$

或
$$q=0.4+\left(\frac{\gamma}{2\,450}\right)^2\ (\text{kg/m}^3) \tag{12-13}$$

式中：γ——岩石的容重，kg/m^3。

2. 装药量计算

(1) 抛掷爆破或加强松动爆破的装药量

集中药包
$$Q=e\cdot q\cdot W^3(0.4+0.6n^3) \tag{12-14}$$

条形药包
$$Q=e\cdot q\cdot W^2\cdot L(0.4+0.6n^3) \tag{12-15}$$

式中：Q——装药量，kg；

e——炸药威力换算系数；对于 2 号岩石炸药，e=1.0；对于铵油炸药，e=1.0～1.15；

q——标准炸药单耗，kg/m^3；

W——最小抵抗线，m；

n——爆破作用指数；

L——条形药室长度，m。

实践证明，式（12-14）和式（12-15）在 $0.75\leqslant n\leqslant3$ 及 $5\leqslant W\leqslant25$m 的条件下比较合适；而当 $W>25$ m 时，应对式（12-14）和式（12-15）加以修改，即

集中药包
$$Q=e\cdot q\cdot W^3(0.4+0.6n^3)\cdot\sqrt{\frac{W}{25}} \tag{12-16}$$

条形药包
$$Q=e\cdot q\cdot W^2\cdot L(0.4+0.6n^3)\cdot\sqrt{\frac{W}{25}} \tag{12-17}$$

表 12-5 单位炸药消耗量参考值

岩石名称	岩体特征	坚固性系数 f 值	q（kg/m³）	q'（kg/m³）
各种土	较松软	<1	1.0～1.1	0.3～0.4
	坚实	1～2	1.1～1.2	0.4～0.5
土夹石	密实	1～4	1.2～1.3	0.4～0.5
页岩、千枚岩	风化、破碎	2～4	1.0～1.2	0.4～0.5
	完整	4～6	1.2～1.3	0.5～0.6
板岩、泥灰岩	较破碎、层面张开、薄层	3～5	1.1～1.3	0.4～0.6
	较完整、层面闭合	5～8	1.2～1.4	0.5～0.7
砂岩	泥质胶结、薄层、风化、破碎	4～6	1.1～1.2	0.4～0.5
	钙质胶结、中厚层、裂隙不甚发育	7～8	1.3～1.4	0.5～0.6
	硅质胶结、厚层、裂隙不发育	9～14	1.4～1.7	0.6～0.7
砾岩	胶结较差、以砂为主	5～8	1.2～1.4	0.5～0.6
	胶结较好、以砾石为主	9～12	1.4～1.6	0.6～0.7
白云岩、大理岩	较破碎、裂隙频率大于 4 条/m	5～8	1.2～1.4	0.5～0.6
	完整、坚实	9～12	1.4～1.6	0.6～0.7
石灰岩	中薄层、含泥质、裂隙较发育	6～8	1.3～1.4	0.5～0.6
	厚层、含硅质、致密	9～15	1.4～1.6	0.6～0.7
花岗岩	风化严重、裂隙频率大于 5 条/m	4～6	1.1～1.3	0.4～0.6
	轻风化、伟晶结构、裂隙不甚发育	7～12	1.3～1.6	0.6～0.7
	未风化、完整、细粒结构、致密	12～20	1.6～1.8	0.7～0.8
片麻岩	片理、节理裂隙发育	5～8	1.2～1.4	0.5～0.7
	完整、致密坚固	8～14	1.4～1.7	0.7～0.8
正长岩、闪长岩	较风化、整体性差	8～12	1.3～1.5	0.5～0.7
	未风化、完整致密	12～18	1.6～1.8	0.7～0.8
	风化、裂隙频率大于 5 条/m	5～7	1.1～1.3	0.5～0.6
石英岩	较完整	8～14	1.4～1.6	0.6～0.7
	完整	14～20	1.6～2.0	0.7～0.8
安山岩、玄武岩	节理裂隙较发育	7～12	1.3～1.5	0.6～0.7
	完整、致密	12～20	1.6～2.0	0.7～0.8
辉长岩、辉绿岩、橄榄岩	节理裂隙较发育	8～14	1.4～1.7	0.6～0.7
	完整、致密	14～25	1.8～2.1	0.8～0.9

注：q' 为松动爆破炸药单耗(kg/m³)

(2) 松动爆破的装药量

集中药包

$$Q = e \cdot q' \cdot W^3 \tag{12-18}$$

条形药包

$$Q = e \cdot q' \cdot W^2 \cdot L \tag{12-19}$$

式中：q' ——松动爆破时的单耗，对于斜坡或台阶地形，$q'=0.36q$，对于平坦地面或掘沟爆破，$q'=0.44q$；其它符号意义同前。

六、实例

陕西省前和露天矿拟扩大北部开采边界，需迅速处理山脊，北至图 12-17 中的 A 点，南同现采场相接，1 410m 以上高程方量全部炸掉。

根据爆区地形条件及爆破目的的要求，在山脊布设一排双向投掷的主药室，同时起爆；局部突出地区布设辅助药室。

(1) 从北端开始沿山脊布设 1[#]药室。在平面图上初选 O_1 点为 1[#]药室中心，过 O_1 作垂直于地形等高线的剖面 $I—I'$，如图 12-18（a）所示。为使该药室向两侧均匀抛掷和将 1 410m 高程以上岩石炸碎，用作图法在 1 410m 高程以上初选定 O_1 点于图 12-18（a）上使 $W_1=W_1'$，然后以 O_1 为圆心，以 R_1 为半径作圆同 1 410m 水平相切。为保护边坡不受破坏，沿平面图的山脊作剖面 $A_1—A_2$ 过 O_1 点。作剖面 $A—A_2$，如图 12-18（b）所示，并在剖面图上作边坡线 $A—A_0$。以 M 值校验 O_1 点位置是否合适。如不合适，则另选一 O_1 点，直至两侧最小抵抗线相等为止。

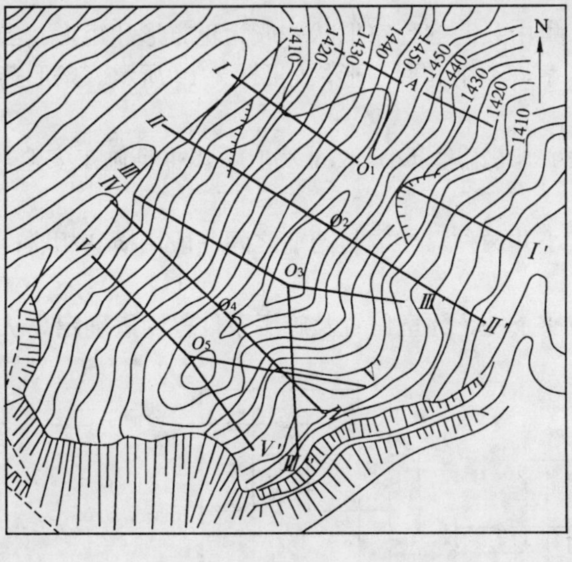

图 12-17　前和露天矿爆区平面图

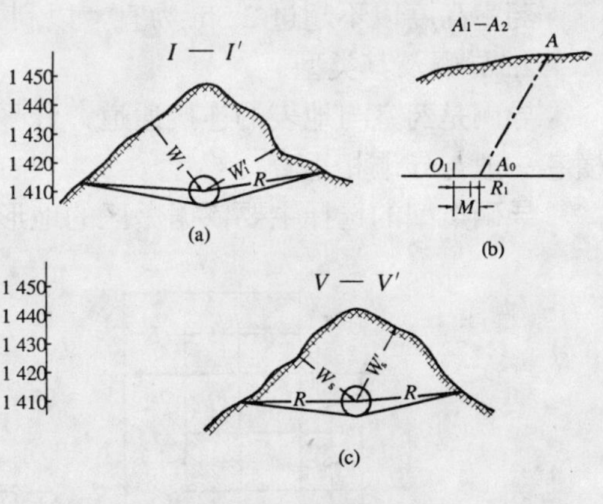

图 12-18　药室剖面图

从图中量出 W_1 值。确定 n_1 值，然后计算 1[#]药室的装药量。

(2) 依次沿山脊布设 2[#]药室，估算出 W_2 和 n_2，求出 1[#]－2[#]药室的间距。据此初选 O_2 点，作剖面。同样，使 $W_2=W_2'$，使压缩圈与 1 410m 水平相切，检验间距是否合适。如不合适，调整 O_2 位置，直至两侧最小抵抗线相等、间距合适、压缩圈同 1 410m 水平线相切。

3[#]、4[#]、5[#]药室可按同样步骤布设。本例中 3[#]和 5[#]药室各有 3 个方向需要检验其最小抵抗线。需要绘制 $III-III'$ 、$V-V'$ 剖面进行检验，方可确定 O_3、O_5 的位置。

(3) 主药室布设完毕后，分别计算与圈定破坏范围。如不能满足爆破要求，应布设辅助药室。布设方法与前述方法相同。

第四节　施工设计

硐室爆破不仅需要设计与计算各种爆破参数，而且还要精心组织施工。施工设计主要包括导硐及药室的设计、装药填塞设计、起爆网络和安全距离的计算等。

一、药室与导硐的设计

1. 药室规格与类型

药室的容积通常按下式计算

$$V=\frac{Q}{\Delta}K_V \tag{12-20}$$

式中：Q——药室的装药量，t；

Δ——装药密度，t/m^3；

K_V——药室扩大系数。药室无支护和袋装炸药时，K_V=1.2～1.3；药室有支护和袋装炸药时，K_V =1.4。

药室的形状分集中装药和条形装药两类。集中装药的药室形状一般为正方形和矩形。当药量大、地质条件差、岩石不稳固时，可用T字、十字和回字形，如图12-19所示。条形药室即采用一条平巷。

药室高度以不超过2.5m为宜，以利于装药；其宽度以小于5m为宜，以保证施工安全。

2. 导硐及其类型

导硐是药室与地表的连接通道，分平硐和小井两种。导硐与药室之间一般用横巷相联；横巷一般与导硐相垂直。

导硐类型的选择主要依据爆区的地形、地质条件、药室位置及施工条件等因素确定。从

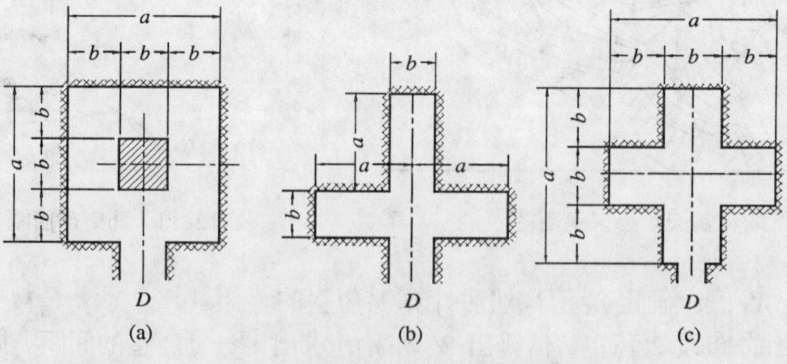

图12-19　药室形状示意图

(a) 回形；(b) T形；(c) 十字形

a—药室结构尺寸；b—药室宽度；D—导硐

施工方便的角度来说，应尽量用平硐。在地形较缓或爆破规模较小时，可采用小井。硐口位置的选择以施工方便、安全和工程量小为原则。导硐不宜过长，以利于掘进、装药和填塞。导硐断面的大小也应以掘进、装填工程量小为原则。平硐断面一般为 1.8m×2.0m，小井为 1.2m×1.4m。平硐应向硐口呈 3%～5%的下坡，以利于排水和出碴。硐口不应正对附近的重要建筑物。

二、装药和药包结构

装药结构是指炸药在药室中的堆放方式、起爆体的构造和安放位置以及药包与药室的相对空间关系。硐室爆破的装药一般是偶合的。仅当药室的涌水较大或采用条形药包时才采用不偶合装药。实践证明，在均质密实的岩土中，采用不偶合装药能降低炸药消耗和增大抛掷距离。

装药时，炸药应堆放紧密以保证规定的装药密度。若所用的炸药的品种不同时，优质炸药应堆放在起爆体周围，而一般炸药则堆放在外围。起爆体原则上应放在药包中心，但为装药方便，小于 20t 的药包，起爆体常放在药室的底部。大药包常在主起爆体之外还设有若干个副起爆体。主副起爆体之间用导爆索连接。

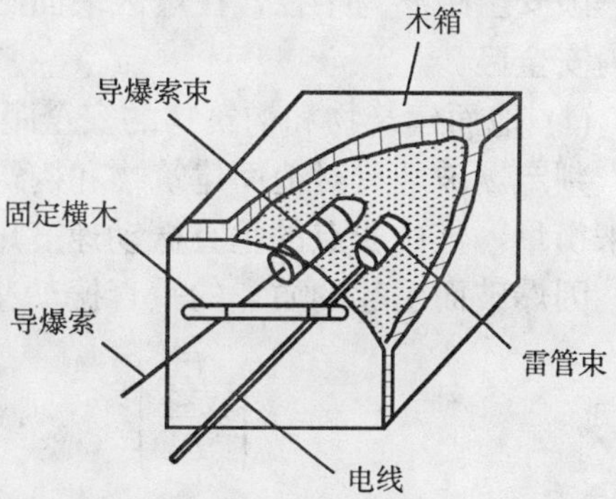

图 12-20　起爆体结构

起爆药量约占药包总量的 1%～2%。起爆体的个数一般不超过 10 个。起爆体的结构如图 12-20 所示。通常将起爆炸药装在木箱内，在有水的药室中可用铁皮箱。起爆体由导爆索束或雷管来引爆。导爆索、非电导爆管及电雷管的引线从起爆药箱引出后，要在箱外的横木上加以固定，以使索线在导硐中拽引时不致脱离起爆体。

三、填塞设计

填塞设计包括填塞长度和填塞方法的确定。填塞工作是硐室爆破中的一项极其繁重的工作，因此在设计填塞长度时，既要保证爆破的安全与质量，又要减少填塞工作量。

从理论上讲，填塞长度应大于最小抵抗线，但在实际施工中因为药室与导硐多数是用横巷连接，因此可采用局部填塞的方法，如图 12-21 所示。

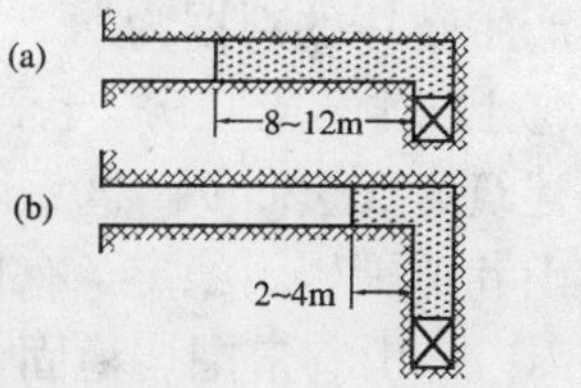

图 12-21　导硐的几种填塞方式

导硐很短时，如图 12-21（a）所示，需要填塞的长度最大，但仍可小于最小抵抗线，其长度为 8～12m 即可；单侧横巷较小时，如图 12-21（b）所示，则横巷满填塞，导硐部分填塞 2～4m 即可；双侧有横巷时，如图 12-21（c）所示，横巷要满填塞，导硐部分填塞 1～2m 即可；大药室无横巷但导硐较长时，首先在临近药室的部分填塞 5～

8m，然后在硐口部位再填塞 3～5m，如图 12-21（d）所示。

四、安全距离的确定

硐室爆破时会产生地震、空气冲击波、个别飞石、有毒有害气体和噪声五大公害，有可能危及爆区附近人员、设备、建筑物及地下构筑物等的安全。因此，硐室爆破设计必须包括安全距离的确定。

1. 爆破地震安全距离的确定

由于硐室爆破的药量大而且集中，所以爆破时会产生强烈的地震效应。以爆心为圆心、以爆破安全距离为半径，在爆区平面图上画圆，该圆所圈定的范围即为危险区，危险区以外则为安全区。

(1) 地面建筑物和构筑物的安全距离

判定爆破地震对地面建筑物和构筑物的影响，可用质点振动的位移、速度和加速度等指标来衡量，其中质点的垂直振动速度用得最多。

因爆破而引起的质点的垂直振动速度可按下式计算

$$v = K\left(\frac{\sqrt[3]{Q}}{R}\right)^{\alpha} \tag{12-21}$$

式中：v——爆破引起的质点的垂直振动速度，cm/s；

Q——同段起爆的最大药量，kg；

R——爆源至地面建筑物（构筑物）之间的距离，m；

α——同地质条件有关的地震波衰减系数，$\alpha=1\sim2$；

K——同岩石性质、爆破方法等因素有关的系数，一般取 $K=50\sim200$，岩土松软时取大值。α和 K 值可在现场经小型爆破试验来确定。

根据国家技术监督局 1992 年 1 月 12 日颁布的《大爆破安全规程》（GB13349-92），爆破地震产生破坏的判据为：

①土窑洞、土胚房、毛石房为 1.0cm/s；②一般砖房、非抗震的大型砌块及预制件的房屋、构架建筑为 2～3cm/s；③钢筋混凝土框架房屋及修建良好的木房为 5cm/s；④隧洞为 10cm/s；⑤矿山巷道围岩不稳定、有良好支护时为 10cm/s；矿山巷道围岩中等稳定、有良好支护时为 20cm/s；矿山巷道围岩稳固、无支护时为 30cm/s。

(2) 地下构筑物的安全距离

爆破对地下构筑物的安全距离，一般可按下式计算

$$R_d = K_d \cdot \sqrt[3]{Q} \tag{12-22}$$

式中：R_d——地下构筑物的安全距离，m；

K_d——系数，对围岩不稳定的地下构筑物，$K_d>2$ 时，安全，$K_d>3$ 时，无影响；对围岩稳固的地下构筑物，$K_d>1.5$ 时，安全，$K_d>2$ 时，无影响。

2. 空气冲击波安全距离的确定

爆破时空气冲击波的安全距离可用下式计算

$$R_c = K_c \cdot \sqrt[3]{Q} \tag{12-23}$$

式中：R_c——空气冲击波的安全距离，m；

K_c——系数，对于一般建筑物为 70，对于人员为 25～60。

上式适用于平坦地形，当地形条件不同时应作适当调整。例如，在峡谷中爆破时，沿沟的方向安全距离应增大 50%～100%；处于山坡背面时，其值可减少 30%～70%。

3. 个别飞石安全距离的确定

由于产生个别飞石的原因是多方面的，情况比较复杂，要从理论上得出一个概括各种情况的飞石安全距离的计算公式是不可能的。一般可用下面的经验公式进行估算

$$R_s = 20n^2 \cdot W \cdot K_s \tag{12-24}$$

式中：R_s——个别飞石的安全距离，m；

n——爆破作用指数；

W——最大药室的最小抵抗线，m；

K_s——系数，一般为 1.0～1.5。

在一次爆破中，取上述三项计算中最大的安全距离作为本次爆破圈定的危险区。爆破前，危险区内可移动设备应撤到安全地带，人员撤到规定的避炮棚内，不能搬迁的设备应采取防护措施。

第五节 爆堆尺寸估算

爆堆形状及主要尺寸是衡量爆破效果的重要指标之一，在进行爆破设计时应予以估算。由于爆堆形状受地质条件、爆破参数及爆破技术等多因素的影响，很难从理论上用公式精确计算出爆堆的几何尺寸，因此，常用经验公式进行估算。现仅以斜坡地形条件为例，估算爆堆形状及其尺寸。

1. 抛掷爆破漏斗内的堆积

斜坡地形单侧抛掷爆破时，爆破漏斗内的堆积状况用可见漏斗深度 P 和松散体坍塌堆积角来衡量。可见漏斗深度就是爆破漏斗范围内原地形与爆后堆积线间的最大垂直距离，如图 12-22 所示。其值为：

山脊地形时 $P=(0.6n+0.2)\,W$ （12-25）

单层药包时 $P=(0.27n+0.39)\,W$ （12-26）

多层药包上层先爆时 $P=0.2(4n-1)\,W$ （12-27）

求出 P 值后，在断面图上可得到上部堆积起点 m（图 12-23）。自 m 点按松散坍塌堆积角（与水平面相交，约为 32° 左右）作图，可确定出堆积范围。

2. 抛掷爆破漏斗外的堆积

抛掷爆破漏斗外的堆积是抛掷爆破堆积的主要形式，其堆积计算多用体积平衡法，即在对爆堆观测统计的基础上，提出估算堆积三角形的有关计算式，并以此确定爆堆的主要尺寸，如图 12-24 所示。各部主要尺寸按下列公式估算。

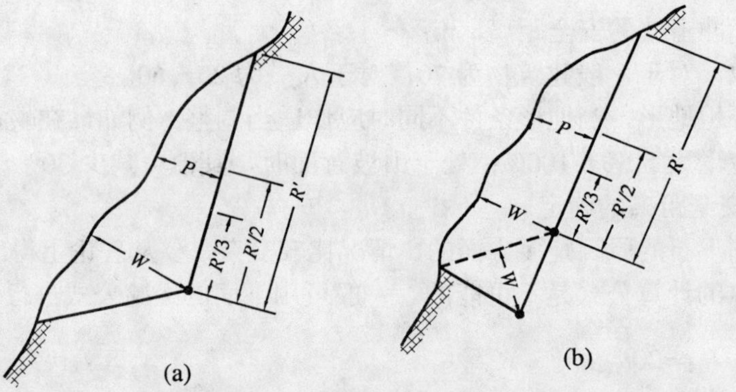

图 12-22　斜坡地形抛掷爆破可见漏斗深度

（a）单层药包；（b）双层药包

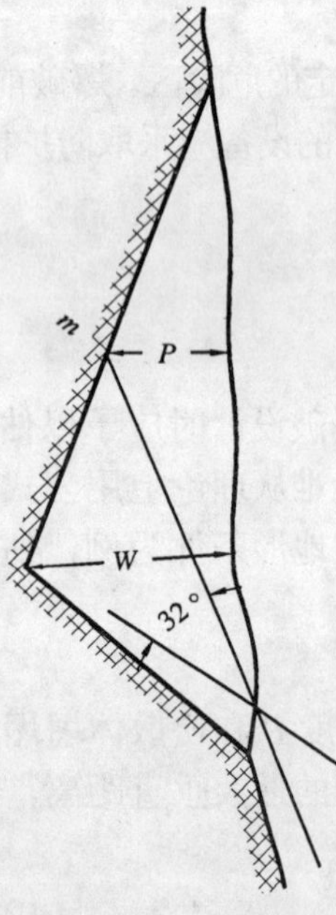

图 12-23　松散体坍塌堆积

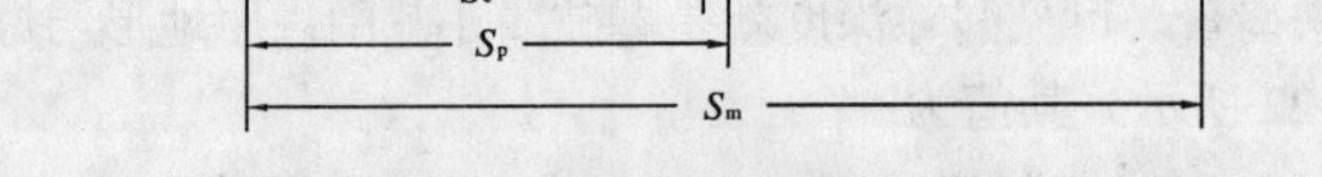

图 12-24　体积平衡法确定爆堆范围

药包中心至堆积边缘的水平距离为

$$S_m = \frac{\gamma}{900} W \cdot \sqrt{q_0 \cdot f(n)} \cdot (1 + \sin 2\varphi) \tag{12-28}$$

药包中心至堆积体重心的水平距离为

$$S_c = \frac{1}{(1.48 \sim 1.7)} S_m \tag{12-29}$$

药包中心至堆积体最高点的水平距离为

$$S_p = \frac{\gamma}{2\ 060} W \cdot \sqrt{q_0 \cdot f(n)}(1+\sin 2\varphi) \tag{12-30}$$

堆积体最大高度为

$$h_p = \frac{\eta \cdot A_p}{0.5(S_m - S_0)} \tag{12-31}$$

式中：γ——岩石的容重，kg/m^3；

q_0——标准抛掷爆破时的炸药单耗，kg/m^3；

φ——抛射角，(°)；

A_P——爆破漏斗断面图上的抛掷实体面积，m^2；其值为：$A_P=A_B-A_E/\eta$；

A_B——爆破漏斗断面积，m^2；

A_E——爆破漏斗内堆积的松方面积，m^2；

S_0——药包中心至堆积起始点的水平距离，m；

η——硐室爆破时岩土的松散系数，见表 12-6。

表 12-6　硐室爆破时岩土松散系数

岩土名称	η值	岩土名称	η值
砂质土壤	1.1～1.2	软岩	1.25～1.3
腐殖土	1.2～1.3	中硬岩	1.3～1.35
细质粘土	1.23～1.28	硬岩	1.35～1.4

堆积三角形确定之后，在断面图上与原地形叠加，确定爆堆轮廓线。做法是：通过药包中心沿药包的最小抵抗线作垂直剖面图，把上下层药包爆破漏斗划分为正体、上下偏体；按上述所列公式算出堆积的各参数，绘出各分体的堆积三角形，再把各堆积三角形的斜边投影到地形线上叠加起来，连接叠加的端点得到所求爆堆的轮廓线，如图 12-25 所示。

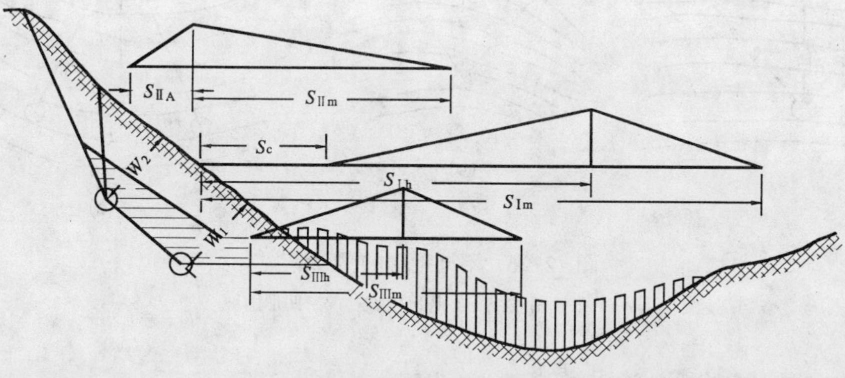

图 12-25　确定堆积轮廓线

堆积体纵断面形状可用堆积底宽和顶宽圈定，其值为：

堆积体纵断面顶宽　$B_T=\Sigma b_i+R_{cl}+R_{ci}$　(12-32)

堆积体纵断面底宽　$B_D = B_T + 2c \cdot n \cdot W$　(12-33)

式中：B_T、B_D——堆积体纵断面的顶宽和底宽，m；

R_{cl}、R_{ci}——同排两端药包的压缩圈半径，m；

b_i——相邻药包的纵向间距，m；

n——两侧主药包中最大的爆破作用指数；

W——两侧主药包中最大的最小抵抗线，m；

c——塌散系数；单排药包或药包规模较小时，c=1.5～2；多排药包或药包规模较大时，c=2～3。

第六节　地形地质条件对爆破作用的影响

一、地形条件与爆破作用的关系

1. 地形与爆破的关系

地形与爆破作用的关系十分密切。首先地形决定药包的最小抵抗线方向。在平坦地形，爆破后岩土体的抛出方向是向上的；在斜坡地形，爆破后岩土体主要沿斜坡面法线方向抛出。图 12-26（a）为平直山坡，土石方基本上沿最小抵抗线方向抛出；图 12-26（b）为凸面山坡，由于地表上每点至药包中心的距离都接近最小抵抗线的值，因此土石方是抛散的；图 12-26（c）为凹面山坡，抛石集中。在山包、山嘴、山头、山脊等地形进行爆破时，药包抵抗线是多方向的。山包爆破是四面“开花”；山嘴地形可向 3 个临空面飞散；山脊地形则向两侧抛出。在洼坑、山沟及垭口等地形进行爆破时，其夹制作用较大，抛掷方量和抛掷方向受到地形的限制，但抛掷堆积集中。

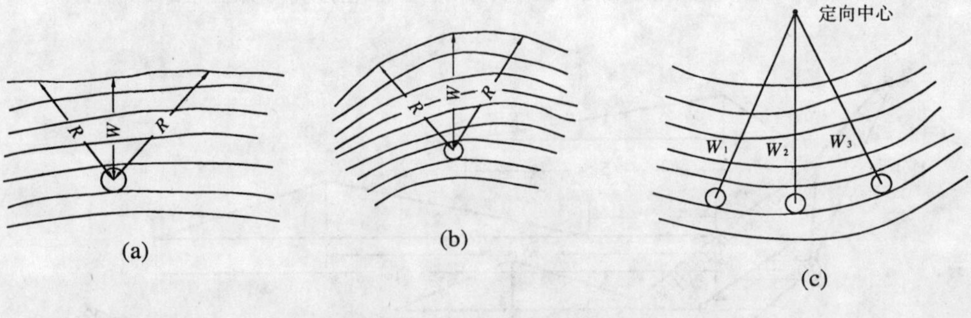

图 12-26　不同地形的抛掷情况

（a）平直斜坡；（b）凸出山坡；（c）凹形山坡

2. 地形与不同爆破类型的关系

根据不同的技术要求，可采用不同的硐室爆破类型。松动爆破和加强松动爆破，主要是将岩土体爆成一定块度的松散堆积体，以便装运，一般不受地形限制，但要结合不同的布药方式以求得较好的爆破效果。抛掷爆破要求将岩土体抛出爆破漏斗以外，以降低地形高度或减少装运工程量。其抛掷率与地形条件有关，地形坡度越陡则抛掷率越高。定向抛掷爆破对地形条件要求较高，因为它要求爆破后的岩土体向一定的方向和位置堆积，开挖各种堑沟、渠道、修筑路堤等工程以平直的延展山坡、坡度在45°左右时定向效果最好。

二、岩体地质结构面对爆破作用的影响

岩体地质结构面对爆破作用的影响主要取决于结构面的性质与产状同药包位置的关系。因此，在布设药包之前应查明爆区各种地质结构面的性质、产状及分布情况。

(一) 断层的影响

断层的存在主要影响爆破作用的方向和爆破漏斗的形状。

1. 断层通过药包位置

这种情况对爆破不利，容易引起冲炮或爆炸气体泄露，降低爆破威力，影响爆破效果。

如果断层通过最小抵抗线的位置，如图12-27所示，那么，当断层破碎带较宽且胶结不好时，爆炸气体将从断层带冲出，导致冲炮或爆破漏斗缩小。遇到这种情况时，可在断层面两侧布置药包，利用药包的共同作用把断层两侧的岩体“抬”出去，以消除其影响。

如果断层落在上下破裂半径的位置，则可减弱对爆破漏斗以外岩体的影响，有利于边坡的稳定。如果断层处于上述情况以外的位置，但在爆破漏斗范围内，如图12-28中的F_1、F_2、F_3、F_4，对爆破作用都有影响，其影响程度取决于它们与最小抵抗线的夹角的大小。若存在断层F_3，则上破裂半径不可能在R'的位置，而是在F_3处，ABO岩体可能炸不掉。在这种情况下，可在需炸掉的岩体内加设辅助药包，同时将主药包向断层外侧移动。

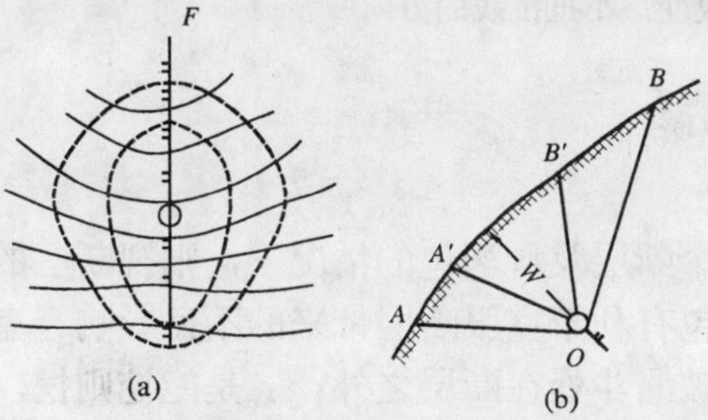

图12-27 断层通过W

（a）平面图；（b）剖面图

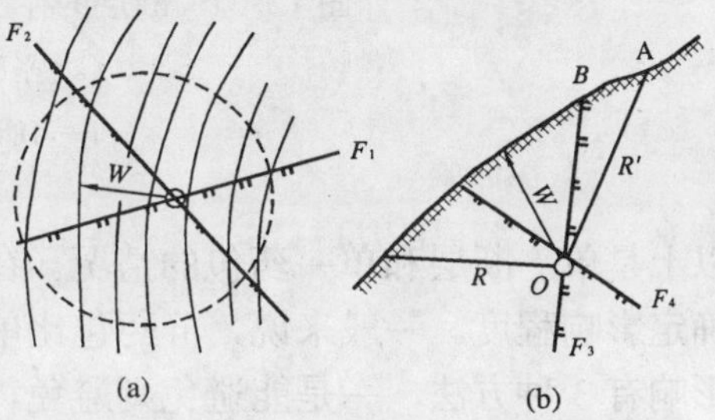

图12-28 断层在漏斗范围内但不通过R、R'、W

（a）平面图；（b）剖面图

2. 断层与最小抵抗线相交

这种情况要比断层落在药包位置上对爆破的影响小一些，但也要看断层的产状以及与最小抵抗线的关系。断层远离药包，其影响程度小，反之则大；断层与最小抵抗线的交角大，影响小，反之则大。图12-29中的F_1比F_2对爆破的影响小，而F_4比F_3对爆破的影响大。

3. 断层截切爆破漏斗

这种情况对爆破有一定的影响，但比前两种的影响要小一些。图12-30中的F_1较F_2、F_3较F_4对爆破的影响要小一些。

4. 断层在爆破漏斗范围以外

这种情况对爆破影响较小，但如果涉及到边坡，特别是断层在边坡体内，则爆破后将严

重影响边坡的稳定性。另外，山体较薄时，出露于山体后面的断层、侧向的深切山沟、出露于冲沟附近的断裂，都有可能引起最小抵抗线方向的改变，如图 12-31 中的 F_1 和 F_2。

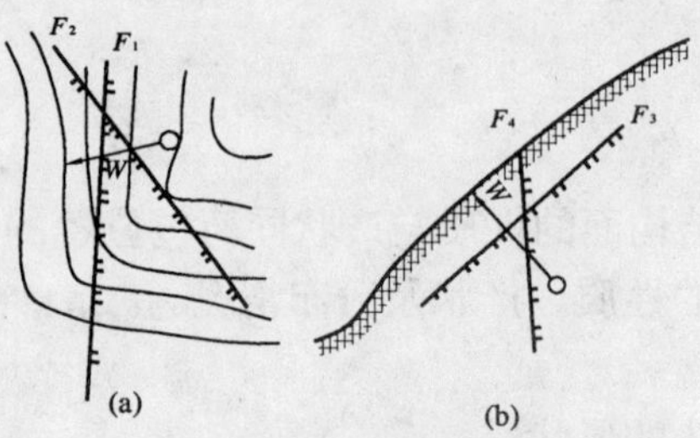

图 12-29 断层与最小抵抗线相交

(a) 平面图；(b) 剖面图

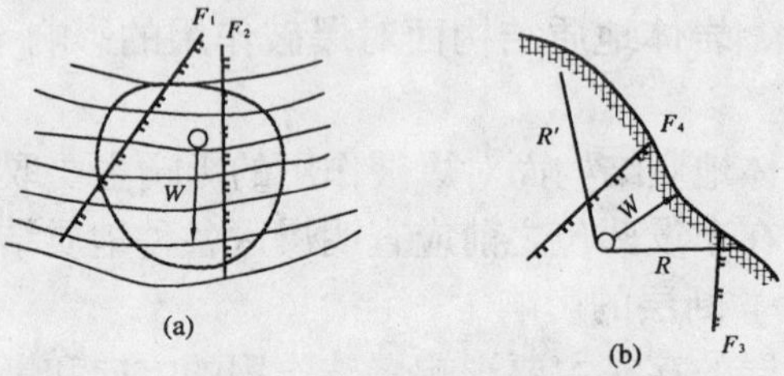

图 12-30 断层截切爆破漏斗

(a) 平面图；(b) 剖面图

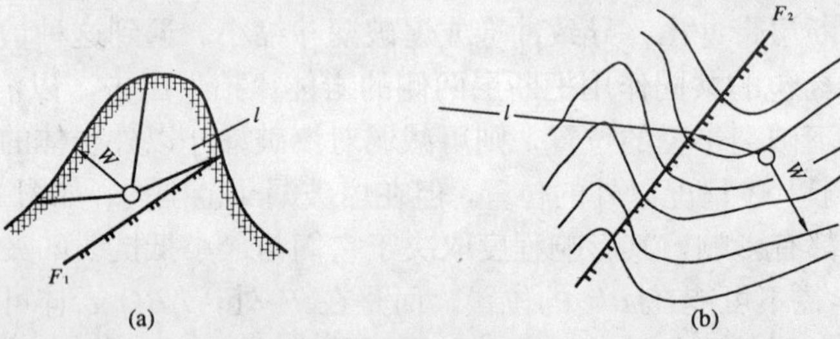

图 12-31 断层的存在可能改变最小抵抗线的方向

(a) 平面图；(b) 剖面图

l—可能改变的抛掷方向

以上是单一断层和单一药包的情况。在有多个断层及群药包的情况下，则视断层的组合情况确定影响程度。一般来说，群药包比单个药包有利于克服断层带来的不良影响。克服断层的影响有 3 种方法，一是能避免则避免，使爆破漏斗处在断层之外；二是能挖则挖，把断层控制在并列或上、下层药包之间或分集药包之间；三是利用辅助药包炸掉断层，以消除不良影响。

(二) 岩层层理对爆破的影响

岩层层理面对爆破作用的影响，主要取决于层理面的产状与最小抵抗线方向的关系。

1. 岩层层理面与最小抵抗线平行

这种情况不改变爆破方向，但将减少爆破方量。爆破漏斗不是呈喇叭形而是呈方形坑，如图 12-32 所示。岩石的抛掷距离将比预计的远。这种情况下常出现根底和欠挖的现象。

2. 层理面与最小抵抗线垂直

这种情况也不改变抛掷方向，如图 12-33 所示，图中折线为实际爆破漏斗。漏斗附近，层面将会不同程度地扩张。

3. 岩层层理面与最小抵抗线斜交

在这种情况下，爆破抛掷方向将受到影响，多数情况下爆破方量减少，少数情况下爆破

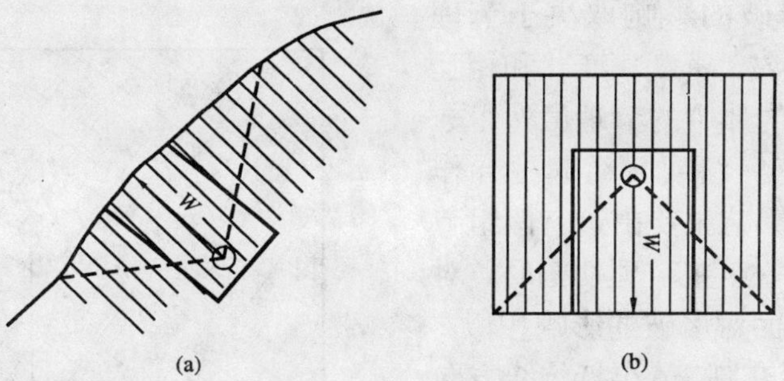

图 12-32　岩层层理面与最小抵抗线平行时对爆破的影响

（a）断面图；（b）平面图

方量也可能增加，如图 12-34 所示，图中粗折线为实际爆破漏斗线。

上述影响程度与层理面的产状有关。张开的层理面或有泥夹层的层理面影响尤为显著；闭合的层理面，则影响的程度较小。

层理面对爆后边坡稳定性的影响，取决于层理的产状与边坡面的关系。岩层走向与边坡走向的交角小于 40°、岩层倾向与边坡相同、岩层倾角在 15°～50°时，不利于边坡的稳定。岩层走向与边坡走向的交角小于 20°、岩层倾向与边坡相背且岩层倾角在 70°～90°之间时，也不利于边坡的稳定。当遇到上述两种情况时，应尽可能不采用硐室爆破的方法开挖边坡。当岩层走向与边坡走向大致平行（交角小于 15°）、倾向与倾角一致时（±10°），或倾角大于边坡坡度时，爆后一般不会产生不利影响。

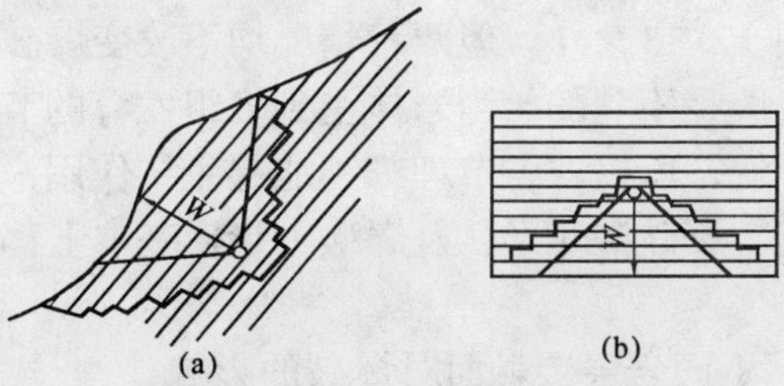

图 12-33　岩层层理面与最小抵抗线垂直时对爆破的影响

（a）断面图；（b）平面图

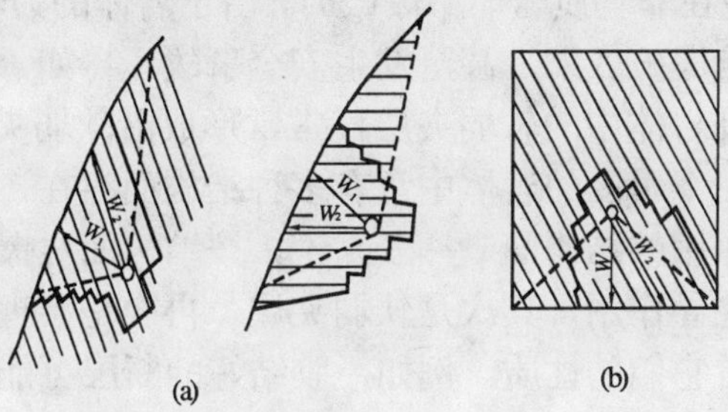

图 12-34　岩层层理面与最小抵抗线斜交时对爆破的影响

（a）断面图；（b）平面图

(三) 褶皱对爆破的影响

褶皱与层理不同，褶皱是弯曲的面，开放性差并且比较破碎。所以，褶皱产状对爆破的影响不像层理那么明显。褶皱主要影响爆破的破碎性。这一点，向斜褶皱比背斜褶皱对爆破破碎性的影响更为明显。褶皱对爆后边坡稳定性的主要影响取决于褶皱轴线与边坡夹角的关系。当褶皱轴线与边坡走向的交角小或平行、岩性的差异大以及边坡高陡时，不利于爆后边坡的稳定。

(四) 节理裂隙对爆破的影响

节理裂隙对爆破的影响取决于节理裂隙的张开度、组数、密度、产状和相互切割的情况。有些岩体中的节理虽然组数较多，但常常仅有一组或两组起主导作用，则它对爆破的影响主要由这一两组节理决定。岩体仅受一组主节理切割时，对爆破的影响与层理面对爆破的影响相似。当两组节理呈 X 型交割，最小抵抗线方向为其钝角的等分线时，爆破方量可能增大，如图 12-35 之 a；当最小抵抗线方向为其锐角的等分线时，爆破方量可能减少，如图 12-35 之 b。但两种情况均不改变爆破方向。两组相互交割的节理对爆破后边坡的稳定性一般是不利的。当岩体受到多组发育的节理交割时，其情况与上述不同。由于岩体被切割成碎块，所以，各节理都不能起主导作用，这时岩体接近于均质岩体。因此，对最小抵抗线方向、爆破漏斗形状及爆破方量，基本上都不产生不利的影响，但爆破时要适当减少炸药单耗。

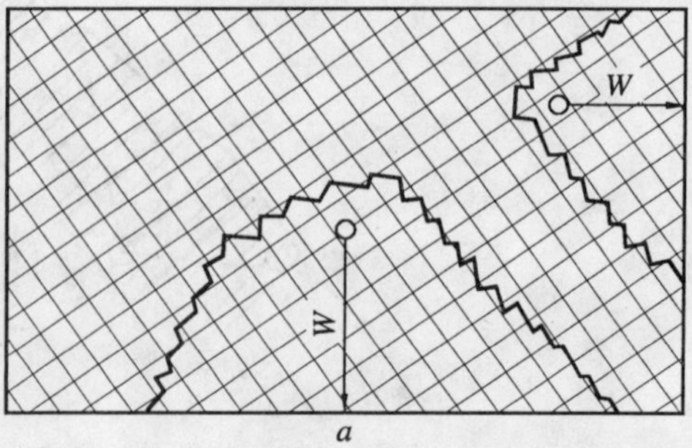

图 12-35　X 型交割节理对爆破的影响

(五) 不同岩层接触面对爆破的影响

不同岩层接触面对爆破的影响主要取决于岩性的差异程度、接触面的产状。如果岩性差异不大，接触面结合良好，则对爆破的影响较小；如果岩性差异大，则对爆破影响较大。例如，药包在非均质岩体中爆破时，由于岩体的力学性质不同，爆破作用容易从松软部位突破，从而影响爆破效果，甚至发生安全事故。再如，如果有岩性差异大的大接触面，特别是软弱层或坚硬岩体中的软弱夹层，常常形成沿软弱夹层方向的“冲炮”现象。

在一个爆区的岩体中常有多种结构面存在，所以必须综合考虑结构面之间的关系，找出起主要作用的结构面。一般来说，按结构面对爆破作用的影响程度，可大致排列如下：断层常常起主导作用，其次是软弱夹层，再次是层理、褶皱、节理等。但这种排列不是绝对的，还需要看它们的性质。例如，胶结好的断层可能比层理对爆破作用的影响小；大的节理可能起着与断层一样的影响。

三、特殊条件下的爆破问题

1. 水文地质条件与爆破作用的关系

药包在含水层中爆破时，会加强爆破的地震效应。试验表明，水下爆破的地震效应比地下爆破大 6～10 倍。在工程实践中，地下水给爆破施工和爆后边坡的稳定带来一定的困难并可能产生不利的影响。

2. 岩溶和老硐对爆破的影响

在可溶性岩层中爆破时，常碰到岩溶。在矿山爆破中，常遇到老硐。岩溶和老硐将引起爆破最小抵抗线方向的改变，如图 12-36 所示，严重的可能引起冲

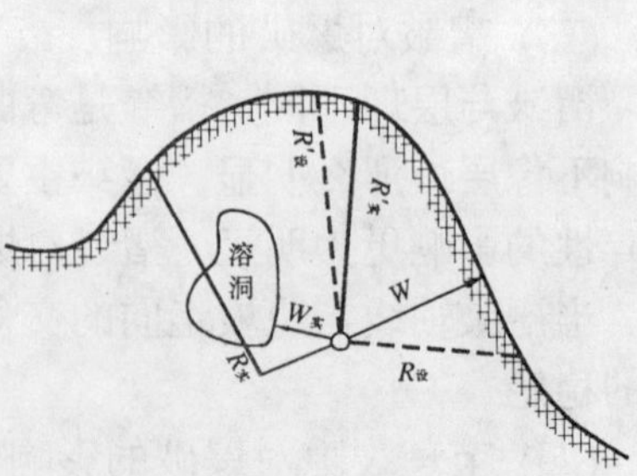

图 12-36　溶洞对爆破的影响

炮，从而影响爆破效果，造成安全事故。岩溶和老硐还会给施工带来一定的困难。因此，在这样的地区进行爆破时，首先应查明岩溶和老硐的分布和形态，在设计上要慎重，药包位置要避开岩溶和老硐，并要有相应的技术措施和安全措施。

3. 岩堆及滑坡体与爆破的关系

岩堆及滑坡体通常处在不稳定的极限平衡状态，采用任何方法开挖都可能引起它们的活动。一般不宜采用硐室爆破的方法。如果岩堆和滑坡体下部岩石比较好，利用硐室爆破将整个岩堆或滑坡体炸掉是可以的。但在施工中必须注意其活动情况，避免发生事故。

思考题

1. 露天硐室爆破用于哪些场合？它的特点是什么？
2. 抛掷爆破漏斗是怎样形成的？硐室爆破分哪几种类型？
3. 什么是最小抵抗线原理？怎样利用它达到集中抛掷和堆积的目的？
4. 在什么情况下相邻药包能产生相互作用？
5. 斜坡地形上、下两层药包爆破方量怎样计算？
6. 什么是抛掷堆积原理？多层多排药包爆破怎样堆积？
7. 如何确定硐室爆破参数？
8. 药包布设规划的内容有哪些？
9. 地形和炸药单耗在装药量计算中起什么作用？
10. 爆破施工设计中包括哪些内容？导硐有哪几种形式？
11. 硐室爆破产生哪些公害？怎样计算安全距离？
12. 怎样估算爆堆尺寸？
13. 地形对爆破产生哪些影响？地形与不同爆破类型有什么关系？
14. 断层、层理、褶皱、节理裂隙及岩层接触面对爆破作用产生哪些影响？怎样防止其影响？

第十三章　钻眼拆除爆破

第一节　概　述

第二次世界大战以后，许多国家的城市民用和工业建设百废待兴，需要拆除大量破旧的建筑物和构筑物。这些要拆除的建（构）筑物往往位于厂区、居民区、闹市区和交通要道地区，而在这些地区进行建筑物拆除，首先要考虑的是安全问题，其次要求工程进度要快，第三要求成本低。用人工或机械方法拆除建筑物，特别是高层建筑物，很难同时满足上述要求。而采用爆破方法拆除建筑物和构筑物却是一种多、快、好、省的方法。于是拆除爆破或拆除控制爆破技术就应运而生了。

随着我国经济建设的迅速发展，拆除控制爆破技术在城市建设、环境改造、工业设施的大量重建和更新等工程中也得到了广泛应用。要拆除的一些旧建筑物和构筑物，如厂房、楼房、烟囱、水塔、油罐、水池、人防工事、碉堡、水闸围堰、桥梁墩台、设备基础等等，大部分是砖、混凝土和钢筋混凝土结构，也有的是钢木和钢筋混凝土的混合结构。这种拆除工程，有的是人力和机械所难以胜任的，有的即使能用人工拆除，也要花费大量劳力和极高的劳动强度，而且往往会旷日持久、造价高。为了省工省力、缩短工期，人们只有求助于比人力和机械力威力更大的特殊施工手段——炸药爆破。

在我国，1958年东北大学用定向爆破方法成功地拆除了一座钢筋混凝土烟囱；同年，为修建北京人民大会堂、历史博物馆，工程兵用密孔爆破法拆除了旧银行金库及银行大厦基础，开创了我国钻眼拆除爆破的先河。20世纪60年代，水电施工研究所用控制爆破技术拆除了刘家峡工程先期浇注的不合格的大坝混凝土以及地下厂房顶拱衬砌钢筋混凝土数万m^3，为我国中深孔拆除爆破积累了经验。1976年北京军区工程兵和南京工程兵工程学院协作爆破拆除了北京天安门广场附近的三座大楼（建筑面积超过1万m^2）。20世纪80年代，因为爆破拆除技术得到普及，国内出现了数百家专门从事拆除爆破的爆破工程公司，积累了大量的工程经验并开始使用电子计算机进行设计。从整体水平看，我国在该项技术上已跻身于世界前列。

众所周知，在闹市区、居民区、厂区内对建筑物或构筑物进行拆除爆破时，必须对建筑物或构筑物的倒塌方向、破坏范围、废碴堆积范围以及爆破后所产生的地震波、空气冲击波、噪声和飞石的危害加以严格的控制。

本章主要介绍钻眼拆除爆破的有关内容。

一、拆除爆破的要求

概括起来说，拆除控制爆破是根据拆除工程的要求、周围环境和拆除对象的具体条件，通过精心设计、精心施工和精心防护等技术措施，严格控制炸药爆炸时能量的释放过程和介质的破碎过程，既要达到预期的爆破效果，又要将破坏范围和倒塌方向以及爆破后的有害效应严格地控制在规定的范围内。

具体来说，拆除控制爆破应满足以下几个方面的要求：

(1) 能控制被爆体的破碎程度

对于大多数的拆除爆破来说，要求被爆体在爆破后达到碎而不抛，甚至要求宁碎毋飞的原地坍塌或就近坍塌。

(2) 能控制爆破的破坏范围

拆除控制爆破的破坏范围必须完全符合爆破设计的要求。要准确地、整齐地把要求爆破的那部分爆破下来，而把要保留的那部分完整无损地保留下来。

(3) 能控制被爆体的倒塌方向和废碴的堆积范围

对于拆除高层建筑物和构筑物（如楼房、烟囱和水塔等），要求被爆体爆破后能按设计规定的倒塌方向和堆积范围进行倒塌和堆积，避免倒塌方向不准确而砸坏附近的建筑物、构筑物和管道与线路。在铁路和公路附近进行拆除爆破时，还应控制爆破时废碴的堆积范围，以免危及行车安全和中断交通。

(4) 能控制爆破所产生的有害效应

通过精心设计、精心施工和加强防护措施，将爆破后产生的地震波、空气冲击波、噪声和飞石的危害作用控制在安全允许的限度内，确保爆区附近建筑物、机械设备、管线和人员的安全。

二、拆除爆破分类

分类方法不同，拆除爆破的类型也不相同，其分类方法有以下3种类型：

1. 根据爆破对象的特点分类

(1) 大型混凝土或钢筋混凝土块体的切割与解体

常见的有各种厂房内机械设备的基础、各种建筑物和构筑物的基础、桥墩、码头和桩基等的拆除。

(2) 金属结构物的拆除

如桥梁、船舶、钢柱、钢管、钢锭、各种金属件以及各种金属结构物的拆除。

(3) 建筑物和构筑物的拆除

如楼房、厂房、烟囱和水塔等的拆除。

(4) 高温凝聚物的拆除

常见的有高炉、平炉和炼焦炉以及冶炼炉中凝聚块和炉瘤等的拆除。

(5) 地坪、路面的拆除

如混凝土路面、地坪、飞机场跑道等的拆除。

(6) 其它拆除工程

如混凝土和钢筋混凝土框架结构等的拆除。

2. 按爆破方式分类

(1) 钻眼拆除爆破;

(2) 水压拆除爆破;

(3) 集团装药拆除爆破;

(4) 聚能切割拆除爆破;

(5) 糊炮拆除爆破;

(6) 静态破碎剂或高能燃烧剂拆除。

3. 按工程环境分类

(1) 露天拆除爆破;

(2) 室内拆除爆破;

(3) 危险环境中的拆除爆破;

(4) 危险建筑物的拆除爆破;

(5) 复杂环境中的拆除爆破。

三、拆除爆破的特点

拆除爆破与其它爆破技术相比较，具有以下一些特点:

(1) 爆区周围环境复杂：拆除爆破一般是在闹市区、居民区、厂区、厂房内进行，在爆区内和爆区附近有各种建筑物、管线和其它设施，环境十分复杂。因此，在进行设计和施工中必须把安全防护放在第一位，确保人员、设备、建（构）筑物的安全。

(2) 爆破对象多种多样：从爆破对象的种类来看，有建（构）筑物的基础，如厂房内的设备基础、楼房和厂房基础、烟囱和水塔基础、塔基和桩基础等；建筑物，如楼房、厂房、库房等；构筑物，如大型框架、桥梁、烟囱、水塔、贮水罐、贮油和贮气罐等。

从爆破对象的材料来看，有混凝土、钢筋混凝土、浆砌片石和料石、砖、三合土等。

总而言之，由于爆破对象的类型、材质、大小、形状和环境条件等方面的不同，必须根据具体爆破对象采取相应的爆破工艺技术。

(3) 爆破技术和起爆技术的准确性要求严格：在对高层建筑物或构筑物、人员密集等环境复杂条件下的建筑物以及建筑物的一部分进行爆破拆除时，严格要求控制其起爆时间、起爆顺序等，同时要求爆破后建（构）筑物的倒塌方向和破坏范围严格符合设计及安全规程的要求。

(4) 工期紧：一般要求限期完成。

(5) 或多或少存在着扰民问题。

(6) 工程中的防护费用占较大比例。

四、拆除爆破工程的程序

拆除爆破工程应包括以下程序:

(1) 了解情况

了解工程内容、工期要求和安全要求；了解爆破可能影响的房屋、地下管线及构筑物、空中线路、线杆、道路、桥梁、设备、仪器、居民、学校、医院等情况；了解建筑物本身的结构、材料、完好程度、欠缺点、影响解体的内外部构造；了解当地公安部门对拆除爆破的有关规定和要求。

(2) 可行性分析

合同签定之前，一定要对以下几点做到心里有数：

1）拆除方案：用钻孔、水压还是其它爆破方式以及采用何种倒塌方式；

2）工程量：预拆除工程量及钻孔与防护工程量；

3）周围环境的难点问题；

4）可能发生的意外及风险费用；

5）工程等级；

6）工程总价及工期。

(3) 签署工程合同

与甲方商谈并签定工程合同。

(4) 工程技术设计及上报

一般在工程技术设计之前应详细了解拆除对象的现状，有许多建筑物经多次改造其尺寸乃至形态与图纸不符，要现场绘制有关图纸，在详细勘察的基础上做出的设计才能保证设计质量，完成技术设计后，再做出施工组织设计。全部设计完成后，按《拆除爆破安全规程》（GB13533-92）的规定和当地公安部门的要求报批。

(5) 组织施工

主要包括钻孔和防护工程两大部分。

(6) 爆破

在现场指挥部领导下进行施工。主要内容包括：装药、堵塞、联接起爆网路、警戒、防护工程、起爆及爆后检查、解除警戒等。

五、控制爆破的设计原则和内容

控制爆破设计的目的就在于使爆炸能量所做的功大部分用在介质的破碎变形和移动上，减少介质的抛掷动能，抑制和减弱空气冲击波和地震波的强度，以确保环境的安全。为此，设计时应依据以下几个原则：

(1) 确定爆破拆除的总体方案

根据工程类型、结构特点、周围环境、清碴运输作业等要求综合考虑技术经济效益，确定爆破拆除的总体方案。例如，对于高层建筑，是定向倒塌还是折叠坍塌？对能封闭的结构能否采用水压爆破等，需要予以综合分析比较。

(2) 合理确定爆破参数

对于爆破参数，最主要的是选择好最小抵抗线和合理的孔网参数，使药包的分布合理，使得爆后不仅能获得适合的破碎块度，而且能获得最大的松动破碎体积。

(3) 控制单孔装药量

选择好孔网参数后，关键是要控制好单孔装药量。根据所用炸药、材质强度、布筋特点、抵抗线的大小、临空面的多少等因素选择好单位用药量系数。原则上装药量应限制在只能使介质产生松动破碎，而不发生抛掷，以控制飞石的产生。但是对于高大建筑物的爆破拆除，如烟囱、楼房等，对其局部破坏区域应采用减弱抛掷或抛掷爆破，使破碎体抛离原位，以保证建筑物在自重作用下失稳倒塌。

(4) 确定爆破规模和一次齐爆的总药量

应根据周围环境条件和被保护目标的安全要求，确定爆破规模和一次齐爆的总药量。以此来限制爆破地震波的强度和范围。必要时，还可在设计中通过合理的起爆顺序，应用分次分段、微差爆破的方法来降低爆破震动效应和适当增大爆破规模。

(5) 选择合理的起爆方法

为了保证爆破作业的安全和得到良好的爆破效果，选择合理的起爆方法是十分重要的。在爆源附近，如果有高压输电线路或有大功率的无线电发射台时，一般应避免采用电爆网路，必要时应用杂散电流测定仪进行检测。对于楼房建筑物的爆破，在炮孔数目较多的情况下，可以采用非电导爆管与电雷管相结合的起爆系统。

(6) 严格的防护和安全措施

严格的防护和安全措施是控制爆破设计的一个重要方面。对爆破作用影响范围内的建筑物和设施（如地面输电线路、地下给排水管路、电缆、煤气管道等），应进行安全验算，必要时应提出防护措施并采用科学仪器进行安全监测。

第二节　钻爆参数和装药量计算

为了使拆除爆破达到预期的效果，除了在方案设计时对拆除对象的各个受力部位进行结构力学分析，准确找出受力的关键部位以外，还必须在该部位合理地布置炮眼和精确地计算装药量。

一、炮眼布置

合理布置炮眼和确定炮眼方向，是保证拆除爆破效果的基本因素。炮眼布置工作包括炮眼爆破参数的确定和炮眼排列形式的确定两部分。

1. 最小抵抗线W

最小抵抗线是拆除爆破中的一个主要参数。最小抵抗线的大小对介质的破碎程度、飞石的产生、装药量的确定、钻眼工作量和爆破方量的大小有着根本性的影响，应从安全、经济、便于钻眼和便于清碴等方面综合考虑。因此，在确定最小抵抗线的大小时，应根据拆除对象的材质、几何形状和结构尺寸、钢筋混凝土中的布筋情况、爆破块度的要求、清碴时所具备的搬运条件等因素综合考虑。

(1) 当拆除对象为薄壁结构或小截面的钢筋混凝土梁和柱时，W值只能是壁厚或梁、柱截面中较小边长的一半，即$W=\frac{1}{2}B$，B为壁厚或梁柱截面的最小边长。

(2) 若薄壁结构为拱形或圆筒形时，为获得破碎均匀的块度和控制飞石，在炮眼方向平行于弧面的情况下，炮眼外侧的最小抵抗线W_1为（0.65～0.68）B，炮眼内侧的最小抵抗线W_2为（0.32～0.35）B，B为圆筒或拱形壁的厚度。

(3) 当拆除对象为大体积的圬工（如桥墩、桥台和基础等）、并采用人工清碴时，破碎后的块度不宜过大，最小抵抗线W可取如下值：

钢筋混凝土圬工	$W=0.3\sim0.5\text{m}$
素混凝土圬工	$W=0.4\sim0.6\text{m}$

浆砌料石、片石和砖砌圬工　　　　$W=0.5\sim0.8$m

采用机械清碴时，W可以选较大值，通常根据机械吊装、铲装和运搬对块度大小的要求来确定W的大小。

2. 炮眼间距a和炮眼排距b

钻眼拆除爆破是通过按一定顺序排列的若干个炮眼爆破的协同作用完成的。同排炮眼中相邻炮眼之间的距离a的大小常常影响炮眼间爆破的协同作用，反映了同排炮眼中的炮眼密度；炮眼排与排之间的间距b，如果采用排间延期起爆时，实际上就是后排炮眼的最小抵抗线，反映了排与排之间炮眼的密度，其大小会影响排与排之间炮眼爆破的协同作用。在设计多排炮眼爆破时，如果选取的a、b值过大，虽然炮眼数目、钻眼工作量和炸药消耗量会相应减少，但破碎质量会明显恶化，大块产出率和二次爆破量也会随之增大，给安全工作和下一步的清碴工作造成困难。如果选取的a、b值过小，则炮眼布置过密，不仅增加了钻眼工作量，影响了施工进度，而且炮眼之间的介质遭到重复破碎，粉尘增多，相应地增加了炸药的消耗。

通过上面的分析可以看出，这个关系可用下面的关系式表示

$$a=mW \tag{13-1}$$

$$b=K_b a \tag{13-2}$$

式中：a——炮眼间距，m；

W——最小抵抗线，m；

m——炮眼密集系数，又叫邻近系数，取决于拆除对象的材质、破碎程度和对爆破作用的要求；

K_b——排距系数，多排齐发爆破时，$K_b=0.75\sim1.00$；多排毫秒微差爆破时，$K_b=1.00\sim1.15$。

3. 炮眼深度l

炮眼深度取决于拆除对象的边界条件、几何尺寸、轮廓形状和钻眼的难易程度。在拆除爆破中，一般都采用浅眼爆破。钻眼的难易程度常常是施工中的一个重要问题，眼太深，钻眼时排粉困难（特别是钻向下炮眼时），而且钻眼速度慢；眼太浅，则整个工效低，炸药消耗大。因此，必须根据拆除对象的具体条件来决定炮眼深度。即使条件允许采用深眼，炮眼深度也不宜超过1.5～2.0m。

4. 炮眼排列

拆除爆破要求介质破碎后块度要均匀，以便于清碴。因此，在布置炮眼时，必须在整个拆除体中均匀分布炮眼，不能过于集中，也不能疏密不均，这样才能使炸药均匀分布在爆破体中，以获得均匀的块度。

炮眼排列方式取决于被爆体的结构尺寸和形状。对于大型混凝土或钢筋混凝土圬工和墙体，无论是垂直炮眼还是水平炮眼，布眼时炮眼都应是互相平行的，从自由面开始，一排一排地排列。常用的炮眼排列方式有方格形（或矩形）和三角形（又称梅花形），如图13-1所示。采用三角形排列时，靠近两端的边眼，如图13-1（b）中的第2、4排的边眼（图中符号×），因距离边缘只有$a/2$，小于最小抵抗线，应减小装药量。

当拆除体是圆柱形，而采用垂直向下的炮眼时，则应在直径不同的同心圆周上布置炮眼，如图13-2（a）所示。第1圈炮眼中心位于直径$d_1=D-2W$的圆周上（D为圆柱体的直径，W为

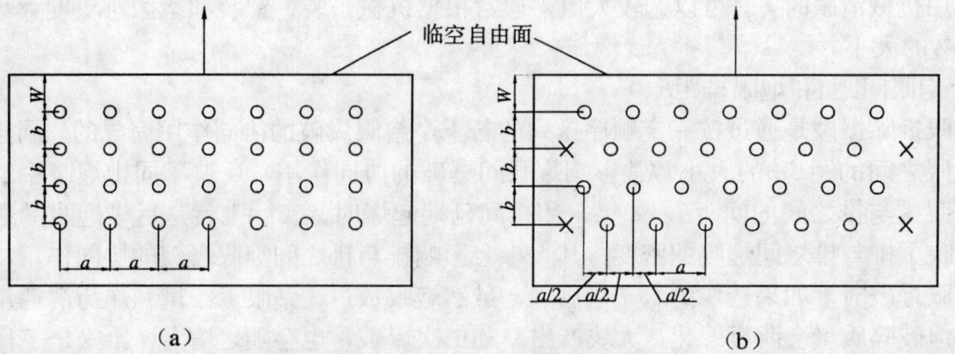

图 13-1 常用的两种炮眼排列

（a）方形排列；（b）三角形排列

最小抵抗线），设N为炮眼数，则炮眼间距a_1为：

$$a_1=\frac{\pi(D-2W)}{N} \tag{13-3}$$

第2圈炮眼位于圆周直径为$d_2=d_1-2b_1$的圆周上，第三圈炮眼位于圆周直径为$d_3=d_2-2b_2$的圆周上，以后各圈炮眼以此类推。式中b_1、b_2、b_3为各圈炮眼的排距。

如果采用水平炮眼，则采用图13-2（b）所示的放射状炮眼排列，相邻炮眼间的间距为$a=\frac{\pi D}{N}$（N为炮眼数），为了使介质破碎均匀，一般同层炮眼采用不同的深度相间排列。

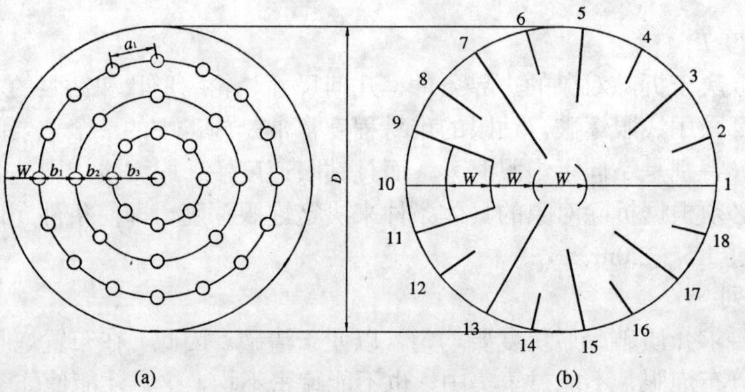

图13-2 圆柱体上的炮眼排列

（a）垂直炮眼排列；（b）水平炮眼放射状排列

当拆除对象是小截面的梁柱和条形结构体时，一般沿结构体的中心轴线布置一排炮眼，如图13-3（a）所示。当拆除对象是薄壁拱形或圆筒形结构时，一般沿圆弧或圆周布置一排炮眼，如图13-3（b）所示。

二、单眼装药量的计算

拆除爆破，除了特殊情况以外，一般都要求碎而不抛。因此拆除爆破是一种松动爆破，装药量计算可参照松动爆破装药量的计算原理。

1. 体积公式

该公式的原理是在爆破条件完全相同的情况下，爆破破碎的介质体积总是与爆破的装药量成正比，亦即在一定限度内，爆破破碎的介质体积越大，装药量也越大。反之，则小。这种比例关系可以表达为

$$Q = q_{松}V \qquad (13\text{-}4)$$

式中：Q——单眼装药量，kg；

$q_{松}$——松动爆破破碎单位体积介质所需的炸药量，kg/m^3；

V——单眼爆破破碎的介质体积，m^3。

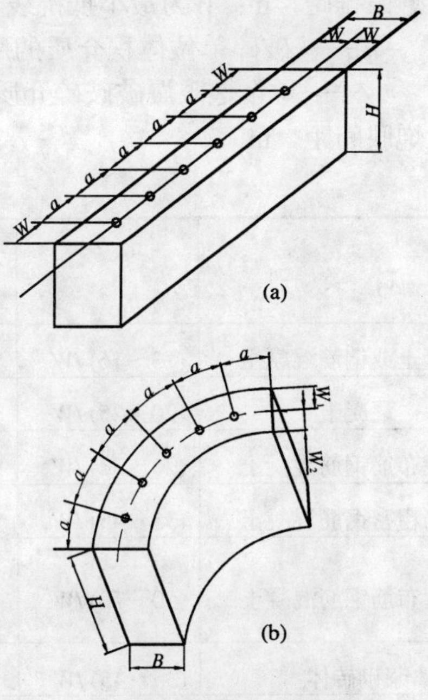

13-3　条形和拱形结构的炮眼排列

上式是工程爆破中用来计算装药量的最基本的公式，适用于各种类型的爆破，只要确定出不同爆破条件下的$q_{松}$值，就可计算出各种类型爆破的装药量。式中的V取决于爆破几何参数，如最小抵抗W或排间距b、眼间距a和炮眼深度l（或被爆体高度H）。

2. 剪切破碎公式

从拆除爆破的物理性质来看，介质的破裂剪切是主要的，内层面单位面积因介质产生流变和剪切变形所需的能量是不能忽略的，当抵抗线$W<1$ m时，W值越小，破裂剪切占总消耗能量的比重相对地越大。另外一部分能量是消耗在爆破破碎介质上面，与被爆破体体积成正比。因此，当$W<1$ m时，拆除爆破单眼装药量就是由上述两部分组成，即

$$Q = f(q_1A + q_2V) \qquad (13\text{-}5)$$

式中：Q——单个炮眼的装药量，g；

f——炮眼所在位置的临空面系数，称为炮眼定位系数，取值见表13-1；

q_1——剪切单位面积介质的用药量，简称面积系数，g/m^2，取值见表13-2；

A——单个炮眼爆破时的剪切面积，m^2；对于墙壁，$A=Bb=2Wb$；对于梁、柱，当炮眼

表13-1　炮眼定位系数 f 值

炮眼所在位置的临空面	f
1个自由面	1.15
2个自由面	1.0
3个自由面	0.85
4个自由面	0.75

布置在中间轴线上时，$A=BH$，B为墙壁的厚度或梁、柱的宽度，m；H为梁、柱的厚度，m；b为炮眼排距，m；W为最小抵抗线，m；

q_2——破碎单位体积介质的用药量，简称体积系数，g/m^3，取值见表13-2；

V——单个炮眼爆破破碎介质的体积，m^3；对于墙壁，$V=Bba$；对于梁、柱，$V=Aa$；a为炮眼间距，m。

表13-2　q_1、q_2系数值

材料类别	q_1 (g/m^2)	q_2 (g/m^3)	适用条件
混凝土或钢筋混凝土	(13～16) /W	150	不厚的条形截面构件，要求严格控制碎块抛出
混凝土	(20～25) /W	150	混凝土体破碎，小碎块个别散落在5～10m内
一般布筋钢筋混凝土	(26～32) /W	150	混凝土破碎，脱离钢筋，个别碎块散落在5～10m内
布筋粗密钢筋混凝土	(35～45) /W	150	混凝土破碎，脱离钢筋，个别碎块散落在10～15m内
重型布筋钢筋混凝土	(50～70) /W	150	混凝土破碎，主筋变形或个别断开，少量碎块飞散在10～20m远，应加强防护
浆砌砖体	(35～45) /W	100	砌体破裂塌散，少量碎块抛落在10～15m以内
浆砌片石或料石	(35～45) /W	200	砌体破裂，浆缝炸松，少量碎块抛落在10～15m内
天然岩石	(40～70) /W	150～200	岩石破裂松动，少量碎块抛落在5～20m内

注：W为最小抵抗线。

3. 预裂切割爆破装药量计算公式

这类爆破所产生的破裂作用主要是沿着炮眼连心线方向发展。因此，切割与预裂面的大小是影响装药量的主要因素。这类爆破的装药量可用下式来计算。

$$Q=\lambda aH \tag{13-6}$$

式中：Q——单个炮眼的装药量，g；

λ——单位面积用药量系数，g/m^2，其值可参照表13-3中的数据选用；

a——炮眼间距，m；

H——切割、预裂部位的高度或厚度，m。

表13-3　单位面积用药量和实际耗药量$\sum Q/S$

材质	a（cm）	λ（g/m^2）	$\sum Q/S$ （g/m^2）
强度较低的混凝土圬工	40～50	50～60	40～50
强度较低的混凝土圬工	40～50	60～70	50～60
片石混凝土圬工	40～50	70～80	60～70
厚20～30cm混凝土地坪	30～60	100～150	——

注：S是一个炮眼负担的切割面积，$\sum Q/S$ 是实际平均耗药量。

第三节　工程实例

一、楼房和厂房的爆破拆除

楼房和厂房爆破拆除的基本原理是利用炸药爆炸释放的能量，破坏楼房关键受力构件的强度，使它失去承载能力，然后在自重作用下失去整体的稳定性而倒塌，在倒塌与地面碰撞的过程中，使楼房的结构进一步解体和破碎。

楼房爆破拆除主要靠 3 种作用使之解体：第一是通过在关键承力部位钻眼爆破使建筑物失稳或解体；第二是建筑物爆破后在不均匀下落过程中，构件产生扭曲、拉、压破坏；第三是建筑物落地时撞击破坏。后两种均利用建筑物重力势能做功实现解体，应当尽量利用，不但经济而且有利于安全。

根据拆除爆破的经验，楼房和厂房爆破拆除方案可以归纳为以下几种：

(1) 原地坍塌方案

对于一般矮层楼房、箱式厂房建筑物，无论是砖结构或者是钢筋混凝土框架结构的爆破拆除，原地坍塌是常用的拆除方案。当建筑物的高宽比小于 1.0，楼房至周围场地边界的水平距离小于楼房高度的 1/2，且没有任何一方具有开阔的场地时，最适宜采用原地坍塌方案。

(2) 定向倒塌方案

定向倒塌方案是让整个建筑物绕定轴转动一定倾角后，使其失稳，向预定方向倾倒，冲击地面而解体。当楼房建筑物的高宽比大于 1.0，而周围场地有一个方向的水平距离（指楼房的边界至场地边界距离）大于 2/3～3/4 楼房的高度，可供堆积物堆积时，可采用此方案。

(3) 中间倒塌方案

该方案是让楼房中间部分首先炸塌，周圈部分随后向已倒塌的中间部分合拢而实现全楼倒塌，实际上是原地坍塌与定向倒塌的结合。实现这个方案的关键是严格按照设计规定的起爆顺序起爆，即先上后下，先内后外。

(4) 折叠倒塌方案

当拆除楼房的高宽比比较大、周围的场地狭窄、不能采用整体定向倒塌方案来拆除高层建筑物时，可采用折叠倒塌方案。这个方案的实质是将整个楼房的高度分为若干段，然后从上而下，分段顺序爆破拆除，即上一段向下一段折叠。根据折叠的方式不同，分为单向连续折叠倒塌和双向交替折叠倒塌。折叠倒塌方式，大大缩小了楼房的坍塌范围。

以下为某招待所大楼的爆破拆除实例。

1. 工程概况

招待所大楼全长 72.8m，宽 16.6m，高 20.2m。楼房共 5 层，建筑面积为 5 900m^2，主要为砖砌拱和砖与钢筋混凝土的混合结构。大楼实际上是由 4 个独立单元组成的联合体。东、西两边配楼与中间主楼之间的墙间间隔只有 15cm，而中间主楼又分为南、北两部，中间各走廊以砖砌拱相连接，如图 13-4 所示。

楼中各层均为砖砌承重墙，一、二层砖墙厚 40cm，三层以上为 24cm，层间楼板是 20cm 厚的现浇钢筋混凝土，由断面为 60cm×25cm 的钢筋混凝土梁及外墙圈梁分别将各层重量分布到承重墙上。东、西配楼和中间主楼北大厅均有钢筋混凝土框架及楼梯，中间主楼尚有框架结构的电梯间，构成一座坚固的建筑物。

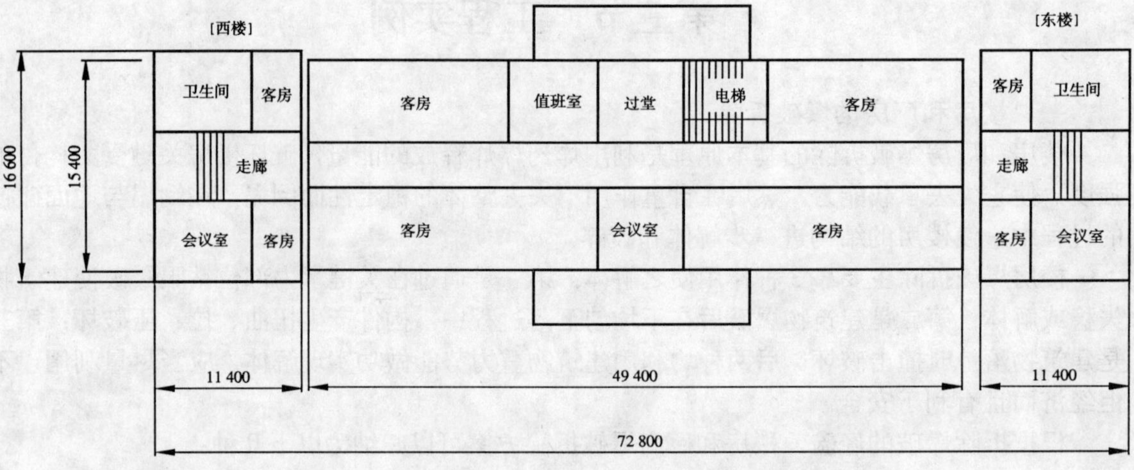

图 13-4 某招待所楼房平面图（图中尺寸为 mm）

招待所西侧 15m 全为旧房，并紧邻省政府大门，距离重要的文物保护区（中山纪念堂）不到 200m；东距 15 层粮食大楼仅有 13m，南面距主要交通干线东风中路人行道 5m，与隔街相望的 12 层物资楼相距 60m，只有北面 58m 外是宿舍楼，距离稍远，其中间部位为空场，足以容纳大楼坍塌后的废碴堆放，但距东北角 37.5m 处的危房不允许损坏。

2. 爆破拆除方案的选择

此楼的高度为 20.2m，宽为 16.6m，高宽比大于 1.0，宜采用定向倒塌方案。根据四周环境，北侧有空场，故确定选用向北倾倒的方案。

3. 爆破设计的原则和要点

爆破后为了使楼房充分解体和尽量减少对东侧 15 层高楼的影响，决定在以下部位实施爆破：

(1) 一、二层所有承重墙和柱；

(2) 东楼三、四层的西墙及中间的承重墙，仅保留北、东和南三方的外墙；

(3) 楼梯和电梯间炸至三楼。

另外，在起爆顺序上作了如表 13-5 所示的安排。

表 13-5 起爆时间顺序表

起爆时间（ms）	装药量（kg）	炮眼数（个）	爆破位置
25	20.13	1 804	东楼三、四层
75			中楼一、二层，北楼隔墙，楼梯和电梯二、三层梁
100	——	——	东、西楼一、二层北墙。北房隔墙、东西外墙、北墙（中楼一、二层）
150	42.00	1 803	中楼一、二层的走廊墙
175	56.50	1 841	东、西楼一、二层走廊墙，楼梯混凝土梁
250	45.16	1 532	中楼一、二层南房隔墙
275	27.25	565	东、西楼一、二层的南房中南北墙二、三层楼梁
390	15.34	534	全楼南墙
合计	354.28	12 754	

整个大楼共分为 8 段起爆。

(1) 东楼三、四层首先起爆，并解体东楼的上部，以减少东楼可能向东倾斜的危险，即使该大楼不能按设计要求向北倾斜坍塌，也会原地塌落破碎；

(2) 电梯间是钢筋混凝土的框架结构，强度很高，必须超前爆除，以防止由于钢筋的作用，在倒塌过程中发生时间上的迟滞。

(3) 北楼北墙的起爆时间稍迟于北楼隔墙，目的是防止爆破碎块向北飞出，尤其是电梯间梁柱的强度较大、装药量较多，增加了碎块飞出的危险，北墙迟爆起了防护作用。

(4) 全楼南墙最后起爆，除了可以防止碎块向南面大街飞出以外，还是保证大楼向北倒塌的必要措施。

由于大楼内的所有隔墙都是砖砌承重墙，因此，每个隔墙都需布设炮眼，另外为了使楼板和梁解体，也需布设炮眼，炮眼总数达 12 754 个，总装药量为 354.28kg。

为了一次起爆 12 754 个炮眼，采用了电雷管与导爆管结合的混合起爆网路。炮眼内全部采用导爆管雷管，再将炮眼内引出的导爆管以 20 根左右为一组，簇并联接在电雷管上，由炮眼外的电雷管引爆各组导爆管。电爆网路采用并—串—并的联接方式，共分 6 条支路，每条支路的电雷管数不超过 60 个。每簇导爆管并接两个电雷管，每条支路串联 30 对电雷管，再将 6 条支路并联到起爆主线上。

4. 防护措施

(1) 所有一、二层需爆破的外墙用草袋、草帘和尼龙绳网包裹牢固；

(2) 所有一、二层，中楼东部三楼，东三、四层的窗户，挂草帘、草袋、尼龙绳网封堵；

(3) 一楼东、西边门和二、三层楼梯间的窗户用草袋填土封堵；

(4) 东楼东侧用草帘、草袋、铁丝网防护，在 15 层的粮食局大楼外，紧靠该楼的西墙设置一排栅栏。

(5) 为了降低地震效应，最大一响装药量限制在 80kg。

5. 爆破效果

爆破后大楼倒塌范围完全达到设计的要求，北侧塌宽 15m，南侧塌至 5m 远的人行道围墙根，东西两侧各塌宽 2.0m。附近没有发现个别飞石，周围房屋的玻璃窗没有任何损坏。

二、烟囱与水塔的拆除爆破

一般工业和民用烟囱的类型主要是圆筒形，个别情况为正方筒形，其横截面是变截面的，下大上小，呈收缩状，从材质上看，有砖结构和钢筋混凝土结构。通常在其内部自下而上还砌有一定高度的耐火砖内衬，内衬与烟囱内壁之间留有一定的空隙。

水塔是一种高耸的塔状建筑物，按其支承类型分为桁架式支承和圆筒式支承。桁架式支承大多采用钢筋混凝土结构，而圆筒式支承则为砖结构或钢筋混凝土结构。

针对这类高耸建筑物的特点，在进行爆破设计和施工时必须充分考虑下面几点：

(1) 倒塌方向

这类建筑物一般离楼房和厂房都比较近，周围的空地较少，确保定向倒塌方向是拆除爆破成功的关键。

(2) 风流

这类建筑物超过一定高度后，风流引起的脉动常常会影响倒塌方向，甚至导致爆破失败。

(3) 爆破缺口

若爆破缺口的参数选择不当，常常会造成烟囱不倒塌、后坐或偏转。

(4) 筒体裂缝

爆破前，烟囱上如有裂缝将影响倒塌方向。因此，在设计施工时必须采取相应的补救措施。

在确定爆破拆除方案时，首先必须到现场进行实地的勘察与测量，要仔细了解烟囱或水塔周围的环境与场地情况，包括地面、地下和空中的建筑物和设施与爆破地点的距离和相对位置，同时还应了解烟囱或水塔的结构和几何尺寸，初步筛选掉一些明显不合理的拆除方案。在此基础上，进一步搜集烟囱或水塔的原始设计和竣工资料，并与实物进行认真核对，查明其构造、材质、强度、筒壁厚度、施工质量、完好程度或风化、破坏情况。在充分了解上述实际资料的基础上，从技术可行、经济合理和安全可靠3个方面进行比较，最终确定出合理的爆破拆除方案。

应用爆破法拆除烟囱或水塔时，其坍塌破坏方式主要有：原地坍塌、定向倒塌和折叠式倒塌 3 种。

以下为某水塔的爆破拆除实例。

1. 工程概况

水塔高16m，建于1972年，为砖石结构，上部贮水罐为钢筋混凝土结构，重50t，水塔外径5m，内径4.2m，壁厚400mm，另外水塔四周还有钢筋混凝土防震立柱6根和4道圈梁，每根立柱内布有Φ16mm的钢筋4根。

水塔北面是招待所主楼，东面15m有2座家属住宅楼，南面12m为职工培训大楼，水塔西面6m和正南2.5m有一八角仿古亭和一机井泵房，仿古亭中装有高压贮水罐，可供全矿的生产和生活用水。仿古亭之上有八角枪伸出亭外4m，水塔周围建筑物的分布如图13-5所示。

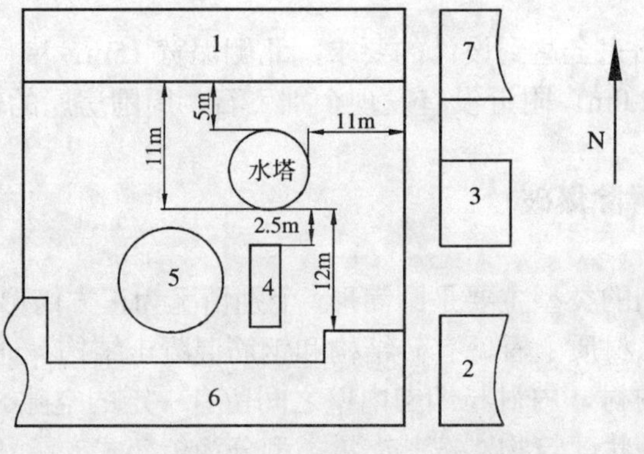

图 13-5 水塔周围建筑物分布示意图

1—招待所大楼；2—职工住宅楼；3、7—职工住宅平房；4—水泵房；5—仿古亭；6—培训大楼

2. 爆破技术设计

经过现场调查，水塔倾倒的唯一方向为东南方向，只有13m的距离。若采用整体定向倒塌方案，此距离不足以容纳倒塌的水塔，可能会危及职工住宅和培训大楼。故决定采用单向

折叠倾倒的爆破方案，此方案可把水塔倒塌的范围控制在11m之内。

按照现场条件，采用上、下两个爆破缺口，缺口形状为梯形，梯形边角为45°，下部爆破缺口离地表0.5m，上部缺口离地表7.5m。上、下爆破缺口的布置见图13-6。

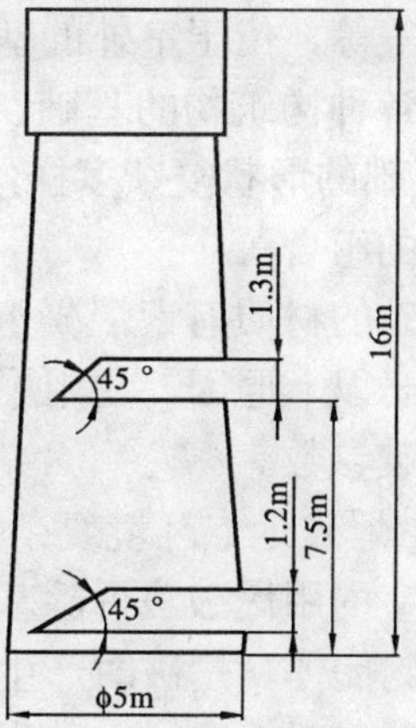

图 13-6　爆破缺口布置示意图

爆破缺口长度：$l=\dfrac{2}{3}\pi D$　（D为水塔直径）

爆破缺口高度：上部为1.3m，下部为1.2m

炮眼间距：$a=400\text{mm}$

炮眼排距：$b=400\text{mm}$

炮眼深度：$h=\dfrac{2}{3}\delta$

因壁厚上下不一致，下部为400mm，上部为250mm，故上缺口炮眼深度只能取160mm。单眼装药量上缺口为60g，下缺口为90g。炮眼布置见图13-7。

3. 起爆网络

采用电雷管串联起爆网路，上缺口65个炮眼采用毫秒电雷管1、2、3、4、5五段起爆。下缺口采用毫秒延期电雷管2、3、4三段起爆，每个电雷管的电阻为5Ω，131发电雷管的总电阻为655Ω，采用两台MFB-100起爆器起爆，即上缺口用一台，下缺口用一台。两台起爆器同步起爆。

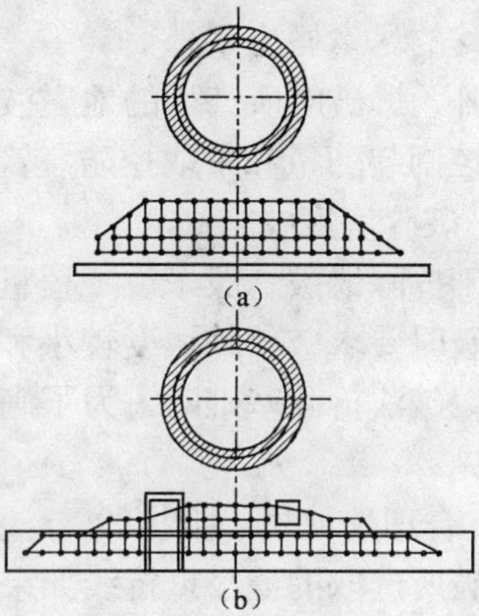

图 13-7　上下缺口炮眼布置示意图

(a)上缺口炮眼布置；(b)下缺口炮眼布置

4. 防护措施

由于水塔正北离招待所大楼只有5m，南面离职工培训楼和仿古亭只有12m和6m。因此，在南北两面的炮眼上都挂上两层草袋，每层草袋厚20mm，另外，招待所大楼和培训大楼的所有门窗也都挂上厚50mm的棉垫或草袋。

5. 爆破效果

上缺口的雷管起爆后，水塔上段开始向东南方向倾倒，不到3s全部落地。起爆1s后，下段缺口开始爆破，经过3s，水塔下段全部倾倒在第一段上面，倾倒范围不到11m，落在预定的设计范围内，声响较小，震动不大，附近门窗玻璃未受任何影响。

三、基础和薄板结构的拆除爆破

基础拆除爆破是拆除爆破中工程数量最多的一种拆除爆破。这是因为基础一般都是质地坚硬牢固的实心体，若用人工或其它机械方法拆除十分困难，施工效率低且进度慢。所以基础的拆除最好采用爆破方法。其次，基础的应用范围广、数量多，因此，基础的拆除爆破是一种最常见的拆除爆破。

基础拆除爆破与其它拆除爆破相比较，具有以下一些特点：

(1) 基础的种类多、形状复杂、材质多样

位于室内的基础有各种机械设备的基础、仪器设备的基础、各种实验台以及各种构筑物的基础等等，位于室外的基础有各种厂房的基础、桥梁的基础、河岸的堤坝、碉堡、城墙以及其它各种构筑物的基础。

基础的形状复杂多样，有方形体、柱形体、锥形体、环形体、沟槽体、台阶体和以上各种体形的组合等。

基础的材质有素混凝土、钢筋混凝土、浆砌料石、砖砌体、天然块石以及三合土等。

由于以上原因，在用爆破法拆除基础时，必须因地制宜地确定炮眼的布置方式和选取合理的爆破参数。

(2) 爆破地点环境复杂

在室内用爆破法拆除基础时，环境非常复杂，安全上的要求十分严格。首先，厂房本身是一个封闭体，爆破时产生的空气冲击波受到约束，不能自由扩散，同时空气冲击波遇到墙壁发生反射时，会增大冲击波的压力，加剧破坏作用。因此，在爆破时必须把所有门窗和通道打开，实行卸压。其次，爆破作业地点离室内的机械设备、仪器，电源和其它设施和物体的距离都比较近，爆破时所产生的飞石容易将它们砸坏。因此，爆破时对物体必须加强防护，能够搬移的尽量搬出室外。

此外，爆破时所产生的地震波会影响厂房和其它机械、仪器设备的基础。因此，爆破时要严格控制装药量和采取挖防震沟等减震措施。

(3) 破碎块度要求高

基础拆除爆破一般来说工程量比较小，特别是在室内的基础，无法采用机械设备清碴，所以爆破时要求破碎的块度较小和较均匀，以便于人工清碴，同时又要加强对飞石的防护。

用爆破法拆除基础时，为了满足爆破后对破碎块度和安全上的要求，可以采用以下一些技术措施：

(1) 合理选取最小抵抗线

爆破所选取的最小抵抗线如果过小，基础爆破后，虽然块度会小些，但是会增加钻眼的工作量和炸药消耗量，在经济上是不合算的。最小抵抗线过大，爆破后出现大块多，对人工清碴不利。因此，必须通过现场的小型爆破试验来确定合理的最小抵抗线。

(2) 对于深度较深的炮眼，最好采用分段装药（或叫不连续装药）

因为炮眼深度超过0.7m以后，若采用连续装药，则炸药多集中在炮眼底部，炮眼上部因药量分配不足，容易出现大块。因此，采用分段装药可使药量沿整个炮眼均匀分布，以解决介质破碎不均匀的问题。每段的装药量应根据炮眼各部位的阻力不同来分配，即从眼底到眼口逐渐递减。

(3) 采用微差起爆

当一次起爆的炮眼数量较多时，若采用即发雷管的齐发起爆，不但爆破效果差，而且产生的震动大和飞石多。在这种情况下，最好采用微差（毫秒）间隔起爆。

(4) 在基础的一侧或数侧挖沟

所有的基础，从其埋设的条件来看，有的埋入地表以下，有的与地面平齐，有的露出地表一定的高度。因此，在基础的一侧或数侧用人工或机械的方法挖出一定深度和宽度的侧沟，不仅增加了自由面的数目和改善了爆破效果，而且可以降低震动和防止飞石。

(5) 采用严密的覆盖措施

由于基础爆破要求破碎的块度要小些，因此必然增大一些装药量。这样防止飞石和减震又成为安全上的突出问题。因此，在施工时，一定要采取严密的覆盖措施，并要仔细检查，以防止任何可能飞出的碎块。

以下为某起重设备厂锻工车间内的钢筋混凝土基础爆破拆除实例。

1. 工程概况

某起重设备厂锻工车间内有一座750kg级汽锤的钢筋混凝土基础，长6.2m，宽3.5m，基础顶面与地表面平齐，地表下深2.5m。因设备更新，需要把上面1.4m厚度的一段拆除。在基础周围3～4m的距离上有各种设备和仪表，距基础顶面高3.0m处有两台工业电扇，再往上是天车。

2. 爆破设计

因基础顶面与地平面平齐，四周无临空面，为了提高爆破效果和减震，爆破前在基础四周用人工开挖侧沟，宽0.5m，深1.4m。

具体钻爆参数如下：

炮眼深度：$l = 1.4$m；

最小抵抗线：$W = 0.5$m；

炮眼间距：$a = (1.0\sim2.0)W = 0.8$m；

炮眼排距：$b = 0.3$m；

每个炮眼装药量：$Q = f(q_1A + q_2V)$，取$f = 1.0$，$q_1 = 40/W = 80$，$q_2 = 150$ 代入得：$Q = f(q_1A + q_2V) = 106.4$g，装药时，实际取$Q = 105$g。

因炮眼较深，为了使爆破后块度较均匀，采取间隔装药，分上、中、下三层药包，每层药包的重量分别为25g、40g和40g，总装药量为8.61kg，梅花型布置炮眼，共11排炮眼，炮眼总数为82个，炮眼布置如图13-8所示。

采用导爆管起爆系统，在炮眼外实行微差起爆，第1、11排为0段；在第2、10排的一端串联一个3段的毫秒雷管；第3、9排各串联一个5段毫秒雷管；第4、8和5、7排各串联一个7、9段毫秒雷管；第6排串联一个11段毫秒雷管，然后分组并联在一起，组成串并并联网路，其联线情况如图13-9所示。

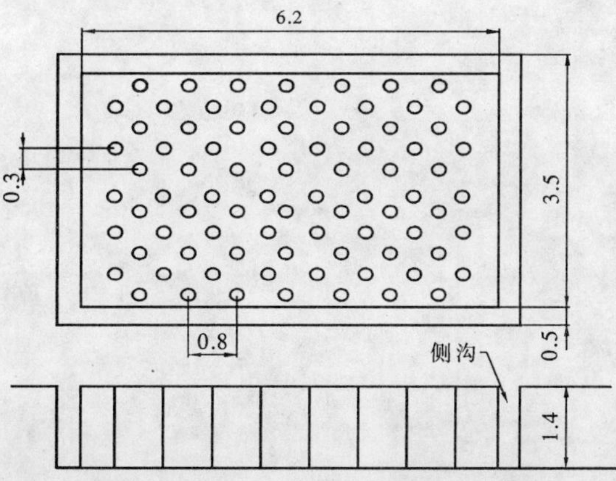

13-8　炮眼布置示意图（图中尺寸为 m）

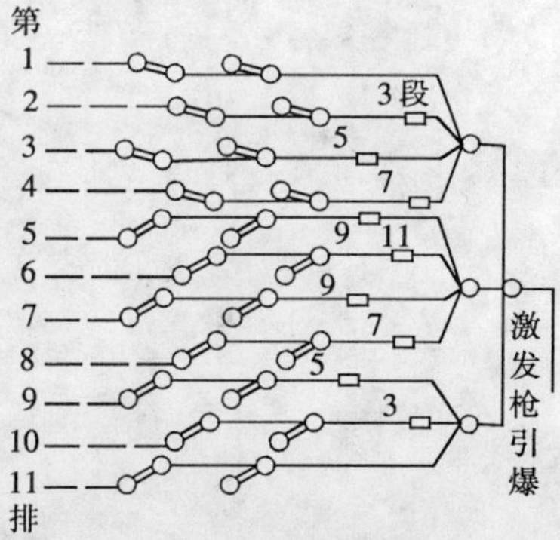

图 13-9　眼外微差起爆网路

3．防护措施

在基础的顶面和四周，首先用干草袋覆盖一层，接着用浸水草袋覆盖三层，再在上面盖两层荆笆并用装土草袋压牢，以增加覆盖重量，最后用帆布覆盖整个基础。

4. 爆破效果

本次爆破取得了理想的爆破效果。爆破后，爆碴块度均匀，破碎完全，能够保证爆后人工开挖顺利进行，周围设施安然无恙。

思考题

1. 什么是拆除爆破，拆除爆破有哪些技术特点？
2. 说明拆除爆破设计的技术内容。
3. 拆除爆破设计参数有哪些，如何选择这些参数？
4. 说明拆除爆破的一般作业程序。
5. 分别说明建筑物拆除爆破采用定向、原地、折叠3种不同倒塌方案的条件。
6. 烟囱、水塔采用定向爆破拆除，对场地的条件要求是什么？
7. 基础拆除爆破的主要特点有哪些？为达到满意的爆破效果，应采取哪些主要技术措施？

第十四章 水压爆破

第一节 概 述

早在20世纪40年代末期，挪威和瑞典等国就在城市里进行过用水压爆破拆除建筑物的尝试，并获得了成功，以后这种技术迅速在各国推广，成为城市建筑物拆除爆破中一种较安全、先进的爆破技术。20世纪70年代末，日本的桥本博和高木薰将城市拆除爆破中的水压爆破经验应用于隧道掘进和石材切割，发明了所谓的ABS法，大大降低了炸药消耗量和震动强度，被称为低震动爆破法。20世纪80年代初，我国山东莱芜铁矿将此技术应用于大块的二次破碎上，大大抑制了飞石的飞掷距离，成功地解决了一些离建筑物较近的露天矿由于安全距离不足而影响正常生产的问题。20世纪80年代中期，山东省冶金工业总公司为了解决洪山铝土矿粉矿率过高的问题，首次在井下房柱法采场中成功地在中深孔中进行了水压爆破，使粉矿率由原来的20%下降到7.3%，资源利用率提高了8%～10%。

本章主要介绍水压爆破的原理及其在城市构筑物拆除、岩土工程和矿山工程中的应用。

第二节 水压爆破的特点和原理

一、水压爆破的特点

水压爆破是一种将炸药安置在受约束的有限水域（如充满水的炮眼、深孔、药室以及容器式的建筑物和构筑物等）内进行爆破的方法。由于水具有缓冲作用和均匀传递压力的作用，当炸药在水中爆炸时，利用水来传递爆炸能量和压力，能使压力较平缓均匀地作用在周围介质上，使介质均匀地破碎，从而大大降低爆破的有害效应。

爆破时，以水作为缓冲介质与以空气作为缓冲介质相比，具有以下一些优点：

(1) 水的可压缩性比空气小，所以炸药在水中爆炸时，能量在水介质变形上的消耗比在空气中要小得多。如向水体加压，当压力上升到100MPa时，水的密度仅变化5%。因此，其能量传递效率比空气高，若爆破同样体积和同样性质的介质时，水压爆破时炸药的消耗要比空气中低得多。

(2) 水的密度比空气大，水中的声速也比空气中的快，所以纵波在水中传播时的阻抗值也比空气中的大。因此，炸药在水中爆炸后的气体产物的膨胀速度比空气中慢得多。而且根据帕斯卡原理，水能均匀传递压力，所以炸药在水中爆炸后的压力能较均匀和平缓地作用在周围介质上，从而使介质破碎较均匀，同时能抑制飞石和降低粉尘量。

(3) 由于水的缓冲作用和炸药消耗量较低，所以水压爆破所产生的震动、空气冲击波和噪声都比空气中的小，对围岩的破坏作用也小，有利于保护围岩和边坡的稳定性。

二、水压爆破的原理

水压爆破与普通以空气为偶合介质的爆破相比，在介质的破碎机理上没有太大的区别，但是在爆破作用特征上，由于两者的物理性质不同，却表现出明显的差异：

(1) 在不偶合系数相同的条件下，水压爆破的应变波强度和变形势能比以空气为偶合介质的爆破的大。这说明爆破同样一个物体时，前者所消耗的能量和炸药都比后者低。

(2) 应变波的强度随不偶合系数的增大皆呈指数函数衰减。但是，前者的衰减速度比后者要慢，两者相差几乎接近1倍。这是由于水的密度较大所致。

缓冲爆破的效果除了与缓冲介质本身的性质有关以外，不偶合装药是形成缓冲爆破的关键技术措施。因此不偶合系数是影响缓冲爆破效果的关键参数，选取不偶合系数时必须考虑介质的性质、炸药的性能及爆破条件和要求。选取的不偶合系数过小，起不到抑压和缓冲的作用；选取的值过大，则破碎不了介质。表14-1中的数值表明不偶合系数与应变值之间的关系，当不偶合系数$K \leqslant 1.67$时，水对应力波的衰减作用不大，当K值小到1.3时，炮孔中充水和不充水，对应力波的衰减相差也不大。根据实验室的模型试验资料和一些生产单位的实践资料，只有当$K \geqslant 2.0$时，水压爆破才能发挥良好的缓冲作用。K值可以根据类似工程的实践数据通过现场小型生产试验确定。

表14-1 不偶合系数与应变值的关系

不偶合系数K			1.1	1.3	1.67	2.67	3.33	4.0	6.0	8.0
应变值 $\bar{\varepsilon}_{\max}$ $(\mu\varepsilon)$	水	实测值	——	——	405	331	270	229	——	——
		计算值	472	449	410	319	271	229	139	84
	空气	实测值	——	——	355	223	154	117	——	——
		计算值	470	427	358	221	161	117	45	17

第三节 水压爆破参数的计算

一、水压爆破装药量的计算

目前，水压爆破装药量的计算尚无一个公认的计算公式，国内外的学者根据各自的实践经验，从不同的角度提出了多种多样的经验公式或半理论半经验的计算公式。

1. 考虑注水体积和材料强度的经验公式

$$Q = K\delta\sigma_{\mathrm{e}}V^{2/3} \tag{14-1}$$

式中：Q——装药量，kg；

K——与炸药性质和爆破方式等因素有关的系数。使用2号岩石硝铵炸药时，若采用敞口式爆破，$K=0.1$；采用封口式爆破，$K=0.08$；

δ——容器式结构物的壁厚，m；

σ_e——结构材质的抗拉强度，10^5Pa；

V——注水体积，m^3。

2. 考虑结构物形状尺寸的经验公式

(1) 截面为圆形或正方形的短筒形结构物的装药量计算公式

$$Q = K_b K_c B^2 \delta \tag{14-2}$$

式中：Q——装药量，kg；

K_b——与爆破方式有关的系数，对于封口式爆破，$K_b = 0.7 \sim 1.0$；对于敞口式爆破，$K_b = 0.9 \sim 1.2$；

K_c——结构物材质系数，对于砖和混凝土，$K_c = 0.1 \sim 0.4$；对于钢筋混凝土，$K_c = 0.5 \sim 1.0$；

δ——结构物的壁厚，m；

B——结构物的内直径或边长，m，若截面为矩形，则为短边边长。

上式适用的条件是：采用的炸药是2号岩石硝铵炸药，$\delta < B/2$，$B \geqslant 1.0$m。

(2) 截面为圆形或正方形的长筒形结构物的装药量计算公式

$$Q = K_b K_c K_d \delta B^2 \times \frac{L}{B} \tag{14-3}$$

式中：K_d——结构调整系数，对于矩形截面，$K_d = 0.85 \sim 1.0$；对于圆形和正方形截面，$K_d = 1.0$；

L——矩形截面长边边长，m。

其它符号的意义同上，适用条件也与式（14-2）相同。若采用的炸药不是2号岩石硝铵炸药，则需乘以炸药爆力的换算系数。

3. 考虑结构物截面面积的经验公式

(1) 截面较大的结构物的装药量计算公式

$$Q = K_c K_e S \tag{14-4}$$

式中：Q——装药量，kg；

K_c——结构物材质系数，对于混凝土，$K_c = 0.2 \sim 0.25$；对于钢筋混凝土，$K_c = 0.3 \sim 0.35$；对于砖，$K_c = 0.18 \sim 0.24$；

K_e——炸药换算系数，对于黑梯炸药，$K_e = 1.0$；对于2号岩石硝铵炸药，$K_e = 1.10$；对于铵油炸药，$K_e = 1.15$；

S——通过药包中心的结构物周壁的水平截面面积，m^2。

(2) 切割小截面结构物（如管子）的装药量计算公式

$$Q = \pi C D t \tag{14-5}$$

式中：Q——装药量，kg；

D——管子的外径，cm；

t——管壁厚度，cm；

C——装药系数，对于敞口式爆破，$C = 0.044 \sim 0.05 g/cm^2$；对于封口式爆破，$C = 0.02 \sim$

0.03g/cm²。

4. 根据薄壁圆筒的弹性理论建立的计算公式

该公式把水压爆破产生的水中冲击波对圆筒的破坏看作是冲量作用的结果，以圆筒材料的极限抗拉强度作为破坏的强度判据，并运用结构在等效静载作用下的位移与冲量作用下的位移相等的原理，建立计算药量的公式。

(1) 圆筒形结构物

$$Q = K(K_2\delta)^{1.6}R^{1.4} \tag{14-6}$$

式中：Q——装药量，kg；

K——装药系数，与结构物的材质、强度和要求的破碎程度以及碎块飞掷的远近距离有关。当爆破对象为一般混凝土或砖石结构时，可视要求的破碎程度，取K＝1～3。当爆破对象为钢筋混凝土时，可视所要求的破碎程度和控制碎块飞掷的距离选取：①混凝土局部破裂，但混凝土块未脱离钢筋，基本上无碎块飞掷时，取$K = 2$～3；②混凝土炸开炸散，部分混凝土块脱离钢筋，碎块飞掷距离控制在20m以内时，取$K = 4$～5；③混凝土炸飞，主筋炸断，碎块飞掷距离在20～40m之间时，取$K = 6$～7；

δ——结构物的壁厚，m；

R——圆筒形结构物的内半径，m；

K_2——结构物壁的坚固性系数，与结构物的壁厚δ与内半径R的比值有关。比值越大，说明结构物越坚固，Q值也应增大，K_2值可从图14-1中查得。

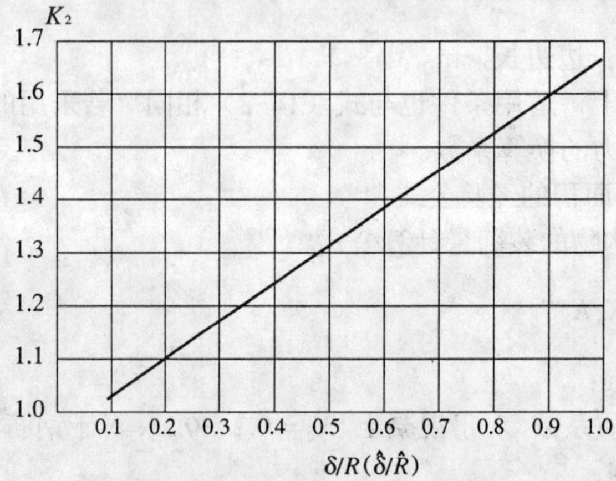

图14-1　结构物坚固性系数

(2) 非圆筒形结构物

当结构物为非圆筒形时，采取等效内半径 $\hat{R}$ 代替式（14-6）中的内半径R，等效壁厚$\hat{\delta}$代替该式中的壁厚δ。这样，非圆筒形结构物的装药量计算公式为

$$Q = K(K_2\hat{\delta})^{1.6}\hat{R}^{1.4} \tag{14-7}$$

式中：Q——装药量，kg；

K、K_2——符号意义同公式（14-6）；

$\hat{R}$——非圆筒形结构物的等效内半径，m；

$\hat{\delta}$——非圆筒形结构物的等效壁厚，m。

等效内半径和等效壁厚可以应用下面的公式计算

$$\hat{R}=\sqrt{\frac{S_R}{\pi}} \tag{14-8}$$

$$\hat{\delta}=\hat{R}\left[\sqrt{1+\frac{S_\delta}{S_R}}-1\right] \tag{14-9}$$

式中：S_R——通过药包中心的非圆筒形结构物内水平截面面积，m^2；

S_δ——通过药包中心的非圆筒形结构物周壁的水平截面面积，m^2。

二、水压爆破装药参数的确定

装药量确定好了以后，那么这些药量究竟分成几个药包好，这些药包装在什么位置和药包装在水面以下多深等参数确定得正确与否，同样会影响水压爆破的效果、碎块飞掷的距离以及水柱上冲的高度。

1. 药包个数

药包个数的确定主要取决于结构物的容积大小和形状。而结构物的形状对于异形结构物来说，往往是确定药包个数的主要考虑因素。

(1) 小容积结构物

这类结构物的容积一般小于25m^3，由于容积不大，壁薄和配筋少，若采用2号岩石硝铵炸药，装药量一般小于3.0kg，因此若结构物形状均匀时，采用一个药包为宜。

(2) 中等容积结构物

结构物的容积大于25m^3而小于100m^3时，如果采用2号岩石硝铵炸药，装药量一般为3.0～8.0kg，药包个数为1～2个。

(3) 大容积结构物

结构物的容积大于100m^3时，装药量一般超过8kg，装药个数可超过2个。实际应用时，应视具体情况而定。

2. 药包的位置

药包的位置取决于水压爆破时结构物四壁上阻力的分布情况、壁厚的变化、结构物的高径比，即结构物的高度与直径（或短边长）之比或长宽比以及结构物的形状。

当药包在容器式的结构物中进行水压爆破时，结构物内壁上所承受的荷载分布是不均匀的，最大荷载位于药包中心同一水平面上的各点，因为这些点的位置距离药包中心最近。随着距药包中心距离的增加，壁上各点上受到的爆炸荷载逐渐降低，到水面处荷载为零。从炸药爆炸时结构物内壁所产生阻力的分布情况来看，结构物内顶部的阻力最小，随着深度的增加阻力也增大，到达底板时，阻力达到最大。

根据水压爆破时荷载分布的规律和阻力的变化情况，可以针对下面 3 种情况来确定药包在结构物横截面中的安放位置：

(1) 对于截面形状规则（如圆形和方形）、壁厚相等的短筒形结构物，如果采用单药包时，药包应布置在结构物内水平截面的几何中心处，同时由于结构物底部的阻力最大，因此药包在垂直方向的位置应当稍微接近结构物的底部。

(2) 当结构物的壁厚不相同时，不能将药包安放在结构物截面的几何中心处。因为这样安放药包，爆破后壁厚较大的部位将得不到充分的破碎。为了使结构物得到较均匀的破碎，可采取以下3种措施：

1) 采用偏心药包。当截面形状规则而又采用单药包时，可将药包安放在偏离结构物内截面几何中心而靠近壁厚较大的地方。

2) 采用偏差药包。当结构物的截面为长方形，而两侧的壁厚不相等时，可将总药量分为大小不相等的2个或2个以上的药包，等距分布。大药包安放在壁厚的一侧，小药包安放在壁薄的一侧，这样布置的药包叫做偏差药包。

3) 当圆筒形结构物的高度与直径之比、或正方形筒形结构物的长（高）度与正方形边长之比大于1.5倍时，可采用分层药包。当矩形截面结构物的长短边之比大于1.5以上时，可采用分离药包。

3. 药包的入水深度

药包的入水深度是指从安放在水中的药包中心至水面的垂直距离。入水深度的确定需要考虑两方面的问题，一方面是当药包在水中爆炸时会发生水柱上冲和高压气体的逸出。若结构物的上空有高压电线通过时，水往上冲可能会造成电线短路而酿成事故，同时高压气体逸出会影响爆破效果。因此，入水深度不能太小。另一方面，当药包在结构物中进行水压爆破时，结构物底部的阻力最大，为了克服这部分阻力，药包应尽量接近结构物底部。

药包入水深度可参考下面经验公式进行计算

$$h=(0.6\sim0.7)H_s \tag{14-10}$$

式中：h——药包入水深度，m；

H_s——结构物内的注水深度，m；$H_s=0.9H$，H为结构物的净高度，m。

三、水压爆破的设计施工原则

为了使水压爆破能获得较好的效果，在设计施工时，应遵守以下一些原则：

(1) 设计前应调查容器式结构物是否具备采用水压爆破的条件。如注水后结构物会不会漏水，供水水源能否满足设计要求，周围环境允不允许采用水压爆破，是否能采取有效的补救措施等。

(2) 应仔细调查被爆破拆除对象的形状、容积、各部分结构的尺寸、材质及其强度、钢筋的尺寸及配筋情况、结构物的新旧程度和坚固程度以及施工对破碎程度的要求等。

(3) 实地观察拆除对象的位置、周围环境、附近建筑物和结构物距拆除对象的距离、坚固程度及对安全的要求、拆除对象的倾倒方向和碎碴的堆积场地等。

(4) 根据调查和了解到的数据和资料，绘制有关图纸，然后按结构物的形状、容积和壁厚是否均匀来拟定药包布置方案。对于形状规则、壁厚相同和容积不大的结构物，一般布置1个药包；对于形状极不规则、壁厚不等和容积较大的结构物，为了使整个结构物各部位受力均匀，可采取2个或2个以上的药包，或者采用偏心药包或偏差药包；对于高耸结构物可布置多层药包。

(5) 装药量可用本节介绍的公式计算，然后参照类似工程的实际资料慎重确定。

(6) 水压爆破应采用抗水性炸药，如水胶炸药、乳化油炸药、胶质炸药等。若工地缺少抗水性炸药，也可以采用非抗水性的2号岩石硝铵炸药、铵油炸药以及其它非抗水性炸药，使用这类炸药时，必须采取有效的防水措施，例如可以将炸药装入玻璃瓶内，然后密封瓶口，再用融化了的石蜡封好。

(7) 在注水以前，如发现结构物底板和四壁有渗水情况，应及时用防水材料涂抹，如结构物内有门窗或孔洞时，应事先封密好。对小型结构物可用钢板封闭，钢板与墙壁之间加一层胶皮垫层。钢板外侧加钢筋锚固，然后再堆码装有土的草袋，堆码的高度应超过门窗或孔洞的上缘高度；对于较大容积的结构物内的门窗应用砖石砌筑或混凝土浇灌，外侧仍需用装有砂土的草袋堆垒，以增加其坚固性。

(8) 为了防止飞石，爆破前应在结构物的四周外侧和顶板上覆盖轻质材质，如草帘、草袋、帆布和编织的胶带帘等，必要时也可在离结构物一定距离的四周，树立防护排架，上面挂上草袋或帆布等。如果结构物四周有重要建筑物需要加强防护时，可在结构物的四周或防护的一侧挖一定深度的防震沟，以减小震动对周围建筑物的影响。

第四节　水压爆破在城市构筑物拆除中的应用

在城市中，用爆破法拆除建筑物或构筑物时，由于建筑物鳞次栉比，人口稠密，要求爆破后不产生飞石，不产生过大的震动、空气冲击波和噪声。

凡是能盛水的建筑物和构筑物（如水塔、水池、贮油罐、贮气罐、烟囱、碉堡和密闭的楼房等等）都可采用水压爆破。这种爆破方法的施工非常简单，不需要打眼，只需将药包悬吊在充满水的建筑物或构筑物内，用电雷管或导爆管起爆即可。如图14-2所示，当药包起爆后，混凝土池子便会被水的压力所破碎。

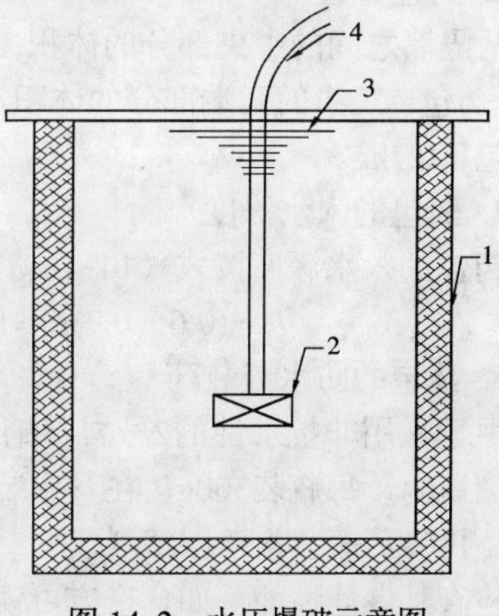

图 14-2　水压爆破示意图

1—待爆破拆除的混凝土水池；2—悬吊在水中的药包；3—池中的水面；4—电雷管的导线

水压爆破目前已被广泛用于容器式建筑物和构筑物的拆除，与常用的钻眼爆破方法相比，具有以下一些特点：

(1) 不需要钻眼，从而节省了钻眼的劳力、时间和费用，因此，施工简单，进度快；

(2) 由于水传递压力的效率高而且均匀，故炸药消耗量少，而且介质破碎均匀；

(3) 一次爆破的药包个数少，起爆网路简单；

(4) 安全性好。水压爆破后产生的震动、空气冲击波和噪声的强度都较小，飞石的距离近，同时炸药爆炸后产生的有毒气体和粉尘均被水溶解和湿润；

(5) 水压爆破的成本极低；

(6) 水压爆破要求使用的炸药和起爆器材具有较高的抗水性能，如无这方面的性能，则需采取良好的防水措施；

(7) 水压爆破需要消耗大量的水，特别是拆除大容积的建筑物时，对被拆除的建筑物的防漏要求高；

(8) 水压爆破后需要注意排水。

以下为某钢筋混凝土防空工事构筑物的水压爆破拆除实例。

1. 工程概况

防空工事为长9.28m、宽2.8m、高3.5m的钢筋混凝土结构，如图14-3所示。混凝土标号为200，顶盖厚1.0m，配有三层直径为16mm的钢筋网，容积为28.08m^3。工事顶部有3.0m高的平房一幢。总爆破量为92m^3，其中钢筋混凝土为69m^3，砖结构为23m^3。

工事的一端距主要街道只有5.0m，距周围建筑物的最小距离只有4～7m。

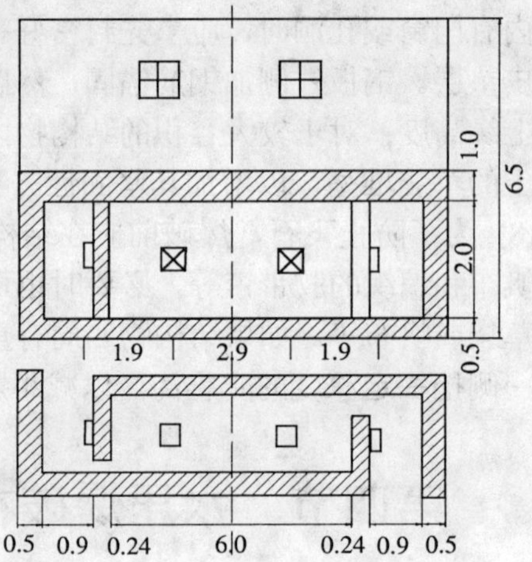

图 14-3　防空工事的结构尺寸

2. 药量计算

按式（14-3）计算装药量。

取$K_b = 0.8$，$K_c = 0.6$，$K_d = 0.9$，代入公式计算得：$Q = 0.8 \times 0.6 \times 0.9 \times 0.5 \times 9.28 \times 2.8 = 5.6$ kg，实际采用5.6kg的2号岩石硝铵炸药。

3. 药包布置

两隔墙之间的中央部分的体积占整个工事体积的3/4，因此配制4kg炸药，分成各重2.0kg的2个药包；工事的两端部分的体积占总体积的1/4，配制1.5kg炸药，分成2包，一包重0.8kg，另一包重0.7kg。

4. 药包的入水深度

药包的入水深度按式（14-10）计算得：

$$h = (0.6 \sim 0.7)H_s = 1.1\text{m}，H_s = 0.9H = 1.8\text{m}。$$

5. 药包的防水与装药

由于采用非抗水性的2号岩石硝铵炸药，因此对采取的防水措施要进行试验。将炸药装入玻璃瓶内，每瓶装500g，在其中装入两个并联的电雷管，然后用橡皮塞塞紧瓶口，用胶布密封，再将药瓶装入双层塑料袋并封闭。放入水深不小于1.0m的水池中，浸泡8～12h，然后取出检查其爆炸性能，如合格方可使用。因防空工事的顶盖厚1.0m，难以钻孔，故在封闭门洞之前，将防水药包预先固定在设计的位置上，通过小孔引出电线，封门以后，再从顶部的小孔中往工事里注水。

6. 封闭门洞与防护

采用两块厚12mm的钢板封闭门洞，并用直径16mm的钢筋分上、中、下3排锚固在墙壁上，钢板同混凝土壁面之间加一层橡皮垫层，以防漏水。考虑到门洞是爆破的薄弱环节，故在钢板的外侧堆垒砂袋，堆高为门洞高的1/3，门洞上部用2根圆木斜撑住钢板。

由于防空工事四周有建筑物，为了防震，在工事基础四周挖一条宽0.4m、深0.6m的防震沟。

7. 爆破效果及分析

爆破后，工事全部破坏，顶部平房坍塌。碎块飞散在3～5m的范围内。声响较小，无水柱上冲。周围建筑物安然无恙。工事上空的3根通讯线路完好无损。包括二次破碎在内，整个拆除工程总共用炸药22.4kg，炸药单耗为243g/m^3。

全部作业耗时60个工时，工效为1.53m/工•日。与用钻眼拆除爆破法相比，水压爆破每m^3的拆除成本降低了8.2元，工效提高了10倍。

此次拆除爆破不足之处是装药量偏低，爆破后的块度偏大（工事的两端尤甚），人工难以清除，尚需要进行二次爆破破碎。另外，因注水时漏水严重，拖延了起爆时间。起爆后，门洞堵塞物先被冲开，在一定程度上影响了爆破效果。

第五节　水压爆破在岩土和矿山工程中的应用

20世纪70年代末，国内外一些矿山开始将城市水压拆除爆破技术引入到矿山的采掘作业中，并取得了成功。在采掘作业中应用水压爆破，一般是将药包装入充水的炮孔内，药包与孔壁之间留有一定的间隙，水充满在这些间隙中使整个药包被水包围。

根据充水方式的不同，可以分为下列两种方法。

(1) 直接充水法

这种方法是先将水直接注入炮孔中，然后再将药包装入充水后的炮孔内。这种方法操作简单，适用于垂直向下或倾斜向下而不漏水的炮孔。

(2) 间接充水法

这种方法是先将水注入一定直径（比炮孔直径稍小）和长度的塑料管中，再将药包装入充满水的塑料管内，最后将装有药包的塑料管装入炮孔内。这种方法适用于水平、倾斜和垂直的炮孔或充水后漏水较严重的炮孔。

一、水压爆破破碎大块

20世纪80年代初，山东莱芜铁矿首先将水压爆破用于大块的二次破碎，成功地将飞石距离控制在50m以内。接着大冶铁矿、大宝山铁矿和湖田石灰石矿相继推广了这种技术，同样也获得了成功，为大块的二次破碎找到了一种安全有效的方法。

用水压爆破破碎大块时，首先在大块顶面的中心钻一个浅孔，然后将装有雷管的药包装入孔底，如图14-4所示。如果使用的炸药的密度小于1.0，可在药筒底部装入少量比重较大的矿石或岩石细粒或砂子，然后往炮孔中注水，一直注满，最后用电雷管或导爆管起爆。

大块二次破碎的效果主要取决于是否正确选取水压爆破的有关参数。

1. 不偶合系数K

在确定K值时，必须考虑岩块的物理力学性质和炸药的性能。如果岩块的可爆性较好且炸药的爆炸威力较大，则可选取较大的值，反之则取较小的值。根据一些矿山的实践经验，K值在2.0～2.5之间都可取得满意的效果。

2. 最小抵抗线W

破碎大块时，一般都是多面临空，爆破条件比较好。在确定最小抵抗线时，除了考虑岩石性质和炸药的威力以外，更主要还是应考虑大块的形状和尺寸。根据经验，1个炮孔的最小抵抗线最好不超过0.8m，如果大块的尺寸太大时，可根据具体情况布置2个或2个以上的炮眼。

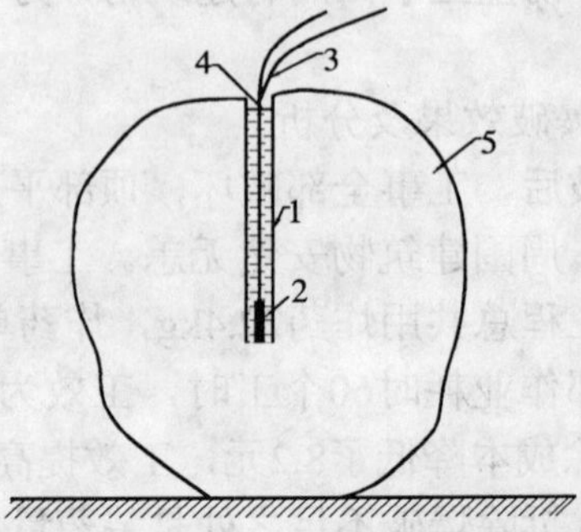

图 14-4 水压爆破破碎大块示意图

1—炮眼；2—药包；3—脚线；4—水面；5—大块岩石

3. 炮眼深度L

确定炮眼深度时，应当考虑最小抵抗线的大小和大块的高度。一般来说，最小抵抗线应当比炮眼深度小或者接近于炮眼深度。若最小抵抗线大于炮眼深度，则容易在炮眼口产生爆破漏斗效应，不但影响了破碎效果，而且从眼口会喷出岩屑。

炮眼深度还与大块的高度密切相关，一般来说，炮眼深度应当大于大块高度的一半。若小于此值，则眼底以下的那部分岩石破碎不了。因此，炮眼深度应为

$$L=(0.6\sim0.8)H \tag{14-11}$$

式中：L——炮眼深度，m；

H——大块的高度，m。

4. 装药量

装药量的大小目前尚没有一个精确的公式来计算，但是可以根据一些矿山使用水压爆破所获得的炸药单耗，用类比法来确定。

表14-2收集了国内某些矿山在使用水压爆破破碎大块时采用的参数和爆破后获得的炸

表14-2 一些矿山采用的水压爆破参数

矿山名称	岩石名称	炸药类型	炮孔直径(mm)	药包直径(mm)	不偶合系数	炸药单耗(g/m^3)
莱芜铁矿	磁铁矿、闪长岩	2号岩石硝铵	70	28	2.5	31～50
仓上金矿	花岗岩	乳化油	100	40	2.5	51
大冶铁矿	大理石、闪长岩、磁铁矿	乳化油	40～45	18	2.2～2.5	14～29
大宝山铁矿	矽化灰岩、长英质角岩、褐铁矿	乳化油	50	25～30	1.7～2.0	45～60
湖田石灰石矿	石灰岩	铵松蜡	40～42	20	2.0～2.1	15～26

药单耗，可供设计时参考。

二、隧道掘进水压爆破

隧道掘进中，由于炮眼的方向大多是水平的或微倾斜的，若往这些炮眼中直接注水，水会很快流失掉，因此不具备水压爆破的条件。为了解决这个问题，日本人成功地创造了AB法和ABS法，将其应用到隧道掘进中。实践证明，这种方法对开挖软弱或破碎性岩层中的隧道具有特别价值，对促进新奥法的推广，起到了促进作用。

1. 原理

这种方法的原理是用白铁皮或聚氯乙烯塑料做成直径为30～35mm、长0.5～2.0m的中空圆筒形药管，叫做AB管。装药时，首先将一个装有雷管的起爆药包和若干个普通药包一起装入管内，随后往管中注满水再盖上帽盖，最后用乙烯绝缘带密封好，以防止漏水。如果仅将AB管装入炮眼内，爆破后岩石的破裂没有方向性。如果在AB管的轴向装入两块金属凹面反射板A，如图14-5所示，再在凹面板槽中装置两条炸药包B，在其余空隙的部分全部充满水，这种管子叫做ABS管。管子的直径一般为35mm，反射板的厚度为1.0mm，曲率半径为12～15mm。若将ABS管装入炮眼中，则爆破后岩石将产生定向破裂。定向水压爆破除了利用水的不可压缩的原理以外，其定向作用还利用聚能效应，炸药爆炸瞬间，入射到反射凹面板上的冲击波，经过反射后都聚集在它的中心线bb上，使沿中心线bb方向的破裂作用得到加强。

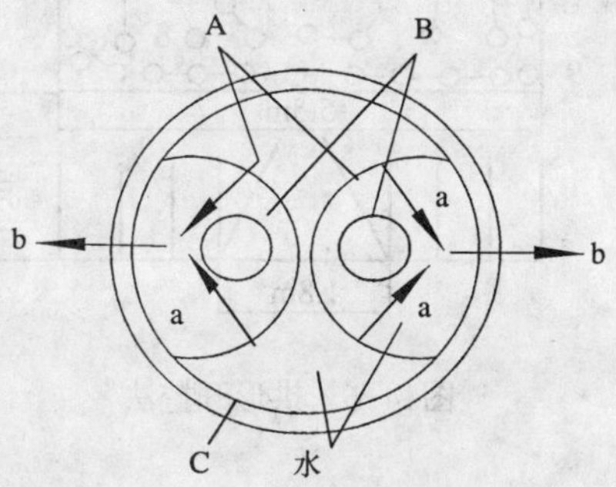

图14-5 ABS法的定向原理

A—反射凹面板；B—药包；C—聚氯乙烯或白铁皮AB管

a—反射波；b—合成波

2. ABS法的应用

日本和香港在掘进地下隧道时已成功地采用了ABS法。将ABS法与线形开挖方式结合起来，取得了极其明显的效果。图14-6是过去在掘进隧道时广泛采用的拱形开挖的爆破方式，即同段起爆的炮眼排列成一个拱形。很明显，这种开挖爆破方式属于对抗圆拱作用的压缩爆破，是一种不合理的岩石破坏机制。因此，对这种开挖爆破方式来说，装药过量是产生强烈震动、扰动围岩和造成大量超挖的主要原因。

若采用线形开挖的爆破方式，如图14-7所示，可以改变拱形开挖爆破方式的不合理性。线形开挖爆破方式的合理性在于能形成台阶式的工作面，这种工作面的爆破破坏方式属于拉应力破坏机制。采用这种方式开挖时，首先在掘进工作面的掏槽部位，用ABS爆破法形成预裂缝。在各段炮眼中都装入AB管，因此，大大提高了爆破效果。在隧道的周边眼中装入ABS管，采用定向水压光面爆破法，以减小对围岩的扰动。

根据日本和香港应用ABS法线形开挖爆破方式掘进隧道的经验，这种方法具有以下一些优点：

(1) 炮眼布置简单，最小抵抗线和眼间距大小均匀；

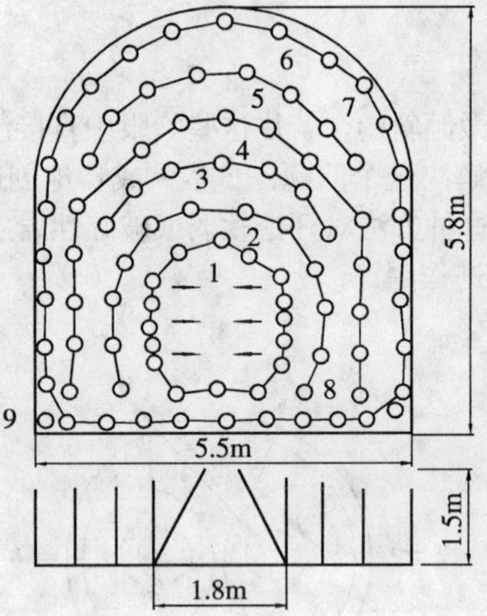

图14-6　拱形开挖法

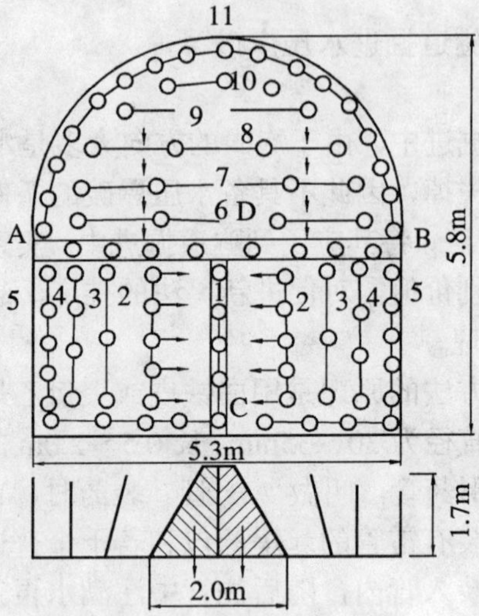

图14-7　线形开挖法

(2) 炸药消耗量比普通爆破法几乎降低了一半；

(3) 对围岩扰动小、超挖小、浮石少，大大提高了掘进作业的安全性；

(4) 经济效益显著，采用ABS法时，虽然增加了一些制作AB管和ABS管的费用，但是由于大大降低了炸药的消耗量，减少了超挖，总的费用仍然比普通爆破法要低得多；

(5) 爆破震动小，ABS法产生的爆破震动强度只有普通爆破法的1/3。

思考题

1. 什么叫水压爆破，有哪些优越性？
2. 试述水压爆破的作用原理。
3. 列举水压爆破药量计算公式并说明其适用条件。
4. 水压爆破的装药参数有哪些，应如何确定？
5. 试述水压爆破的适用范围及施工时的注意事项。

第十五章　爆破安全技术

第一节　爆破安全与爆破安全规程

一、爆破安全的重要性和爆破工作中的隐患

1. 爆破安全的重要性

生产必须安全是对一切国民经济建设部门的要求。而爆破工程的安全更为重要，这是基于下述原因：

(1) 爆破工作是矿山开采和土石方开挖工程中不可缺少的环节，不仅使用炸药数量多，而且操作次数频繁，因而从心理因素和概率统计来看，都是有出现事故的可能的；

(2) 爆破工程材料多为危险品，不但易出不测，而且一旦发生意外事故，其后果十分严重且难以弥补；

(3) 科学技术发展迅速，爆破器材和爆破方法的更新较快，若不及时更新知识、掌握新方法，就会有盲目性；

(4) 虽然爆破理论发展很快，但许多问题尚不成熟，还停留在机理和经验相结合的阶段，尤其对新工人和经验不足的人员，有进一步学习的问题；

(5) 从国内外爆破实践统计来看，仍有一定数量的不应发生的爆破事故发生，这往往给生产带来一定的危害，亟待克服。

总之，从经济意义和政治影响两个方面考虑，爆破安全都有着极其重要的意义，必须认真重视。

此外，绝不能将安全工作单纯看作是管理工作，它还是一项重要的技术工作。例如杂电预防、地震效应监测、安全距离的设计等，都有很强的技术性和科研性。

爆破安全工作是完全可以做好的。许多工程实践经验证明，只要思想上重视，认真贯彻执行爆破安全规程，加强人员培训，努力学习和掌握有关的技术，事故是完全可以避免的。

2. 爆破工作的隐患

通过长期的生产实践经验和教训总结可以看出，爆破工程中的隐患主要表现在下列几个方面：

(1)起爆器材加工不正确，保管不善，使用不当。

近年来仍有某些炸药加工厂和炸药库出现起火和爆炸等事故，其原因是没有执行有关的规定，或因经验不足，在非爆破场地使用爆破器材所致。

(2) 凭片面的经验主义，冒险、违章进行爆破作业。

例如：不贯彻双人作业制度、不执行一次点火规定、打残眼或看回头炮、不设禁区警戒信号等现象较为普遍。

(3) 不愿认真学习，不熟悉、不了解新工艺、新器材和新操作方法。

工作有盲目性，对已发生过的事故未及时认真地分析原因和采取预防措施。一些工程对

杂、静电危害以及某些高温、早爆等事故还未摆脱盲目性。

(4) 不按客观规律办事，图省事，怕麻烦，明知不能违章，却存有侥幸心理。

不少工程处理拒爆时均因此而导致爆破事故。不严格执行安全距离规定和乱丢爆破器材的现象，也是怕麻烦思想引起的。

(5) 由于管理和使用上的麻痹，使个别坏人得以利用爆破器材进行破坏活动。

表 15-1 为我国冶金矿山 20 世纪 70 年代初至 80 年代初爆破事故的原因统计，具有一定的代表性。从表中可知，绝大多数事故是违反规程所致；还有一个重要原因就是学习不够，未掌握必要的爆破安全知识。

表 15-2 为日本矿山爆破事故的原因统计，其原因与我国大同小异。

表 15-1 1973～1981 年我国爆破事故 100 例统计

序号	爆破事故原因分类	发生次数	百分比（%）
1	炮烟中毒或爆后过早进入工作面	26	26
2	导火索质量不好，点火方法不合要求	34	34
3	盲炮处理不当，打残眼	13	13
4	警戒不严，信号不明，安全距离不够	10	10
5	电气爆破事故	1	1
6	处理炸药雷管不当	4	4
7	飞石事故	4	4
8	气体爆燃、爆炸事故	3	3
9	硫化矿炸药自爆事故	2	2
10	其它爆破事故	3	3

表 15-2 日本矿山 70 年代爆破事故原因统计

爆破事故原因	所占百分比（%）
打残眼	30
露天爆破飞石伤人	27
点火迟延、时间拖长	19
电气爆破事故	14
药包早爆	6
炸药处理不当	4

分析上述安全隐患的原因，可以看出，爆破工程中，只要严格执行国家标准局颁布的《中华人民共和国爆破安全规程》（GB6722-86），认真贯彻安全生产工作方针，努力学习安全技术知识，抓好安全教育和安全管理，就可以保证爆破工作的安全。即使存在一些爆破器材质量等问题，只要加强检测，事故也是可以防止的。

二、爆破安全规程的意义和基本内容

国家为了保障生产的安全和工人的人身安全，对各类生产部门都分别规定了安全操作规程。爆破技术广泛应用于大多数工程部门，因而国家标准局于 1986 年颁布了《中华人民共和国爆破安全规程》（GB6722-86），这标志着国家以规程形式规定了必须对工人生命和国家财产进行有效的保护。《中华人民共和国爆破安全规程》是在原有各工业部门长期执行本系统规程的经验教训的基础上编写的。作为爆破施工技术人员，应当认真学习、充分理解和坚决贯彻执行该爆破安全规程。

1. 爆破安全规程的意义

(1) 除了军事爆破工程以外，《中华人民共和国爆破安全规程》（GB6722-86）是一切从事爆破工程的部门和工作人员必须执行的，它贯彻了国家的安全生产方针，又是针对目前生产条件的、具有法律性质的行政文件，不允许任何部门或个人违反规程的内容。

(2) 规程是上级领导机构和安全机关检查爆破安全工作的依据，也是爆破工作人员应当自觉遵守的准则。

(3) 规程有时间性，应当定期组织有关部门修订，修订前必须按本规程执行，原则上应执行最新规程，以便适应技术的发展。执行规程的过程是维护规章制度和遵守纪律、克服自由主义和无政府状态的过程。

(4) 规程是爆破工作的重要技术依据，也是一个技术性很强的文件，其条文不仅以经验教训作为依据，而且有充分的科学根据。因此，只有认真学会、弄懂才能真正严格执行。

(5) 规程的基本原则不能变，但具体条文也不是绝对死板的。个别部门对个别的具体条文可能出现执行不通或执行有困难的现象。此时应在不违反原则的前提下经过上级部门的批准之后，有条件地补充制订“补充规定”。例如，由于地形条件的限制，有的炸药厂、库房可能达不到规程的要求，则应专门制订设计和说明书，报请上级有关部门审批后再执行。

2. 爆破安全规程的主要内容

《中华人民共和国爆破安全规程》（GB6722-86）主要包括以下几个方面的内容：

(1) 关于管理制度和职责范围

规程的第一、二部分规定了爆破工作的管理制度、职责范围以及爆破作业的基本规定。

(2) 关于起爆器材和起爆方法的规定

规程的第三部分对导火索、导爆索、导爆管及电力等起爆法的主要操作安全技术事项作了规定。

(3) 关于爆破方法的详尽规定

规程的第四、五、六、七部分分别对地下爆破、露天爆破、水下爆破和其它爆破中应遵守的安全技术细节作了详尽规定。

(4) 关于安全距离和防护距离的规定

规程的第八部分对地震、冲击波、飞石的危害作了安全距离的规定，同时对库房间殉爆安全距离和射频电源及高压电网防护距离也作了规定。

(5) 关于爆破器材的保管、运输、检验、销毁方面的规定

规程的第九、十、十一部分分别对爆破器材的各种处理过程作了规定；第十二部分还对

变质炸药的再加工作了规定。

必须指出，爆破工程中潜在着许多不安全的因素，为了保证爆破作业能安全地进行，除了在作业时要遵守爆破安全规程中的有关规定外，还必须懂得和掌握有关爆破安全技术。例如，采用电雷管起爆时如何防止外来电流引起的电雷管的早爆、在大规模爆破时如何防止地震波、空气冲击波和飞石等。只有懂得了这些不安全因素产生的原因和应当采取的预防措施，才能做到防患于未然。

第二节　外来电流的预防

凡一切与专用起爆电流无关而流入电雷管或电爆网路中的电流都叫外来电流。当这种外来电流的强度达到某一值时就可能引起电雷管的早爆。因此，为了保证爆破作业的安全，在进行电爆作业时必须把外来电流的强度控制在允许的安全界限内（即低于爆破安全规程中所规定的安全电流）。

在爆破工地可能遇到的外来电流主要包括：

(1) 由雷电引起的闪电和静电；

(2) 由于电气设备绝缘不好和接地不当而引起的大地杂散电流；

(3) 由发射机发射的高频射频电；

(4) 由交变电磁场引起的感应电流；

(5) 由用压气输送炸药颗粒所引起的静电。

一、雷电

雷电是日常生活中最常见的一种现象。雷电的形成起源于云层中的巨量电荷，这种带有巨量电荷的云层称为“雷雨云”。当巨量电荷积累到一定强度时，在雷雨云和地面之间就会产生强烈的放电现象。

雷电的特点是放电时间非常短促，能量集中，放电时的电流可高达几万到几十万安培，温度高达 2 万℃，能将空气烧得白炽。如果雷电直接击中爆区，那么起爆网路中的全部炮孔或部分炮孔就可能引起早爆，即使远离雷击点的爆区，由于闪电产生的强大电流，也可能对地下或露天爆区的起爆系统带来引爆的危险。

多次雷击区引爆事故的统计分析表明，雷电引爆往往是发生在整个爆区，而不是发生在个别炮孔。在探讨雷电引爆的物理过程时，必须注意到这一点。同时还应注意到雷电往往不是直接击中电爆网路，而多数是间接引爆。此外，电爆网路母线端头短接与否以及是否用绝缘胶布包裹对雷电来说都无关紧要。

关于雷电引爆的物理过程，说法众多，归纳起来，主要有以下几种。

(1) 直接击中爆区，也就是雷电对爆区起爆网路直接放电，或对爆区地面放电，从而将药包直接引爆。这种过程不管是采用电力起爆网路还是非电力网路，都能直接引起药包的早爆。

(2) 雷雨云在爆区附近的上空运动，使得爆区内的电场强度急速变化，从而引起电爆网路中的电荷位移而形成电流。当电流达到电雷管的点燃起始能时，就能使网路引爆。

(3) 电雷管导线的绝缘能力低，易被高压电击穿。在被击穿的瞬间，网路与大地之间有电流通过，从而将雷管引爆。

(4) 由于云层间放电或云地间放电，使电场源的电量突变，由此引起电场强度突变，从而引爆网路。

以上 4 种情况都有可能发生，但是根据雷击事故的统计分析，前两种情况发生的几率较小，后两者发生的几率较大。

雷电引起的早爆事故均有雷击出现。在雷击之前，都会有雷雨来临的征兆，这种征兆可以用雷电报警器来进行预报。当爆区内的报警器发出预报和警报后，爆区内的一切人员要立即撤离危险区。撤离前要将电爆网路的导线与地绝缘，但不要将电爆网路连接成闭合回路。除了采用雷电报警器以外，还可以采取以下一些措施来预防雷电所引起的早爆。

(1) 及时收听当地的天气预报，同时要用宏观的方法观察气象变化，在雷雨季节进行露天爆破时宜采用非电起爆系统，不要采用电力起爆系统。

(2) 在露天爆区不得不采用电力起爆系统时，应在爆区内设立避雷针系统。

(3) 如正在装药连线时出现了雷电，应立即停止作业，将全体人员撤离到安全地点。不要依靠短路或加强绝缘来防止早爆，因为雷击时的电压高到足以将导线的绝缘击穿，短路和绝缘不能完全消除危险。

(4) 在雷电来临之前，宜将一切通往爆区的导体（如电线和金属管道）暂时切断，以防止电流流入爆区。

(5) 应缩短爆破作业时间，争取在雷电来临之前起爆。

二、杂散电流

凡流散在大地中的电流统称为杂散电流。杂散电流形成的主要原因是电源（如电池、发电机或变压器等）输出的电流，经动力线路输入到各种用电设备以后，总会要利用一切可能的通道返回电源。这些通道包括：①与大地绝缘的专用导体、电线和电缆；②与大地不绝缘的导体，如运输用的铁轨；③大地本身。如果用电设备和电源之间的回路被破坏或切断，那么电流就得利用大地作为回路，从而产生强度很大的大地电流，即杂散电流。在一切采用架线式电机车运输的地方都使用铁轨做回路，如果铁轨与大地之间的绝缘不好，就有一部分电流流入大地中而形成杂散电流。此外，电气设备和导线绝缘破坏所产生的漏电也是杂散电流产生的另一个原因。

一般来说，在均质的同类岩层中，无论是交流电还是直流电产生的杂散电流，很少具有引爆电雷管的能力。这是因为通常情况下岩层的电阻很高，彼此靠近的两点间的电位差很小。但是当电雷管的脚线或电爆网路的导线与个别导电的地层、铁轨、金属管道或其它任何导体接触时，就有可能出现危险性很大的杂散电流。

采取一定的预防措施，可以防止杂散电流引起电爆网路中的电雷管早爆。

(1) 减少杂散电流的来源

1) 改变运输方式，采用无轨运输方式。如蓄电池机车、电缆机车和内燃机无轨运输，都能降低或消除杂散电流。

2) 降低架线式电机车牵引网路的总电阻，即降低铁轨接头的电阻。如在两根铁轨接头处焊上一根铜导线，使回馈电流尽量沿铁轨返回电源，不流散到大地中去。此外，加强架空线连接点的绝缘，避免电流的漏损，都可以起到减少杂散电流的作用。

3) 采用绝缘通道或疏干巷道的办法，增加铁轨和大地之间的过渡电阻，减少泄漏电流。

4) 电源变压器中心点不接地，取消单相接地和两相一地供电制度，防止电流流入大地。

5) 在进行大规模爆破时，采取局部停电或全部停电。

6) 防止将硝铵类炸药撒在潮湿的地面上。

(2) 采用能防杂散电流的电爆网路

例如在电爆网路与电源主线的连接处，接入一个能降低电压的元件（如氖灯、电容、二极管、互感器、继电器和非线性电阻等），这些元件的特点是，低电压时能阻止交流或直流电流入电爆网路，但高压时能在瞬间将强大电流输入电爆网路，以达到起爆的目的。

(3) 采用抗杂散电流的电雷管

国产无桥丝抗杂毫秒电雷管和低电阻大电流的电雷管，具有 5.0V 的安全电压和 2.8A 的安全电流，能满足一般工程爆破的需要。

(4) 采用非电起爆系统

例如采用塑料导爆管等非电起爆系统。

三、静电

众所周知，在两个物体互相摩擦和接触过程中，位于接触面上的电子会从一个物体上转移到另一个物体上，得到电子的物体就带负电，失去电子的物体就带正电。当这种静电荷积累到一定程度时，就可能产生静电放电，当放电的电流强度达到一定值时，就可能引起电雷管的早爆。造成静电荷积累的原因主要有：

(1) 由雷电在大气中产生的静电；

(2) 由尘暴和雪暴引起的静电；

(3) 由机械运转产生的静电；

(4) 由操作人员穿的化纤或其它绝缘的工作服的相互摩擦所产生的静电；

(5) 由压气装药系统所产生的静电。

对于爆破作业来说，后两种原因所产生的静电对爆破作业的潜在危险性较大。

爆破作业中最常见的静电早爆事故主要是由操作人员穿的化纤或其它绝缘的工作服的相互摩擦所产生的静电和压气装药系统所产生的静电引起的。

采用压气输送散粒炸药进行装药时，炸药颗粒与颗粒之间、炸药颗粒与输药管壁之间的互相摩擦会产生少量的静电荷，如果这种静电荷不及时导走而让其积累起来，那么当这种静电荷积累到一定程度时，便会产生突然放电，形成足够的能量引起电雷管或炸药粉尘的爆炸。实验室试验业已证明，压气装药在输药过程中积累起来的静电电压高达 3 万伏，有时甚至达到 5 万伏。在压气装药过程中，能够积累电荷的部位有 3 处：①操作者身上；②装药器及其附属设备上；③炮孔内和电雷管的脚线上。假若这 3 个部位都与大地绝缘，那么静电荷就不能泄漏到大地中去，而产生积累，当电荷积累到危险程度时就能突然放电而引起电雷管和炸药粉尘的爆炸。

人体穿着的各层衣服的相互摩擦是产生静电的另一个重要原因，特别是两种不同质料的衣服的互相摩擦更容易产生静电荷。根据美国海军武器研究所的测试资料，在相对湿度为 50%、穿有尼龙内衣和羊毛衣且摩擦面积为 $1m^2$、人体电容为 200μμF 的条件下，可以产生 2 057V 的电压。日本人测出穿腈纶裤的女工，行走时的电压为 4 万伏。人体的带电能量可达 0.1mJ，而衣服之间的摩擦产生的静电能量可达 13mJ。后者对电雷管引爆的危险性较大。根据美国的一项研究，井下穿着塑料雨衣的矿工行走时所产生的静电电压足以引爆普通型电雷管。

试验证明，对于压气装药，静电的积累与多种因素有关。

(1) 空气中的相对湿度

相对湿度愈小，静电电荷的积累愈多，静电电压愈高；反之，相对湿度增加时，一方面使炸药本身的静电产生量减小，另一方面炸药颗粒表面部分溶解，黏附在输药软管壁上，增加了导电性，加速了静电的泄漏，降低了静电电压。

(2) 喷药速度

喷药速度增大，静电电压升高。当喷药速度为 5.0m/s 时，管壁表面会产生静电荷，喷药速度达到 20m/s 时，可能产生火花。另外药粒越细，也越容易产生静电电荷。

(3) 输药管的材质

输药管的材质不同，产生的静电电压差别很大。采用绝缘性好的胶皮管，容易产生静电积累。

(4) 岩石的导电性

炮孔孔壁表面岩石的导电性能好，而且潮湿时，则在喷药过程中产生的静电电荷很容易泄漏到大地中，静电荷不容易积累。

(5) 装药器及其附属设备的导电性

装药器系统对大地的电阻越高，电荷越不容易泄漏，电压越高，静电危险性越大。

人体的静电主要取决于衣服的导电性，如果衣服本身的导电性差，则静电易于积累。

针对以上静电积累的原因，可以采取以下措施：

(1) 采用半导体的输药软管，这种软管在装药时，作为向大地排泄静电荷的通路，必须具有两个特点：一是具有足够的电阻，以防止杂散电流流入电爆网路内，从而引起电雷管的早爆；二是具有足够的导电性，以保证将装药过程中所产生的静电荷迅速排泄到大地中去。

因此，输药软管的电阻不得小于 1 万欧姆，不得大于 50 万欧姆。

(2) 应采用金属装药器和金属附属设备，以保证装药系统与大地之间具有一条电的通路。只要将这些设备安放在潮湿或导电的岩石上就足以满足接地的要求。如果附上一根金属链条接地就更为可靠了。

(3) 为了将炮孔中积累在炸药颗粒上的静电通过炮孔壁排泄到大地中去，在炮孔中严禁采用非导电的炮孔套管。

(4) 采用抗静电的电雷管。

(5) 爆破现场的操作人员不宜穿化纤、毛与化纤混纺的衣服，特别是不要将毛衣与化纤衣服重叠穿着。

四、射频电

随着无线电工业的日益发展，空中布满了各种频率的电磁波。如果在射频电场中存在着接收天线，那么就会接收到这种电磁波。没有屏蔽的电雷管和电爆网路，如果处于无线电广播电台、雷达和电视台发射的强大射频电场内，那么无论是短路或开路，也无论是否连接到电路中，都起着接收天线的作用。这种天线在射频电场中会感应和吸收电能，如果这种电能超过了安全上的允许值，就可能引起电雷管的早爆。

对射频电的预防可采取以下措施：

(1) 确定合理的安全距离。如果爆区附近有无线电发射机或发射台时，必须调查发射机的类型、功率和离爆区的距离。如果两者距离在有关规定所规定的最小安全距离以内，则应放弃电起爆而改用非电起爆系统。

(2) 如在工地运输电雷管而采用配有无线电发射机的交通工具时，应采取两条安全措施：一是应当把电雷管装在密闭的金属箱内，此金属箱应符合当地运输电雷管的有关规定；二是在把电雷管从金属箱中取出或放入时应关闭发射机。

(3) 应查明在爆区附近是否有定向雷达发射天线（在长距离范围内能发射很强射线）存在，如果存在，应明确在此条件下能否安全地进行电力爆破。

(4) 电爆网路的主线应采用双股绞线或相互平行且尽量靠拢的单股线。导线应当布置在地面上。

五、化学电

当不同的金属浸入电解质（如潮湿的地面或导电的炸药）内时，可以产生化学电。例如人们曾设计出一种铝质炮棍来代替地震勘探中比较笨重的木质炮棍，曾经发生过两次早爆事故。分析其原因是炮孔中的铝套管和碱性钻孔泥浆形成的电池效应引起的。显然，金属炮棍、金属套管和任何导电的物体都不应当进入装有电雷管的炮孔内。

第三节　爆破地震效应的预防

一、概述

众所周知，当药包在岩体中爆炸时，临近药包周围的岩石会产生压碎圈和裂隙圈。当应力波通过裂隙圈后，由于其强度迅速衰减，再也不能引起岩石的破裂而只能引起岩石质点产生弹性震动，这种弹性震动以弹性波的形式向外传播，造成地面的震动，所以这种弹性波又叫地震波。

由爆破引起的震动，常常造成爆源附近的地面以及地面上的物体产生颠簸和摇晃，由爆破所引起的这种现象及后果，叫做爆破的地震效应。当爆破震动达到一定强度时，可以造成爆区周围建筑物和构筑物的破坏、露天边坡的滑落以及井下巷道的片邦和冒顶。

二、爆破震动强度和安全参数的估算

表示爆破地震破坏强弱程度的指标叫做震动强度或震动烈度。地震烈度可以用地面运动的物理量来表示，如质点的震动速度、位移、加速度和震动频率等。但是，对爆破震动来说，用质点震动速度来表示震动强度比较合理。

根据大量实测资料，质点的震动速度与一次爆破的装药量大小、测点到爆源的距离、地形条件和爆破方法等因素有关，可用下式表示

$$V = K\left(\frac{Q^m}{R}\right)^{\alpha} \tag{15-1}$$

式中：V——质点震动速度，cm/s；

Q——装药量（齐发爆破时为总装药量，延发爆破时为最大一段装药量），kg；

R——测点至爆破中心的距离，m；

m——装药量指数（国内多采用 1/3，西方国家对深孔柱状药包采用 1/2，对硐室集中药包采用 1/3）；

K——与爆破场地条件有关的系数；

α——与地质条件有关的系数。

K、α 值可以在现场通过小型爆破试验确定，也可以参照类似条件下的爆破实测数据选取。

在爆破设计中，为了避免爆破震动对周围建筑物产生破坏，必须计算爆破震动的危险半径。如果建筑物位于危险半径以内，那么需要将建筑物拆迁；如果建筑物不允许拆迁，则需要减少一次爆破的装药量，控制一次爆破的规模。因此，爆破设计时需要计算一次爆破允许的安全装药量。

爆破震动的安全距离可按下式计算

$$R_{安全} = \left(\frac{K}{V_{安全}}\right)^{1/\alpha} \cdot Q^m \tag{15-2}$$

一次爆破允许的安全装药量可按下列公式计算

$$Q_{安全} = R^{1/m}\left(\frac{V_{安全}}{K}\right)^{1/\alpha \cdot m} \tag{15-3}$$

式中：$R_{安全}$——爆破震动安全距离，m；

$Q_{安全}$——一次爆破允许的安全装药量，kg；

$V_{安全}$——安全上允许的震动速度，cm/s。

式中其它符号的意义同前。

三、爆破震动的破坏判据和降低爆破震动的措施

爆破震动常常会引起爆区附近的建筑物和构筑物的破坏，特别是露天爆破。目前在判断爆破震动强度对建筑物和构筑物的影响时，都用上述质点的震动速度作为判据。在一些国家的公共法和爆破安全规程中都对各类建筑物和构筑物允许的质点震动速度作了明确的规定。

由于爆破震动引起建筑物或构筑物的破坏所牵涉到的因素很多，诸如地基的性质、建筑物所采用的材料、建筑物的结构、建筑物的新旧程度和施工质量等。

我国根据国内外测震所积累的资料，在爆破安全规程中对各类建筑物和构筑物所允许的

安全震动速度作了规定，参见第十二章“硐室爆破”的有关内容。

为了减小爆破震动对爆区周围建筑物的影响，可以采取以下一些措施：

(1) 大力推广多段微差起爆，分段越多，爆破震动越小。

(2) 合理选取微差起爆的间隔时间和起爆方案，保证爆破后的岩石能得到充分松动，消除夹制爆破的条件。

(3) 合理选取爆破参数和单位炸药消耗量。单位炸药消耗量过高会产生强烈的震动和空气冲击波；单位炸药消耗量过低则会造成岩石的破碎和松动不良，大部分能量消耗在震动上。因此，应通过现场试验来确定合理的爆破参数和单位炸药消耗量。

(4) 为了防止爆破震动破坏露天边坡，应积极推广预裂爆破。在进行预裂爆破时，为防止预裂爆破造成过大的震动，应采用分段微差起爆，尽量减少每个分段同时起爆的炮孔数目。

(5) 在露天深孔爆破中，防止采用过大的超深，过大的超深会增加爆破的震动。

第四节　爆炸空气冲击波的预防

炸药爆炸所产生的空气冲击波是一种在空气中传播的压缩波。这种冲击波是由于裸露在空气中的药包爆炸所产生的高压气体冲击压缩药包周围的空气而形成的，或者是由于装填在炮眼、深孔和药室中的药包爆炸所产生的高压气体通过岩体中的裂缝或孔口泄漏到大气中，冲击压缩周围的空气而形成的。这种空气冲击波具有比自由空气高得多的压力，常常会造成爆区附近建筑物的破坏、人类器官的损伤和心理反应。

进行大规模爆破时，特别是在井下进行大规模爆破时，强烈的爆炸空气冲击波在一定距离内可以摧毁设备、管道、建筑物、构筑物和井巷中的支架等，有时还会造成人员的伤亡和采空区顶板的冒落。人员承受空气冲击波的允许超压不应当大于 5×10^3Pa。井下爆破时，除了爆炸空气冲击波能伤害人员外，在它后面的气流也会对人员造成损伤，例如当超压值为（0.3～0.4）$\times10^3$Pa、气流速度达 60～80m/s 时，人员是无法抵御的，再加上气流中往往夹杂着碎石和木块等物体，更加重了对人体的损伤。露天台阶爆破时，空气冲击波容易衰减，波强较弱，它对人员的伤害主要表现在听觉上。

在爆破设计和施工时，为了防止爆炸空气冲击波对在掩体内避炮的作业人员的伤害，露天爆破时其安全距离可按下式来确定。

$$R_{安全}=25\cdot\sqrt[3]{Q} \tag{15-4}$$

式中：$R_{安全}$——空气冲击波对掩体内人员的最小安全距离，m；

Q——一次爆破的炸药量（延期起爆时按最大一段药量计，齐发起爆时按总药量计），kg。

爆炸空气冲击波的危害范围受地形因素的影响。例如在峡谷地形中爆破时，沿沟的纵深或沟的出口方向，安全距离应增大 50%～100%；在山坡一侧进行爆破时，对山后的影响很小，在有利的地形条件下，安全距离可减小 30%～70%。

井下深孔爆破时，空气冲击波危害范围的确定要比露天爆破复杂得多，不能采用上述公式计算安全距离。此时应当考虑爆破时爆炸能量转化为空气冲击波能量的百分比、空气冲击波传播途中的条件（如巷道类型、巷道间连接的特征和巷道的阻力等等）和允许的超压值的大小。在规模较大的爆破中必须通过现场观测试验来确定。

为了减少爆炸空气冲击波的破坏作用，可以从两方面采取有效措施：一是防止产生强烈的空气冲击波。如合理确定爆破参数、避免采用过大的最小抵抗线、防止产生冲天炮、选择合理的微差起爆方法和微差时间间隔、保证岩石能充分松动、消除夹制爆破条件、保证堵塞质量和采用反向起爆、防止高压气体从炮孔口冲出等措施，都能有效地防止产生强烈的空气冲击波；二是利用各种条件来削弱已经产生了的空气冲击波。例如，井下爆破时，为了削弱空气冲击波的强度，在其流经的巷道中可以使用各种材料（如混凝土、木材、石块、金属、砂袋或充水袋）砌筑成各种阻波墙。

第五节　飞石和有毒气体的预防

一、飞石的预防

在露天进行爆破时，特别是进行抛掷爆破和用裸露药包或炮眼进行大块破碎时，个别岩块可能飞散得很远，常常造成人员、牲畜的死亡和建筑物的损坏。根据矿山爆破事故的有关统计，露天爆破飞石伤人事故占整个事故的27%。个别飞石的飞散距离与爆破方法、爆破参数（特别是最小抵抗线的大小）、堵塞长度和堵塞质量、地形、地质构造（如节理、裂缝和软弱夹层等等）以及气象条件等有关。由于爆破条件非常复杂，要从理论上计算出个别飞石的飞散距离是十分困难的，一般常用经验公式或根据生产经验来确定。

1. 硐室爆破的飞石距离

硐室爆破飞石的飞散距离可按下式进行估算。

$$R_F = 20K_F \cdot n^2 \cdot W \tag{15-5}$$

式中：R_F——个别飞石的飞散距离，m；

n——最大一个药包的爆破作用指数；

W——最大一个药包的最小抵抗线，m；

K_F——系数，一般取 1.0～1.5。

对于山坡单侧抛掷爆破和最小抵抗线小于 25m 的爆破，上式的计算结果与实际情况比较接近。

由于地形高差的影响，飞石坠落后会蹦跳一段距离，这段距离可用下式来确定。

$$\Delta X = R_F[2\cos^2\alpha(\mathrm{tg}\alpha + \mathrm{tg}\beta) - 1] \tag{15-6}$$

式中：ΔX——蹦跳距离，m；

R_F——个别飞石的飞散距离，m；

α——最小抵抗线与水平线的夹角；

β——山坡坡面角。

在高山地区进行硐室大爆破时，尚须考虑爆破后岩块沿山沟滚滑的范围。

2. 露天台阶爆破的飞石距离

正常的台阶爆破，飞石一般不会太远。但是当堵塞长度过小或最小抵抗线过大而形成爆破漏斗效应以及岩石中含有软弱夹层时，个别飞石可能飞散得很远，有时可能飞出 1 000m。

瑞典德汤尼克研究基金会对露天台阶爆破的飞石问题进行了研究，提出了下面的经验公式来估算台阶深孔爆破的飞石距离。

$$R_{\mathrm{F}}=\frac{40}{2.54}d \tag{15-7}$$

式中：R_{F}——飞石的飞散距离，m；

d——深孔直径，cm。

上式适用于单位炸药消耗量为 0.5kg/m^3 的爆破条件。

对于用炸药破碎大块时的飞石距离，由于情况比较复杂，尚未摸索出一定的规律。因此，尚没有可用于爆破设计的计算公式。但在爆破安全规程中对飞石的安全距离作了如下规定：

裸露药包爆破法　　　400m；

浅眼爆破法　　　　　300m。

为了防止飞石的产生，在爆破设计和施工时，一定要根据爆破条件的变化，合理确定单位炸药消耗量和爆破参数，保证炮孔的堵塞长度和质量。在邻近居民区和建筑物爆破时，一定要在爆破体上覆盖防护垫。

二、有毒气体的预防

工业炸药不良的爆炸反应会生成一定量的一氧化碳和氧化氮。此外，在含硫矿床中进行爆破时，还可能出现硫化氢和二氧化硫。上述几种气体都是有毒气体，通常将炸药爆炸以后含有上述 4 种中的一种或一种以上的气体叫做炮烟。人吸入炮烟后，轻则中毒，重则死亡。据我国部分冶金矿山爆破事故统计，炮烟中毒的死亡事故占整个事故的 28.3%。

井下爆破后产生的高温炮烟不断向爆区周围扩散或者滞积在通风不良的独头工作面内。有毒气体的扩散范围受气象条件（如风向、风速、气温和气压等条件）、地形、相邻巷道的分布情况、炸药质量、总装药量以及药包分布情况等因素的影响，其波及范围可按下列经验公式确定：

对于硐室大爆破

$$R=K\cdot\sqrt[3]{Q} \tag{15-8}$$

式中：R——有毒气体扩散范围，m；

Q——总装药量，t；

K——系数，平均为 160。

对于井下深孔爆破

$$R=\frac{0.833n\cdot i\cdot Q\cdot b\sum V}{S} \tag{15-9}$$

式中：R——有毒气体扩散范围，m；

Q——总装药量，kg；

n——考虑通风情况时的系数，自然通风时，n=1.0；机械通风时，n=0.84；

i——爆区与崩落区接触面数目的影响系数，按表 15-3 选取；

b——每千克炸药产生的有毒气体，按 $0.9m^3/kg$ 计算；

ΣV——炮烟通过爆区邻近巷道的总体积，m^3；

S——巷道断面面积，m^2。

表 15-3　系数 i

接触面数目	0	1	2	3	4	5
i	1.20	1.00	0.95	0.90	0.85	0.80

为了防止炮烟中毒，应采取以下几项措施：

(1) 加强炸药的质量管理，定期检验炸药的质量；

(2) 不要使用过期变质的炸药；

(3) 加强炸药的防水和防潮，保证堵塞质量和长度，避免炸药产生不完全的爆炸反应；

(4) 爆破后要加强通风，一切人员需等到有毒气体稀释至爆破安全规程所允许的浓度以下时，才准进入工作面；

(5) 露天爆破时，人员应在上风方向。

思 考 题

1. 试分析爆破施工中可能导致爆破事故的隐患，并提出预防措施。
2. 为什么要制订爆破安全规程？它对爆破工程有何意义？
3. 电力起爆网路的外来电流有哪些？如何预防外来电流？
4. 如何估算爆破震动强度？
5. 试述爆破震动的破坏判据和降低爆破震动的措施。
6. 如何估算爆炸空气冲击波的安全距离？为降低爆炸空气冲击波的破坏作用，可采取哪些预防措施？
7. 如何估算爆破飞石的安全距离？可采取哪些措施预防爆破飞石的破坏作用。

第十六章　爆破测试技术

炸药在岩石中爆炸时释放出巨大的能量，这种能量使药包周围的岩石受到破坏。有关资料表明，用于破碎岩石的能量约占爆炸释放总能量的10%～15%，松动爆破时有用功的能量最大，但也不超过25%，大部分能量都消耗在岩石过度粉碎与抛掷、岩石质点震动引起的地震波和空气冲击波等方面。上述过程不仅浪费了大量的有用功，而且还对人员、建筑物、设备等产生有害作用。此外，杂散电流、静电、射频电等外来电对使用电雷管的爆破作业存在着潜在的危险。因此，为了充分利用爆破能量，改善爆破效果，消除爆破公害和保证爆破安全，对爆破作用进行系统的观测是十分重要的。

第一节　爆破地震效应的观测

目前，爆破震动测试中采用最多的方法是电测法。它利用敏感元件在磁场中的相对运动，产生与震动成一定比例关系的电信号，经过放大器和记录装置得到震动信号。按所测物理量的不同，传感器有位移计、速度计、加速度计。按传感器位移量的大小可分为强震仪、中强震仪及弱震仪。

一、爆破地震效应观测的主要内容

爆破震动测试的目的为：

(1) 研究爆破过程中地震波的衰减规律、地质构造及地形条件的影响、地震波参数和爆破方式的关系；

(2) 研究建筑物（构筑物）对爆破震动的响应特征、这一响应特征和爆破方式、构筑物结构特点的关系。

在测试方法上两者有相同或相似之处。但在对震动的分析、对数据处理的要求方面则不完全相同。

爆破震动测试内容包括：地表质点震动速度测试、质点震动位移测试、质点震动加速度测试、建筑物的反应谱测试。现在又出现了岩体介质反应谱测试，如岩体边坡爆破震动反应谱测试。但开展最普遍、工程上应用最多的仍是震动速度测试。

二、观测方法

爆破地震效应的观测包括宏观观测和仪器观测两种观测方法，一般都把这两种方法结合起来使用。

1. 宏观观测

宏观观测一般是根据观测的目的，在爆破震动影响范围内和仪器观测点附近选择有代表性的建筑物、构筑物、矿山巷道、岩体的裂缝和断层、边坡、个别孤石以及其它标志物，在爆破前后用目测、照相和录像等手段，用文字把观测对象的特征记录下来，对比爆破前后被观测对象的变化情况，估计爆破震动的影响程度。

2. 仪器观测

采用仪器观测时，观测系统包括拾震器、记录仪和便于记录而设置的衰减器或放大器。爆破震动测试仪器按测试信号和转换方式的不同分为磁电式、压电式和应变式三类。

磁电式测震仪使用磁电式拾震器。这种拾震器输出信号强，阻抗中等，传输信号线对信号影响较小，抗干扰能力强，用来测试震动位移、速度和加速度。

压电式测震仪使用压电式拾震器，主要测量震动加速度。这种拾震器输出阻抗高，信号进入放大器前必须进行电荷放大或阻抗变换，其系统频带宽，但抗干扰能力差，易受电磁场的影响。因此要求导线和插件有较高的绝缘电阻，以免影响系统阻抗。

应变式测震仪又称为电阻应变仪，拾震器使用电阻式加速度计和位移计，频响可以从0Hz开始，低频响应好，阻抗低，但使用长导线易受干扰。

(1) 拾震器

拾震器是测量地面震动的仪器，由“摆”、换能器和阻尼器三部分组成。它将地面的震动转换成电信号输出。一般又将它叫检波器、地震仪或传感器。拾震器按测量的物理量不同而分为位移计、速度计和加速度计。

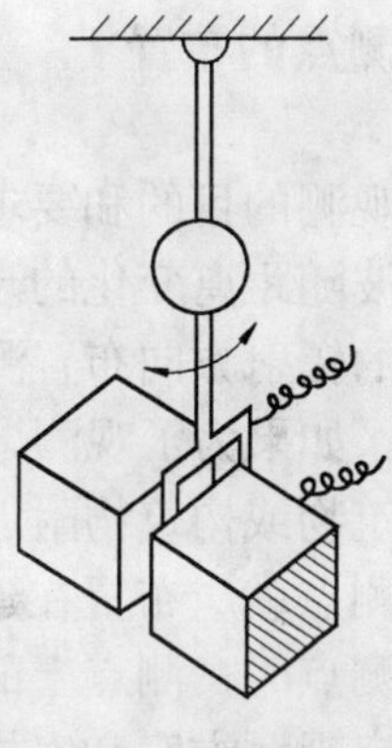
图 16-1　“摆”的工作原理

拾震器的工作原理是利用“摆”在磁场中的运动切割磁力线，将“摆”的机械运动转换成电信号。而“摆”的机械运动是由地面震动引起的。当爆破地震发生时，地面上所有的物体都要随之运动。要观测出地面运动的大小就要建立一个相对于地面运动来说是一个静止的系统。根据牛顿力学定律，这个问题可以利用重物的惯性来解决。地震发生时，地表震动，地面上的物体受到外力作用也要运动。由于物体的惯性作用，在开始的瞬间，相对于地表为静止的重物仍保持不变，因此可以利用这种瞬时的相对静止来衡量地表运动的大小。这个重物在拾震器中叫做“摆”。“摆”的一端装有一个线圈，并使此线圈在“摆”运动时正好通过永久磁铁中间（图 16-1）。当爆破产生的地震波到达时，地表发生运动，位于地面上的拾震器也随之发生运动。在地震开始瞬间，因“摆”有惯性，保持相对静止。这时，通过线圈的磁通量发生了变化，产生电动势，在线圈内产生感应电流。感应电流的大小取决于地面运动的大小，也就是说取决于地震的大小。将“摆”的机械运动转换成电能的装置称为换能器。当地面运动趋向静止时，“摆”不会立即停下来。它将以本身固有的周期仍然往复运动，一直到能量完全消失为止。可以想象，如果摆还在震动时，地表又开始运动，那么地震仪上所记录的震动由于混有“摆”的固有震动而不能反映出地表运动的真实情况。因此，必须消除“摆”的固有震动的能量。这种装置在地震仪中叫做阻尼器。当然，阻尼作用也会降低地震仪的灵敏度。

(2) 衰减器和放大器

衰减器和放大器的作用是将输出的电信号衰减或放大的仪器。若地面的震动强度很大和拾震器的灵敏度较高时，如不将讯号衰减，将导致部分波形记录超出记录范围的边界。另一方面，当爆破后地面运动强度较小或拾震器灵敏度不够高时，输出信号常常需要经过放大器放大以后才能分辨和判读。

(3) 记录装置

爆破震动测试系统的记录装置过去常用光线示波器和磁带记录仪，随着计算机和微处理技术的发展，目前大量使用数字记录技术，开发研制出了许多便携式爆破震动测试仪，从而减轻了测试工作的劳动强度，大大缩短了传输电缆，减少了信号的干扰，提高了测试工作的可靠性和成功率，便于利用计算机进行数据处理和分析，从而加快了数据处理的速度，降低了处理误差。

仪器观测系统的示意图如图 16-2 所示。

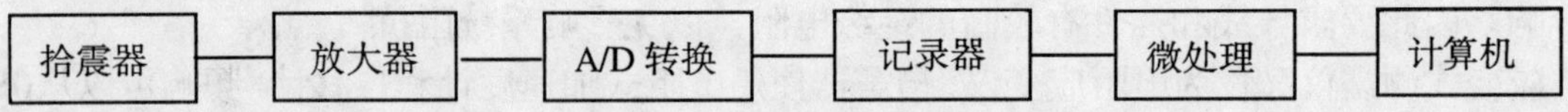

图 16-2 观测系统示意图

三、测点的布置

根据观测的目的和要求的不同，测点的布置需要采取不同的布置方法。例如，为了研究爆破地震波随距离变化的衰减规律或者为了计算爆破震动强度而需要获得某些系数时，宜沿爆破中心的辐射方向布置测线，每条测线按 50～100m 的等间距布置测点，一条测线布置 4～6 个测点。如果为了观测爆破地震对建筑物或构筑物的影响从而确定破坏判据时，测点则宜布置在建筑物或构筑物附近的地表上。如果想摸清高层建筑物不同高度上的爆破地震影响程度，那么测点就应布置在建筑物的不同高度上。

布置测点时，测点上的拾震器一定要埋设牢靠而且要保持水平。

在制定观测方案和安排测点位置时，应考虑以下几个方面的问题：

(1) 布置测点要目的明确，抓主要矛盾，要用尽可能少的、保证精度的测点来验证一个理论，归纳成一定的规律或提供一些计算数据，不盲目地追求多测点、大规模。

(2) 对每个测点的测试波形、数据要事先有个估计（按理论计算、经验公式或套用类似条件的观测结果），按估计数据选用合适的仪器。

(3) 如果观测的目的是寻求某些参数随距离变化的规律，则在选择测点离爆破中心的距离时，要考虑到处理数据时测点应在坐标上均匀分布。具体地说，地震参数均随距离按指数关系衰减，在布点时应考虑测试数据在距离的对数坐标上拉开。

(4) 当为寻求某一规律而反复试验时，要特别注意曲线变化比较剧烈的区域，在这一区域内应把测点加密。

(5) 测试时，一些必须取得数据的重要测点，应布置重复点。

(6) 布点时，应考虑布点位置传感器的安全情况，尤其是传感器和记录器在一起时，如果测点被覆盖或损坏，就得不到测试数据，必要时可采取一些保护措施。

(7) 详细调查布点处的环境状况（高差、地基、附近地面建筑物等），判断测点测到的数据是正常数据还是“特殊数据”（指因高差、地基、地面建筑物的影响，不符合一般规律的数据），是结构整体的反应还是个别部件的反应。

四、爆破地震波波形分析

实际记录的爆破地震波波形是比较复杂的。爆破地震波不是震幅和周期为常量的简谐震动，而是震幅和周期随时间而变化的震动，如图 16-3 所示。大多数波形分析所需要的是震动的最大值，即质点震动的最大位移、最大震动速度和最大震动加速度。因此，在对爆破地震波波形进行分析的过程中，主要量取最大的震幅及其相对应的震动周期。此外，还要量取主震相的延续时间和计算地震波在岩土介质中的传播速度。

震幅表示质点在震动时离开平衡位置的最大位移。目前量取最大震幅值时，多数是量取单震幅，即把零线（或基准线）到最大波峰（或波谷）之间的距离作为最大震幅，如图 16-4 所示。当波形不对称时也可量取最大波峰和波谷之间的距离，取其一半作为最大震幅值（图 16-5，双震幅）。

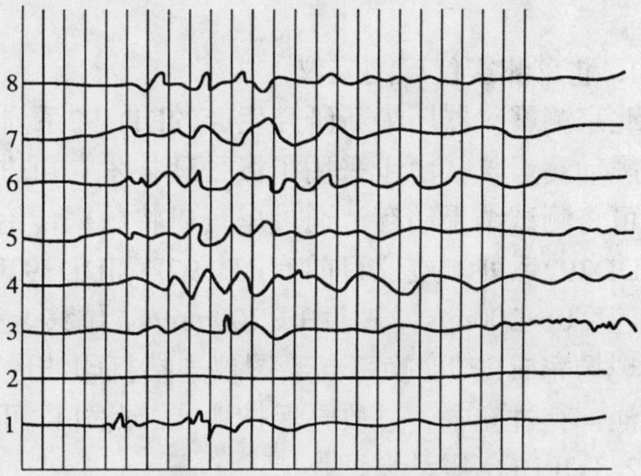

图 16-3　实测地震波波形

由于爆破具有瞬时性，因此读取周期比读取频率更为方便和适宜。周期一般与最大震幅相对应，其量取方法如图 16-4 和图 16-5 所示。震动周期的倒数即为频率。

$$f = \frac{1}{T} \tag{16-1}$$

式中：f——震动频率，Hz；

T——周期，s。

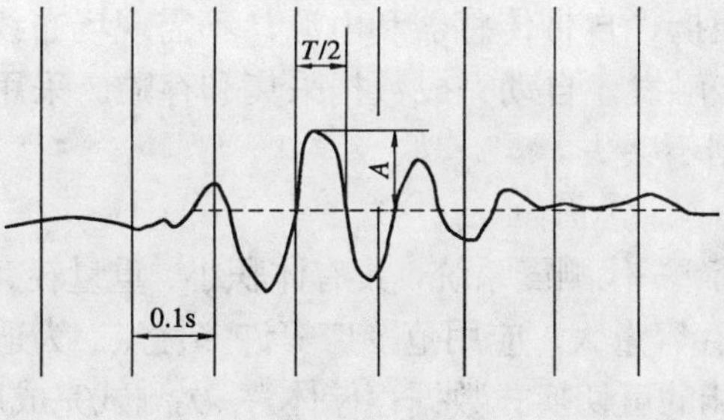

图 16-4　单震幅量取示意图

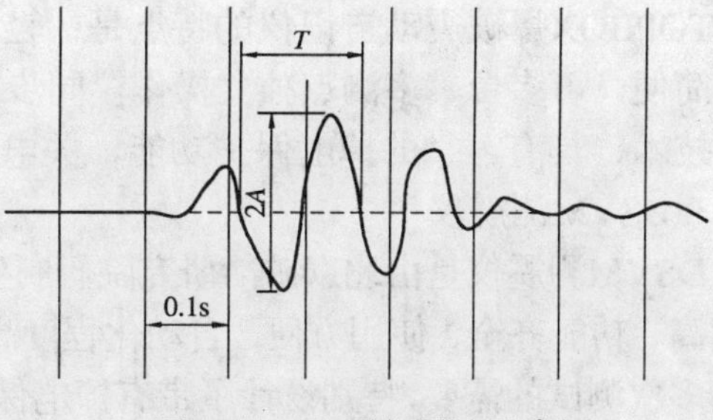

图 16-5　双震幅量取示意图

爆破震动延续时间的长短与传播地震波的介质性质、炸药爆炸时所放出的能量的大小以及传播的距离有关。在读取震动延续时间时，将爆震图划分为主震段和尾震段两部分。关于主震段的划分目前存在着不同的意见，其中一种意见认为，从初始波到波的震幅值 $A=A_{最大}/e$（e 为自然对数的底）这段震动称为主震段，与之相对应的延续时间为震动延续时间，其读取方法如图 16-6 所示。

波速是分析波形、波的传播规律和研究岩石性质的一个重要物理量。一般是在震波图上量取相邻两测点初始波之间的时间差，用此时间差去除两测点之间的距离，就得到初始波的传播速度（图 16-6）。

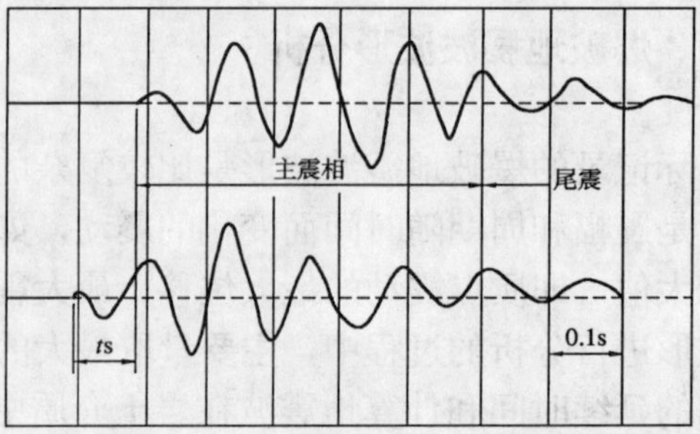

图 16-6　震动延续时间和波速的测定

五、爆破地震测震仪简介

1. 北京测震仪厂测震仪

北京测震仪器厂最新研究生产的DD392系列储存式测震仪，是一种由电池供电的便携式现场震动测量仪。由于采用了微处理技术，可进行FFT（快速傅立叶变换）、绘图打印等工作并可将测试结果储存。通过串行口将数据传给计算机作进一步处理分析。

DD392系列测震仪目前有DD392D和DD392W两种型号。采用压电加速度传感器，可测量加速度0～200m/s^2、速度0～200mm/s、位移0～2 000μm、频率3～5 000Hz，自动量程变换，可以现场完成FFT变换、与绘图仪连接打印波形和波谱。同时可微调传感器灵敏度。内置充电电池，有过充电、过放电保护功能。此外，可以自动关机，关机后数据可保存20天以上。

2. TOPBOX震动自记仪

TOPBOX爆破震动自记仪是成都拓普电子研究所1996年研制推出的一种适合于爆破现场、对地震波及各种瞬态随机信号进行采集、记录和分析的一种微型记录仪。

现场只需将自记仪直接放在预定测点上，与传感器连在一起，无需像光线示波器或磁带记录仪那样，因连接交流电源和传感器而带来烦琐的现场布线工作。待测点上的自记仪触发记录后，即可取回，可与一微型盒式阅读器连接在一起，从其液晶屏上读出所采集波形的最大幅值、波速和频率等主要参数。也可在现场或室内通过RS-232标准接口与笔记本电脑或台式计算机相连，对波形进行显示、存贮、打印、绘图以及所需的各种用户专用或通用的数据处理分析。

TOPBOX爆破震动自记仪的特点是：轻小、便携、自带传感器和电源，不需现场布线，操作简便，可多台、多测点独立操作，同步或异步触发，自动完成数据采集和存贮。采用低功耗技术，具有可靠的掉电保护功能，关电后数据不丢失。

3. DSVM测震仪

DSVM测震仪是由北京矿冶研究院研制生产的新一代测震系统，具有体积小、重量轻、灵敏度高、功能齐全、使用方便、自动化程度高、内存容量大、应用范围广等许多优点。为适应现场多次测试的需要，特别设计了带有掉电保护功能的可切换式数据存储体。一次测试完成后，用户可通过开关对其进行切换，以进行下次测试，整个过程非常简单，最后将所存数据通过仪器所带绘图仪打印波形和分析结果或将数据带回处理，为用户提供了极大的方便。

4. Geosonics SSU系列测震仪

美国Geosonics公司研制生产的SSU系列测震仪，结构坚固，适用于各种气候条件。内置充电电池，充电后可使用30天，自动触发，连续监测，键盘操作，菜单提示，使用三速传感器。目前主要有SSU微震仪和SSU 2000DK型及SSU 3000LC型测震仪。

第二节　爆炸空气冲击波的测试

测试爆炸空气冲击波的仪器有电子测试仪和机械测试仪两大类。前者的测试精度较高，灵敏度较好。后者的结构简单，使用方便，但测试精度较低。

电子测试仪系统一般包括传感器、记录装置和信号放大器。

传感器是接收空气冲击波信号的仪器，分为压电式、电阻应变式和电容式 3 种。压电式传感器是利用某些晶体（如石英钛酸钡和钠酸铅等晶体）的压电效应，当某一面上受到空气冲击波的压力作用时就会产生电荷，电荷量与压力成正比。这种效应是无惯性的过程，因此，能将冲击波的压力信号转换为电荷信号，并对外电路的电容充电，从而转换成电压信号。

记录装置是把信号记录下来的装置，可以采用阴极射线示波器、记忆示波器和瞬态波形记录仪。

信号放大器是将传感器输出的信号放大，并无泄露地传输给记录装置的元件，一般装置在传感器和记录器的中间，图 16-7 是测试系统的方框图。

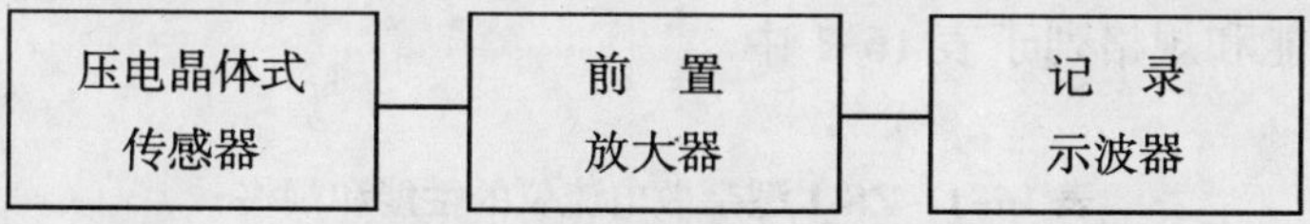

图 16-7　空气冲击波测试系统方框图

测试噪声所用的仪器有：声级计、频率分析仪、自动记录仪和优质磁带记录仪。

声级计由传声器、放大器、计权网络和指示器组成。

传声器又叫话筒（麦克风）。它是把声信号转换为电信号的声电换能器。

放大器是解决声级计内部电压放大的装置。

计权网络是根据人耳对声音的频率响应特性而设计的滤波器，它参考等响曲线设置 A、B、C 3 种频率。测量爆破噪声时，多采用 A、C 网络。

指示器是声级计的表头，其读数是声压的有效值。

测试瞬时噪声时要采用脉冲声级计。但是测量约束药包产生的爆破低频噪声时，应采用线性或非计权的测量仪器。

第三节　外来电的测试

一、杂散电流的测试

检测杂散电流必须使用专用的测量仪表。我国湖南湘西矿山电子仪器厂生产的 ZS-1 型杂散电流测定仪的制作原理是在仪表中短接一个与电雷管电阻值相等的等效电阻。通过测量流过这个等效电阻上的电流所产生的电压降，来换算出杂散电流的大小。该仪表的测量范围很广，能测量出交、直流的杂散电流值和电压值。

测量原理如图 16-8 所示。当测量杂散直流电流时，将转换开关置于“1”的位置，A、B

之间用连接片短接。被测两点间的杂散电流由接线柱 A、C 引入。电流流经 R_{10}（电雷管的等效电阻）时所产生的电压降通过直流倍增电阻 R_2 和表头 M 所组成的电路直接指示出来。此时，表头所指示的值即为杂散直流电流。

检测杂散交流电流时可将转换开关置于“2”的位置。杂散交流电流作用在 R_{10} 上的电压由升压变压器 T 升压后，经二极管 D_3、D_4 组成的半波整流电路整流，整流后的电流再经倍增电阻 R_2 和由表头 M 组成的电路直接指示出来。

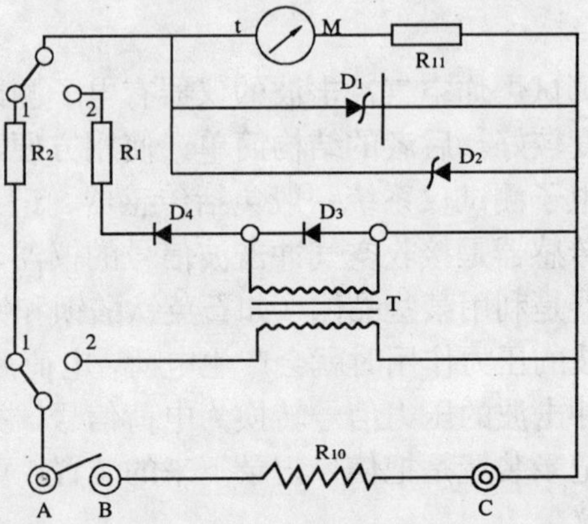

图 16-8 ZS-1 型杂散电流仪测量原理图

当将 A、B 之间的连接片拿开时，被测信号由 A、C 间引入，R_{10} 电阻被断开。此时该仪表用来进行杂散电压的测量。表头 M 所指示的就是杂散电流的电压值。ZS-1 型杂散电流测定仪的性能和规格列于表 16-1 中。

表 16-1 ZS-1 型杂散电流仪的性能和规格

测量范围		基本误差（%）	外形尺寸（mm）	重 量（kg）
交 流	0～100～500mA	±2.5	185×160×100	1.6
	2.5～10～50mA			
直 流	0～100～500mA	±5.0		
	1～5A			

检测杂散电流的测点分为固定式测点和临时式测点。固定式测点主要用来测量某一个水平杂散电流的变化规律，确定杂散电流对电雷管的危害程度。测点一般布置在整个水平的两端和中部。这样能测出整个水平杂散电流的大小及其变化规律，或者将测点布置在电能消耗最多的地方，如电机车运行比较繁忙的地段以及直流网络的回馈点附近，以了解井下最大杂散电流的分布情况。临时式测点一般是根据某次爆破的需要而设置的测点。这种检测对判断杂散电流是否能引爆电雷管有着重要的意义。

测量杂散电流的对象包括：金属物（铁轨、金属管道和其它金属堆积物）、岩石和矿石等。其中任何两种物体或同一物体中的任何两点联系起来都可构成一对测量对象。例如金属管道对岩石、对铁轨、对矿石，或者岩石、矿石和金属管道中的任何两点都构成一对测量对象，其布置如图 16-9 所示。

二、静电的测定

由于静电的火花放电能力取决于带电电场能量的大小。因此，确定静电引爆电雷管和炸药粉尘的危害程度时，必须确定电场的能量，而电场能量的大小可用下式确定。

$$W=\frac{1}{2}C\cdot V^{2} \qquad (16\text{-}2)$$

式中：W——电场能量，J；

C——电容，F；

V——电压，V。

从上式可以看出，电压的大小是决定电场能量的主要参数。因此，目前在判断静电的危害程度时，主要是测定静电电压的大小。

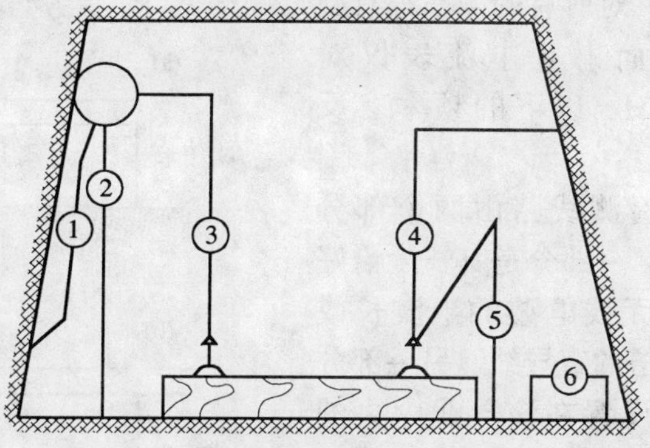

图 16-9　杂散电流测定时测点的布置图

①—管对邦；②—管对地；③—管对铁轨；④—铁轨对邦；⑤—铁轨对地；⑥—地对地

目前，国内测定静电的仪表有两种：一种是 Q－3V 和 Q－4V 型高压静电电压表，另一种是 KS-325 型集电式电位测定仪。

Q－3V 型高压静电电压表适用于高电压的测量。量程有两个，一个为 7.5、15 和 30kV 的量程；另一个为 20、50 和 1 000kV 的量程。对于测量较低电压的量程，输入电容应不大于 20μμF。它有两个电极，一个是活动电极，另一个是固定电极。当被测电压加到两个电极上时，由于两个电极间的静电作用力，使活动电极发生转动，转动的大小与外加电压的平方成正比。活动电极转动时，其上的反射镜也随之偏转，将发光器发射出来的带有光标的影像反射到带标度尺的屏幕上。在标度尺上可直接读出所测的电压值。

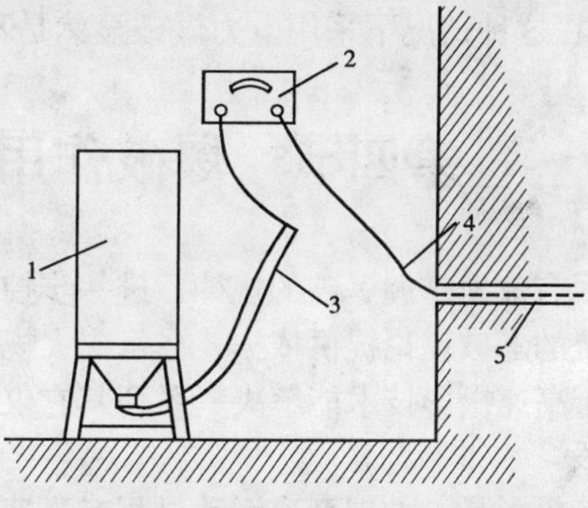

图 16-10　输药管静电测定布置图

1—储药器；2—万用表；3—装药管；4—铜裸线或铁裸线；5—炮孔

测定输药管的静电时，通常采用金属集电环固定在输药管的外壁或内壁上，固定在外壁上的称为外集电环，用以测定输药管外壁的静电电压；固定在内壁中的称为内集电环，用以测定输药管内壁的静电电压。集电环的材料是导电性良好的金属。环的直径大小要恰好能紧密固定在输药管的外壁或内壁上为宜。

输药管静电测定装置的布置如图 16-10 所示。

三、射频电的测定

为了防止电雷管早爆，在电雷管运入爆区之前，应对爆区附近具有潜在危险的射频电源进行调查，并用仪表对爆区的射频电进行检测。检测的仪表可采用射频电流表或试验性检测灯泡。检测灯泡最适合现场使用，对所有的频率都有反应。而射频电流表仅对100MHz 以下的频率有反应。

检测线路由两个部分组成：一部分是其长度恰好等于无线电波的半波长或整数倍的直导线。另一部分则是设置在该导线中央的检测灯泡及其插座。这种测试线路称之为半波长偶极天线，最适合用来测试调频电台与电视台发射机发射的电能。测试线路如图16-11(a)所示。如果把检测灯泡的一根导线接地，而另一根长导线架设在离地的空间，那么在调幅广播台的天线附近就能感应出最大的电流，这种电路如图 16-11(b)所示。

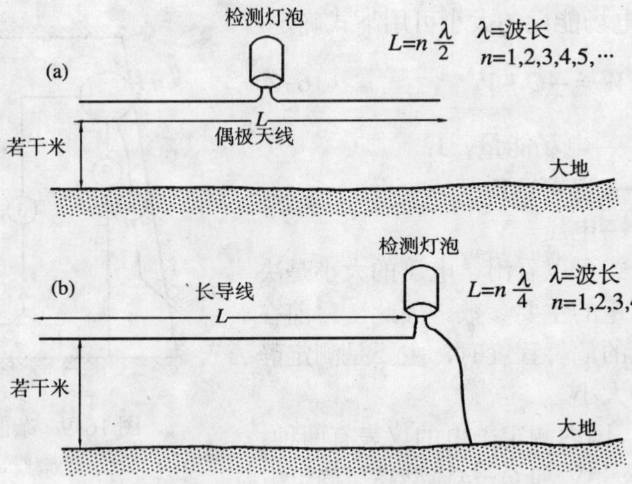

图 16-11　模拟天线检测灯泡的试验电路

如果改变上述两种测试线路的导线长度和方位，就可测出最大的接收电能。测试线路应当尽可能与打算采用的电爆网路相似。如果检测灯泡发光明亮，这就意味着电流强度超过了50mA。在这种情况下采用电力爆破显然是不安全的。

第四节　爆破作用过程的高速摄影观测

为了有效地掌握爆破的规律，进一步控制爆破作用，更好地发挥爆破工程的效果，并为建立系统的爆破理论提供依据，在每次大规模爆破施工前后进行系统的观测工作是十分必要的。由于高速摄影技术能解决一系列其它仪器无法解决的问题，目前已成为观测爆破过程的重要手段。

高速摄影是一种把高速运动过程或高速变化过程的空间信息和时间信息联系在一起、用摄影方法进行记录的专门技术。空间信息以图象表示，而时间信息则以摄影频率来说明。因此，曝光时间和摄影频率就成为区别高速摄影与普通摄影的两个主要指标。高速摄影机的最高摄影频率目前已经突破 10^8 幅/秒。所以，高速摄影能对高速过程进行记录，并得到清晰的图象，通过逐幅观察或重复放映，可以对爆破全过程进行深入的分析研究。

现代高速摄影机的主要技术指标是曝光时间、摄影频率（每秒的幅数）或扫描速度（每秒拍摄长度）、底片尺寸、画幅尺寸、分辨能力和拍摄总长度等，其技术水平主要取决于前两个指标。高速摄影机可按摄影频率、结构原理、画幅图象及其用途等进行分类。根据爆破工作的特点，通常习惯于按摄影频率将其分为低速、中速和高速。

现场拍摄时，首先要选好拍摄点。拍摄地点应能保证设备和人员的安全，防止空气冲击波、飞石及有毒气体的危害。在一般情况下，拍摄方向应尽可能与抛掷主导方向垂直，如使用 2 台摄影机同时拍摄，其中一台拍摄方向与抛掷主导方向垂直，另一台的拍摄方向力求与抛掷主导方向一致。为了获得清晰的图象，应选用适当的频率，使摄影频率与记录过程的快慢相适应。实践经验表明，作为野外宏观摄影时，选用低-中速已能满足要求，而在实验室对爆破模型进行机理研究时，常常选用中-高速才能达到目的。此外，还要注意选择拍摄的气候和时间，或有足够的人工光源。为了便于进行资料的分析对比，爆破前宜在爆破工作面选定一固定坐标系统作为参考点（或选定某几个特定地形作参考点），并在参考点上捆上导爆索，使它和雷管同时起爆，作为起始时间信息。

进行高速摄影观测时，要特别注意起爆和拍摄的同步问题，否则就会使所得结果无法分析和所需过程记录不下来。

每次拍摄完毕之后，应记录以下原始资料：

(1) 摄影机类型；

(2) 拍摄地点；

(3) 拍摄时间；

(4) 摄影机到爆破地点的距离；

(5) 摄影机水平角度；

(6) 透镜焦距；

(7) 拍摄速度；

(8) 参考点距离；

(9) 爆破工作面照明情况；

(10) 天气情况。

由于观测的目的不同，观测的侧重项目也有所不同。对于研究抛射岩块的运动规律而言，主要是通过对爆破历程的逐幅分析和计算，获得岩石的移动时间、初速度、抛射方向、抛射角、水平抛距及垂直抛高等重要数据。这对微差爆破和定向爆破筑坝技术的进一步提高和不断完善，具有十分重要的意义。

思考题

1. 为什么要观测爆破地震效应？如何进行观测？
2. 测试爆炸空气冲击波强度有哪些仪器和方法？
3. 可以使用哪些测试仪器（表）和测试方法检测杂散电、静电和射频电？
4. 通过用高速摄影观测爆破作用过程，可以研究哪些爆破问题？
5. 试探讨更精确、更简便的爆破测试新技术、新方法。

主要参考文献

车文彩，张澄溪，爆破，北京：解放军出版社，1986

冯叔瑜，城市控制爆破，北京：中国铁道出版社，1985

关志中，控制爆破，北京：中国铁道出版社，1981

李文全，爆破原理及应用，大连：大连出版社，1997

刘清荣，控制爆破，武汉：华中工学院出版社，1986

三尺清夫，电磁波岩石破碎试验，日本矿业会志，1979(3)

陶颂霖，爆破工程，北京：冶金工业出版社，1979

陶在朴，现代岩石破碎技术，北京：煤炭工业出版社，1985

屠厚泽，高 森，岩石破碎学，北京：地质出版社，1990

屠厚泽，钻探工程学，武汉：中国地质大学出版社，1988

吴 立，陈建平，舒家华，爆破地震效应的实质及其安全距离和破坏标准，地质勘探安全，1999(2)

吴 立，饶杨安，爆破振动分析与控制方法综述，水文地质与工程地质，2004(1)

吴 立，陶 鲜，岩体结构面影响爆破效果的理论分析与试验研究，矿业研究与开发，1999(1)

吴 立，屠厚泽，岩体爆破破碎的微观机理，探矿工程，1998(5)

吴 立，张时忠，林 峰，现代破岩方法综述，探矿工程，2000(2)

吴 立，张时忠，张天锡，硐室加强松动大爆破的设计与实践，西部探矿工程，1996(1)

吴 立，张天锡，爆破冲击波特性的理论分析，爆破，1992(4)

吴 立，张天锡，岩石断裂性统一分级的理论基础和方法，国际滑坡与岩土工程学术会议（ISLG）论文集，武汉：华中理工大学出版社，1991

吴 立，张天锡，岩石损伤断裂特征与机械破碎，凿岩机械气动工具，1994(3)

吴 立，张天锡，岩体损伤断裂性分级的研究，地球科学，1992(5)

徐 颖，地下工程爆破技术的现状及发展，中国煤炭，2001(11)

徐天瑞，关于爆破和爆炸的世纪思絮，爆破，2004(1)

徐小荷，余 静，岩石破碎学，北京：煤炭工业出版社，1984

杨光煦，水下工程爆破，北京：海洋出版社，1992

张其中，爆破安全法规标准选编，北京：中国标准出版社，1993

张守中，爆炸与冲击动力学，北京：兵器工业出版社，1993

中国力学学会工程爆破专业委员会，爆破工程（上、下），北京：冶金工业出版社，1992

祝树枝，吴森康，杨昌森，近代爆破理论与实践，武汉：中国地质大学出版社，1993

J.亨利奇，爆炸动力学及其应用，北京：科学出版社，1987

B. W. Schumacher, An Electron Beam Gun for Hard Rock Excavation Tests, Mining Congress Journal, Vol. 58, No.6

F. Moarenzadeh, Laser Heating Effects on Rock Samples, Proc. of 12th Symp. On Rock Mech., Missouri, USA, 1970

J. D. Walson, REAM—A New Concept for Hard Rock Excavation, Proc. of 9th Canadian Rock Mechanics Symp., 1972

J. Poole, Study of High Powered Plasma for in situ Hard Rock Disintegration, ARPA Contract No. Ho220051, 1972

K. Thirumalai, Water Jet Cutting and Excavation of Hard Rock by Thermohydraulic Method, 1974

Li WU，Xian TAO，Catherine Ainome-Martin，Influence of Rock Structure Plane on Smooth Blasting Results, Proceedings of the Twenty-seventh Annual Conference on Explosives and Blasting Technique, Vol. II, Orlando, Florida, USA, January, 2001

R. G. Holdbrook, Use of Electron Beam Gun for Hard Rock Excavation, U. S. Bureau of Mine Contract No.Ho110377, 1972

Wu Li，Chen Jianping，Study on Smooth Blasting Results in Jointed and Fractured Rock，Journal of China University of Geosciences, Vol.12, No.2, 2001

Wu Li，Influence Analysis of the Rock Structural Planes on the Blasting Results, Theory and Practice of Energetic Materials (Vol.V), Part B, Proceedings of the 2003 International Autumn Seminar on Propellants, Explosives and Pyrotecnics（2003 IASPEP）, Science Press, Beijing / New York, August, 2003

Wu Li，Zhang Shizhong，Chen Jianping，Fracture Plane Control in Rock Blasting，Journal of China University of Geosciences, Vol.9, No.3 1998